FOS · BOS 12 2016

Fachabitur-Prüfungsaufgaben mit Lösungen

Mathematik Technik

Bayern

2009–2015

STARK

36. ergänzte Auflage
www.stark-verlag.de

Inhalt

Fachabiturprüfungsaufgaben 2015 (Ausbildungsrichtung Technik)

Fachabiturprüfungsaufgaben 2015 mit CAS (Ausbildungsrichtung Technik)

Sitzen die grundlegenden mathematischen Begriffe?
Unter www.stark-verlag.de/mathematik-glossar/ finden Sie ein kostenloses Glossar zum schnellen Nachschlagen aller wichtigen Definitionen mitsamt hilfreicher Abbildungen und Erläuterungen.

Jeweils im Herbst erscheinen die neuen Ausgaben
der Fachabiturprüfungsaufgaben mit Lösungen.

Lösungen der Aufgaben:

ohne CAS: StD Harald Krauß
mit CAS: StR Wolfgang Hager

Vorwort

Liebe Schülerinnen und Schüler,

Sie haben zwei lehrreiche Jahre an der FOS bzw. ein Jahr an der BOS absolviert und werden eine schriftliche Prüfung im Fach Mathematik ablegen.

Bei der Vorbereitung auf die Abschlussprüfungen wird Ihnen dieses Buch eine gute Hilfe sein. Es enthält die **offiziellen schriftlichen Fachabiturprüfungsaufgaben**, die vom Land Bayern in den letzten Jahren gestellt wurden, inklusive der seit 2014 im Rahmen eines Schulversuchs gestellten Prüfungsaufgaben, die auch Teile enthalten, die mit einem Computer-Algebra-System (CAS) zu bearbeiten sind. Das Buch versteht sich nicht als Lehrbuch, sondern als ein **Übungsbuch**, mithilfe dessen Sie sich gezielt und effektiv auf die Prüfungen vorbereiten können.

Zu jede dieser Aufgaben folgen **vollständige, kommentierte Lösungsvorschläge** sowie zusätzliche **Lösungshinweise und Tipps**, die Ihnen das eigenständige Lösen der Aufgaben erleichtern. Sie gewinnen somit einerseits einen unmittelbaren Eindruck von Niveau, Inhalt und Umfang der Prüfungsaufgaben, andererseits ermöglichen Ihnen die Lösungen, die jeweils geeigneten Lösungsstrategien und Berechnungsschritte zu üben. Die angeführten Lösungen sind dabei als **möglicher, aber keineswegs einziger Weg** zum Erreichen des Ergebnisses zu sehen.

Zudem ist vor den Prüfungsaufgaben die **Merkhilfe Mathematik/Technik** abgedruckt, sodass Sie den Umgang mit der Merkhilfe beim Arbeiten mit diesem Buch noch leichter üben können.

Das Ziel der Arbeit mit dem Buch besteht darin, dass Sie die Problemstellungen weitgehend selbstständig bearbeiten können und die beschriebenen Lösungswege nur noch zur Kontrolle Ihrer eigenen Ergebnisse nutzen. Wenn Sie dieses Ziel erreicht haben, sind sie gut auf die bevorstehende Prüfung vorbereitet.

Darüber hinaus halten Sie ein Hilfsmittel in Händen, mit welchem Sie Ihren Mathematikunterricht nacharbeiten und sich systematisch auf Schulaufgaben im Fach Mathematik vorbereiten können, da ihr Fachlehrer oder Ihre Fachlehrerin bei der Konzeption jeder Schulaufgabe auch immer die Fachabiturprüfung im Blick haben wird.

Sollten nach Erscheinen dieses Bandes noch wichtige Änderungen im Fachabitur 2016 vom Bayerischen Staatsministerium für Bildung und Kultus, Wissenschaft und Kunst bekannt gegeben werden, finden Sie aktuelle Informationen dazu im Internet unter:
www.stark-verlag.de/pruefung-aktuell

Wir wünschen Ihnen für Ihre Prüfungen viel Erfolg!

Harald Krauß und Wolfgang Hager

Hinweise und Tipps zum Fachabitur

Aufgabe der Beruflichen Oberschule

In der Beruflichen Oberschule sind die Fachoberschule (FOS) und die Berufsoberschule (BOS) zusammengefasst.

Ziel der Fachoberschule (FOS) ist es, Schülerinnen und Schüler mit einem mittleren Schulabschluss innerhalb von zwei Schuljahren (Jahrgangsstufen 11 und 12) zum Fachabitur (Fachhochschulreife) zu führen, das zum Studium an Fachhochschulen berechtigt. An der Fachoberschule wurden bislang fünf Ausbildungsrichtungen geführt: Technik; Wirtschaft und Verwaltung; Sozialwesen; Agrarwirtschaft, Bio- und Umwelttechnologie; Gestaltung. Zwei weitere kamen zum Schuljahr 2013/2014 im Schulversuch hinzu: Gesundheit; Internationale Wirtschaft.

Der Besuch der Fachoberschule schließt mit der Fachabiturprüfung (Fachhochschulreife) ab. Dabei sind in allen Ausbildungsrichtungen in den Fächern Deutsch, Englisch, Mathematik sowie in dem für die jeweilige Ausbildungsrichtung spezifischen Profilfach schriftliche Prüfungsaufgaben zu bearbeiten (in der Ausbildungsrichtung Technik in Physik; in der Ausbildungsrichtung Wirtschaft und Verwaltung in Betriebswirtschaftslehre mit Rechnungswesen; in der Ausbildungsrichtung Sozialwesen in Pädagogik/Psychologie; in der Ausbildungsrichtung Agrarwirtschaft, Bio- und Umwelttechnologie in Biologie; in der Ausbildungsrichtung Gestaltung eine praktische Prüfung im Fach Darstellung; in der Ausbildungsrichtung Gesundheit: Gesundheitswissenschaften; in der Ausbildungsrichtung Internationale Wirtschaft: Internationale Betriebswirtschaftslehre und Volkswirtschaftslehre).

Ziel der Berufsoberschule (BOS) ist es, Schülerinnen und Schüler mit einem mittleren Schulabschluss und einer Berufsausbildung innerhalb von zwei Schuljahren (Jahrgangsstufen 12 und 13) in den Ausbildungsrichtungen Technik; Wirtschaft und Verwaltung; Sozialwesen; Agrarwirtschaft, Bio- und Umwelttechnologie; Gesundheit (Schulversuch) bzw. Internationale Wirtschaft (Schulversuch) zur fachgebundenen Hochschulreife (nur Englisch als Fremdsprache) oder auch zur allgemeinen Hochschulreife (mit einer zweiten Fremdsprache) zu führen. Seit dem Schuljahr 1998/1999 können die Schüler der Berufsoberschule nach der 12. Jahrgangsstufe an der Fachabiturprüfung zum Erwerb der Fachhochschulreife teilnehmen und mit diesem Abschluss die Schule verlassen. Dies wurde durch die weitgehende Abstimmung der Lehrpläne und Stundentafeln für die 12. Jahrgangsstufe der Fachoberschule und der Berufsoberschule ermöglicht.

Bei der Prüfung im Fach Mathematik werden für die Ausbildungsrichtung Technik und die nichttechnischen Ausbildungsrichtungen, in der Wirtschaft und Verwaltung; Sozialwesen; Agrarwirtschaft, Bio- und Umwelttechnologie sowie Gestaltung und in den Schulversuchen auch Gesundheit sowie Internationale Wirtschaft zusammengefasst sind, unterschiedliche Prüfungsaufgaben gestellt.

Schulversuch: Fachabiturprüfung mit Computer-Algebra-System (CAS)

Das Bayerische Staatsministerium für Bildung und Kultus, Wissenschaft und Kunst hat sich im Rahmen eines Schulversuches an der Fachoberschule entschlossen, ab dem Schuljahr 2012/13 in Mathematik, technische Ausbildungsrichtung, ein CAS im Unterricht zu verwenden.

Zu den Standardfunktionen eines CAS-Rechners gehören neben den Funktionen eines herkömmlichen Taschenrechners z. B. das Differenzieren und Integrieren von Funktionen, das Zeichnen von Funktionsgraphen, dynamische Geometrie oder Tabellenkalkulation. CAS-Rechner eröffnen damit im Vergleich zu herkömmlichen Taschenrechnern wesentlich größere didaktische Möglichkeiten. Sie unterstützen Schülerinnen und Schüler bei einem selbsttätigen, dynamischen und anschaulichen Zugang zu mathematischen Inhalten. Auch ist es beispielsweise möglich, realitätsnahe Fragestellungen im Unterricht zu behandeln, die häufig mit einem hohen rechnerischen Aufwand verbunden und damit mit herkömmlichen Methoden in der Bearbeitung zu zeitaufwendig sind.

Zu Beginn jedes Schuljahres können die Schülerinnen und Schüler der am Schulversuch teilnehmenden Schulen grundsätzlich neu entscheiden, ob sie in der CAS-Klasse bleiben oder in eine Klasse ohne CAS wechseln möchten. Auch der Wechsel von einer Klasse ohne CAS in eine CAS-Klasse ist zu Beginn der 12. und der 13. Jahrgangstufe grundsätzlich möglich.

Seit dem Schuljahr 2013/14 wird im Rahmen des Schulversuchs eine Fachabiturprüfung angeboten, die auch Teile enthält, die mit CAS zu bearbeiten sind. Es besteht für alle Prüfungsteilnehmerinnen und Prüfungsteilnehmer der am Schulversuch teilnehmenden Schulen Wahlfreiheit, ob sie die Fachabiturprüfung im Rahmen des Schulversuchs mit CAS-Teil ablegen oder ob sie an der Prüfung im bisherigen Format teilnehmen möchten. Die Schülerinnen und Schüler müssen sich diesbezüglich bis zum 1. März des jeweiligen Schuljahres entscheiden.

An diesem Schulversuch nehmen seit dem Schuljahr 2012/13 die folgenden neun Staatlichen Beruflichen Oberschulen teil:

- Staatliche Berufliche Oberschule Neu-Ulm
- Staatliche Berufliche Oberschule Friedberg
- Staatliche Berufliche Oberschule München-Technik
- Staatliche Berufliche Oberschule Ingolstadt
- Staatliche Berufliche Oberschule Wasserburg am Inn
- Staatliche Berufliche Oberschule Rosenheim
- Lothar-von-Faber-Schule, Staatliche Fachoberschule Nürnberg
- Friedrich-Fischer-Schule, Staatliche Berufliche Oberschule Schweinfurt
- Staatliche Berufliche Oberschule Erlangen

Die schriftliche Fachabiturprüfung in Mathematik

Aufbau und Auswahl der Prüfungsaufgaben

Die Aufgaben werden einheitlich vom Bayerischen Staatsministerium für Bildung und Kultus, Wissenschaft und Kunst gestellt. Die Auswahl je einer Aufgabe aus den Aufgabengruppen A (Analysis) und B (Lineare Algebra und Analytische Geometrie) trifft die Schule; der Schüler hat keine Wahlmöglichkeit.

Die Bearbeitungszeit für die beiden Aufgaben beträgt 180 Minuten.

Bewertung der Prüfungsaufgaben

Bei jeder Teilaufgabe sind die erreichbaren Bewertungseinheiten (BE) angegeben.
Es sind maximal 100 BE zu erreichen; davon werden auf die Aufgabe A (Analysis) 70 BE, auf die Aufgabe B (Lineare Algebra und Analytische Geometrie) 30 BE verteilt.

Die erreichten Bewertungseinheiten werden nach dem folgenden verbindlichen Schlüssel den Punkten und Notenstufen zugeordnet:

Bewertungs-einheiten	100–96	95–91	90–86	85–81	80–76	75–71	70–66	65–61	60–56	55–51	50–46	45–41	40–34	33–27	26–20	19–0
Punkte	15	14	13	12	11	10	9	8	7	6	5	4	3	2	1	0
Noten	1			2			3			4			5			6

Sämtliche Entwürfe und Aufzeichnungen dürfen nur auf Papier, das den Stempel der Schule trägt, angefertigt werden.

Zugelassene Hilfsmittel (Prüfung ohne CAS)

Zugelassen ist die Merkhilfe Mathematik/Technik für Berufliche Oberschulen, die in der ebenfalls zugelassenen Formelsammlung „Physik/Technologie/Chemie für Berufliche Oberschulen" (Wolnzach: Kastner AG – Verlagshaus) enthalten ist. Im Fach Mathematik ist die Verwendung von elektronischen Taschenrechnern gestattet, die nicht programmierbar und nicht grafikfähig sind.

Die Merkhilfe Mathematik/Technik wurde von den Fachmitarbeitern der Dienststellen der Ministerialbeauftragten für die Beruflichen Oberschulen des Bayerischen Staatsministeriums für Bildung und Kultus, Wissenschaft und Kunst erarbeitet. Sie ist auf der Website des Staatinstituts für Schulqualität und Bildungsforschung sowie direkt nach diesem Abschnitt, vor den Prüfungsaufgaben, zu finden.

Zugelassene Hilfsmittel (Prüfung mit CAS)

Zusätzlich zu den Hilfsmitteln für die Prüfung ohne CAS sind folgende Computer-Algebra-Systeme zugelassen:

- ClassPad 330 und ClassPad II von Casio
- TI-Nspire CAS und TI-Nspire CX CAS von Texas Instruments
- Voyage 200 von Texas Instruments
- MathCAD
- GeoGebra

Vor der Verwendung bei der Abschlussprüfung sind die CAS-Rechner jeweils einheitlich in einen Ausgangszustand zu versetzen, der den Prüfungsanforderungen gerecht wird. In diesem Ausgangszustand muss ein Zugriff auf möglicherweise gespeicherte Dateien, Programme oder Ergänzungspakete mit zusätzlichen Funktionen unterbunden sein.

Operatoren

Bei der Formulierung von zentralen Prüfungsaufgaben werden häufig sogenannte „Operatoren" verwendet, die sicherstellen sollen, dass alle Schüler und Lehrer unter einer bestimmten Aufgabenstellung das Gleiche verstehen. Damit Sie die Aufgabenstellungen korrekt erfassen können, ist es wichtig, sich mit diesen Operatoren auseinanderzusetzen.
Eine Auswahl solcher in den letzten Jahren in der Abschlussprüfung zur Fachhochschulreife häufig verwendeter Operatoren ist in der folgenden Übersicht zusammengestellt.

Außerdem sind Beispiele für Abituraufgaben angegeben, in denen solche Operatoren vorkommen.

Operator	Bedeutung	Beispiele
begründen	Für einen gegebenen Sachverhalt einen folgerichtigen Zusammenhang zwischen Ursache(n) und Wirkung(en) herstellen.	2014; AII, 1.2
berechnen	Ausschließlich rechnerische Generierung der Ergebnisse, wobei der Lösungsweg nachvollziehbar ist.	2014, AI, 1.8.3
bestimmen, ermitteln	Rechnerische, grafische oder inhaltliche Generierung eines Ergebnisses.	2014, AI, 1.4
beweisen, zeigen, nachweisen	Mithilfe von sachlichen Argumenten durch logisches Herleiten eine Behauptung/Aussage belegen bzw. widerlegen.	2014. AI, 1.3
entscheiden	Sich bei Alternativen eindeutig auf eine Möglichkeit festlegen.	
erläutern	Wesentliche Seiten eines Sachverhalts, Gegenstands bzw. Vorgangs an Beispielen verständlich machen.	2013, AII, 2.2
interpretieren	Sachverhalte/Zusammenhänge/Fakten oder Daten analysieren, sie deuten bzw. erklären.	2013, AI, 1.4
nennen, angeben	Fakten/Sachverhalte, Begriffe ohne Erläuterung wiedergeben.	2015, AI 1.3
prüfen	Wahrheitsgehalt feststellen.	2015, BII, 2.1
skizzieren	Sachverhalte, Objekte, Strukturen oder Ergebnisse auf das Wesentliche reduziert (vereinfacht) übersichtlich darstellen.	
untersuchen	Sachverhalte/Objekte erkunden, Merkmale und Zusammenhänge herausarbeiten.	2014, AII, 1.4.2
zeichnen	Eine exakte grafische Darstellung unter Verwendung von Zeichengeräten darstellen.	2014, AI, 1.7

Besonderheit der Fachabiturprüfung mit CAS

Bei der Fachabiturprüfung mit CAS werden bei einigen Aufgaben die Schlüsselwörter **„ohne CAS“** verwendet. Bei diesen Aufgaben muss der Rechenweg so dargestellt werden, als ob kein CAS-Rechner zur Verfügung steht, d. h., es muss jeder Teilschritt nachvollziehbar und dokumentiert sein.

Inhalte und Schwerpunktthemen

In der folgenden Übersicht sind die wesentlichen Schwerpunktthemen für die schriftliche Fachabiturprüfung stichpunktartig aufgeführt. Diese Auflistung soll Ihnen einen Überblick über den prüfungsrelevanten Lehrstoff vermitteln, sie ersetzt jedoch nicht den ausführlichen Lehrplan für das Fach Mathematik. Die Zusammenstellung kann Ihnen jedoch bei der Vorbereitung auf die Fachabiturprüfung als Leitfaden für die verbindlichen Inhalte und wichtigsten mathematischen Begriffe dienen.

Analysis

Grundbegriffe bei reellen Funktionen

Grundlagen

- Zahlenmengen $\mathbb{N}$, $\mathbb{Z}$, $\mathbb{Q}$, $\mathbb{R}$ und ihre Eigenschaften
- Reelle Funktionen: Abbildungsvorschrift, Funktionsterm, Definitions- und Wertemenge, Funktionsgraph
- Symmetrie, Schnittpunkte mit den Koordinatenachsen

Ganzrationale Funktionen und Funktionsscharen

- Faktorisierung des Funktionsterms und Vielfachheit der Nullstellen
- Nullstellenbestimmung unter Verwendung von Polynomdivision und Substitution, Schnittpunkte von Funktionsgraphen
- Bestimmung einer Funktion aus vorgegebenen Wertepaaren
- Anwendungsorientierte Aufgaben

Verknüpfung von Funktionen

- Summe, Differenz, Produkt, Quotient und Verkettung von Funktionen
- Abschnittsweise definierte Funktionen
- Betragsfunktion, Verknüpfung von linearen Funktionen mit einer Betragsfunktion

Gebrochen-rationale Funktion

- Echt und unecht gebrochen-rationale Funktionen
- Verhalten der Funktionswerte in einer Umgebung der Definitionslücke und für $x \to \pm\infty$, Unendlichkeitsstelle, stetig behebbare Definitionslücke, stetige Fortsetzung
- Polynomdivision mit Rest, Asymptoten

Sinus- und Kosinusfunktion

- Graph, Nullstellen, Periodizität und Symmetrie von $x \mapsto a \cdot \sin(bx + c)$ sowie $x \mapsto a \cdot \cos(bx + c)$

Grenzwert und Stetigkeit

Grenzwert

- Grenzwert einer Funktion für $x \to \pm\infty$ bzw. $x \to x_0$, Divergenz
- Grenzwertsätze für Summe, Differenz, Produkt und Quotient von Funktionen

Stetigkeit

- Stetigkeit einer Funktion an einer Stelle
- Stetigkeit einer Funktion in einem Intervall
- Stetigkeitssätze: Zwischenwertsatz, Nullstellensatz, Extremwertsatz

Differenzialrechnung

- Differenzenquotient, Differenzialquotient, Differenzierbarkeit und Ableitungsfunktion
- Tangente, Normale, Änderungsrate einer Größe
- Zusammenhang zwischen den Graphen von Funktionen und deren Ableitungsfunktionen
- Ableitung einer Funktion mit konstantem Faktor, Summenregel, Produktregel, Quotientenregel, Kettenregel, Ableitung der Polynomfunktionen und gebrochen-rationalen Funktionen, Ableitung der Sinus-, Kosinusfunktion
- Stetigkeit als notwendige Voraussetzung für Differenzierbarkeit
- Ableitung von abschnittsweise definierten Funktionen ohne Parameter
- Monotoniedefinition, Monotoniekriterium, maximale Monotonieintervalle
- Links- und Rechtskrümmung, maximale Krümmungsintervalle
- Zusammenhang zwischen den Graphen von s(t) und a(t) bei beschleunigten Bewegungen
- Extrempunkte, Wendepunkte, Randextrema und absolute Extrema

Integralrechnung
- Stammfunktion einer Funktion
- Unbestimmtes Integral
- Definition und Eigenschaften des bestimmten Integrals
- Deutung des bestimmten Integrals als Flächenbilanz
- Berechnung von bestimmten Integralen und Flächeninhalten auch mit Parameter

Exponential- und Logarithmusfunktionen
- Exponentielles Wachstum bzw. Abnahme
- Potenz- und Logarithmusgesetze
- Eigenschaften der Funktionsgraphen
- Exponentialfunktion mit der Basis e
- Ableitung der natürlichen Exponential- und Logarithmusfunktion mit Basis e
- Berechnung von Integralen unter Verwendung von $\int e^{ax+b}\,dx$ und $\int \frac{1}{ax+b}\,dx$

Anwendung der Differenzial- und Integralrechnung
- Regeln von de L'Hospital
- Kurvendiskussion von ganzrationalen und gebrochen-rationalen Funktionen und einparametrigen Funktionenscharen
- Kurvendiskussion von einfachen Funktionen, die als Produkt, Quotient, Summe oder Verkettung von Exponential-, Logarithmus- und Polynomfunktionen entstehen
- Kurvendiskussion von trigonometrischen Funktionen des Typs $f\colon x \mapsto a \cdot \sin(bx + c)$
- Aufstellen eines Funktionsterms bei vorgegebenen Eigenschaften
- Flächenberechnungen mithilfe des bestimmten Integrals
- Newton-Verfahren zur näherungsweisen Bestimmung der Lösung einer Gleichung
- Anwendungsaufgaben, Optimierungsaufgaben

Lineare Algebra und Analytische Geometrie

Vektoren im $\mathbb{R}^2$ und $\mathbb{R}^3$
- Geometrischer Vektor als Menge aller parallelgleichen Pfeile
- Repräsentant eines Vektors
- Nullvektor, Gegenvektor
- Addition von Vektoren, S-Multiplikation und deren Rechengesetze
- Punkte und Ortsvektoren, Koordinatensysteme, Koordinaten
- Addition und S-Multiplikation in Koordinatenschreibweise

Lineare Unabhängigkeit von Vektoren im $\mathbb{R}^2$ und $\mathbb{R}^3$, lineare Gleichungssysteme
- Linearkombination von Vektoren
- Produkt aus einer Matrix und einem Vektor
- Gauß-Algorithmus
- Lösbarkeit eines linearen Gleichungssystems
- Lineare Abhängigkeit und Unabhängigkeit von Vektoren
- Basis und Dimension eines reellen Vektorraums
- Koordinaten eines Vektors bezüglich einer beliebigen Basis
- Anwendungsaufgaben zu linearen Gleichungssystemen mit höchstens vier Unbekannten

Produkte von Vektoren
- Skalarprodukt zweier Vektoren mit Rechengesetzen
- Längen- und Winkelberechnungen
  - Betrag eines Vektors
  - Entfernung zweier Punkte

  - Winkel zwischen zwei Vektoren
  - orthogonale Vektoren
- Vektorprodukt zweier Vektoren im $\mathbb{R}^3$, Rechengesetze, Normalenvektor
- Flächen- und Volumenberechnungen

Geometrische Anwendungen
- Geraden und Ebenen als Punktmengen
  - vektorielle Parameterform
  - Normalenform
  - besondere Lage im Koordinatensystem
- Geometrische Deutung von linearen Gleichungssystemen
- Lagebeziehung von Punkten, Geraden, Ebenen
- Schnittpunkt, Schnittgerade, Schnittwinkel
- Lotgerade, Lotebene, Lotfußpunkt, Spiegelpunkt

Methodische Hinweise und allgemeine Tipps zur schriftlichen Prüfung

Vorbereitung

Folgende Vorgehensweise bei der Prüfungsvorbereitung hat sich als vorteilhaft erwiesen.

- Eine gründliche und kontinuierliche Vorbereitung ist die Voraussetzung, um das notwendige mathematische Wissen und Verständnis für eine erfolgreiche Fachabiturprüfung zu erwerben. Um Ihnen die Prüfungsvorbereitung zu erleichtern, bietet Ihnen dieses Buch eine umfangreiche Zusammenstellung der **vollständigen schriftlichen Fachabiturprüfungen** der letzten Jahre.
- Der Aufgabenstellung folgt jeweils ein **komplett ausgearbeiteter Lösungsvorschlag** mit umfangreichen Erläuterungen zu jedem einzelnen Lösungsschritt. Diese kommentierten Lösungsvorschläge stellen jedoch nur einen möglichen Weg dar, um das Ergebnis zu erreichen. Es ist möglich, dass Sie bei der selbstständigen Bearbeitung einer Teilaufgabe auf einem anderen Weg zum selben Ziel kommen.
- Um einen **optimalen Lernerfolg** zu erreichen, empfiehlt es sich, das Lern- und Übungspensum langfristig zu planen.
  Es ist zweckmäßig, alle eigenen schriftlichen Bearbeitungen der Aufgaben übersichtlich aufzubewahren. Dies erleichtert Ihnen spätere Wiederholungen und ermöglicht eine unmittelbare Übersicht über die von Ihnen bereits bearbeiteten Inhalte und Themenbereiche.
- Es empfiehlt sich, während der Prüfungsvorbereitung stets die **Hilfsmittel** zu verwenden, die auch in der Fachabiturprüfung zugelassen sind. Dies führt zur Vertrautheit mit der Merkhilfe und mit den verwendeten Funktionen des Taschenrechners.
- Bei der **selbstständigen Bearbeitung** der Übungs- und Prüfungsaufgaben sollten Sie zunächst versuchen, allein mit der Aufgabenstellung zu Recht zu kommen. Finden Sie jedoch bei einer Teilaufgabe keinen eigenen Lösungsansatz oder geraten Sie ins Stocken, so nutzen Sie zuerst die **Tipps und Hinweise**, die zwischen den Angaben und den Lösungen eingefügt sind. Diese sollen Ihnen einen Denkanstoß geben, der Ihnen weiterhilft ohne die Lösung vorwegzunehmen. Gehen Sie dabei schrittweise vor, indem Sie jeden einzelnen Tipp erst bei Bedarf lesen.
  Schlagen Sie im Lösungsteil erst nach, wenn Ihnen alle zur Aufgabe gehörenden Tipps nicht weiterhelfen oder Ihre selbst erarbeitete Lösung mit der im Buch dargestellten vergleichen wollen. Die ausgearbeiteten Lösungsvorschläge dienen vor allem zur Kontrolle, ob Ihre Ergebnisse richtig und vollständig sind. An vielen Stellen zeigen Ihnen die von den Autoren entworfenen Lösungswege aber auch bewährte und übersichtliche mathematische Verfahren, die Ihnen hilfreich sein können.

Denken Sie daran: Wer sich gut vorbereitet hat, kann optimistisch und gelassen in die Fachabiturprüfung gehen.

Bearbeitung der Prüfungsaufgaben

Erinnern Sie sich in der Prüfungssituation an folgende Ratschläge und Tipps:

- Beginnen Sie nach einem kurzen **Überblick** mit der Bearbeitung des Themenbereichs (Analysis oder Analytische Geometrie), den Sie am besten beherrschen. Als sehr vorteilhaft hat es sich erwiesen, sich mit der einzelnen Aufgabe intensiv zu beschäftigen und nicht immer wieder von einer Aufgabe zur anderen zu wechseln.
- Lesen Sie den Aufgabentext konzentriert und markieren Sie dabei die **Schlüsselwörter** wie beispielsweise *Nullstellen* oder *Ebenengleichung*. Wichtig sind dabei vor allem genaue Unterscheidungen innerhalb der Aufgabenstellung wie z. B. *mindestens eine Nullstelle* oder *genau eine Nullstelle.*
- Um den Lösungsansatz zu einer Aufgabe zu finden oder die gegebene Problemstellung zu veranschaulichen, kann das **Anfertigen einer Skizze** nützlich sein.
- Beachten Sie, dass in manchen Teilaufgaben „**Zwischenlösungen**" angegeben sind, die Ihnen als Kontrolle dienen bzw. mit denen Sie weiterarbeiten sollen.
- Falls Sie mit einer Aufgabe gar nicht weiterkommen, so halten Sie sich nicht zu lange daran auf. Versuchen Sie, mit der nächsten Teilaufgabe oder mit einer Aufgabe aus einem anderen Schwerpunkt weiterzumachen. Wenn Sie die anderen Aufgaben bearbeitet haben, kommen Sie nochmals auf die angefangene Aufgabe zurück und versuchen Sie in Ruhe, eine Lösung zu finden.
- Orientieren Sie sich an der angegebenen **Zahl der Bewertungseinheiten (BE)**: Je mehr Bewertungseinheiten eine Aufgabe ergibt, desto mehr Zeit sollte für die Bearbeitung eingeplant werden.
- Die einzelnen Teilaufgaben sind oftmals inhaltlich eng miteinander verbunden. Daraus ergibt sich eine sinnvolle Bearbeitung in der vorgegebenen nummerierten **Reihenfolge der Teilaufgaben**.
  So kann beispielsweise eine durchgeführte Fallunterscheidung bei einem Parameter wertvolle Hinweise für die Lösung einer anderen Teilaufgabe mit einem speziellen Parameterwert geben.
- Sie dürfen die **Merkhilfe** benutzen. Dabei ist es wichtig, dass Sie diese lediglich als eine Gedächtnisstütze verstehen, mit deren Umgang Sie sich bereits während der Prüfungsvorbereitung vertraut gemacht haben. Es hilft wenig, wenn Sie auf der Merkhilfe beispielsweise zum Begriff *Symmetrie* eine Formel finden, deren Anwendung Sie bei der Vorbereitung auf die Fachabiturprüfung nicht geübt haben.
- Bemühen Sie sich um eine **ordentliche äußere Form** der Prüfungsarbeit. Schreiben und zeichnen Sie deutlich und übersichtlich, streichen Sie fehlerhafte Stellen mit einem Lineal durch und fügen Sie Ihre Korrektur ein. Nummerieren Sie die beschriebenen Seiten, um spätere Verweise und Korrekturen einfacher zuordnen zu können.
- Achten Sie bei der Aufgabenstellung auch auf die verwendeten **Operatoren** (Handlungsanweisungen). Diese geben Ihnen zusammen mit den zu erzielenden Bewertungseinheiten einen Überblick über den notwendigen Umfang der erwarteten Lösung.
  So verlangt beispielsweise die Aufgabenstellung „*Berechnen Sie …*", dass Sie so lange wie möglich exakt rechnen und die Rechnungen und Umformungen auf Ihrem Papier für den Korrektor nachvollziehbar sein müssen. Die Aufgabenstellung „*Geben Sie die Koordinaten des Hochpunktes an …*" verlangt dagegen unter Umständen keine Rechnung, weil sich das Ergebnis eventuell aus der Lösung einer vorangehenden Teilaufgabe unmittelbar ergibt.

- Die Verteilung der zu erzielenden **Bewertungseinheiten** der Themengebiete Analysis und Analytische Geometrie im Verhältnis 70 : 30 kann als Anhaltspunkt für die Aufteilung der zur Verfügung stehenden Arbeitszeit von 180 Minuten angesehen werden.

Lösungsplan
Aufgrund des Umfangs und der Komplexität von Aufgaben auf Fachabiturniveau empfiehlt es sich, beim Lösen systematisch zu arbeiten. Folgende Vorgehensweise hilft Ihnen dabei:

Schritt 1:
Nehmen Sie sich ausreichend Zeit zum **Analysieren** der Aufgabenstellung. Stellen Sie fest, zu welchem Themenbereich die Aufgabe gehört. Sammeln Sie alle Informationen, welche direkt gegeben sind, und achten Sie darauf, ob evtl. versteckte Informationen enthalten sind.

Schritt 2:
Markieren Sie die **Operatoren** in der Aufgabenstellung. Diese geben an, was in der Aufgabe von Ihnen verlangt wird. Vergegenwärtigen Sie sich die Bedeutung der verwendeten Fachbegriffe.

Schritt 3:
Versuchen Sie, den Sachverhalt zu **veranschaulichen**. Fertigen Sie gegebenenfalls mithilfe der Angaben und Zwischenergebnisse aus vorherigen Teilaufgaben eine **Skizze** an.

Schritt 4:
Erarbeiten Sie nun schrittweise den **Lösungsplan**, um aus den gegebenen Größen die gesuchte Größe zu erhalten.

Schritt 5:
Suchen Sie nach geeigneten Möglichkeiten, das Endergebnis zu **kontrollieren**. Oftmals sind bereits Überschlagsrechnungen, Punktproben oder Grobskizzen ausreichend.

„Ohne Fleiß kein Preis!“
Nach diesem Motto wird Ihre Ausdauer bei der Bearbeitung der Aufgaben mit vielen Punkten bei der Fachabiturprüfung belohnt.

Hinweise zum Bearbeiten der Aufgaben, bei denen CAS als Hilfsmittel zugelassen ist

Sie arbeiten seit fast zwei Jahren im Mathematikunterricht mit einem CAS-Rechner. Hier werden Ihnen noch einige Tipps zu grundlegenden „CAS-Kompetenzen“ und anschließend Hinweise zur Dokumentation der Lösungen gegeben, die Sie mit dem CAS ermittelt haben. Das Weitere beschränkt sich auf den TI-Nspire CAS, aber die meisten Hinweise sind einfach auf das CAS übertragbar, welches Sie genutzt haben.

Einstellungen
Die wichtigsten Einstellungen können Sie vornehmen unter:
[⌂ on] Einstellungen – Dokumenteinstellungen …

Dazu gehören u. a.:
- Winkelmaß (Grad- und Bogenmaß)
- angezeigte Ziffern
- Helligkeit des Displays
- Standby-Zeit

Die Einstellungen des Winkelmaßes u. a. können Sie auch in einem aktuellen Graphs- oder Geometry-Dokument durchführen, wenn Sie dort wählen:

[menu] Einstellungen ...

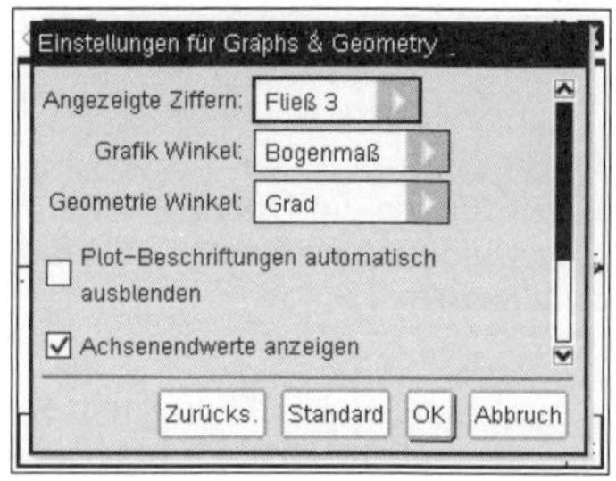

Scratchpad

Das Scratchpad (Notizblock) ist eine Möglichkeit, schnell und einfach Berechnungen durchzuführen oder mit einem Funktionsgraphen zu arbeiten. Die Berechnungen sind unabhängig von den Berechnungsdokumenten. Der Aufruf des Scratchpads erfolgt mit der Taste [Scratchpad]. Nochmaliges drücken der Scratchpad-Taste wechselt zwischen Graphikfenster und Rechenblatt.

Zum Löschen des Scratchpads drückt man:

[doc] Scratchpad löschen

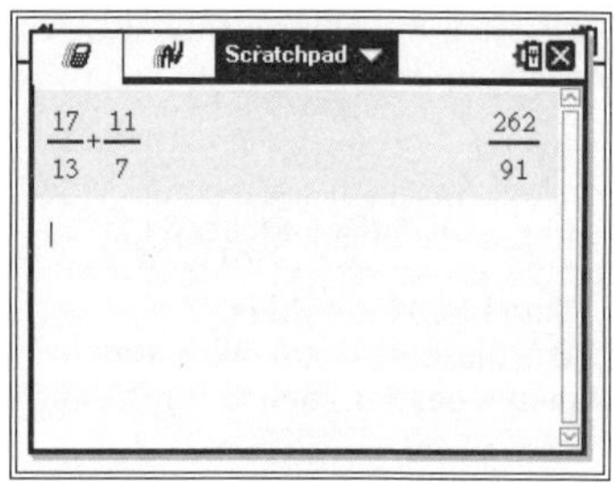

Dokumente

Es ist sinnvoll, jede Aufgabe in einem Dokument zu speichern, damit Sie die Übersicht bewahren bzw. zu einem späteren Zeitpunkt wieder mit diesem Dokument arbeiten können.

[doc] Datei – speichern oder speichern unter ...

Mit [on] Eigene Dateien können Sie auf gespeicherte Dokumente zugreifen.

Die Dokumente lassen sich in Ordnern speichern.

Jedes Dokument kann in Seiten und Probleme untergliedert werden.

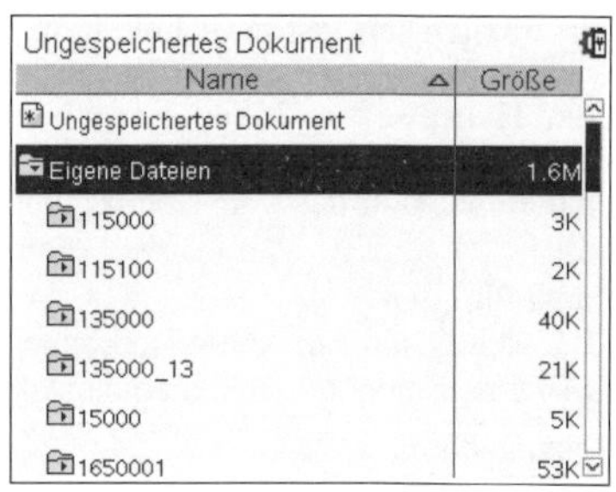

Variable
Sie können Zahlen, mathematischen Termen oder Funktionen Variable zuordnen. Das hat den Vorteil, dass man z. B. lange Ausdrücke nicht immer wieder neu eintippen muss und mit den Variablenbezeichnungen arbeiten kann. Zum Definieren von Variablen gibt es drei Möglichkeiten:

- Define (im Calculator unter [menu] Aktionen)
- der Zuweisungsoperator [sto→] (über [ctrl][var])
- der Zuweisungsoperator [:=] (über [ctrl][⊞])

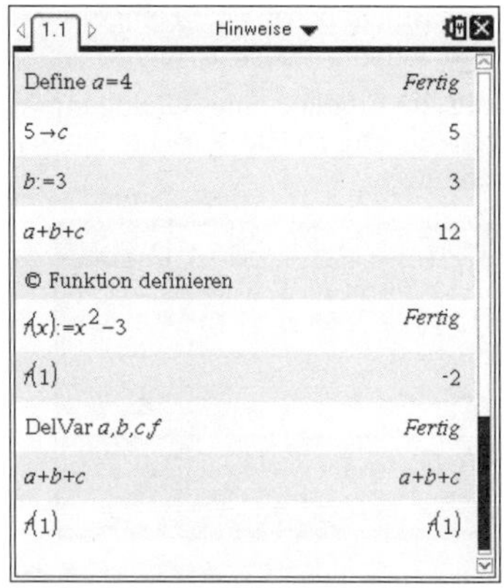

Durch Drücken von [var] kann man erkennen, welche Variablen definiert wurden.

Mit DelVar (über [menu] Aktionen – Variable löschen) werden Variable gelöscht.
Definierte Variable sind nur innerhalb ein und desselben Dokuments und dort immer nur in ein und demselben Problem gültig.

Katalog
Die Syntax eines Rechnerbefehls können Sie im Katalog nachlesen: [📖][1]

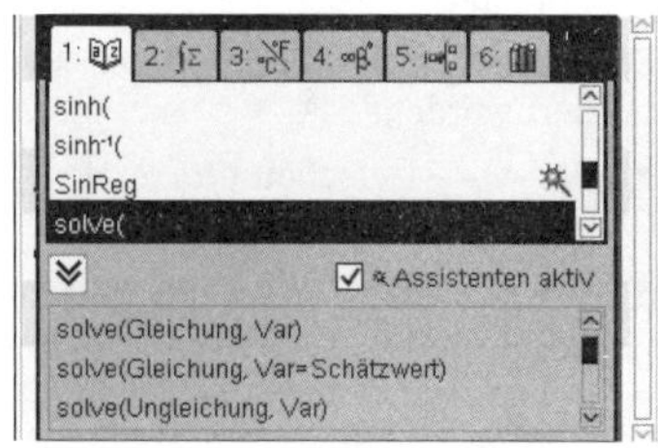

Bedingungsoperator (WITH-Operator)
Mit dem Bedingungsoperator (als senkrechter Strich | erkennbar) lassen sich z. B. Termwerte berechnen oder Intervalle (u. a. beim Lösen von Gleichungen) einschränken.

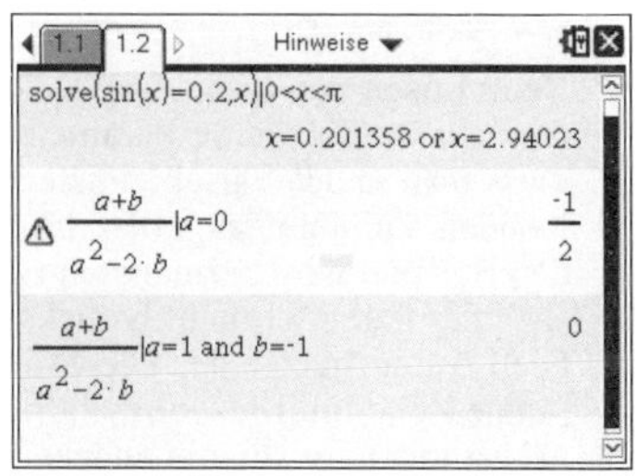

Der Bedingungsoperator kann mit [|≠≥▸] (über [ctrl][=]) geöffnet werden.

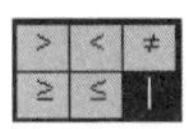

Hinweis: Setzen Sie den WITH-Operator immer **hinter** die den solve-Befehl schließende Klammer, nicht in die Klammer.

Terme umformen
Ausmultiplizieren oder Polynomdivision mit:
expand()
(über [menu] Algebra – Entwickle)
oder propFrac()
(über [menu] Zahl – Bruchwerkzeuge – Echter Bruch)

Faktorisieren mit:
factor()
(über [menu] Algebra – Faktorisiere)

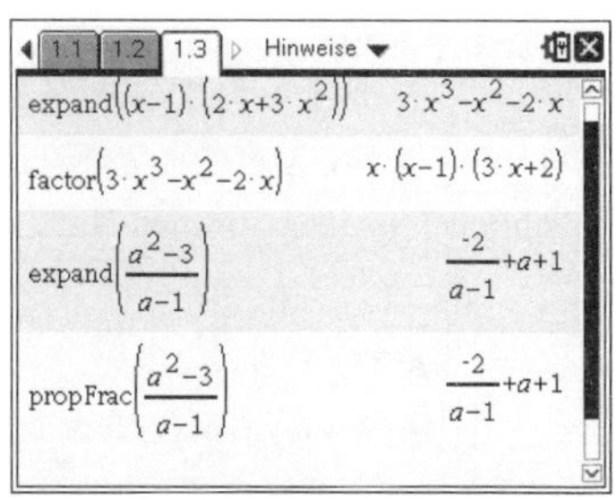

Gleichungen / Ungleichungen / Gleichungssysteme lösen

Der Befehl solve() wird eingefügt durch:

[menu] Algebra – Löse

Für die Eingabe eines Gleichungssystems können Sie die Vorlagen unter oder 5 nutzen. Die zweite Variante hat den Vorteil, dass ein Assistent die Bedeutung der Vorlage erläutert.

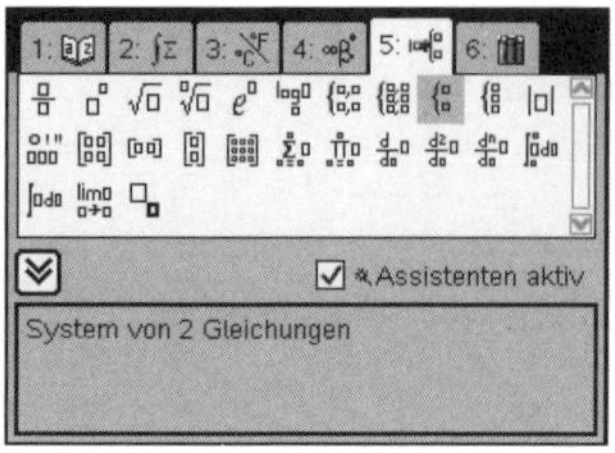

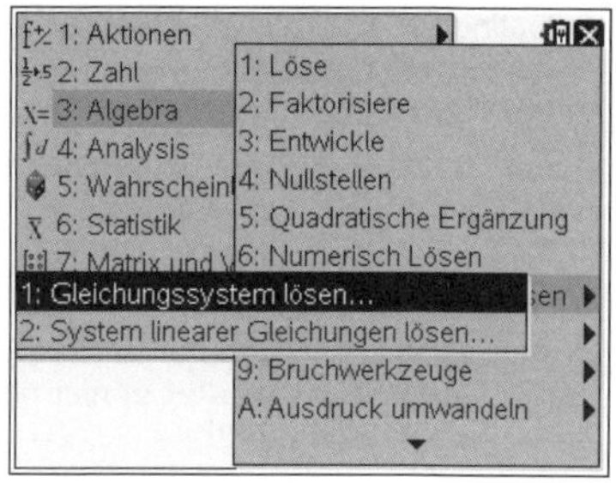

Alternativ kann beim Lösen von Gleichungssystemen die Vorlage auch geöffnet werden durch:

[menu] Algebra – Gleichungssystem lösen ...

Die Anzeigen des Rechners müssen richtig interpretiert werden:

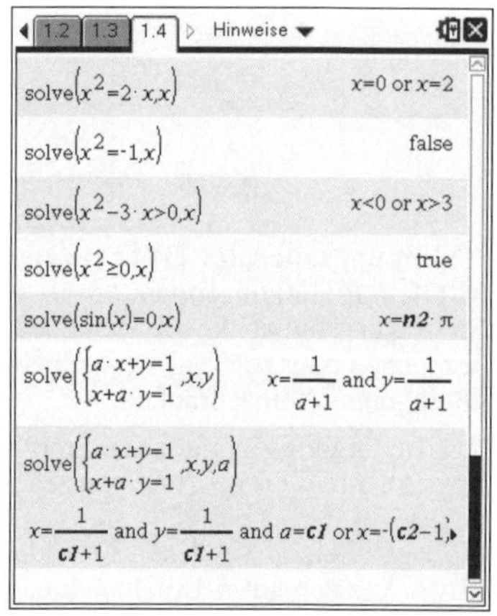

- Bei $x^2=-1$ erscheint *false*, weil keine reellen Lösungen existieren.
- Bei $x^2 \geq 0$ erscheint *true*, weil diese Ungleichung für alle reellen Zahlen erfüllt ist.
- Bei $\sin(x)=0$ wird die Lösungsmenge mit einer ganzzahligen Zählvariablen (n2) angezeigt. Die Anzeige ist so zu interpretieren: $L=\{k\cdot\pi, k\in\mathbb{Z}\}$
- Beim Lösen von Gleichungssystemen, in denen ein zusätzlicher Parameter vorkommt, muss man in der Variablenliste alle vorkommenden Variablen angeben: Im nebenstehenden Beispiel wird beim ersten Lösungsversuch der Fall $a=1$ nicht berücksichtigt. Die Lösungsmenge des Gleichungssystems (letzte Zeile im Bildschirmabdruck) wird zunächst nicht vollständig angezeigt. Scrollt man nach rechts, so erhält man auch die restlichen Daten. Die vollständige Anzeige ist:

$$x=\frac{1}{c1+1} \text{ and } y=\frac{1}{c1+1} \text{ and } a=c1 \text{ or } x=-(c2-1) \text{ and } y=c2 \text{ and } a=1$$

Hier ist die Variable c1 (bzw. c2) eine reelle Zählvariable. Die Lösung lautet in der üblichen mathematischen Notation:

$$L=\begin{cases}\left\{\left(\frac{1}{a+1};\frac{1}{a+1}\right)\right\}, & \text{falls } a\in\mathbb{R}, a\neq 1\\ \{(1-y;\, y),\, y\in\mathbb{R}\}, & \text{falls } a=1\end{cases}$$

Nullstellen berechnen

Neben dem solve-Befehl lässt sich mitunter der Befehl zeros(Ausdruck, Variable) (über [menu] Algebra – Nullstellen) sinnvoll zum Lösen von Gleichungen einsetzen.

Mit dem Befehl zeros() wird das Ergebnis als Liste ausgegeben. Diese Liste können Sie einer Variablen zuweisen und dann mit dieser Variablen weitere Berechnungen anstellen.

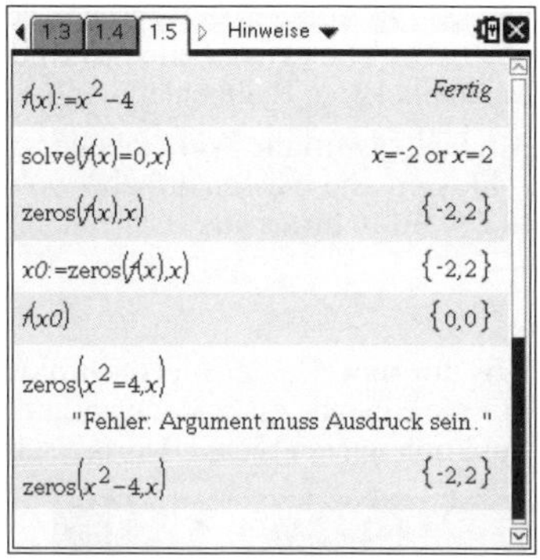

Es ist darauf zu achten, dass beim Befehl zeros() keine Gleichung, sondern ein Term eingegeben werden muss.

Will man z. B. die Gleichung $x^2 = 4$ mit zeros() lösen, muss so umgeformt werden, dass auf einer Seite der Gleichung der Wert null erreicht ist:

$x^2 - 4 = 0$

Den Term auf der anderen Seite der Gleichung kann man dann als Ausdruck für zeros(Ausdruck, Variable) verwenden:

zeros(x^2 – 4, x)

Graphen zeichnen

Unter Graphs lassen sich u. a. Graphen von Funktionen zeichnen und analysieren. Dabei muss gegebenenfalls die Fenstereinstellung so gewählt werden, dass Sie interessante Aspekte des Graphen auf dem Bildschirm auch erkennen können.

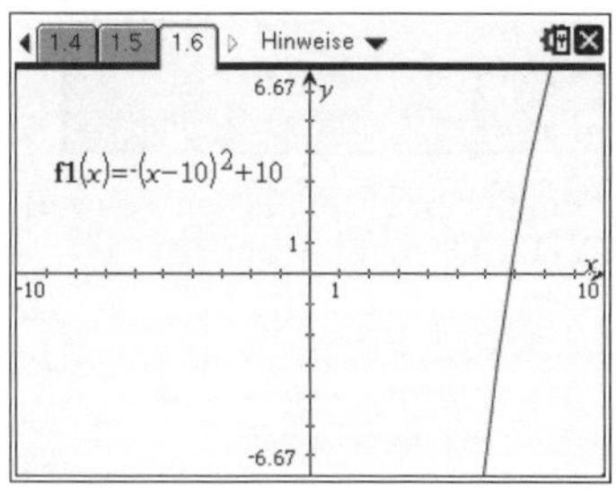

Zeichnen Sie z. B. den Graphen von

$y = -(x - 10)^2 + 10$

im Standardfenster, so ist nur ein Stück der zugehörigen Parabel zu erkennen. Erst nach einer geeigneten Veränderung des Koordinatensystems (z. B. mit [menu] Fenster / Zoom – Fenstereinstellungen ... oder durch „Anfassen“ einer Achse und „Ziehen“) wird der Graph mit dem Scheitelpunkt sichtbar.

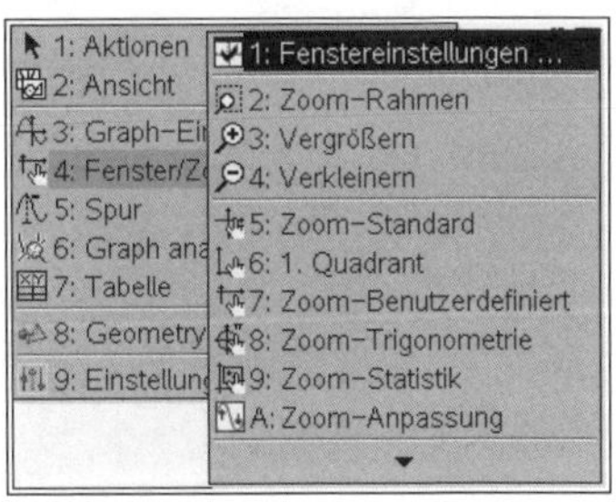

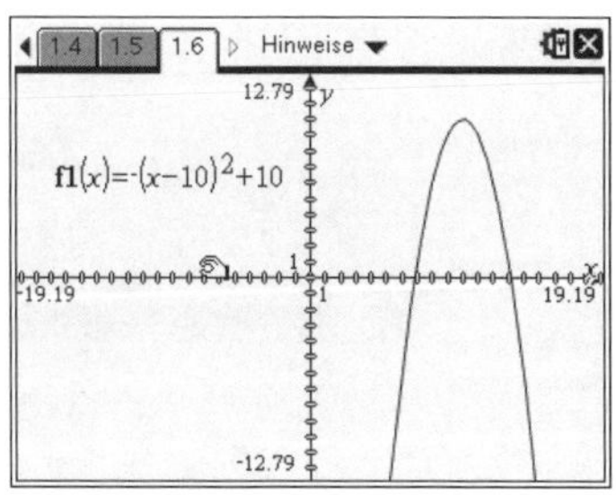

Die Eingabezeile für Funktionen lässt sich mit [tab] öffnen.

Wertetabellen

Eine Wertetabelle wird mit ctrl T angezeigt. Dabei wird automatisch die Seite geteilt.

Mit ctrl tab können Sie zwischen den Seitenhälften wechseln. Die aktive Seite des Bildschirms ist an einem dickeren Rahmen erkennbar.

Mit ctrl T wird die Wertetabelle auch wieder geschlossen. Sie müssen das aber von der linken Seite des Bildschirms aus vornehmen.

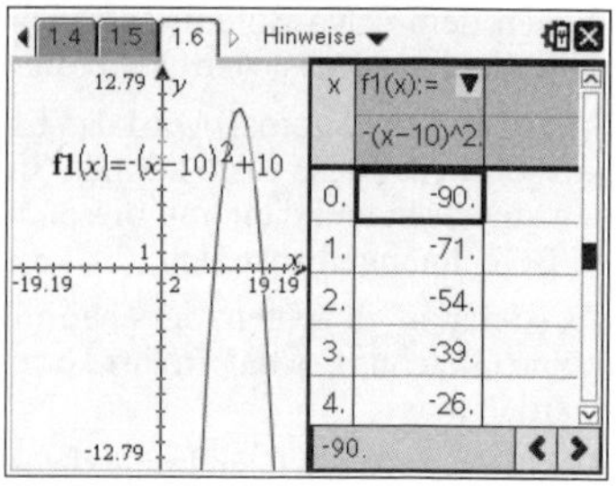

Abschnittsweise definierte Funktionen, Funktionenscharen

Für die Eingabe einer stückweise definierten Funktion nutzen Sie die Vorlage unter 5:

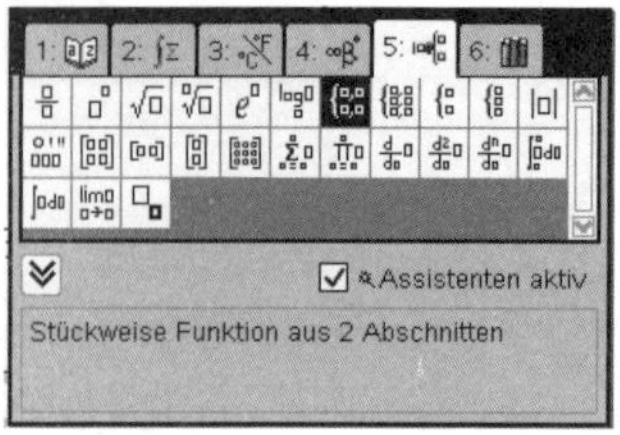

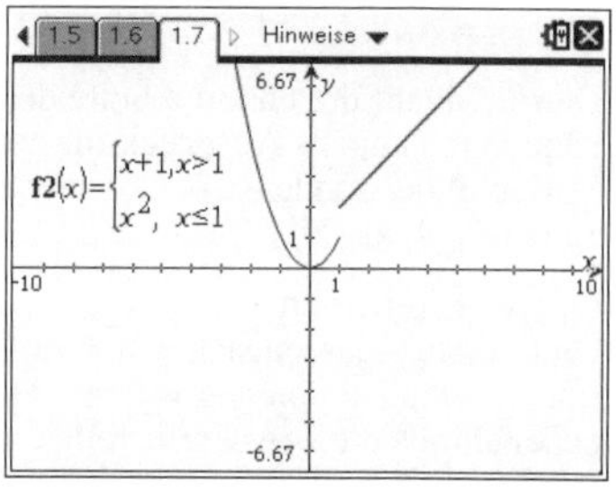

Funktionenscharen lassen sich z. B. mit dem WITH-Operator definieren.

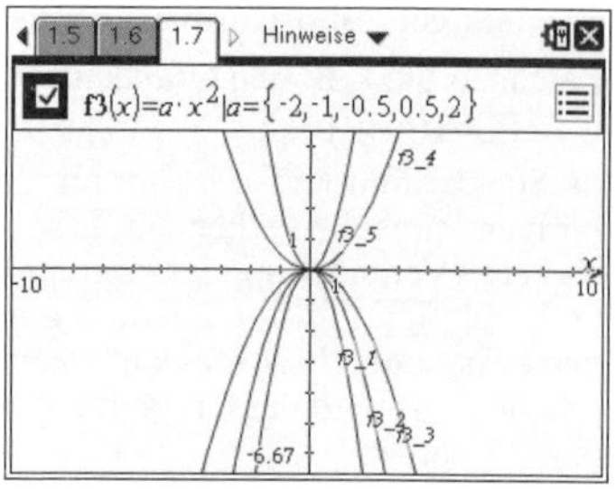

Graphen analysieren

Koordinaten interessanter Punkte lassen sich sehr rasch bestimmen: menu Graph analysieren

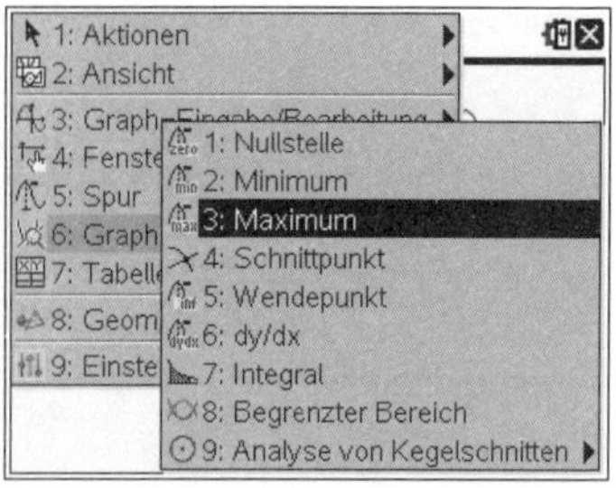

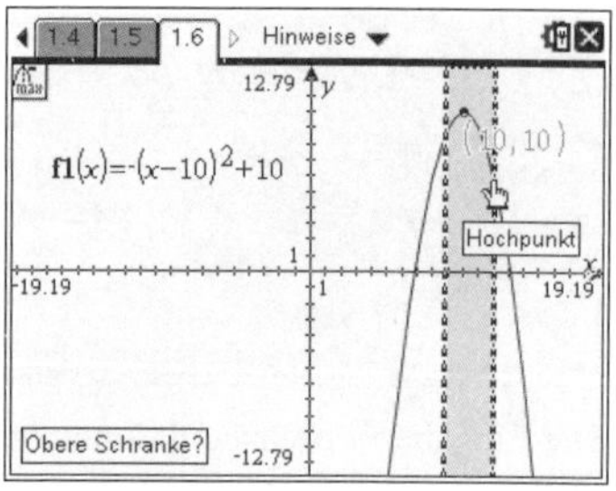

Nach Auswahl eines Menüpunktes wird oben links auf dem Bildschirm eine Hilfe angezeigt, die man durch Anklicken öffnen kann.

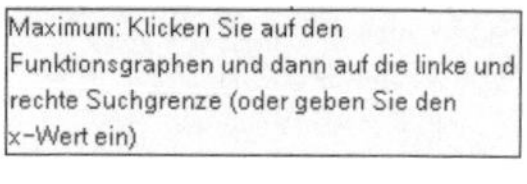

Schieberegler

In den Applikationen Graphs, Geometry und Data & Statistics ist unter [menu] Aktionen ein Schieberegler verfügbar.

Nach Definition geeigneter Variablen lässt sich deren Einfluss z. B. auf die Lage des Graphen dynamisch untersuchen. Eventuell müssen die Einstellungen des Schiebereglers angepasst werden. Dazu setzen Sie den Cursor auf den Schieberegler und wählen im Kontextmenü: [ctrl] [menu] Einstellungen ...

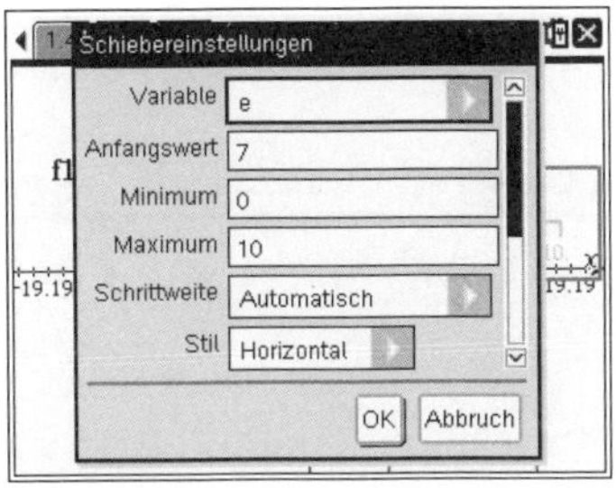

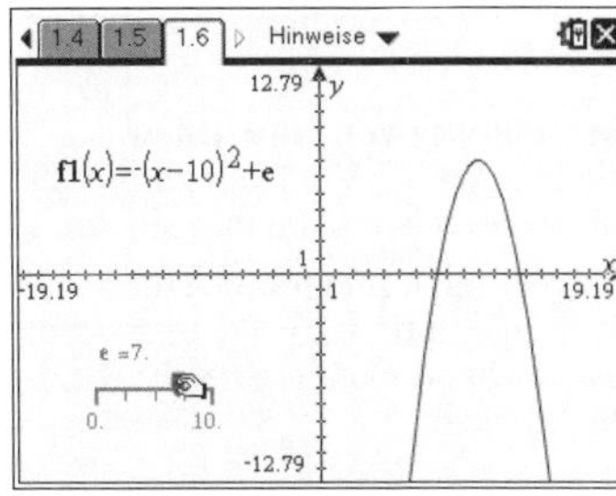

Ableitungen von Funktionen

Sie finden die Vorlagen zum Differenzieren von Funktionen z. B. unter [⊞] [5]:

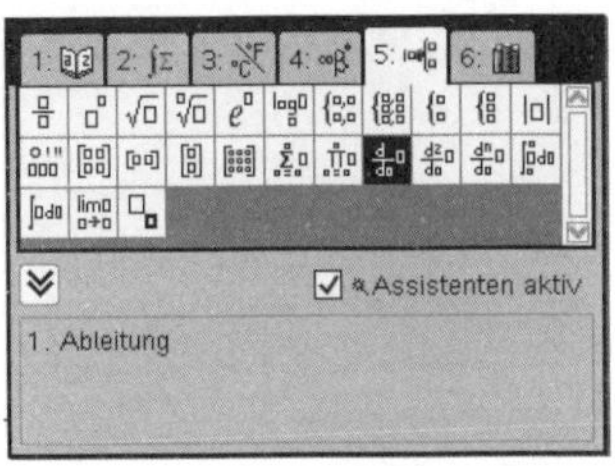

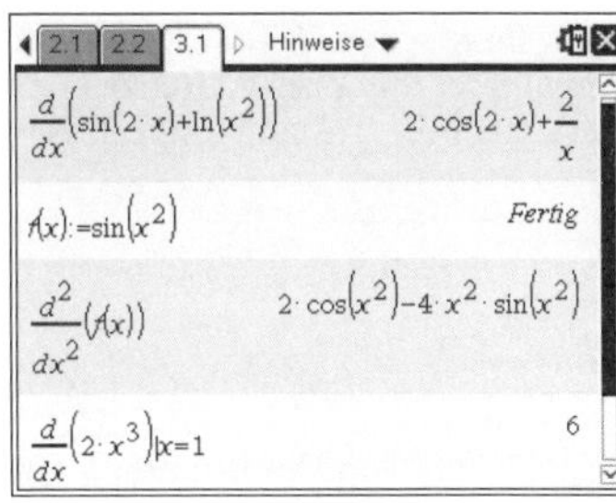

Sie können den Funktionsterm direkt eingeben oder mit den ggf. zugewiesenen Variablen arbeiten. Für Ableitungen an einer Stelle x_0 geben Sie diese mit dem WITH-Operator ein.

Dynamische Definitionen vermeiden

Beim Abspeichern z. B. von Ableitungsfunktionen mit Parametern müssen Sie folgenden Fehler vermeiden:

Beispiel: Für $f(x) = k \cdot x^2$ ist die 1. Ableitungsfunktion $f'(x) = 2k \cdot x$ und damit gilt für die 1. Ableitung von f an der Stelle k:

$f'(k) = 2k^2$

Das CAS gibt bei folgendem – **falschen!** – Vorgehen aber den Term $f'(k) = 3 \cdot k^2$ an.

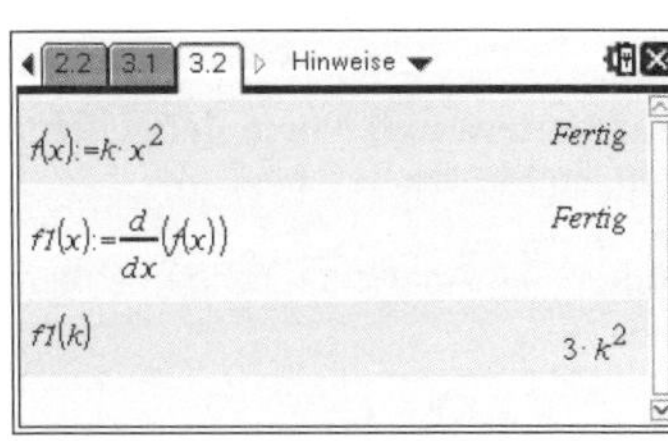

Woran liegt das? Speichert man wie im Beispiel nur die Vorschrift zum Bilden der 1. Ableitung unter dem Namen f1(x) ab, so rechnet das CAS erst den Wert von f(x) an der Stelle $x = k$ aus und bildet davon die 1. Ableitung nach k:

$f(k) = k \cdot k^2 = k^3$ und damit $f'(k) = 3k^2$

Sie vermeiden solche „dynamischen Definitionen“, indem Sie immer erst den Term der Ableitungsfunktion ausgeben lassen und den Funktionsterm dann unter einem geeigneten Namen abspeichern, wie es für dieses Beispiel gezeigt wird.

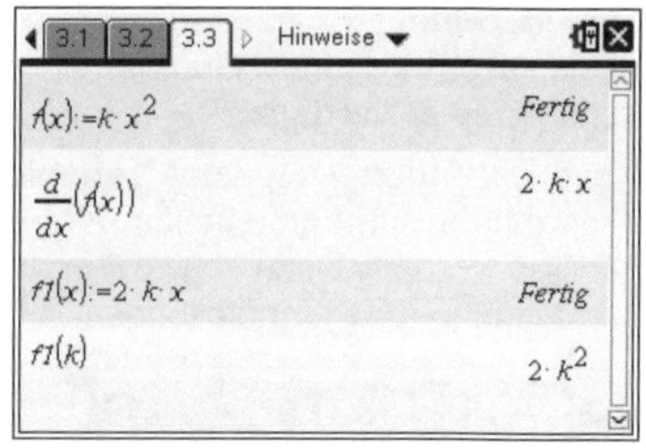

Berechnung von Integralen
Sie können die Vorlagen zur Eingabe nutzen (siehe oben bei „Ableitungen von Funktionen“).

Unbestimmte Integrale werden im Allgemeinen ohne Integrationskonstante angezeigt. Diese müssen Sie beim Notieren des Ergebnisses selbstständig ergänzen.

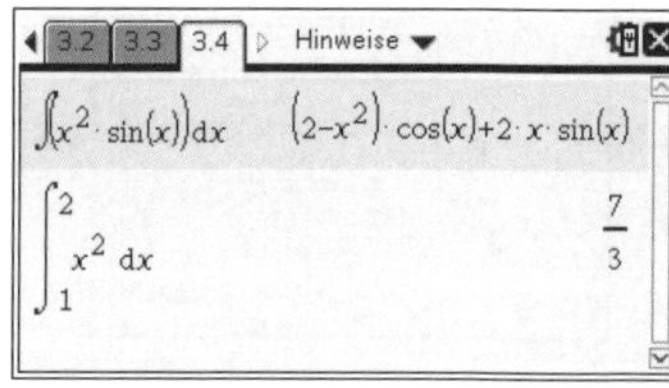

Hinweis: Bestimmte Integrale lassen sich auch im Grafikmodus unter [menu] Graph analysieren – Integral näherungsweise bestimmen. Bei der Abfrage von unterer und oberer Grenze können die Zahlenwerte über die Tastatur eingegeben werden.

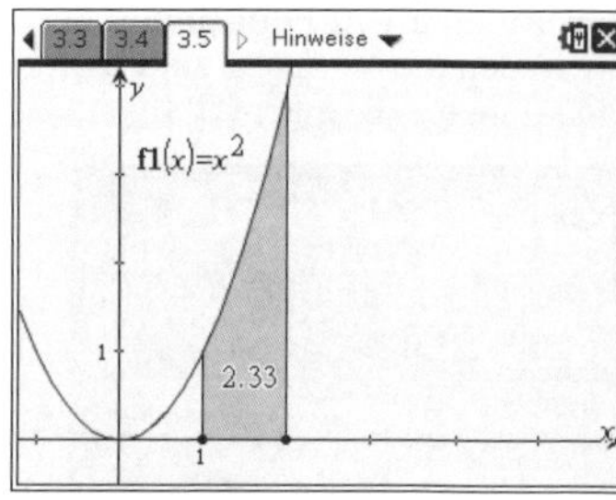

Grenzwerte von Funktionen
Nutzen Sie die Vorlagen (siehe oben bei „Ableitungen von Funktionen“).

Das Unendlich-Symbol ∞ finden Sie unter [π▸].

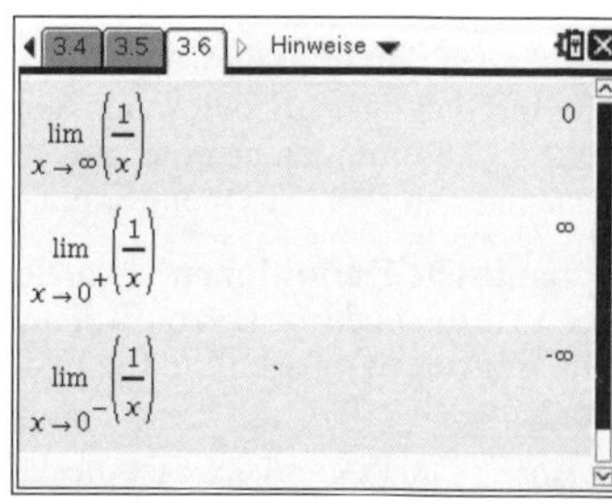

Tangenten- und Normalengleichungen bestimmen
Nutzen Sie die Befehle
tangentLine(f(x), x, x_0)
(unter [menu] Analysis – Tangententerm)
bzw.
normalLine(f(x), x, x_0)
(unter [menu] Analysis – Normalenterm)

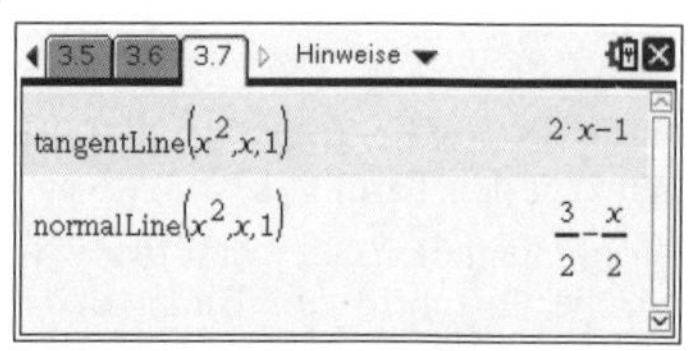

Hinweis: Tangenten lassen sich auch im Grafikmodus an den Graphen einer Funktion legen:
[menu] Geometry – Punkte & Geraden – Tangente

Die Tangentengleichung erhalten Sie, nachdem Sie den Cursor auf die Tangente gesetzt haben, durch [ctrl][menu] Koordinaten / Gleichung.

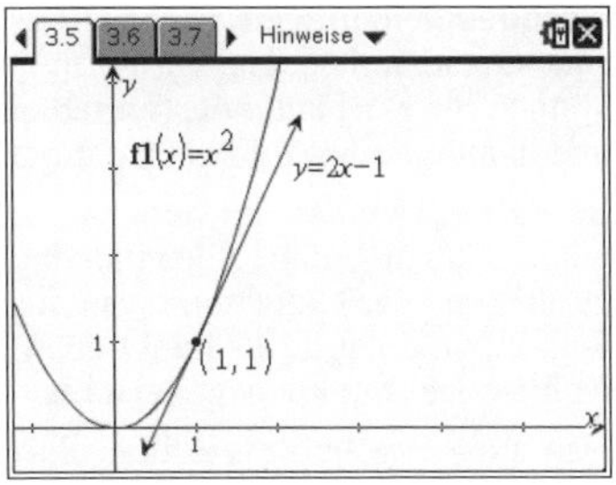

Definitionsmenge bestimmen
Mithilfe des domain()-Befehls kann man die Definitionsmenge eines Terms ermitteln.

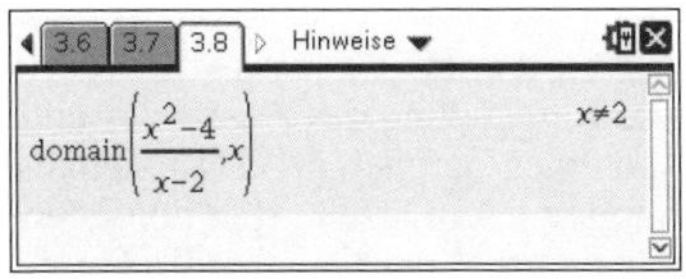

Vektoren, Betrag eines Vektors
Vektoren können als Spalten- oder Zeilenvektoren eingegeben werden:
[x; y; z] erzeugt einen Spaltenvektor.
[x, y, z] erzeugt einen Zeilenvektor.

Für die Eingabe von Vektoren lassen sich auch Vorlagen benutzen.

Mit der Taste [↵] können weitere Zeilen in einen Vektor eingefügt werden.

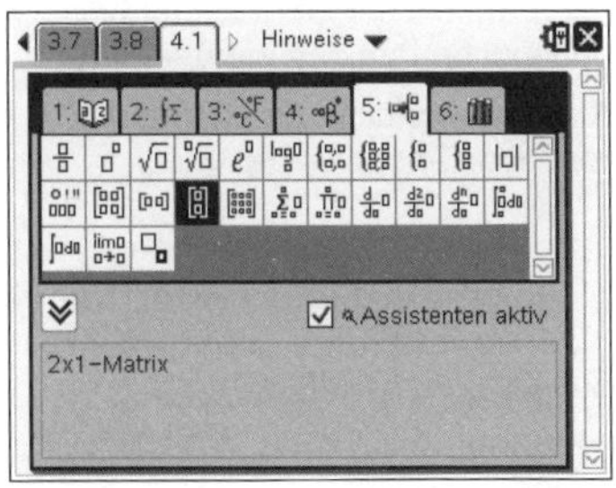

Am besten speichern Sie Vektoren unter Variablenbezeichnungen ab, um sich die Eintipparbeit zu vereinfachen.

Vektoren lassen sich vervielfachen und addieren.

Den Betrag eines Vektors erhält man durch den Befehl norm(Vektor).

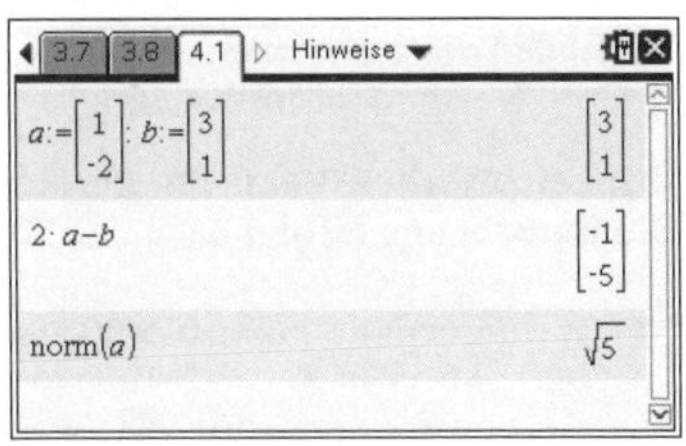

Lineare Abhängigkeit
Im *Beispiel* ist der Vektor $\vec{e}$ linear abhängig von den Vektoren $\vec{c}$ und $\vec{d}$, denn es gilt $1 \cdot \vec{c} - 1 \cdot \vec{d} = \vec{e}$.

Die Vektoren $\vec{c}$, $\vec{d}$ und $\vec{g}$ hingegen sind linear unabhängig.

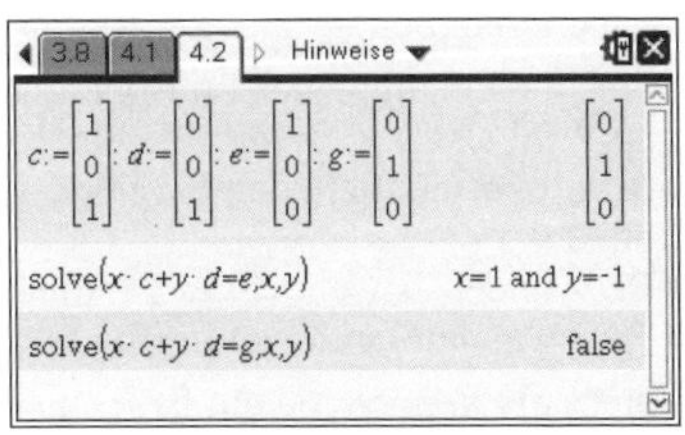

Geradengleichungen

Eine Geradengleichung der Form $\vec{x} = \vec{p}_0 + t \cdot \vec{a}$ können Sie z. B. unter der Variablen g(t) speichern und dann mit dieser Variablen arbeiten.

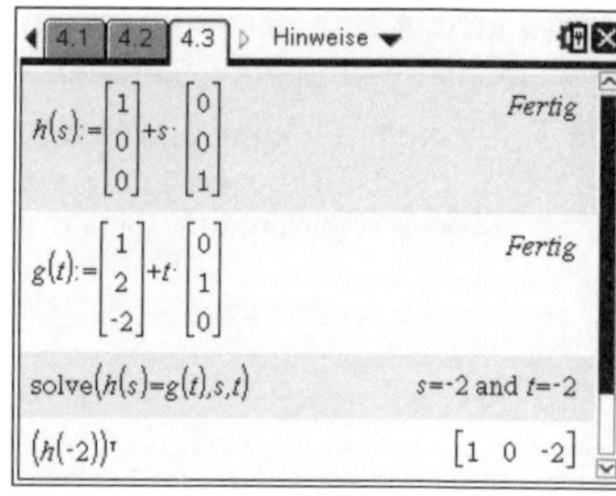

Im *Beispiel* wurden die Geraden auf ihren Schnittpunkt untersucht. Ihre Gleichungen wurden gleichgesetzt und das Gleichungssystem gelöst. Der Schnittpunkt wurde als Funktionswert h(–2) berechnet. Der Funktionswert ist hier ein Vektor.

Damit das Ergebnis als Zeilenvektor angezeigt wird (aus Platzgründen), wurde der Vektor h(–2) transponiert. Das Symbol ^{T} finden Sie unter [📖][4].

Abstand eines Punktes von einer Geraden

Die Berechnung des Abstandes eines Punktes P von einer Geraden g(t) lässt sich als Minimierungsproblem lösen. Man muss denjenigen Parameterwert t* der Geraden finden, für den der Betrag der Differenz des Ortsvektors eines beliebigen Punktes der Geraden und des Ortsvektors des gegebenen Punktes minimal wird.

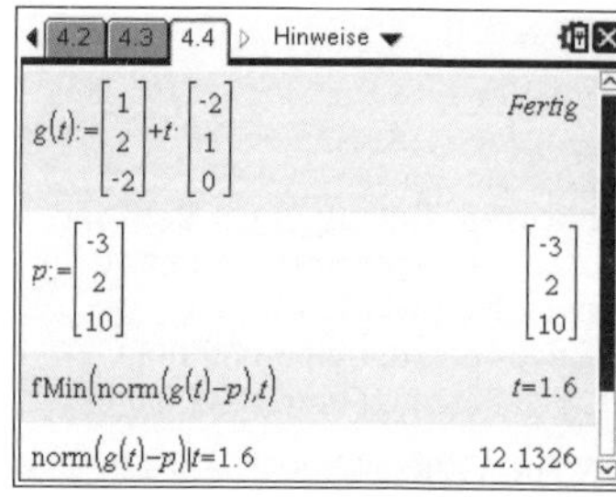

Mit t* kann dann der Betrag dieses Differenzvektors berechnet werden.

Skalarprodukt und Vektorprodukt

Skalarprodukt:
dotP(Vektor1, Vektor2)

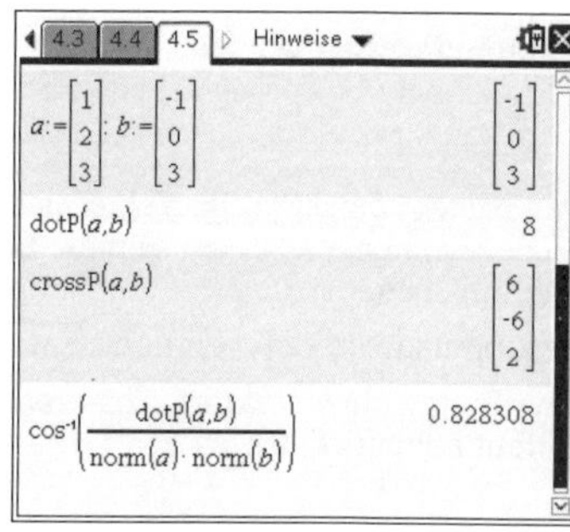

Vektorprodukt (Kreuzprodukt):
crossP(Vektor1, Vektor2)

Sie finden diese Befehle z. B. unter [menu] Matrix und Vektor – Vektor oder im Katalog [📖][1].

Winkel zwischen Vektoren berechnen

Die Berechnung erfolgt nach der Formel:

$$\cos(\alpha) = \frac{\vec{a} \circ \vec{b}}{|\vec{a}| \cdot |\vec{b}|} \quad \text{bzw.} \quad \alpha = \arccos\left(\frac{\vec{a} \circ \vec{b}}{|\vec{a}| \cdot |\vec{b}|}\right)$$

Die Anweisung arccos() finden Sie unter [trig] als $\cos^{-1}$. (Eine Eingabe von $\cos^{-1}$ mit der Taste [^] ist nicht möglich!)

Die Umrechnung eines im Bogenmaß angegebenen Winkels ist z. B. mithilfe des Konvertierungsoperators ▸ möglich, den Sie unter [📖][4] finden können:

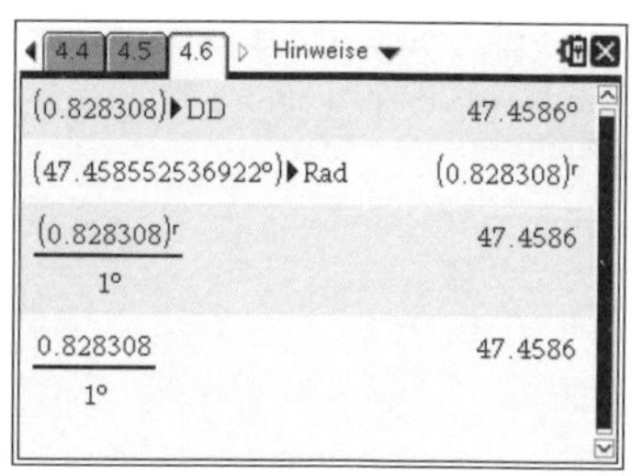

▸DD wandelt Bogenmaß in Gradmaß um.
▸RAD wandelt Gradmaß in Bogenmaß um.

Alternativ können Sie ein Ergebnis im Bogenmaß auch durch 1° dividieren, um eine Umrechnung in das Gradmaß vorzunehmen. Das Gradzeichen finden Sie unter [?!▸].

Ebenengleichungen

Eine Gleichung einer Ebene durch die Punkte A, B und C der Form $\vec{x} = \overrightarrow{OA} + \lambda \cdot \overrightarrow{AB} + \mu \cdot \overrightarrow{AC}$ können Sie z. B. unter der Variablen E(λ, μ) speichern und dann mit dieser Variablen arbeiten.

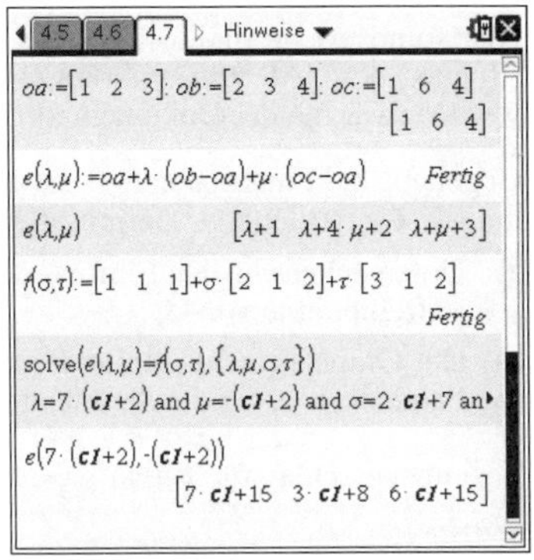

Im *Beispiel* wurden die Ebenen E und F auf ihre Schnittpunkte untersucht. Die Vektorterme der Ebenen wurden gleichgesetzt und die Gleichung gelöst. Die Werte für λ und μ wurden in E(λ, μ) eingesetzt und das Ergebnis als Zeilenvektor angezeigt. Die Schnittmenge ergibt eine Gerade:

$$\vec{x} = \begin{pmatrix} 15 \\ 8 \\ 15 \end{pmatrix} + c_1 \cdot \begin{pmatrix} 7 \\ 3 \\ 6 \end{pmatrix}$$

Alternativ kann man Ebenen auch in der Koordinatenform definieren. Die Schnittgerade erhält man analog der Lösung eines unterbestimmten linearen Gleichungssystems, wo man eine Variable frei wählen kann.

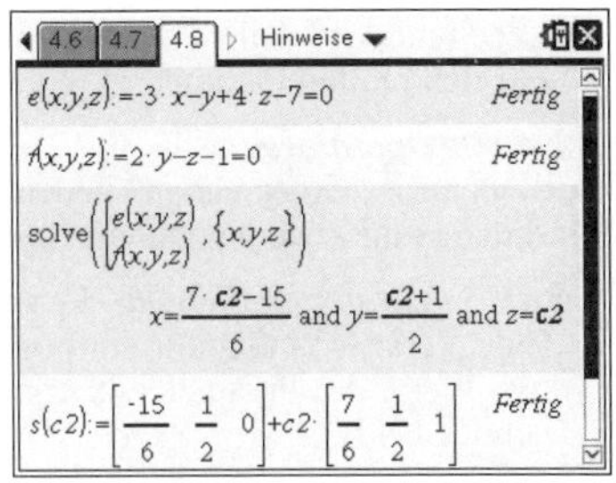

Lagebeziehung Ebene-Gerade

Die Schnittmenge einer Ebene mit einer Gerade erhält man, wenn man die Vektorterme von Ebene und Gerade gleichsetzt. Voraussetzung dafür ist, dass man vereinbare Gleichungen benutzt, z. B. beide Gleichungen in der Parameterform. Im *Beispiel* erhält man im ersten Fall eine Lösung mit einem frei wählbaren Parameter, also ist die Gerade s in der Ebene E. Im zweiten Fall ergibt sich eine eindeutige Lösung für die Gleichung; es gibt also einen Schnittpunkt. Durch Einsetzen der Lösung für k in die Gleichung der Gerade erhält man den Ortsvektor zum Schnittpunkt der Ebene E mit der Gerade.

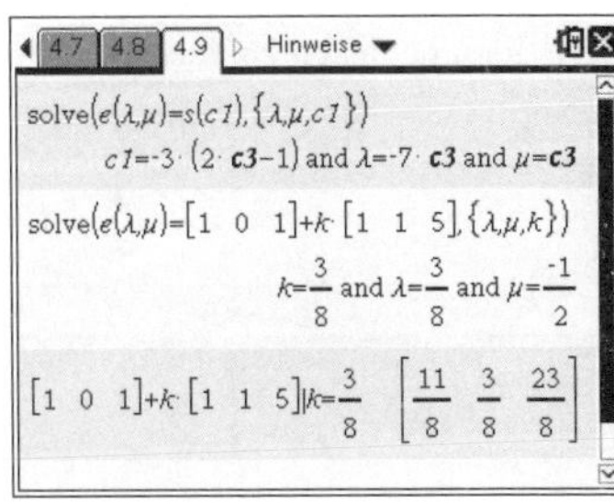

Alternativ kann man auch die Komponenten der Geraden in die Ebenengleichung einsetzen. Im gezeigten *Beispiel* liegt die Gerade in der Ebene.

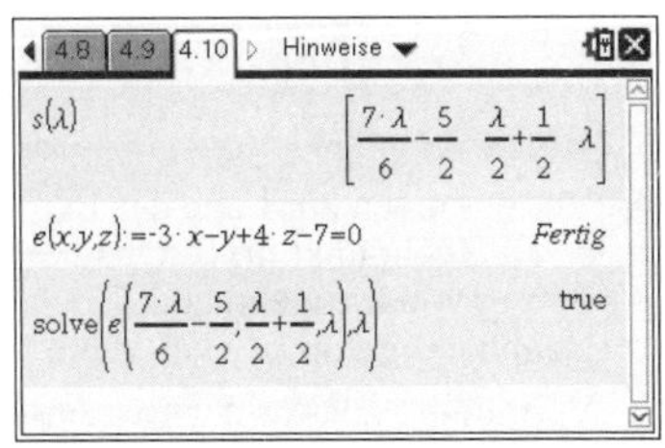

Hinweise zur Dokumentation: Beispielaufgabe mit dem CAS-Rechner

Als Grundsatz für die Lösungsdokumentation gilt, dass in der Lösung keine Befehle (Syntax) des CAS stehen dürfen. Am Beispiel einer *Analysisaufgabe* soll kurz dargestellt werden, was bei der Dokumentation der Lösungen zu beachten ist.

Gegeben sind Funktionen f_k (k ist ein Parameter) durch die Gleichung $f_k(x) = k \cdot x^3 + 4x^2$ mit $k \in \mathbb{R} \setminus \{0\}$ und der Definitionsmenge $D = \mathbb{R}$. Der Graph von f_k sei G_k.

a) Untersuchen Sie den Einfluss des Parameters k auf die Lage und Art der lokalen Extrempunkte von G_k.

b) Der Graph G_k schließt mit der x-Achse eine Fläche ein. Ermitteln Sie die Werte des Parameters k, für die der Inhalt dieser Fläche $\frac{512}{3}$ FE beträgt.

Lösungsvorschlag für Teilaufgabe a:

Schritt 1:

- Themenbereich: Kurvendiskussion einer Funktionenschar
- Lage und Art lokaler Extrempunkte in Abhängigkeit von k sind zu bestimmen.
- Für den reellen Parameter k gilt $k \neq 0$.

Schritt 2 (Operatoren):

Der Operator „Untersuchen" bedeutet, Sachverhalte bzw. Objekte zu erkunden und Merkmale und Zusammenhänge herauszuarbeiten.

Schritt 3 (Veranschaulichung, Vermutungen):

- Eine Veranschaulichung für positive und negative Werte des Parameters k ergibt nebenstehendes Bild.
- Eine Veranschaulichung für verschieden große positive bzw. negative Werte von k zeigen die beiden nächsten Bilder.

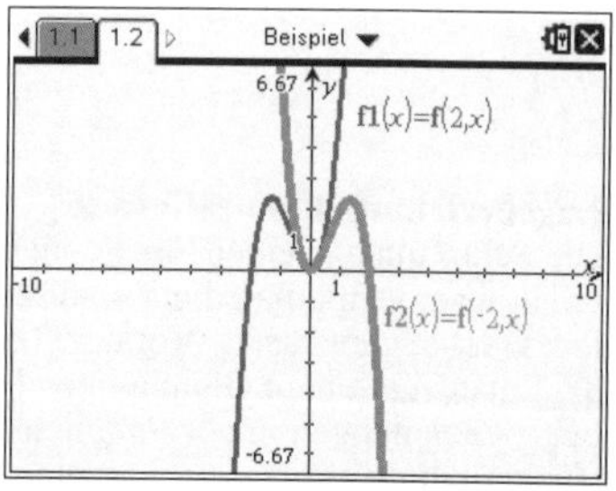

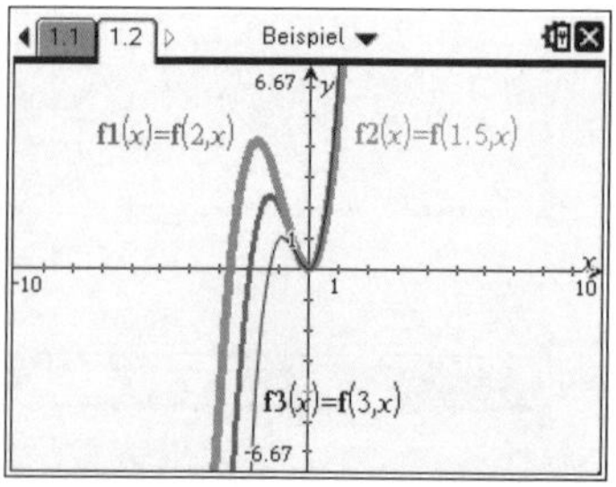

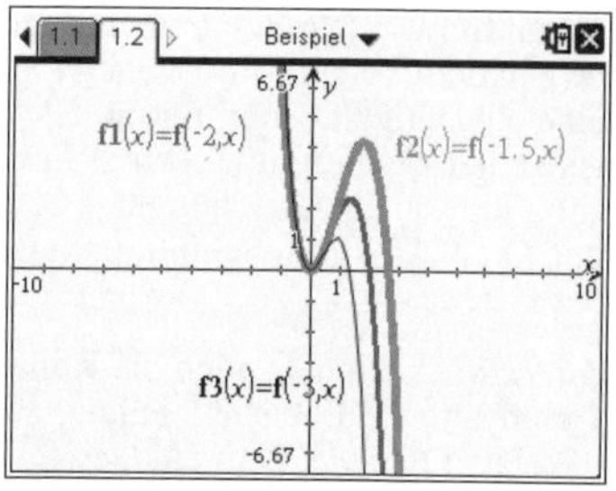

- Vermutungen zur Lage der Extremstellen:
  $k > 0$: Hochpunkt im II. Quadranten, $k < 0$: Hochpunkt im I. Quadranten
  Betrag von k zunehmend: Hochpunkt rückt näher an den Ursprung heran.
  Unabhängig von k existiert ein lokaler Tiefpunkt im Ursprung.

  Vermutung zur Art der Extremstellen:
  Es gibt einen „fixen" Tiefpunkt im Ursprung.
  Es gibt einen Hochpunkt in Abhängigkeit von k, aber mit stets positiver Ordinate.

Schritt 4 (Lösungsplan und -darstellung):

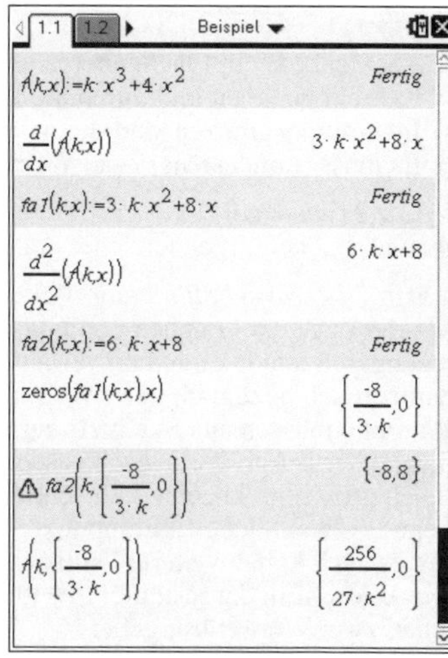

- 1. und 2. Ableitung von f_k bilden: Geben Sie die Funktionsgleichung ein und bilden Sie die Ableitungsfunktionen, speichern Sie die Funktion und die Ableitungen.
- Notieren Sie die gefundenen Funktionen auf dem Prüfungsbogen. Die Gleichungen der Ableitungsfunktionen sind:
  $f_k'(x)=3kx^2+8x;\quad f_k''(x)=6kx+8$
- Notwendige Bedingung für lokale Extremstellen untersuchen und notieren:
  Die Nullstellen von $f_k'(x)$, also mögliche Extremstellen, sind:
  $x_{e1}=\frac{-8}{3k}$ sowie $x_{e2}=0$
- Hinreichende Bedingung für lokale Extrempunkte untersuchen und notieren:
  $f_k''\left(\frac{-8}{3k}\right)=-8<0$

  Da der Wert -8 der zweiten Ableitung an der Stelle x_{e1} unabhängig von k ist, liegt hier also stets ein lokaler Hochpunkt vor.

  $f_k''(0)=8>0$

  Auch an der Stelle x_{e2} ist die 2. Ableitung unabhängig von k und zwar stets 8, also gibt es an dieser Stelle immer einen lokalen Tiefpunkt.
- Berechnen Sie die Ordinaten $f(x_e)$ und geben Sie die geordneten Paare $(x_e;\, y_e)$ an:

  Hochpunkt $H\left(\frac{-8}{3k};\frac{256}{27k^2}\right)$ Tiefpunkt T(0; 0)

  Interpretation der Ergebnisse:

  Für alle $k\neq 0$ gilt $\frac{256}{27k^2}>0$, also liegt H immer oberhalb der x-Achse.

  Für negative k liegt der Hochpunkt H immer im I. Quadranten, weil dann $\frac{-8}{3k}>0$ ist.
  Für positive k ist $\frac{-8}{3k}<0$, also liegt H im II. Quadranten.

  Weil k sowohl bei x_e als auch bei y_e nur im Nenner steht, rückt der Hochpunkt für betragsmäßig größer werdende Werte von k immer näher zum Ursprung.
  Der Tiefpunkt hängt nicht von k ab.
  Damit sind die Vermutungen aus dem Schritt 3 bestätigt.

Schritt 5 (Probe):
Berechnen des Hochpunktes für $k=-2$ in Graphs und Vergleich mit den berechneten Extrempunkten für $k=-2$ zeigt Übereinstimmung.

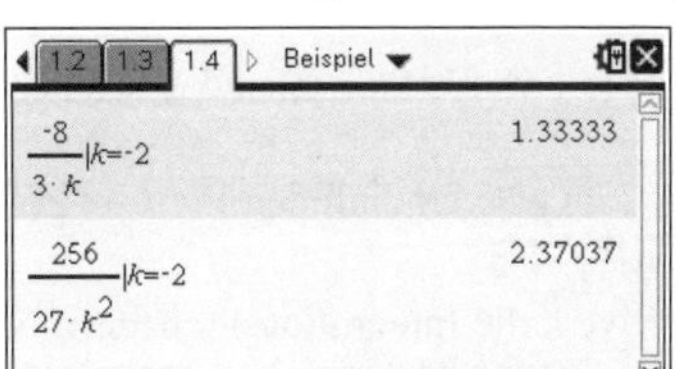

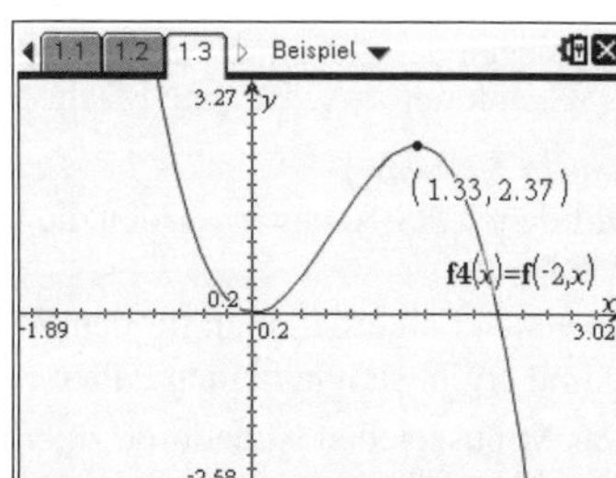

Lösungsvorschlag für Teilaufgabe b:

Schritt 1:

- Themenbereich: Flächenberechnung mithilfe des bestimmten Integrals
- Indirekt gegeben und durch die Beispiele in Teilaufgabe a verdeutlicht: Integrationsgrenzen sind die beiden Nullstellen von f_k. Es muss (mindestens) zwei Werte für k geben.

Schritt 2 (Operatoren):

„Ermitteln" heißt rechnerische, grafische oder inhaltliche Generierung eines Ergebnisses.

Schritt 3 (Veranschaulichung, Vermutungen):

Aus der Lage der Graphen von Funktionen mit entgegengesetztem k kann man vermuten, dass diese symmetrisch bezüglich der y-Achse sind. In diesem Falle müssen aus Symmetriegründen die von G_k und der x-Achse eingeschlossenen Flächen gleich groß sein. Da eine kubische Funktion nicht mehr als zwei lokale Extrempunkte haben kann, gibt es auch keine weiteren Nullstellen als die auf dem Bildschirm dargestellten. Es müsste deshalb genau zwei Werte für k geben.

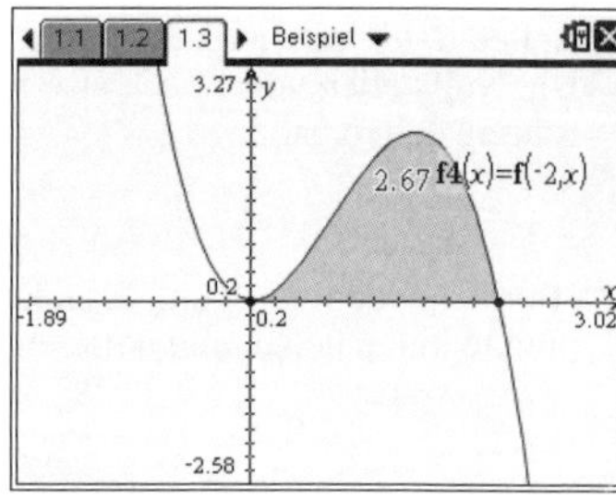

Schritt 4 (Lösungsplan und -darstellung):

- Die Nullstellen von $f_k(x) = k \cdot x^3 + 4x^2$ sind:
  $x_{01} = 0$ und $x_{02} = \frac{-4}{k}$
- Es gibt also genau zwei Nullstellen für jede Funktion f_k.
- Wenn die Graphen der Funktionen f_k und f_{-k} achsensymmetrisch bezüglich der y-Achse sind, so muss für alle reellen x gelten: $f_k(-x) = f_{-k}(x)$ Diese Gleichung wird durch den CAS-Rechner als „wahr" bestätigt.
- Für negative k liegt die von null verschiedene Nullstelle rechts von null. Sie kommt also als obere Integrationsgrenze infrage. Der Ansatz
  $\int_0^{\frac{-4}{k}} f_k(x)\,dx = \frac{512}{3}$ für die Flächenberechnung
  liefert $k = \frac{-1}{2}$ als Ergebnis.

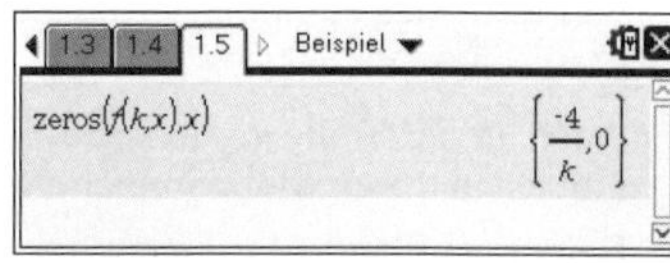

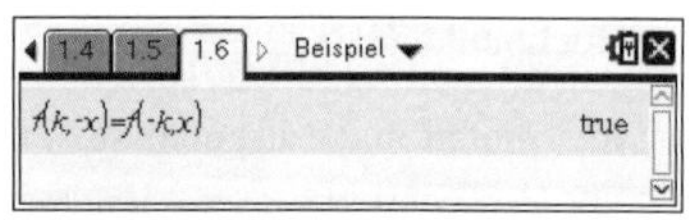

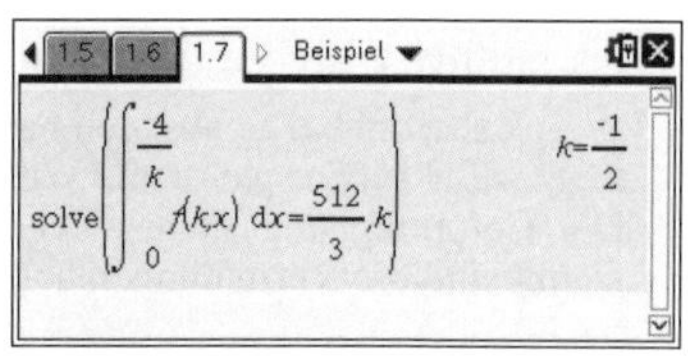

- Wegen der genannten und nachgewiesenen Symmetrie muss auch für $k = \frac{1}{2}$ der Graph G_k mit der x-Achse eine Fläche von $\frac{512}{3}$ FE einschließen.

Schritt 5 (Probe):

Mit dem CAS-Rechner werden die beiden Integrale $\int_0^{\frac{-4}{k}} f_k(x)\,dx$ für $k = -\frac{1}{2}$ und $k = \frac{1}{2}$ berechnet.

Im ersten Fall erhält man für den Wert des Integrals $\frac{512}{3}$, im zweiten Fall den Wert $-\frac{512}{3}$. Damit ergibt sich in beiden Fällen ein Flächeninhalt von $\frac{512}{3}$ FE.

Das Minuszeichen ist dadurch zu erklären, dass für positive k die Integrationsgrenzen vertauscht werden müssen. Auch eine Flächenberechnung in Graphs bestätigt die Ergebnisse.

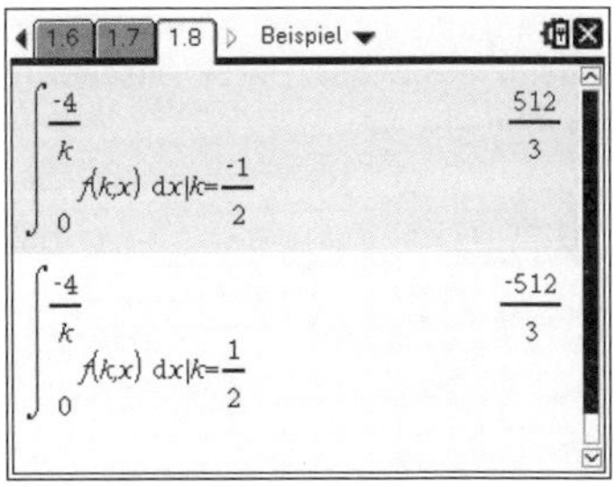

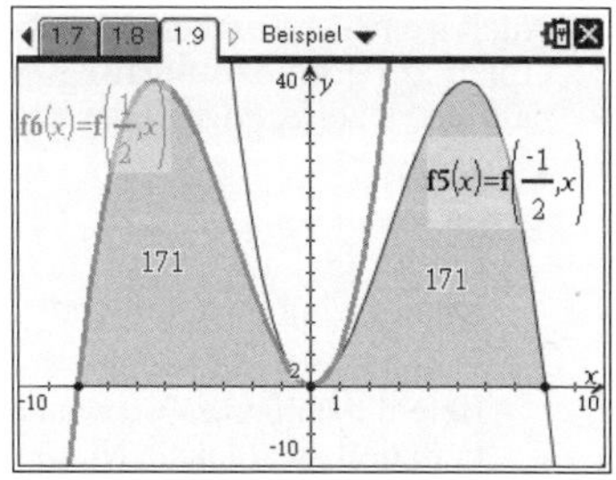

Hinweise und Warnungen für das Lösen von Abituraufgaben mit CAS-Rechnern

Da die Schülerinnen und Schüler im Unterricht mit CAS-Rechnern gearbeitet haben, dürfen Sie diesen selbstverständlich auch in der Fachabiturprüfung einsetzen. Damit Sie die damit verbundenen Vorteile auch effektiv nutzen können, sind hier einige Hinweise für das Lösen von Abituraufgaben mit CAS-Rechnern[1] aufgelistet.

- Das Bayerische Staatsministerium für Bildung und Kultus, Wissenschaft und Kunst verlangt wegen der Gleichwertigkeit der äußeren Bedingungen, dass bei der Prüfung verwendete CAS-Rechner **vor dem Beginn des schriftlichen Mathematikabiturs** in einen für alle Fachabiturienten einheitlichen Ausgangszustand mit leerem Arbeitsspeicher zurückgesetzt werden. Das Löschen aller Dateien sollten Sie bereits spätestens am Vortag zu Hause vornehmen. So können Sie wichtige Dateien von Ihrem Taschencomputer auf einen PC übertragen und abspeichern, um sie später wieder zur Verfügung zu haben. Bei der Gelegenheit sollten Sie auch den technischen Zustand Ihres Taschencomputers überprüfen und eventuell den Akku aufladen.

- Es kommt nicht oft vor, aber man kann es nicht völlig ausschließen, dass der Taschencomputer an seine **technischen Grenzen** stößt. Deshalb sollte man **Warnhinweise** des Rechners **ernst nehmen** und versuchen, die **Lösung auf einem anderen Lösungsweg abzusichern**.[2]

  Beispiel: Die Lösungen der Gleichung $\sin x = e^x$ werden mit dem Taschencomputer auf algebraischem Wege ermittelt.

  Algebraisch werden nur zwei Näherungslösungen ermittelt, aber es wird eine Warnung angezeigt. Wird diese mit dem Cursor angeklickt, erscheint eine ausführliche Bemerkung, die mit „Weitere Lösungen möglich." beginnt.

  In der grafischen Veranschaulichung erkennt man, dass es mehr als zwei Lösungen geben muss. Durch inhaltliche Überlegungen (Periodizität der Sinusfunktion und asymptotisches Verhalten der e-Funktion bezüglich der negativen x-Achse) wird klar, dass es sogar unendlich viele Lösungen dieser Gleichung gibt.

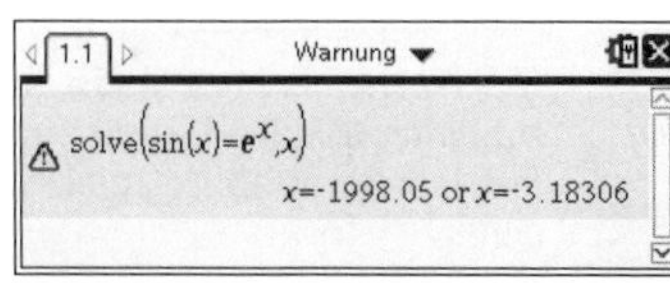

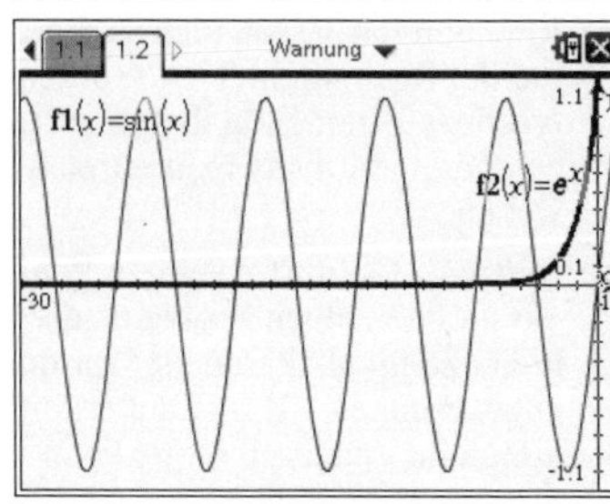

1 Diese Hinweise haben keinen Anspruch auf Vollständigkeit und können das Handbuch nicht ersetzen, sollen aber auf Sachverhalte hinweisen, die erfahrungsgemäß einigen Schülern Probleme bereiten.
2 Nicht jeder Warnhinweis ist berechtigt.

- Auch wenn der Taschencomputer keinen Warnhinweis anzeigt, kann die **Kontrolle auf einem anderen Lösungsweg** helfen, Fehler zu vermeiden, die z. B. durch falsche inhaltliche Überlegungen oder Eingabefehler entstehen können.

  Beispiele:

  a) Es soll diejenige Stelle x bestimmt werden, für die die Funktion $y = f(x) = x^2 \cdot e^{-x}$ ein lokales Minimum annimmt.

  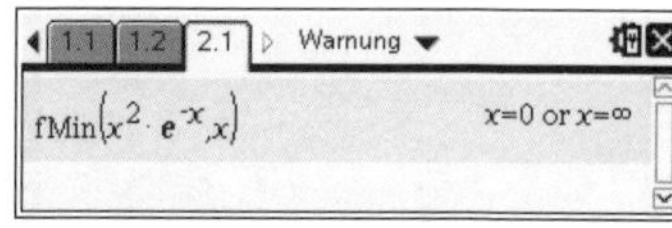

  In einem ersten Lösungsversuch wird der Befehl fMin(f(x),x) verwendet. Hat die Funktion zwei lokale Minima?

  Eine grafische Darstellung lässt vermuten, dass dieses Ergebnis nicht richtig sein kann, denn für $x \to \infty$ kann man eher eine asymptotische Annäherung an die x-Achse erwarten.

  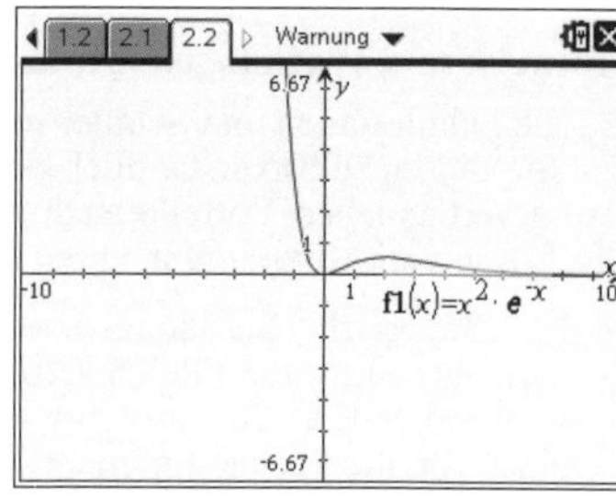

  Weitere Untersuchungen mit dem Ableitungskalkül bestätigen, dass nur für $x = 0$ ein lokales Minimum vorliegt. Für $x \to \infty$ nähern sich die Funktionswerte asymptotisch der x-Achse, ein weiteres lokales Minimum existiert also nicht.

  b) Der Graph der Funktion

  $$y = f(x) = \frac{(x-5) \cdot (x+3)}{x+4}$$

  soll auf lokale Extrempunkte untersucht werden. Er besitzt genau zwei lokale Extrempunkte. Die grafische Darstellung im Standardfenster zeigt aber nur einen lokalen Tiefpunkt an, obwohl die Funktion auch einen lokalen Hochpunkt besitzt.

  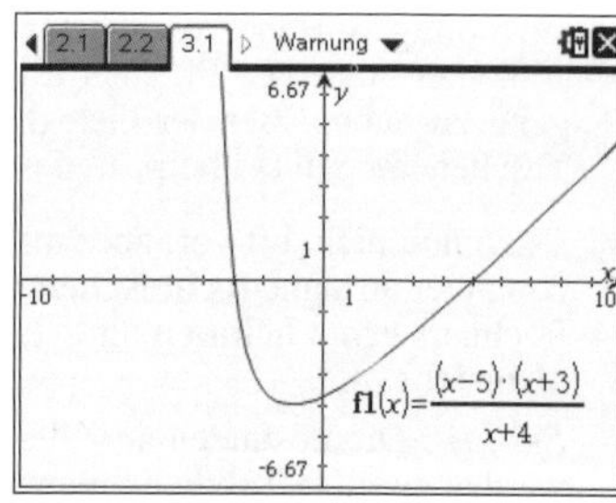

  Der Nachweis über die Existenz und Anzahl aller lokalen Extrempunkte gelingt letztlich nur mithilfe algebraischer Methoden.

- Rechnungen lassen sich weitgehend an das CAS übertragen. Das spart Zeit und vermeidet Rechenfehler. Sie sollten stets sehr **sorgfältig die Eingabe** in den Rechner **kontrollieren**, um Eingabefehler zu vermeiden. Auch bei der Auswahl der Variablenbezeichnungen muss man aufpassen, dass keine rechnerinternen Überschneidungen entstehen.

  Beispiel: Es führt zu einem Fehler, innerhalb ein und desselben Problems die Variable t gleichzeitig als Parameter für den Ortsvektor eines Punktes d(t) und außerdem als Bezeichnung eines anderen Objektes wie einer Geraden zu verwenden.

  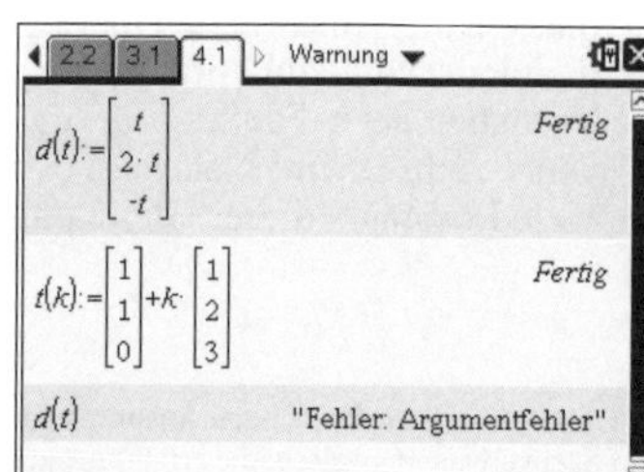

  Die Fehlermeldung kommt dadurch zustande, dass der Rechner bei d(t) für t die Eingabe einer Variablen oder Zahl erwartet, aber t hier als ein Vektor abgespeichert ist.

- Um Rundungsfehler zu vermeiden, sollte man die **Zwischenergebnisse** direkt **über Kopieren und Einfügen** (ctrl C bzw. ctrl V) im weiteren Rechengang **nutzen**.

  Beispiel: Eine Stadt hatte 70 000 Einwohner im Jahr 2008, im Jahr 2014 sind es 85 000. Unter der Annahme, dass exponentielles Wachstum vorliegt, soll das Jahr berechnet werden, in dem sich die Bevölkerungszahl gegenüber dem Jahr 2008 verdoppelt hat.

  Aus dem Ansatz ergibt sich ein exakter Wachstumsfaktor oder ein als Dezimalbruch angegebener Faktor mit vielen Nachkommastellen (siehe Bildschirmausdruck). Man ist versucht, mit einem gerundeten Wert weiterzurechnen, beispielsweise hier mit $x = 1{,}03$. Mit diesem gerundeten Zwischenergebnis erhält man eine Abweichung von fast zwei Jahren gegenüber dem Ergebnis, das aus dem nicht gerundeten Wert entsteht.

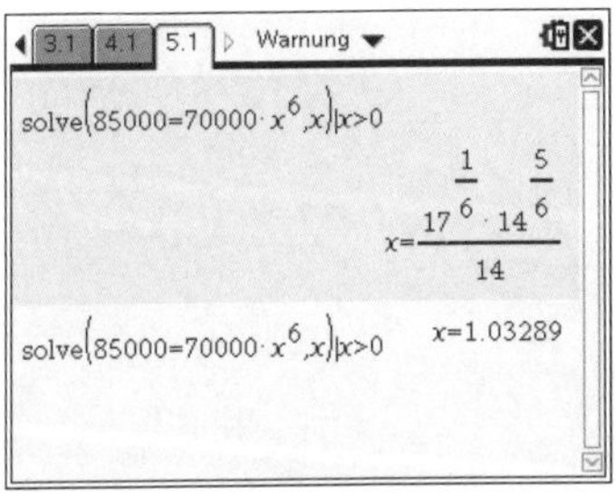

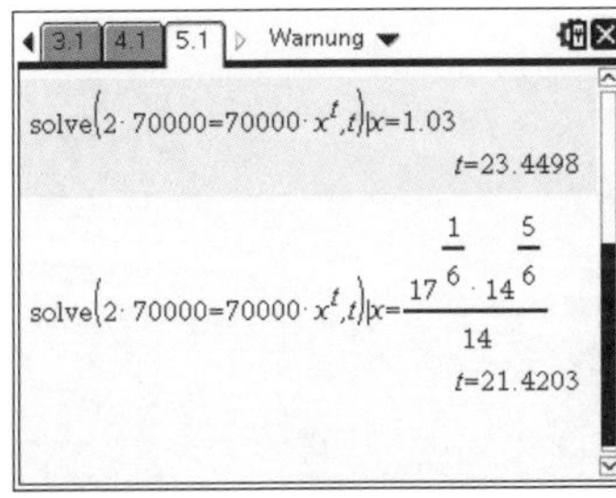

- Weil der Taschencomputer Ihnen viel Arbeit abnimmt, kann es passieren, dass Ihre Lösungsdarstellung zu knapp ausfällt. Gewöhnen Sie sich beizeiten daran, den Lösungsweg immer so zu notieren, dass er von anderen gut nachvollzogen werden kann. **Kommentieren Sie Ihre Lösungsansätze, notieren Sie Zwischenschritte und nehmen Sie in der Antwort immer Bezug auf die gestellte Aufgabe.** So haben Sie eine nachträgliche Kontrolle, ob Sie wirklich alle gestellten Aufgabenteile bearbeitet haben. Eventuell ist es dann auch möglich, bei der Korrektur Folgefehler anzuerkennen. Selbstverständlich trägt eine saubere und übersichtliche Darstellung des Lösungsweges zu einem positiven Gesamteindruck Ihrer Arbeit bei.

Merkhilfe für Berufliche Oberschulen
Mathematik/Technik

Teil I: Stoffgebiete der Mittelstufe

Binomische Formeln

$(a+b)^2 = a^2 + 2ab + b^2$

$(a-b)^2 = a^2 - 2ab + b^2$

$(a+b)\cdot(a-b) = a^2 - b^2$

$(a+b)^3 = a^3 + 3a^2b + 3ab^2 + b^3$

$(a-b)^3 = a^3 - 3a^2b + 3ab^2 - b^3$

$a^3 - b^3 = (a-b)\cdot(a^2 + ab + b^2)$

Absolutbetrag

$$|x| = \begin{cases} x & \text{für } x \geq 0 \\ -x & \text{für } x < 0 \end{cases}$$

Lösungsformel für die quadratische Gleichung $ax^2 + bx + c = 0$

$$x_{1/2} = \frac{-b \pm \sqrt{b^2 - 4ac}}{2a}$$

Potenzen und Wurzeln

$a^0 = 1$ $\qquad$ $a^1 = a$

$a^{\frac{1}{n}} = \sqrt[n]{a}$ $\qquad$ $a^{\frac{n}{m}} = \sqrt[m]{a^n}$ $\qquad$ $a^{-x} = \dfrac{1}{a^x}$ $\qquad$ $(a^x)^z = a^{x \cdot z}$

$a^x \cdot a^z = a^{x+z}$ $\qquad$ $\dfrac{a^x}{a^z} = a^{x-z}$ $\qquad$ $a^x \cdot b^x = (ab)^x$ $\qquad$ $\dfrac{a^x}{b^x} = \left(\dfrac{a}{b}\right)^x$

$\sqrt{a} \cdot \sqrt{a} = a$ $\qquad$ $\sqrt{a} \cdot \sqrt{b} = \sqrt{ab}$ $\qquad$ $\dfrac{\sqrt{a}}{\sqrt{b}} = \sqrt{\dfrac{a}{b}}$

Geradengleichung

$y = m \cdot x + t$ (allgemeine Form)

$y = m \cdot (x - x_0) + y_0$ (Punkt-Steigungsform)

Schnittwinkel zweier Geraden $\quad \tan\varphi = \left| \dfrac{m_1 - m_2}{1 + m_1 \cdot m_2} \right|$

Parabelgleichung

$y = ax^2 + bx + c$ (allgemeine Form)

$y = a \cdot (x - x_S)^2 + y_S$ (Scheitelform)

$y = a \cdot (x - x_1) \cdot (x - x_2)$ (Linearfaktorform)

Logarithmen

$\log_b(a) = z \quad \Leftrightarrow \quad b^z = a$

$\log_b(uv) = \log_b(u) + \log_b(v)$

$\log_b\left(\frac{u}{v}\right) = \log_b(u) - \log_b(v)$

$\log_b(u^z) = z \cdot \log_b(u)$

$\log_c(a) = \frac{\log_b(a)}{\log_b(c)}$

Rechtwinkliges Dreieck

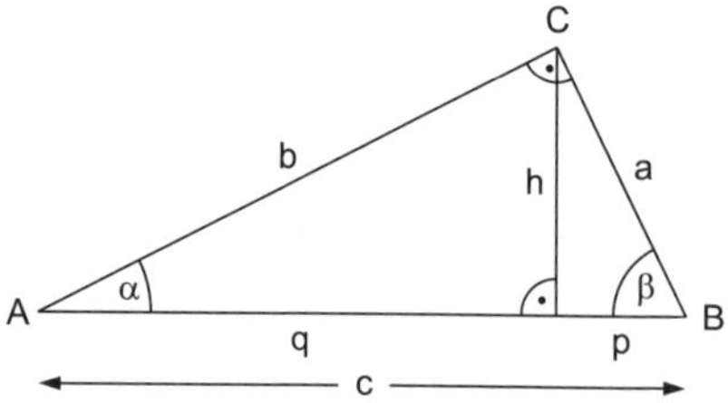

Pythagoras: $a^2 + b^2 = c^2$

Höhensatz: $h^2 = pq$

Kathetensatz: $a^2 = cp; \; b^2 = cq$

$\sin\alpha = \frac{a}{c}; \quad \cos\alpha = \frac{b}{c}; \quad \tan\alpha = \frac{\sin\alpha}{\cos\alpha} = \frac{a}{b}$

Allgemeines Dreieck

Sinussatz: $a : b : c = \sin\alpha : \sin\beta : \sin\gamma$

Kosinussatz:
$$a^2 = b^2 + c^2 - 2bc \cdot \cos\alpha$$
$$b^2 = a^2 + c^2 - 2ac \cdot \cos\beta$$
$$c^2 = a^2 + b^2 - 2ab \cdot \cos\gamma$$

Sinus und Kosinus

$(\sin\varphi)^2 + (\cos\varphi)^2 = 1$

$\sin(-\varphi) = -\sin\varphi$

$\cos(-\varphi) = \cos\varphi$

$\sin(90° - \varphi) = \cos\varphi$

$\cos(90° - \varphi) = \sin\varphi$

$\sin 2\varphi = 2\sin\varphi\cos\varphi$

$\cos 2\varphi = (\cos\varphi)^2 - (\sin\varphi)^2$

$\left(\sin\frac{\varphi}{2}\right)^2 = \frac{1}{2} \cdot (1 - \cos\varphi)$

$\left(\cos\frac{\varphi}{2}\right)^2 = \frac{1}{2} \cdot (1 + \cos\varphi)$

$\sin(\alpha + \beta) = \sin\alpha\cos\beta + \cos\alpha\sin\beta$

$\cos(\alpha + \beta) = \cos\alpha\cos\beta - \sin\alpha\sin\beta$

$\sin\alpha + \sin\beta = 2\sin\frac{\alpha+\beta}{2}\cos\frac{\alpha-\beta}{2}$

$\sin\alpha - \sin\beta = 2\cos\frac{\alpha+\beta}{2}\sin\frac{\alpha-\beta}{2}$

$2\sin\alpha\cos\beta = \sin(\alpha - \beta) + \sin(\alpha + \beta)$

Flächengeometrie

A: Flächeninhalt **U:** Umfang

Allgemeines Dreieck: $A = \frac{1}{2} g h$

Kreis: $U = 2 r \pi; \; A = r^2 \pi$

Gleichseitiges Dreieck: $A = \frac{a^2}{4}\sqrt{3}; \; h = \frac{a}{2}\sqrt{3}$

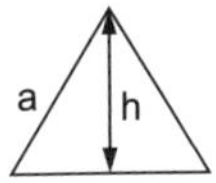

Trapez: $A = \frac{a + c}{2} h$

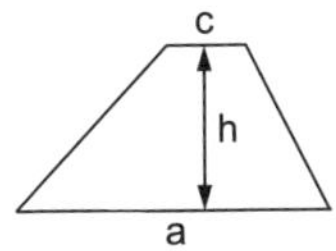

Raumgeometrie

V: Volumen **M:** Mantelfläche

O: Oberfläche **G:** Grundfläche

Prisma: $V = G h$

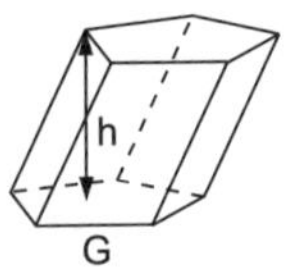

Pyramide: $V = \frac{1}{3} G h$

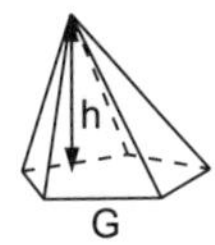

gerader Kreiszylinder:

$V = r^2 \pi h;$

$M = 2 r \pi h$

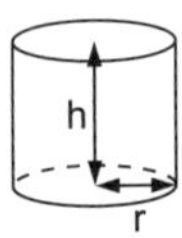

gerader Kreiskegel:

$V = \frac{1}{3} r^2 \pi h;$

$M = r \pi m$

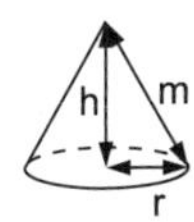

Kugel: $V = \frac{4}{3} r^3 \pi; \; O = 4 r^2 \pi$

Teil II: Analysis

Grenzwerte

$$\lim_{x \to +\infty} \frac{x^r}{e^x} = 0$$

$$\lim_{x \to +\infty} \frac{\ln x}{x^r} = 0; \quad \lim_{x \to 0} (x^r \cdot \ln x) = 0 \quad \text{(jeweils } r > 0\text{)}$$

Definition der Ableitung

Ableitung: $f'(x_0) = \lim_{x \to x_0} \frac{f(x) - f(x_0)}{x - x_0}$, falls der Grenzwert existiert und endlich ist.

Schreibweisen: $f'(x) = y' = \frac{df(x)}{dx} = \frac{dy}{dx}; \quad \frac{ds(t)}{dt} = \dot{s}(t)$

Ableitung der Grundfunktionen

$(x^r)' = r \cdot x^{r-1}$ $\left(\frac{1}{x^r}\right)' = -\frac{r}{x^{r+1}}$ $(e^x)' = e^x$ $(\ln x)' = \frac{1}{x}$

$(\sin x)' = \cos x$ $(\cos x)' = -\sin x$

$(\arcsin x)' = \frac{1}{\sqrt{1-x^2}}$ $(\arccos x)' = -\frac{1}{\sqrt{1-x^2}}$ $(\arctan x)' = \frac{1}{1+x^2}$

Ableitungsregeln

Summenregel: $f(x) = u(x) + v(x) \quad \Rightarrow \quad f'(x) = u'(x) + v'(x)$

Faktorregel: $f(x) = c \cdot u(x) \quad \Rightarrow \quad f'(x) = c \cdot u'(x)$

Produktregel: $f(x) = u(x) \cdot v(x) \quad \Rightarrow \quad f'(x) = u'(x) \cdot v(x) + u(x) \cdot v'(x)$

Quotientenregel: $f(x) = \frac{u(x)}{v(x)} \quad \Rightarrow \quad f'(x) = \frac{u'(x) \cdot v(x) - u(x) \cdot v'(x)}{[v(x)]^2}$

Kettenregel: $f(x) = u(v(x)) \quad \Rightarrow \quad f'(x) = u'(v(x)) \cdot v'(x)$

L'Hospitalsche Regeln

- Gilt $z(a) = n(a) = 0$ und existiert $\lim\limits_{x \to a} \frac{z'(x)}{n'(x)}$, so gilt $\lim\limits_{x \to a} \frac{z(x)}{n(x)} = \lim\limits_{x \to a} \frac{z'(x)}{n'(x)}$.
- Gilt $|z(x)| \to \infty$ und $|n(x)| \to \infty$ für $x \to a$ und existiert $\lim\limits_{x \to a} \frac{z'(x)}{n'(x)}$, so gilt $\lim\limits_{x \to a} \frac{z(x)}{n(x)} = \lim\limits_{x \to a} \frac{z'(x)}{n'(x)}$.
- Beide Regeln gelten in ähnlicher Weise auch für $|x| \to \infty$ (anstelle von $x \to a$).

Anwendungen der Differenzialrechnung

- Gleichung der Tangente im Punkt $P(x_0 \mid f(x_0))$: $y = f'(x_0) \cdot (x - x_0) + f(x_0)$
- Monotoniekriterium:
  $f'(x) < 0$ im Intervall I $\Rightarrow$ f fällt streng monoton in I.
  $f'(x) > 0$ im Intervall I $\Rightarrow$ f steigt streng monoton in I.
- Art von Extremwerten (mithilfe der zweiten Ableitung):
  $f'(x_0) = 0$ und $f''(x_0) > 0$ $\Rightarrow$ f hat an der Stelle x_0 ein relatives Minimum.
  $f'(x_0) = 0$ und $f''(x_0) < 0$ $\Rightarrow$ f hat an der Stelle x_0 ein relatives Maximum.
- Graphenkrümmung:
  $f''(x) < 0$ im Intervall I $\Rightarrow$ G_f ist in I rechtsgekrümmt.
  $f''(x) > 0$ im Intervall I $\Rightarrow$ G_f ist in I linksgekrümmt.
- Wendepunkt:
  Ist $f''(x_0) = 0$ und wechselt $f''(x)$ an der Stelle x_0 das Vorzeichen, so hat G_f an der Stelle x_0 einen Wendepunkt.
- Terrassenpunkt:
  Ist $f'(x_0) = 0$ und $f''(x_0) = 0$ und wechselt $f''(x)$ an der Stelle x_0 das Vorzeichen, so hat G_f an der Stelle x_0 einen Terrassenpunkt.

Newtonsche Iterationsformel

zur näherungsweisen Berechnung von Nullstellen: $x_{n+1} = x_n - \frac{f(x_n)}{f'(x_n)}$

Symmetrie bezüglich des Koordinatensystems

$f(-x) = f(x)$ für alle $x \in D_f$ $\Leftrightarrow$ G_f ist achsensymmetrisch zur y-Achse.
(f heißt dann *gerade Funktion.*)

$f(-x) = -f(x)$ für alle $x \in D_f$ $\Leftrightarrow$ G_f ist punktsymmetrisch zum Ursprung.
(f heißt dann *ungerade Funktion.*)

Hauptsatz der Differenzial- und Integralrechnung

(1) Ist f eine in [a; b] stetige Funktion, so ist

- die Integralfunktion $F_a: x \mapsto \int_a^x f(t)\,dt$ differenzierbar
- und F_a ist eine Stammfunktion von f, d. h. $F_a'(x) = f(x)$.

(2) Ist F eine Stammfunktion von f, so gilt $\int_a^b f(x)\,dx = F(b) - F(a) = [F(x)]_a^b$.

Partielle Integration

$$\int_a^b u(x) \cdot v'(x)\,dx = [u(x) \cdot v(x)]_a^b - \int_a^b v(x) \cdot u'(x)\,dx$$

Integration durch Substitution

$$\int_a^b f(x)\,dx = \int_{g^{-1}(a)}^{g^{-1}(b)} f(g(t)) \cdot g'(t)\,dt \quad \text{mit } x = g(t)$$

Uneigentliche Integrale

$$\int_a^\infty f(x)\,dx := \lim_{b \to \infty} \int_a^b f(x)\,dx$$

Volumen eines Rotationskörpers bei Rotation um die x-Achse

$$V = \pi \cdot \int_a^b (f(x))^2\,dx$$

Wichtige unbestimmte Integrale

$\int x^r\,dx = \frac{x^{r+1}}{r+1} + C \quad (r \neq -1)$

$\int \frac{1}{x}\,dx = \ln|x| + C$

$\int \sin x\,dx = -\cos x + C$

$\int \cos x\,dx = \sin x + C$

$\int e^x\,dx = e^x + C$

$\int \ln x\,dx = -x + x\ln x + C$

$\int \frac{f'(x)}{f(x)}\,dx = \ln|f(x)| + C$

$\int f'(x)\cdot e^{f(x)}\,dx = e^{f(x)} + C$

$\int f(ax+b)\,dx = \frac{1}{a}F(ax+b) + C$, wobei F Stammfunktion von f ist.

$\int \frac{1}{(\cos x)^2}\,dx = \tan x + C$

$\int \frac{1}{(\sin x)^2}\,dx = -\cot x + C$

$\int \frac{1}{a^2 - x^2}\,dx = \frac{1}{2a}\ln\left|\frac{a+x}{a-x}\right| + C$

$\int \frac{1}{a^2 + x^2}\,dx = \frac{1}{a}\arctan\frac{x}{a} + C$

$\int \frac{1}{\sqrt{a^2 - x^2}}\,dx = \arcsin\frac{x}{a} + C$

$\int \frac{1}{\sqrt{x^2 \pm a^2}}\,dx = \ln\left|x + \sqrt{x^2 \pm a^2}\right| + C$

$\int \sqrt{a^2 - x^2}\,dx = \frac{x}{2}\sqrt{a^2 - x^2} + \frac{a^2}{2}\arcsin\frac{x}{a} + C$ **(Kreisintegral)**

$\int \sqrt{a^2 + x^2}\,dx = \frac{x}{2}\sqrt{a^2 + x^2} + \frac{a^2}{2}\ln(x + \sqrt{a^2 + x^2}) + C$

Teil III: Wahrscheinlichkeitsrechnung

Gesetze der Mengenalgebra: $\overline{A} = \Omega \setminus A;\ A \cup \overline{A} = \Omega;\ A \cap \overline{A} = \{\ \};\ \overline{\overline{A}} = A;\ A \setminus B = A \cap \overline{B}$

Gesetze von De Morgan: $\overline{A \cap B} = \overline{A} \cup \overline{B};\ \overline{A \cup B} = \overline{A} \cap \overline{B}$

Unvereinbarkeit: $A \cap B = \{\ \}$

Ereigniswahrscheinlichkeiten: $P(\{\ \}) = 0;\ P(\Omega) = 1;\ P(\overline{A}) = 1 - P(A)$

Satz von Sylvester: $P(A \cup B) = P(A) + P(B) - P(A \cap B)$

Bedingte Wahrscheinlichkeit: $P_A(B) = \frac{P(A \cap B)}{P(A)}$

Unabhängigkeit von zwei Ereignissen: $P_A(B) = P(B)$ oder auch $P(A \cap B) = P(A) \cdot P(B)$

Fakultät: $n! = n \cdot (n-1) \cdot (n-2) \cdot \ldots \cdot 2 \cdot 1$

Anzahl der Möglichkeiten, n unterscheidbare Elemente in einer Reihe anzuordnen.

Binomialkoeffizient: $\binom{n}{k} = \frac{n!}{k! \cdot (n-k)!} = \frac{n \cdot (n-1) \cdot \ldots \cdot (n-k+1)}{k!}$

Anzahl der Möglichkeiten, aus einer Menge mit n Elementen Teilmengen mit k Elementen zu bilden.

Laplace-Experiment: Alle Elementarereignisse des zugehörigen Ergebnisraumes sind gleich wahrscheinlich.

Es gilt dann: $P(A) = \frac{|A|}{|\Omega|}$

Zufallsgrößen – Erwartungswert, Varianz, Standardabweichung

Die Zufallsgröße X nehme die Werte $x_1, x_2, \ldots, x_n$ jeweils mit den Wahrscheinlichkeiten $p_1, p_2, \ldots, p_n$ an. Dann gilt:

- **Erwartungswert:** $\mu = E(X) = \sum_{i=1}^{n} x_i \cdot p_i = x_1 \cdot p_1 + x_2 \cdot p_2 + \ldots + x_n \cdot p_n$
- **Varianz:** $Var(X) = \sum_{i=1}^{n} (x_i - \mu)^2 \cdot p_i = (x_1 - \mu)^2 \cdot p_1 + (x_2 - \mu)^2 \cdot p_2 + \ldots + (x_n - \mu)^2 \cdot p_n$
- **Verschiebungsregel:** $Var(X) = E(X^2) - \mu^2$
- **Standardabweichung:** $\sigma = \sqrt{Var(X)}$

Binomialverteilung

Die Zufallsgröße X beschreibe die Anzahl der Treffer in einer Bernoullikette der Länge n mit Trefferwahrscheinlichkeit p.
Dann heißt die zugehörige Wahrscheinlichkeitsverteilung *Binomialverteilung*.
X heißt binomialverteilt, genauer B(n; p)-verteilt.

Ist die Zufallsgröße X binomialverteilt nach B(n; p), so gilt:

$P(X = k) = B(n; p; k) = \binom{n}{k} \cdot p^k \cdot (1-p)^{n-k}$ für $k = 0, 1, \ldots, n$

mit dem Erwartungswert $E(X) = n \cdot p$ und Varianz $Var(X) = n \cdot p \cdot (1-p)$

Hypothesentest

Beim Testen der Nullhypothese H_0 im Signifikanztest können zwei Fehler auftreten:

Fehler 1. Art: H_0 wird abgelehnt, obwohl sie wahr ist.

Fehler 2. Art: H_0 wird angenommen, obwohl sie falsch ist.

Als *Signifikanzniveau* α des Tests bezeichnet man die größtmögliche noch akzeptierte Wahrscheinlichkeit des Fehlers 1. Art.

Normalverteilung

Dichtefunktion: $f(x) = \frac{1}{\sigma\sqrt{2\pi}} \cdot e^{-\frac{1}{2}\left(\frac{x-\mu}{\sigma}\right)^2}$

Verteilungsfunktion: $F(x) = \frac{1}{\sigma\sqrt{2\pi}} \cdot \int\limits_{-\infty}^{x} e^{-\frac{1}{2}\left(\frac{t-\mu}{\sigma}\right)^2} dt$

Standardnormalverteilung

Dichtefunktion: $\varphi(u) = \frac{1}{\sqrt{2\pi}} \cdot e^{-\frac{1}{2}u^2}$

Verteilungsfunktion: $\Phi(u) = \frac{1}{\sqrt{2\pi}} \cdot \int\limits_{-\infty}^{u} e^{-\frac{1}{2}t^2} dt$

Es gilt: $\Phi(-u) = 1 - \Phi(u)$

Approximation der Binomialverteilung durch die Normalverteilung

(brauchbar für $n \cdot p \cdot (1-p) > 9$)

$$B(n; p; k) \approx \frac{1}{\sigma} \cdot \varphi\left(\frac{k-\mu}{\sigma}\right) \text{ mit } \mu = n \cdot p \text{ und } \sigma = \sqrt{n \cdot p \cdot (1-p)}$$

$$F(x) \approx \Phi\left(\frac{x - \mu + \frac{1}{2}}{\sigma}\right)$$

Teil IV: Lineare Algebra und Analytische Geometrie

Multiplikation einer Matrix mit einem Vektor

$$\begin{pmatrix} a_{11} & a_{12} & a_{13} \\ a_{21} & a_{22} & a_{23} \\ a_{31} & a_{32} & a_{33} \end{pmatrix} \cdot \begin{pmatrix} v_1 \\ v_2 \\ v_3 \end{pmatrix} = \begin{pmatrix} a_{11} \cdot v_1 + a_{12} \cdot v_2 + a_{13} \cdot v_3 \\ a_{21} \cdot v_1 + a_{22} \cdot v_2 + a_{23} \cdot v_3 \\ a_{31} \cdot v_1 + a_{32} \cdot v_2 + a_{33} \cdot v_3 \end{pmatrix}$$

Skalarprodukt im $\mathbb{R}^3$

$$\vec{a} \circ \vec{b} = \begin{pmatrix} a_1 \\ a_2 \\ a_3 \end{pmatrix} \circ \begin{pmatrix} b_1 \\ b_2 \\ b_3 \end{pmatrix} = a_1 b_1 + a_2 b_2 + a_3 b_3$$

Eigenschaften und Anwendungen des Skalarprodukts

- zueinander senkrechte Vektoren: $\vec{a} \perp \vec{b} \iff \vec{a} \circ \vec{b} = 0$
- Betrag eines Vektors: $|\vec{a}| = \sqrt{\vec{a} \circ \vec{a}}$
- Einheitsvektor $\vec{a}^0 = \frac{\vec{a}}{|\vec{a}|}$
- Winkel zwischen zwei Vektoren: $\cos\varphi = \frac{\vec{a} \circ \vec{b}}{|\vec{a}| \cdot |\vec{b}|}$ mit $0° \le \varphi \le 180°$

Vektorprodukt im $\mathbb{R}^3$

$$\vec{a} \times \vec{b} = \begin{pmatrix} a_2b_3 - a_3b_2 \\ a_3b_1 - a_1b_3 \\ a_1b_2 - a_2b_1 \end{pmatrix}$$

Eigenschaften und Anwendungen des Vektorproduktes

- $\vec{a} \times \vec{b}$ steht senkrecht auf $\vec{a}$ und $\vec{b}$.
- $|\vec{a} \times \vec{b}| = |\vec{a}| \cdot |\vec{b}| \cdot \sin\varphi$ mit $0° \leq \varphi \leq 180°$
- Flächeninhalt F des Dreiecks ABC: $F = \frac{1}{2} |\overrightarrow{AB} \times \overrightarrow{AC}|$
- Volumen V der dreiseitigen Pyramide ABCD: $V = \frac{1}{6} |\overrightarrow{AB} \circ (\overrightarrow{AC} \times \overrightarrow{AD})|$

Lineare Unabhängigkeit

Drei Vektoren $\vec{a}$, $\vec{b}$ und $\vec{c} \in \mathbb{R}^3$ sind genau dann linear unabhängig, wenn die Gleichung $\lambda\vec{a} + \mu\vec{b} + \nu\vec{c} = \vec{0}$ nur mit $\lambda = \mu = \nu = 0$ lösbar ist.

Alternativ gilt: $\vec{a}$, $\vec{b}$ und $\vec{c}$ linear unabhängig $\Leftrightarrow$ $\vec{a} \circ (\vec{b} \times \vec{c}) \neq 0$

Gerade im $\mathbb{R}^2$ und im $\mathbb{R}^3$

- Punkt-Richtungsform: g: $\vec{x} = \vec{a} + \lambda \cdot \vec{u}$
- Zwei-Punkte-Form: g: $\vec{x} = \vec{a} + \lambda \cdot (\vec{b} - \vec{a})$

Ebene im $\mathbb{R}^3$

Parameterformen

- Punkt-Richtungsform: E: $\vec{x} = \vec{a} + \lambda \cdot \vec{u} + \mu \cdot \vec{v}$
- Drei-Punkte-Form: E: $\vec{x} = \vec{a} + \lambda \cdot (\vec{b} - \vec{a}) + \mu \cdot (\vec{c} - \vec{a})$

Parameterfreie Formen

- Koordinatenform: E: $ax_1 + bx_2 + cx_3 + d = 0$
- Achsenabschnittsform: E: $\frac{x_1}{s} + \frac{x_2}{t} + \frac{x_3}{u} = 1$
  Festlegung durch die Achsenschnittpunkte $S(s|0|0)$, $T(0|t|0)$ und $U(0|0|u)$
- Normalenform: E: $\vec{n} \circ (\vec{x} - \vec{a}) = 0$

Bayern – FOS · BOS 12 – Fachabiturprüfung 2009
Mathematik (Ausbildungsrichtung Technik) – Analysis A I

BE

1 Gegeben ist die reelle Funktion $f\colon x \mapsto \dfrac{8 \cdot e^x}{(1+e^x)^2}$ in der Definitionsmenge $D_f = \mathbb{R}$.

1.1 Untersuchen Sie das Verhalten der Funktionswerte f(x) für $x \to \pm\infty$ und geben Sie die Gleichung der Asymptote des Graphen von f an. 4

1.2 Weisen Sie nach, dass der Graph von f achsensymmetrisch zur y-Achse verläuft. 5

1.3 Zeigen Sie, dass für die Ableitungsfunktion f' der Funktion f gilt:

$$f'(x) = \frac{1-e^x}{1+e^x} \cdot f(x)$$

Ermitteln Sie über die maximalen Monotonieintervalle Art und Lage des Extremalpunktes des Graphen von f und geben Sie die Wertemenge der Funktion f an. 10

1.4 Weisen Sie nach, dass der Graph von f zwei Wendepunkte besitzt, und berechnen Sie deren Koordinaten auf zwei Nachkommastellen gerundet. 11

1.5 Zeichnen Sie den Graphen der Funktion f für $-4 \le x \le 4$ in ein kartesisches Koordinatensystem mit dem Maßstab 1 LE = 1 cm. 3

1.6 Zeigen Sie, dass die Funktion

$$F\colon x \mapsto \frac{-8}{1+e^x}$$

in ihrer Definitionsmenge $D_F = \mathbb{R}$ eine Stammfunktion der Funktion f ist. 2

1.7 Die beiden Koordinatenachsen und die Gerade mit der Gleichung $x = t$ mit $t \in \mathbb{R}$ und $t > 0$ schließen mit dem Graphen von f ein Flächenstück ein, das durch den Graphen der auf $D_h = \mathbb{R}$ definierten Funktion $h\colon x \mapsto 2 \cdot e^{-x}$ in zwei Teilflächen $A_1(t)$ und $A_2(t)$ zerlegt wird.

1.7.1 Zeichnen Sie den Graphen der Funktion h für $-1 \le x \le 4$ in das Koordinatensystem der Aufgabe 1.5 ein und kennzeichnen Sie für den Sonderfall $t = 2$ die Teilflächen $A_1(2)$ und $A_2(2)$. 4

1.7.2 Berechnen Sie jeweils in Abhängigkeit von t den Flächeninhalt der beiden Teilflächen $A_1(t)$ und $A_2(t)$. 5

1.7.3 Zeigen Sie, dass für den Differenzbetrag der beiden Flächeninhalte in Abhängigkeit von $t \in \mathbb{R}$ und $t > 0$ gilt:

$$|\Delta A(t)| = \frac{8}{1+e^t} - \frac{4}{e^t}$$

Beweisen Sie, dass man t nicht so wählen kann, dass die Flächeninhalte der beiden Teilflächen gleich groß sind, dass sie aber für $t \to \infty$ denselben Grenzwert haben. 8

2 In einem Flughafenterminal wird die Gepäckabfertigung neu geplant. Unter anderem ist ein neues Förderband für den Transport des Gepäcks vorgesehen. Das Förderband soll zunächst horizontal verlaufen, hat jedoch auf einer Strecke von sechs Metern einen Höhenunterschied von einem Meter zu überwinden, um dann wieder horizontal weiter geführt zu werden. Der Übergang von der höher gelegenen auf die tiefere Ebene soll auf einer kosinusförmigen Kurve verlaufen. Der (nicht maßstabsgetreue) Verlauf des Förderbands ist unten schematisch als Graph G_h einer Funktion h in Abhängigkeit von x dargestellt. x gibt dabei die Länge der zurückgelegten Strecke in horizontaler Richtung, h die vom Hallenboden aus gemessene Höhe des Förderbands in Meter an.
Auf die Verwendung von Einheiten wird verzichtet.

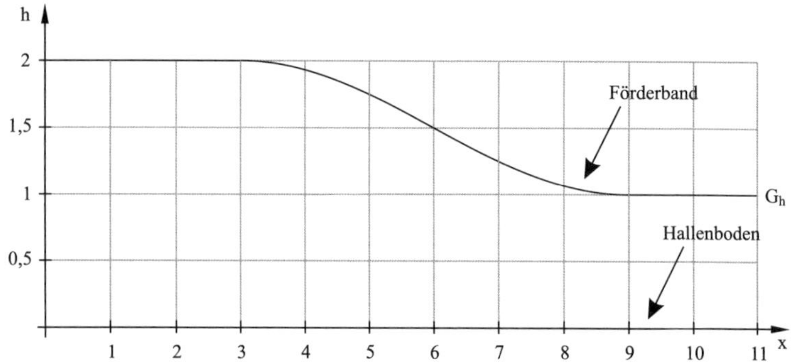

2.1 Der in der Zeichnung abgebildete Graph G_h verläuft in der ganzen Definitionsmenge $D_h = [0; 11]$ ohne Knick. Der zugehörige Funktionsabschnitt im Bereich $3 \leq x \leq 9$ soll durch die Gleichung $h(x) = a \cdot \cos(b \cdot x + c) + d$ beschrieben werden.
Entnehmen Sie der Zeichnung geeignete Funktionswerte und bestimmen Sie daraus die Konstanten a, b, c und d. 7

2.2 Die Funktion h kann für $3 \leq x \leq 9$ auch durch die Gleichung

$h(x) = 0{,}5 \cdot \left[\sin\left(\frac{\pi}{6} \cdot x \right) + 3 \right]$ beschrieben werden.

Zeigen Sie mithilfe der Ableitungsfunktionen, dass der Graph G_h an der Stelle $x = 6$ einen Wendepunkt besitzt, und ermitteln Sie das prozentuale maximale Gefälle des Förderbands auf eine Nachkommastelle gerundet. 7

2.3 Das Förderband hat eine Breite von 1,20 Meter. Um eine dauerhafte Stabilität zu gewährleisten, soll im gezeichneten Bereich $0 \leq x \leq 11$ der gesamte Raum zwischen Förderband und Hallenboden mit Beton ausgefüllt werden.
Berechnen Sie das Volumen dieses Unterbaus. 4

70

Tipps und Hinweise zur Lösung von Aufgabe A I

Teilaufgabe 1.1

Verwenden Sie für die Untersuchung $x \to \infty$ einen Satz von L'Hospital.

Teilaufgabe 1.2

Gilt $f(-x) = f(x)$ für alle $x \in D_f$ und ist D_f symmetrisch zu $x = 0$, so ist der Graph von f symmetrisch zur y-Achse.

Teilaufgabe 1.3

Verwenden Sie die Quotientenregel und untersuchen Sie das Vorzeichen der ersten Ableitung von f.

Teilaufgabe 1.4

Wechselt das Vorzeichen der zweiten Ableitung von f, so kann man auf Wendestellen schließen.

Verwenden Sie zur Lösung einer Gleichung, falls nötig, die Substitution $z = e^x$.

Teilaufgabe 1.5

Erstellen Sie eine Wertetabelle und nutzen Sie alle Ergebnisse Ihrer bisherigen Rechnungen.

Teilaufgabe 1.6

Für jede Stammfunktion F von f gilt: $F'(x) = f(x)$

Teilaufgabe 1.7.1

Erstellen Sie eine Wertetabelle der Funktion h.

Teilaufgabe 1.7.2

Berechnen Sie zuerst $A_1(t)$.

Zur Berechnung von $A_2(t)$ sollten Sie Ihr Ergebnis von $A_1(t)$ und die Stammfunktion F aus Aufgabe 1.6 benutzen.

Teilaufgabe 1.7.3

Begründen Sie auch, warum man beim gegebenen Ergebnis die Betragstriche weglassen kann.

Teilaufgabe 2.1

Der Graph von h entsteht durch geeignete Streckungen und Verschiebungen des Graphen der Funktion $x \mapsto \cos(x)$. Durch Vergleich des Graphen von $\cos(x)$ mit dem Graphen von h kann man auf die gesuchten Zahlen a, b, c und d schließen.

Teilaufgabe 2.2

Benutzen Sie die Ableitungen von h.

Teilaufgabe 2.3

Berechnen Sie das Volumen mithilfe der Fläche unter dem Graphen der Funktion h.

Lösung

1 $f(x) = \dfrac{8 \cdot e^x}{(1+e^x)^2}$ mit $D_f = \mathbb{R}$

1.1 $\lim\limits_{x \to -\infty} f(x) = \lim\limits_{x \to -\infty} \dfrac{\overbrace{8 \cdot e^x}^{\overset{>}{\to} 0}}{\underbrace{(1+e^x)^2}_{\to 1}} = 0$

$\lim\limits_{x \to +\infty} f(x) = \lim\limits_{x \to +\infty} \dfrac{\overbrace{8 \cdot e^x}^{\to +\infty}}{\underbrace{(1+e^x)^2}_{\to +\infty}} \overset{\text{L'H}}{=} \lim\limits_{x \to +\infty} \dfrac{8 \cdot e^x}{2 \cdot (1+e^x) \cdot e^x} = \lim\limits_{x \to +\infty} \dfrac{4}{\underbrace{1+e^x}_{\to +\infty}} = 0$

Wegen $\underline{\underline{\lim\limits_{x \to \pm\infty} f(x) = 0}}$ besitzt der Graph von f die x-Achse als waagrechte Asymptote.

Gleichung der waagrechten Asymptote: $\underline{\underline{y = 0}}$

1.2 $\underline{\underline{f(-x)}} = \dfrac{8 \cdot e^{-x}}{(1+e^{-x})^2} = \dfrac{8 \cdot e^{-x}}{1+2e^{-x}+e^{-2x}} \cdot \dfrac{e^{2x}}{e^{2x}} = \dfrac{8 \cdot e^x}{e^{2x}+2e^x+1} = \dfrac{8 \cdot e^x}{(e^x+1)^2} =$

$= \dfrac{8 \cdot e^x}{(1+e^x)^2} = \underline{\underline{f(x)}}$

Wegen $f(-x) = f(x)$ für alle $x \in \mathbb{R}$ ist der Graph von f symmetrisch zur y-Achse.

1.3 $f(x) = \dfrac{8 \cdot e^x}{(1+e^x)^2} = 8 \cdot \dfrac{e^x}{(1+e^x)^2}$

$\underline{\underline{f'(x)}} = 8 \cdot \dfrac{e^x \cdot (1+e^x)^2 - e^x \cdot 2 \cdot (1+e^x) \cdot e^x}{(1+e^x)^4} = 8 \cdot \dfrac{e^x \cdot (1+e^x) - e^x \cdot 2 \cdot e^x}{(1+e^x)^3} =$

$= 8e^x \cdot \dfrac{1+e^x-2e^x}{(1+e^x)^3} = \dfrac{8e^x \cdot (1-e^x)}{(1+e^x)^3} = \dfrac{1-e^x}{1+e^x} \cdot \dfrac{8e^x}{(1+e^x)^2} =$

$= \underline{\underline{\dfrac{1-e^x}{1+e^x} \cdot f(x)}}$ mit $D_{f'} = \mathbb{R}$

Wegen $8 \cdot e^x > 0 \wedge (1+e^x)^2 > 0$ für alle $x \in \mathbb{R}$ gilt: $f(x) > 0$

Wegen $f(x) > 0 \wedge 1+e^x > 0$ für alle $x \in \mathbb{R}$ gilt:

$f'(x) > 0 \Leftrightarrow 1-e^x > 0 \Leftrightarrow e^x < 1 \Leftrightarrow x < 0$

$f'(x) < 0 \Leftrightarrow 1-e^x < 0 \Leftrightarrow e^x > 1 \Leftrightarrow x > 0$

Also ist (wegen der Stetigkeit von f) die Funktion f im Intervall $]-\infty; 0]$ streng monoton zunehmend und in $[0; +\infty[$ streng monoton abnehmend.

Also besitzt der Graph von f bei $x = 0$ einen absoluten Hochpunkt H.

$f(0) = \dfrac{8 \cdot 1}{(1+1)^2} = 2$; $\underline{\underline{H(0; 2)}}$

Wegen der Stetigkeit von f und wegen $0 < f(x) \le 2$ gilt für die Wertemenge W_f:
$\underline{\underline{W_f =]0; 2]}}$

1.4 $f'(x) = \dfrac{1-e^x}{1+e^x} \cdot f(x)$

Mit Quotienten- und Produktregel folgt:

$$f''(x) = \frac{-e^x \cdot (1+e^x) - (1-e^x) \cdot e^x}{(1+e^x)^2} \cdot f(x) + \frac{1-e^x}{1+e^x} \cdot f'(x) =$$

$$= \frac{e^x \cdot (-1-e^x-1+e^x)}{(1+e^x)^2} \cdot f(x) + \frac{1-e^x}{1+e^x} \cdot \frac{1-e^x}{1+e^x} \cdot f(x) =$$

$$= \left(\frac{-2e^x}{(1+e^x)^2} + \frac{(1-e^x)^2}{(1+e^x)^2} \right) \cdot f(x) = \frac{-2e^x + 1 - 2e^x + e^{2x}}{(1+e^x)^2} \cdot f(x) =$$

$$= \frac{e^{2x} - 4e^x + 1}{(1+e^x)^2} \cdot f(x) \quad \text{mit } D_{f''} = \mathbb{R}$$

Wegen $f(x) > 0 \wedge (1+e^x)^2 > 0$ für alle $x \in \mathbb{R}$ hängt das Vorzeichen von $f''(x)$ nur vom Vorzeichen des Terms $e^{2x} - 4e^x + 1$ ab.

$f''(x) = 0 \quad \Leftrightarrow \quad e^{2x} - 4e^x + 1 = 0$

$(e^x)^2 - 4e^x + 1 = 0; \quad e^x = \dfrac{4 \pm \sqrt{16-4}}{2}; \quad e^x = 2 \pm \sqrt{3}; \quad x = \ln(2 \pm \sqrt{3})$

Die Gleichung $f''(x) = 0$ besitzt die Lösungen:
$x_1 = \ln(2+\sqrt{3}) \approx 1{,}32$ und $x_2 = \ln(2-\sqrt{3}) \approx -1{,}32$

Wegen $f''(0) = \dfrac{1-4+1}{(1+1)^2} \cdot 2 = \dfrac{-4}{4} = -1 < 0$ und $f''(\ln 4) = \dfrac{16-16+1}{(1+4)^2} \cdot \dfrac{8 \cdot 4}{(1+4)^2} = \dfrac{32}{625} > 0$

wechselt das Vorzeichen von $f''(x)$ bei x_1, also besitzt der Graph von f bei x_1 den Wendepunkt W_1 $(0 < x_1 < \ln 4)$.

$f(\ln(2+\sqrt{3})) \approx 1{,}33$; $\underline{\underline{W_1(1{,}32; 1{,}33)}}$

Wegen der Symmetrie des Graphen von f zur y-Achse besitzt der Graph von f auch noch den Wendepunkt $\underline{\underline{W_2(-1{,}32; 1{,}33)}}$.

1.5 Wertetabelle:

x	$f_4(x)$	
0	2	H
±1	1,57	
±1,32	1,33	W
±2	0,84	
±3	0,36	
±4	0,14	

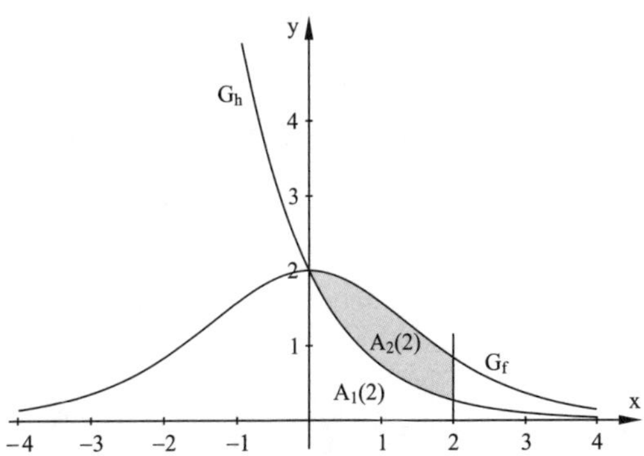

1.6 $\quad F(x) = \frac{-8}{1+e^x};\ D_F = \mathbb{R}$

$$\underline{\underline{F'(x)}} = \frac{0-(-8)\cdot e^x}{(1+e^x)^2} = \frac{8e^x}{(1+e^x)^2} = \underline{\underline{f(x)}} \Rightarrow \text{ F ist eine Stammfunktion von f.}$$

1.7 $\quad h(x) = 2\cdot e^{-x};\ D_h = \mathbb{R}$

1.7.1

x	−1	0	1	2	3	4
h(x)	5,44	2	0,74	0,27	0,10	0,04

Kennzeichnung der Teilflächen $A_1(2)$ und $A_2(2)$: Siehe Grafik unter 1.5.

1.7.2 $\quad \underline{\underline{A_1(t)}} = \int_0^t h(x)\,dx = \left[-2e^{-x}\right]_0^t = -2e^{-t} - (-2\cdot 1) = 2 - 2e^{-t} = \underline{\underline{2 - \frac{2}{e^t}}}$

$$\underline{\underline{A_2(t)}} = \int_0^t f(x)\,dx - A_1(t) = F(t) - F(0) - A_1(t) = \frac{-8}{1+e^t} - (-4) - 2 + \frac{2}{e^t} =$$

$$= \underline{\underline{2 - \frac{8}{1+e^t} + \frac{2}{e^t}}}$$

1.7.3 $\quad |\Delta A(t)| = |A_1(t) - A_2(t)| = \left|2 - \frac{2}{e^t} - 2 + \frac{8}{1+e^t} - \frac{2}{e^t}\right| = \left|\frac{8}{1+e^t} - \frac{4}{e^t}\right|$

Das Weglassen der Betragstriche ist möglich, falls gilt:

$$\frac{8}{1+e^t} - \frac{4}{e^t} \geq 0 \quad |\cdot e^t\cdot(1+e^t) \quad \Leftrightarrow \quad 8e^t - 4\cdot(1+e^t) \geq 0 \quad \Leftrightarrow \quad 4e^t - 4 \geq 0$$

$\Leftrightarrow\ 4e^t \geq 4 \ \Leftrightarrow\ e^t \geq 1 \ \Leftrightarrow\ t \geq 0$ Diese Aussage ist wahr für alle $t > 0$.

Also gilt: $\underline{\underline{|\Delta A(t)| = \frac{8}{1+e^t} - \frac{4}{e^t}}}$

Annahme:

$$A_1(t) = A_2(t) \quad \Leftrightarrow \quad |\Delta A(t)| = 0 \quad \Leftrightarrow \quad \frac{8}{1+e^t} - \frac{4}{e^t} = 0 \quad \Leftrightarrow \quad 8e^t - 4\cdot(1+e^t) = 0$$

$\Leftrightarrow\ 4e^t = 4 \ \Leftrightarrow\ e^t = 1 \ \Leftrightarrow\ t = 0$

$\Rightarrow$ Wegen $t > 0$ ist die Annahme falsch.

$$\underline{\underline{\lim_{t\to\infty} A_1(t)}} = \lim_{t\to\infty} \left(2 - \frac{2}{e^t}\right) = 2 - 0 = \underline{\underline{2}}$$

$$\underline{\underline{\lim_{t\to\infty} A_2(t)}} = \lim_{t\to\infty} \left(2 - \frac{8}{1+e^t} + \frac{2}{e^t}\right) = 2 - 0 + 0 = \underline{\underline{2}}$$

2.1 Aus der Zeichnung entnimmt man die Amplitude $A = \frac{1}{2}$ und die halbe Periodenlänge $\frac{p}{2} = 6$.

Betrachtet wird der Graph von $y = \cos(x)$ für $0 \le x \le \pi$; $-1 \le y \le 1$ mit der Amplitude $A^* = 1$ und der halben Periodenlänge $\frac{p^*}{2} = \pi$.

Streckung des Graphen von cos(x) in y-Richtung mit dem Faktor $\frac{1}{2}$

Man erhält $y = \frac{1}{2} \cdot \cos(x)$ für $0 \le x \le \pi$; $-\frac{1}{2} \le y \le \frac{1}{2}$

Anschließend: Streckung in x-Richtung mit dem Streckfaktor $\frac{6}{\pi}$

Man erhält $y = \frac{1}{2} \cdot \cos(\frac{\pi}{6} \cdot x)$ für $0 \le x \le 6$; $-\frac{1}{2} \le y \le \frac{1}{2}$

Anschließend: Verschiebung in x-Richtung um 3 LE nach rechts

Man erhält $y = \frac{1}{2} \cdot \cos(\frac{\pi}{6} \cdot (x-3))$ für $3 \le x \le 9$; $-\frac{1}{2} \le y \le \frac{1}{2}$

Anschließend: Verschiebung in y-Richtung um 1,5 LE nach oben

Man erhält nun $h(x) = 1{,}5 + \frac{1}{2} \cdot \cos(\frac{\pi}{6} \cdot (x-3))$ für $3 \le x \le 9$; $1 \le h(x) \le 2$

$$\Rightarrow h(x) = \frac{1}{2} \cdot \cos\left(\frac{\pi}{6} \cdot x - \frac{\pi}{2}\right) + \frac{3}{2}$$

Also gilt: $\underline{\underline{a = \frac{1}{2}}}$; $\underline{\underline{b = \frac{\pi}{6}}}$; $\underline{\underline{c = -\frac{\pi}{2}}}$; $\underline{\underline{d = \frac{3}{2}}}$

2.2 $$h(x) = \frac{1}{2} \cdot \left[\sin\left(\frac{\pi}{6} \cdot x\right) + 3\right] = \frac{3}{2} + \frac{1}{2} \cdot \sin\left(\frac{\pi}{6} \cdot x\right)$$

$$h'(x) = \frac{1}{2} \cdot \cos\left(\frac{\pi}{6} \cdot x\right) \cdot \frac{\pi}{6} = \frac{\pi}{12} \cdot \cos\left(\frac{\pi}{6} \cdot x\right)$$

$$h''(x) = -\frac{\pi}{12} \cdot \sin\left(\frac{\pi}{6} \cdot x\right) \cdot \frac{\pi}{6} = -\frac{\pi^2}{72} \cdot \sin\left(\frac{\pi}{6} \cdot x\right)$$

$$h'''(x) = -\frac{\pi^2}{72} \cdot \cos\left(\frac{\pi}{6} \cdot x\right) \cdot \frac{\pi}{6} = -\frac{\pi^3}{432} \cdot \cos\left(\frac{\pi}{6} \cdot x\right)$$

$$h''(6) = -\frac{\pi^2}{72} \cdot \sin(\pi) = 0 \wedge h'''(6) = -\frac{\pi^3}{432} \cdot \cos(\pi) = \frac{\pi^3}{432} \neq 0$$

$\Rightarrow$ Der Graph von h hat an der Stelle $x = 6$ einen Wendepunkt.

$$h'(6) = \frac{\pi}{12} \cdot \cos(\pi) = -\frac{\pi}{12} \approx -0{,}262$$

Das maximale Gefälle beträgt $\underline{\underline{26{,}2\ \%}}$.

2.3 $V = (3 \cdot 2 + 6 \cdot 1{,}5 + 2 \cdot 1) \cdot 1{,}2 = (6 + 9 + 2) \cdot 1{,}2 = 17 \cdot 1{,}2 = \underline{\underline{20{,}4}}\ (m^3)$

Alternativ:

$$V = 1{,}2 \cdot \left(3 \cdot 2 + \int_3^9 h(x)\,dx + 2 \cdot 1 \right) = 1{,}2 \cdot \left(8 + \int_3^9 \left(\frac{3}{2} + \frac{1}{2} \cdot \sin\left(\frac{\pi}{6} \cdot x \right) \right) dx \right) =$$

$$= 9{,}6 + 1{,}2 \cdot \left[\frac{3}{2}x - \frac{1}{2} \cdot \frac{6}{\pi} \cdot \cos\left(\frac{\pi}{6} \cdot x \right) \right]_3^9 =$$

$$= 9{,}6 + 1{,}2 \cdot \left(\frac{27}{2} - \frac{3}{\pi} \cdot \cos\left(\frac{3}{2}\pi \right) - \left(\frac{9}{2} - \frac{3}{\pi} \cdot \cos\left(\frac{\pi}{2} \right) \right) \right) =$$

$$= 9{,}6 + 1{,}2 \cdot \left(\frac{27}{2} - 0 - \frac{9}{2} + 0 \right) = 9{,}6 + 1{,}2 \cdot 9 = 9{,}6 + 10{,}8 = \underline{\underline{20{,}4}}\ (m^3)$$

Bayern – FOS · BOS 12 – Fachabiturprüfung 2009
Mathematik (Ausbildungsrichtung Technik) – Analysis A II

BE

1 Gegeben sind die reellen Funktionen $f_a\colon x \mapsto \dfrac{2ax}{x^2+a}$ mit $a \in \mathbb{R}\setminus\{0\}$ in der größtmöglichen, von a abhängigen Definitionsmenge $D_a \subseteq \mathbb{R}$.

1.1 Ermitteln Sie die Definitionsmenge D_a sowie Anzahl und Art der Definitionslücken in Abhängigkeit von a. 5

1.2 Untersuchen Sie das Symmetrieverhalten des Graphen von f_a und berechnen Sie $\lim\limits_{|x|\to\infty} f_a(x)$.
Geben Sie die Gleichungen aller Asymptoten des Graphen von f_a an. 7

1.3 Bestimmen Sie a so, dass der Graph von f_a Extrempunkte besitzt, und berechnen Sie deren Abszissen. Begründen Sie mit dem Steigungsverhalten des Graphen von f_a die Art der Extrempunkte. 7
[Mögliches Teilergebnis: $f_a'(x) = 2a\cdot(-x^2+a)\cdot(x^2+a)^{-2}$]

1.4 Setzen Sie nun $a = 4$ und betrachten Sie die Funktion f_4.

1.4.1 Geben Sie die Definitionsmenge D_4 an und bestimmen Sie mithilfe der Ergebnisse der Aufgabe 1.3 die Art und die Koordinaten der Extrempunkte des Graphen von f_4. 3

1.4.2 Ermitteln Sie das Krümmungsverhalten des Graphen von f_4 und berechnen Sie die Koordinaten der Wendepunkte des Graphen von f_4. 10

1.4.3 Zeichnen Sie mithilfe der bisherigen Ergebnisse und geeigneter, zusätzlich berechneter Funktionswerte den Graphen von f_4 für $-5 \le x \le 5$ in ein kartesisches Koordinatensystem.
Maßstab: 1 LE = 1 cm. 5

1.4.4 Geben Sie die maximale Definitionsmenge D_F der Funktion
$F\colon x \mapsto 4\cdot\ln(x^2+4)$
an und zeigen Sie, dass F eine Stammfunktion der Funktion f_4 ist. 3

1.4.5 Die Verbindungsstrecke zwischen dem Koordinatenursprung und dem Hochpunkt des Graphen von f_4 schließt mit dem Graphen von f_4 ein Flächenstück ein.
Markieren Sie dieses Flächenstück im Koordinatensystem der Aufgabe 1.4.3, berechnen Sie die Maßzahl seines Flächeninhalts und geben Sie diese in der Form $k_1 + k_2\cdot\ln(2)$ mit reellen Zahlen k_1 und k_2 an. 5

1.4.6 Ermitteln Sie diejenigen Geraden aus dem Geradenbüschel g_m mit der Funktionsgleichung $g_m(x) = m\cdot x$, $x \in \mathbb{R}$, $m \in \mathbb{R}$, die mit dem Graphen von f_4 genau einen Punkt gemeinsam haben. 4

2 Gegeben ist die Gleichung einer gedämpften harmonischen Schwingung:

$s(t) = 15 \cdot e^{-0,2 \cdot t} \cdot \cos(3,927 \cdot t)$ mit $t \in \mathbb{R}$ und $t \geq 0$.

Die Elongation s ist dabei in Abhängigkeit von der Zeit t dargestellt. Physikalische Einheiten bleiben unberücksichtigt.
Gerundete Ergebnisse sind mit drei Nachkommastellen anzugeben.

2.1 Berechnen Sie die Elongation zur Zeit $t_0 = 0,3$ und geben Sie die größte auftretende Elongation s_{max} an. 2

2.2 Bestimmen Sie den kleinsten Wert von t, für den die Elongation $s = 0$ ist, zeigen Sie, dass das Zeitintervall Δt zwischen zwei Nulldurchgängen konstant bleibt und berechnen Sie Δt. 6

2.3 Ermitteln Sie den Funktionsterm der Geschwindigkeit $v(t) = \frac{ds(t)}{dt}$ und berechnen Sie $v(0,3)$, also die Geschwindigkeit zur Zeit $t_0 = 0,3$. Erklären Sie die Bedeutung des Vorzeichens von $v(0,3)$. 4

2.4 Ermitteln Sie mithilfe des Newton'schen Näherungsverfahrens den kleinsten Wert von t, für den die Elongation $s = 6$ ist. Begründen Sie, warum $t_0 = 0,3$ einen geeigneten Startwert darstellt, führen Sie zwei Näherungsschritte durch und erläutern Sie das Ergebnis hinsichtlich der Genauigkeit des durchgeführten Verfahrens. 9

70

Tipps und Hinweise zur Lösung von Aufgabe A II

Teilaufgabe 1.1

Machen Sie eine geeignete Fallunterscheidung ($a > 0$, $a < 0$).

Teilaufgabe 1.2

Betrachten Sie $f_a(-x)$. Beachten Sie Zählergrad und Nennergrad sowie die Fälle $a > 0$, $a < 0$.

Teilaufgabe 1.3

Untersuchen Sie das Vorzeichen von $f_a'(x)$ und achten Sie auf die Fälle $a > 0$ und $a < 0$.

Teilaufgabe 1.4.1

Nutzen Sie Ihre bisherigen Ergebnisse.

Teilaufgabe 1.4.2

Untersuchen Sie das Vorzeichen von $f_a''(x)$.

Teilaufgabe 1.4.3

Erstellen Sie eine Wertetabelle und nutzen Sie alle Ergebnisse Ihrer bisherigen Rechnungen.

Teilaufgabe 1.4.4

Für jede Stammfunktion F von f gilt: $F'(x) = f(x)$.

Teilaufgabe 1.4.5

Nutzen Sie den gegebenen Term F(x) aus Aufgabe 1.4.4.

Teilaufgabe 1.4.6

Betrachten Sie alle Ursprungsgeraden.

Teilaufgabe 2.1

Bei gedämpften Schwingungen nehmen die Amplituden ab.

Teilaufgabe 2.2

Ermitteln Sie zuerst alle Lösungen der Gleichung $s(t) = 0$.

Teilaufgabe 2.3

Verwenden Sie die Produkt- und die Kettenregel.

Teilaufgabe 2.4

Die Iterationsformel zum Newton'schen Näherungsverfahren finden Sie in Ihrer Formelsammlung.

Lösung

1 $f_a(x)=\frac{2ax}{x^2+a}$ mit $a\neq 0$ und $D_a\subseteq\mathbb{R}$

1.1 $x^2+a=0 \;\Leftrightarrow\; x^2=-a \;\Leftrightarrow\; x=+\sqrt{-a} \vee x=-\sqrt{-a}$ nur falls $a<0$

Für $a>0$ besitzt die Gleichung $x^2+a=0$ keine Lösung.

Damit gilt für $\underline{\underline{a>0}}$: $\underline{\underline{D_a=\mathbb{R}}}$, die Funktion f_a besitzt **keine** Definitionslücken.

Für $\underline{\underline{a<0}}$ gilt: $\underline{\underline{D_a=\mathbb{R}\setminus\{\pm\sqrt{-a}\}}}$

Die Funktion f_a besitzt genau zwei Definitionslücken, nämlich: $x_1=-\sqrt{-a}$ und $x_2=\sqrt{-a}$

Die beiden Definitionslücken sind jeweils Polstellen 1. Ordnung.

1.2 $\underline{\underline{f_a(-x)}}=\frac{2a\cdot(-x)}{(-x)^2+a}=\frac{-2ax}{x^2+a}=-\frac{2ax}{x^2+a}=\underline{\underline{-f_a(x)}}$ für alle $x\in D_a$

$\Rightarrow$ Der Graph von f_a ist symmetrisch zum Ursprung O des Koordinatensystems.

$$\underline{\underline{\lim_{|x|\to\infty} f_a(x)}}=\lim_{x\to\pm\infty}\frac{2ax}{x^2+a}\overset{L'H}{=}\lim_{x\to\pm\infty}\frac{2a}{2x}=\lim_{x\to\pm\infty}\frac{a}{x}=\underline{\underline{0}}$$

Alternativ: $\underline{\underline{\lim_{|x|\to\infty} f_a(x)}}=\lim_{x\to\pm\infty}\frac{2ax}{x^2+a}=\underline{\underline{0}}$ wegen Zählergrad < Nennergrad

Wegen $\lim_{x\to\pm\infty} f_a(x)=0$ besitzt der Graph von f_a für jeden Wert $a\neq 0$ die x-Achse als waagrechte Asymptote. Gleichung der waagrechten Asymptote: $\underline{\underline{y=0}}$

Für $a<0$ besitzt der jeweilige Graph von f_a zwei senkrechte Asymptoten mit den Gleichungen $\underline{\underline{x=-\sqrt{-a}}}$ und $\underline{\underline{x=\sqrt{-a}}}$.

(Für $a>0$ existieren keine senkrechten Asymptoten.)

1.3 $f_a(x)=2a\cdot\frac{x}{x^2+a}$, $f_a'(x)=2a\cdot\frac{1\cdot(x^2+a)-x\cdot 2x}{(x^2+a)^2}=2a\cdot\frac{-x^2+a}{(x^2+a)^2}$

mit $D_{f_a'}=D_a=\begin{cases}\mathbb{R} & \text{für } a>0\\ \mathbb{R}\setminus\{\pm\sqrt{-a}\} & \text{für } a<0\end{cases}$

$f_a'(x)=0 \;\Leftrightarrow\; -x^2+a=0 \;\Leftrightarrow\; x^2=a \;\Leftrightarrow\; x=-\sqrt{a} \vee x=\sqrt{a}$ nur falls $a>0$

Für $a<0$ besitzt die Gleichung $f_a'(x)=0$ keine Lösung.

Also existieren für $a<0$ keine Extrempunkte, da D_a keine Randpunkte besitzt.

Untersuchung für $a > 0$:
Wegen $2a > 0 \wedge (x^2 + a)^2 > 0$ für alle $x \in \mathbb{R}$ hängt das Vorzeichen von $f_a'(x)$ nur vom Term $-x^2 + a$ ab.

$y = -x^2 + a$ entspricht einer nach unten geöffneten Parabel mit den einfachen Nullstellen $x_{1;2} = \pm\sqrt{a}$.

$f_a'(x) > 0 \quad \Leftrightarrow \quad -x^2 + a > 0 \quad \Leftrightarrow \quad -\sqrt{a} < x < \sqrt{a}$

$f_a'(x) < 0 \quad \Leftrightarrow \quad -x^2 + a < 0 \quad \Leftrightarrow \quad x < -\sqrt{a} \vee x > \sqrt{a}$

Also ist (wegen der Stetigkeit von f) die Funktion f_a streng monoton abnehmend im Intervall $]-\infty; -\sqrt{a}]$, streng monoton zunehmend in $[-\sqrt{a}; \sqrt{a}]$ und streng monoton abnehmend in $[\sqrt{a}; +\infty[$.
Also besitzt der Graph von f_a für $a > 0$ bei $x = -\sqrt{a}$ einen Tiefpunkt T_a und bei $x = \sqrt{a}$ einen Hochpunkt H_a.

1.4.1 $f_4(x) = \dfrac{8x}{x^2 + 4}$ mit $D_4 = \mathbb{R}$

Mit 1.3: Extrempunkte bei $x_{1;2} = \pm\sqrt{4} = \pm 2$

$$f_4(\pm 2) = \frac{\pm 2 \cdot 8}{4 + 4} = \frac{\pm 2 \cdot 8}{8} = \pm 2$$

Tiefpunkt $\underline{\underline{T_4(-2; -2)}}$; Hochpunkt $\underline{\underline{H_4(2; 2)}}$

1.4.2 $f_4'(x) = 8 \cdot \dfrac{-x^2 + 4}{(x^2 + 4)^2}$

$$f_4''(x) = 8 \cdot \frac{-2x \cdot (x^2 + 4)^2 - (-x^2 + 4) \cdot 2 \cdot (x^2 + 4) \cdot 2x}{(x^2 + 4)^4} =$$

$$= 8 \cdot \frac{-2x \cdot (x^2 + 4) - (-x^2 + 4) \cdot 2 \cdot 2x}{(x^2 + 4)^3} = 8 \cdot \frac{2x \cdot (-x^2 - 4 + 2x^2 - 8)}{(x^2 + 4)^3} =$$

$$= \frac{16x \cdot (x^2 - 12)}{(x^2 + 4)^3} \text{ mit } D_{f_4''} = \mathbb{R}$$

$f_4''(x) = 0 \quad \Leftrightarrow \quad x = 0 \vee x^2 = 12 \quad \Leftrightarrow \quad x = 0 \vee x = -\sqrt{12} \vee x = \sqrt{12}$

Wegen $(x^2 + 4)^3 > 0$ für alle $x \in \mathbb{R}$ hängt das Vorzeichen von $f_4''(x)$ nur vom Term $Z(x) = 16x \cdot (x^2 - 12)$ ab.
Das Vorzeichen von $f_4''(x)$ kann nur an den Stellen $x_1 = -\sqrt{12}$, $x_2 = 0$, und $x_3 = \sqrt{12}$ wechseln.

Für $x < -\sqrt{12}$ gilt: $16x < 0 \wedge x^2 - 12 > 0 \Rightarrow Z(x) < 0 \Leftrightarrow f_4''(x) < 0$

Für $-\sqrt{12} < x < 0$ gilt: $16x < 0 \wedge x^2 - 12 < 0 \Rightarrow Z(x) > 0 \Leftrightarrow f_4''(x) > 0$

Für $0 < x < \sqrt{12}$ gilt: $16x > 0 \wedge x^2 - 12 < 0 \Rightarrow Z(x) < 0 \Leftrightarrow f_4''(x) < 0$

Für $x > \sqrt{12}$ gilt: $16x > 0 \wedge x^2 - 12 > 0 \Rightarrow Z(x) > 0 \Leftrightarrow f_4''(x) > 0$

Also ist (wegen der Stetigkeit von f_4') der Graph von f_4 im Intervall $]-\infty; -\sqrt{12}]$ rechtsgekrümmt, in $[-\sqrt{12}; 0]$ linksgekrümmt, in $[0; \sqrt{12}]$ rechtsgekrümmt und in $[\sqrt{12}; +\infty[$ linksgekrümmt.

Wegen des Krümmungsverhaltens des Graphen von f_4 besitzt dieser Graph Wendepunkte bei $x_1 = -\sqrt{12}$, $x_2 = 0$ und $x_3 = \sqrt{12}$.

$$f_4(\pm\sqrt{12}) = \frac{\pm 8 \cdot \sqrt{12}}{12+4} = \pm\frac{1}{2}\sqrt{12} = \pm\sqrt{3}; \quad f_4(0) = 0; \quad (\sqrt{12} = 2\sqrt{3})$$

Wendepunkte: $\underline{\underline{W_1(-2\sqrt{3}; -\sqrt{3})}}$, $\underline{\underline{W_2(0; 0)}}$, $\underline{\underline{W_3(2\sqrt{3}; \sqrt{3})}}$

1.4.3 Wertetabelle:

x	$\approx f_4(x)$
0	0
1	1,6
2	2
3	1,8
3,46	1,73
4	1,6
5	1,4

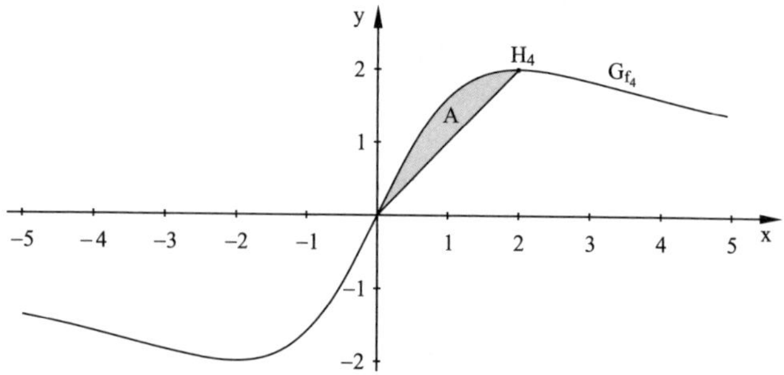

1.4.4 $F(x) = 4 \cdot \ln(x^2+4)$ mit $\underline{\underline{D_F = \mathbb{R}}}$

$$\underline{\underline{F'(x)}} = 4 \cdot \frac{1}{x^2+4} \cdot 2x = \frac{8x}{x^2+4} = \underline{\underline{f_4(x)}}$$

$\Rightarrow$ F ist eine Stammfunktion von f_4.

1.4.5 Markierung des Flächenstücks: Siehe 1.4.3.

$$\underline{\underline{A}} = \int_0^2 (f_4(x) - x)\,dx = \left[F(x) - \frac{1}{2}x^2\right]_0^2 = 4 \cdot \ln(8) - 2 - (4 \cdot \ln(4) - 0) =$$

$$= 4 \cdot (\ln(8) - \ln(4)) - 2 = 4 \cdot \ln\left(\frac{8}{4}\right) - 2 = \underline{\underline{-2 + 4 \cdot \ln(2)}}$$

Alternativ:

$$\underline{\underline{A}} = \int_0^2 f_4(x)\,dx - \frac{1}{2} \cdot 2 \cdot 2 = F(2) - F(0) - 2 = 4 \cdot \ln(8) - 4 \cdot \ln(4) - 2 =$$

$$= 4 \cdot \ln(2^3) - 4 \cdot \ln(2^2) - 2 = 12 \cdot \ln(2) - 8 \cdot \ln(2) - 2 = \underline{\underline{-2 + 4 \cdot \ln(2)}}$$

1.4.6 $f_4'(x) = 8 \cdot \frac{-x^2+4}{(x^2+4)^2}$; $f_4'(0) = 8 \cdot \frac{4}{(4)^2} = 2$

Alle Geraden des Geradenbüschels g_m sind Ursprungsgeraden.

Die Tangente an den Graphen von f_4 ist die Ursprungsgerade $y = 2 \cdot x$.

Offensichtlich haben für $\underline{\underline{m \geq 2 \vee m \leq 0}}$ alle Geraden des Geradenbüschels g_m mit dem Graphen von f_4 nur den Ursprung als gemeinsamen Punkt.

2 $s(t) = 15 \cdot e^{-0,2 \cdot t} \cdot \cos(3,927 \cdot t)$ mit $t \in \mathbb{R}$ und $t \geq 0$

2.1 $\underline{\underline{s(0,3)}} = 15 \cdot e^{-0,06} \cdot \cos(3,927 \cdot 0,3) \approx \underline{\underline{5,406}}$

$\underline{\underline{s_{max}}} = s(0) = 15 \cdot e^0 \cdot \cos(0) = 15 \cdot 1 \cdot 1 = \underline{\underline{15}}$

2.2 $s(t) = 0 \wedge t \geq 0$

$\Leftrightarrow \cos(3,927 \cdot t) = 0 \wedge t \geq 0 \Leftrightarrow 3,927 \cdot t = \frac{\pi}{2} + k \cdot \pi$ mit der ganzen Zahl $k \geq 0$

$$t_k = \frac{1}{3,927} \cdot \left(\frac{\pi}{2} + k \cdot \pi\right)$$

Also gilt für den kleinsten Wert von t: $\underline{\underline{t}} = \frac{\pi}{2 \cdot 3,927} \approx \underline{\underline{0,400}}$

Für alle $k \in \mathbb{N}$ gilt:

$$\underline{\underline{\Delta t}} = t_{k+1} - t_k = \frac{1}{3,927} \cdot \left(\frac{\pi}{2} + (k+1) \cdot \pi\right) - \frac{1}{3,927} \cdot \left(\frac{\pi}{2} + k \cdot \pi\right) =$$

$$= \frac{\pi}{3,927} \cdot \left(\frac{1}{2} + k + 1 - \frac{1}{2} - k\right) = \frac{\pi}{3,927} \cdot 1 \approx \underline{\underline{0,800}} = \text{konst.}$$

2.3 $s(t) = \underbrace{15 \cdot e^{-0,2 \cdot t}}_{\text{1. Faktor}} \cdot \underbrace{\cos(3,927 \cdot t)}_{\text{2. Faktor}}$

$$\underline{\underline{v(t)}} = \frac{ds}{dt} = 15 \cdot e^{-0,2 \cdot t} \cdot (-0,2) \cdot \cos(3,927 \cdot t) + 15 \cdot e^{-0,2 \cdot t} \cdot (-\sin(3,927 \cdot t)) \cdot 3,927 =$$

$$= \underline{\underline{-15 \cdot e^{-0,2 \cdot t} \cdot (0,2 \cdot \cos(3,927 \cdot t) + 3,927 \cdot \sin(3,927 \cdot t))}}$$

$$\underline{\underline{v(0,3)}} = -15 \cdot e^{-0,06} \cdot (0,2 \cdot \cos(3,927 \cdot 0,3) + 3,927 \cdot \sin(3,927 \cdot 0,3)) \approx \underline{\underline{-52,333}}$$

$v(0,3) < 0$ bedeutet, dass sich der Körper zum Zeitpunkt $t = 0,3$ entgegen der Richtung der Ortskoordinatenachse (s-Achse) bewegt.

2.4 $s(t) = 6 \;\Leftrightarrow\; s(t) - 6 = 0$

Betrachtet werden die Nullstellen der Funktion $f(t) = s(t) - 6$.

$s(0) = 15$; $s(0{,}400) \approx 0$ (siehe Aufgabe 2.2)

$f(0) = 9$; $f(0{,}400) \approx -6$

Die Werte s(t) und damit auch f(t) nehmen im Intervall $]\,0; 0{,}400\,[$ streng monoton ab, also muss der kleinste gesuchte Wert t* im Intervall $J = \,]\,0; 0{,}400\,[$ liegen, und die Gleichung $f(t) = 0$ besitzt in J nur die eine Lösung t*.

Da $t_0 = 0{,}3 \in J$ und $f(0{,}3) \approx -0{,}5941$ in der Nähe von 0 liegt, scheint der Wert $t_0 = 0{,}3$ ein geeigneter Startwert zu sein.

$$f(t) = s(t) - 6 = 15 \cdot e^{-0{,}2 \cdot t} \cdot \cos(3{,}927 \cdot t) - 6$$

$$\dot{f}(t) = \frac{df}{dt} = \frac{ds}{dt} = v(t) = -15 \cdot e^{-0{,}2 \cdot t} \cdot (0{,}2 \cdot \cos(3{,}927 \cdot t) + 3{,}927 \cdot \sin(3{,}927 \cdot t))$$

Näherungsformel: $t_{i+1} = t_i - \dfrac{f(t_i)}{\dot{f}(t_i)}$ mit $i = 0, 1, 2, 3, \ldots$ und $t_0 = 0{,}3$

$$t_1 = t_0 - \frac{f(t_0)}{v(t_0)} = 0{,}3 - \frac{f(0{,}3)}{v(0{,}3)} = 0{,}3 - \frac{-0{,}5941}{-52{,}3331} \approx 0{,}2886$$

$$t_2 = t_1 - \frac{f(t_1)}{v(t_1)} = 0{,}2886 - \frac{f(0{,}2886)}{v(0{,}2886)} = 0{,}2886 - \frac{-0{,}0017}{-51{,}5649} \approx 0{,}2886$$

Es sind keine weiteren Näherungsschritte nötig, da t_2 und t_1 schon auf 3 Nachkommastellen übereinstimmen.

Somit gilt für den gesuchten Zeitpunkt t*: $\underline{\underline{t^* \approx 0{,}289}}$

Bayern – FOS · BOS 12 – Fachabiturprüfung 2009
Mathematik (Ausbildungsrichtung Technik) – Analytische Geometrie B I

BE

1 In einem kartesischen Koordinatensystem des $\mathbb{R}^3$ mit dem Ursprung O sind die Punkte A(0; 1; –2), B(–1; 2; –0,5), C(2; 0; –4) und $D_k(11+k; 6+k; k)$ mit $k \in \mathbb{R}$ sowie die Ebene F: $2x_1 - x_2 - 2x_3 - 3 = 0$ gegeben.

1.1 Stellen Sie jeweils eine Gleichung der Ebene E durch die Punkte A, B und C in Parameter- und Normalenform auf.
[Mögliches Teilergebnis: E: $x_1 - 2x_2 + 2x_3 + 6 = 0$] 4

1.2 Zeigen Sie, dass die Punkte D_k auf einer Geraden g liegen, und bestimmen Sie eine Gleichung dieser Geraden. 2

1.3 Bestimmen Sie k so, dass der Punkt D_k in der Ebene E liegt, und geben Sie die Koordinaten des Punktes D_k an. 3

1.4 Ermitteln Sie eine Gleichung der Schnittgeraden s der beiden Ebenen E und F. 4

1.5 Der Punkt D* ist Spiegelpunkt des Punktes $D_{-5}(6; 1; -5)$ bezüglich der Ebene F. Bestimmen Sie die Koordinaten des Punktes D*. 5

2 Gegeben ist folgendes lineares Gleichungssystem mit $t \in \mathbb{R}$:

I) $2 \cdot x_1 - x_2 - 2 \cdot x_3 + 9{,}5 = t$

II) $x_1 - 2 \cdot x_2 + 2 \cdot x_3 + 6 = 0$

III) $t \cdot (x_1 + x_2) - 6 \cdot x_3 + 3 = 0$

2.1 Ermitteln Sie die Anzahl der Lösungen dieses Gleichungssystems in Abhängigkeit von t. 8

2.2 Interpretieren Sie die gegebenen Gleichungen als Ebenengleichungen und bestimmen Sie für $t_0 = 1{,}5$ die Schnittmenge der drei Ebenen. 4

30

Tipps und Hinweise zur Lösung von Aufgabe B I

Teilaufgabe 1.1

- Stellen Sie zuerst eine Gleichung in Parameterform auf.
- Nutzen Sie dann das Vektorprodukt der Richtungsvektoren von E zur Berechnung des Normalenvektors.

Teilaufgabe 1.2

- Schreiben Sie den Ortsvektor $\overrightarrow{OD_k}$ als geeignete Summe.

Teilaufgabe 1.3

- Jeder Punkt, dessen Koordinaten die Ebenengleichung erfüllt, liegt in der Ebene.

Teilaufgabe 1.4

- Verwenden Sie die Normalenvektoren der beiden Ebenen zur Berechnung des Richtungsvektors der Schnittgeraden.

Teilaufgabe 1.5

- Ermitteln Sie zuerst eine Gleichung der Lotgeraden durch D_{-5} auf F.

Teilaufgabe 2.1

- Nutzen Sie das Gauß-Verfahren zur Berechnung der Lösungen eines linearen Gleichungssystems.

Teilaufgabe 2.2

- Wählen Sie $x_3 = \lambda$ und berechnen Sie dann die Koordinaten x_1 und x_2.

Lösung

1 Punkte: A(0; 1; –2), B(–1; 2; –0,5), C(2; 0; –4) und $D_k(11+k;\ 6+k;\ k)$ mit $k \in \mathbb{R}$
Ebene F: $2x_1 - x_2 - 2x_3 - 3 = 0$

1.1 $$\overrightarrow{AB} = \begin{pmatrix} -1-0 \\ 2-1 \\ -0{,}5+2 \end{pmatrix} = \begin{pmatrix} -1 \\ 1 \\ 1{,}5 \end{pmatrix} = \frac{1}{2} \cdot \begin{pmatrix} -2 \\ 2 \\ 3 \end{pmatrix};\ \overrightarrow{AC} = \begin{pmatrix} 2-0 \\ 0-1 \\ -4+2 \end{pmatrix} = \begin{pmatrix} 2 \\ -1 \\ -2 \end{pmatrix}$$

$$\underline{\underline{E:\ \vec{x} = \begin{pmatrix} 0 \\ 1 \\ -2 \end{pmatrix} + \lambda \cdot \begin{pmatrix} -2 \\ 2 \\ 3 \end{pmatrix} + \mu \cdot \begin{pmatrix} 2 \\ -1 \\ -2 \end{pmatrix}}} \text{ mit } \lambda, \mu \in \mathbb{R}$$

$$\begin{pmatrix} -2 \\ 2 \\ 3 \end{pmatrix} \times \begin{pmatrix} 2 \\ -1 \\ -2 \end{pmatrix} = \begin{pmatrix} -4+3 \\ 6-4 \\ 2-4 \end{pmatrix} = \begin{pmatrix} -1 \\ 2 \\ -2 \end{pmatrix} = -\begin{pmatrix} 1 \\ -2 \\ 2 \end{pmatrix}$$

$$E:\ \begin{pmatrix} 1 \\ -2 \\ 2 \end{pmatrix} \circ \begin{pmatrix} x_1 - 0 \\ x_2 - 1 \\ x_3 + 2 \end{pmatrix} = 0 \iff E:\ \underline{\underline{x_1 - 2 \cdot x_2 + 2 \cdot x_3 + 6 = 0}}$$

1.2 $$\overrightarrow{OD_k} = \begin{pmatrix} 11+k \\ 6+k \\ k \end{pmatrix} = \begin{pmatrix} 11 \\ 6 \\ 0 \end{pmatrix} + k \cdot \begin{pmatrix} 1 \\ 1 \\ 1 \end{pmatrix}$$

Damit liegen alle Punkte D_k auf der Geraden g: $\underline{\underline{\vec{x} = \begin{pmatrix} 11 \\ 6 \\ 0 \end{pmatrix} + k \cdot \begin{pmatrix} 1 \\ 1 \\ 1 \end{pmatrix}}}$ mit $k \in \mathbb{R}$.

1.3 $D_k(11+k;\ 6+k;\ k)$ einsetzen in E:
$$11 + k - 2 \cdot (6+k) + 2 \cdot k + 6 = 0 \iff 11 + k - 12 - 2k + 2k + 6 = 0$$
$$\iff k + 5 = 0 \iff \underline{\underline{k = -5}}$$

Also liegt $\underline{\underline{D_{-5}(6; 1; -5)}}$ in E.

1.4 $$\vec{n}_E \times \vec{n}_F = \begin{pmatrix} 1 \\ -2 \\ 2 \end{pmatrix} \times \begin{pmatrix} 2 \\ -1 \\ -2 \end{pmatrix} = \begin{pmatrix} 4+2 \\ 4+2 \\ -1+4 \end{pmatrix} = \begin{pmatrix} 6 \\ 6 \\ 3 \end{pmatrix} = 3 \cdot \begin{pmatrix} 2 \\ 2 \\ 1 \end{pmatrix}$$

Koordinaten eines gemeinsamen Punktes P der Ebenen E und F mit $x_1 = 0$:

$$\left.\begin{array}{ll} \text{I)} & -2x_2 + 2x_3 + 6 = 0 \\ \text{II)} & -x_2 - 2x_3 - 3 = 0 \end{array}\right\} \quad \text{I)} + \text{II)}\ -3x_2 + 3 = 0 \iff x_2 = 1$$

$$\text{I)}\ -2 + 2x_3 + 6 = 0 \iff 2x_3 = -4 \iff x_3 = -2, \text{ also: } P(0; 1; -2)$$

Schnittgerade s: $\underline{\underline{\vec{x} = \begin{pmatrix} 0 \\ 1 \\ -2 \end{pmatrix} + \sigma \cdot \begin{pmatrix} 2 \\ 2 \\ 1 \end{pmatrix}}}$ mit $\sigma \in \mathbb{R}$

1.5 Lotgerade ℓ auf die Ebene F durch den Punkt $D_{-5}(6; 1; -5)$:

$$\ell\colon\ \vec{x} = \begin{pmatrix} 6 \\ 1 \\ -5 \end{pmatrix} + \tau \cdot \begin{pmatrix} 2 \\ -1 \\ -2 \end{pmatrix} \text{ mit } \tau \in \mathbb{R}$$

Für den Schnittpunkt S der Geraden ℓ mit der Ebene F gilt (ℓ eingesetzt in F):

$$2 \cdot (6 + 2\tau) - (1 - \tau) - 2 \cdot (-5 - 2\tau) - 3 = 0$$

$$\Leftrightarrow\ 12 + 4\tau - 1 + \tau + 10 + 4\tau - 3 = 0 \ \Leftrightarrow\ 9\tau = -18 \ \Leftrightarrow\ \tau = -2$$

$$\overrightarrow{OD^*} = \begin{pmatrix} 6 \\ 1 \\ -5 \end{pmatrix} + 2 \cdot (-2) \cdot \begin{pmatrix} 2 \\ -1 \\ -2 \end{pmatrix} = \begin{pmatrix} 6-8 \\ 1+4 \\ -5+8 \end{pmatrix} = \begin{pmatrix} -2 \\ 5 \\ 3 \end{pmatrix}, \text{ also gilt: } \underline{\underline{D^*(-2; 5; 3)}}$$

2.1

$$\left(\begin{array}{ccc|c} 2 & -1 & -2 & t-9{,}5 \\ 1 & -2 & 2 & -6 \\ t & t & -6 & -3 \end{array}\right) \xrightarrow[\text{III)} - t \cdot \text{II)}]{\text{I)} - 2 \cdot \text{II)}} \left(\begin{array}{ccc|c} 2 & -1 & -2 & t-9{,}5 \\ 0 & 3 & -6 & t+2{,}5 \\ 0 & 3t & -2t-6 & 6t-3 \end{array}\right) \longrightarrow$$

$$\xrightarrow{\text{III)} - t \cdot \text{II)}} \left(\begin{array}{ccc|c} 2 & -1 & -2 & t-9{,}5 \\ 0 & 3 & -6 & t+2{,}5 \\ 0 & 0 & 4t-6 & -t^2+3{,}5t-3 \end{array}\right)$$

NR: $4t - 6 = 0 \ \Leftrightarrow\ 4t = 6 \ \Leftrightarrow\ t = 1{,}5;\ \ -1{,}5^2 + 3{,}5 \cdot 1{,}5 - 3 = -2{,}25 + 5{,}25 - 3 = 0$

Für $t_0 = 1{,}5$ gilt: $\left(\begin{array}{ccc|c} 2 & -1 & -2 & -8 \\ 0 & 3 & -6 & 4 \\ 0 & 0 & 0 & 0 \end{array}\right)$

Für $t_0 = 1{,}5$ besitzt das Gleichungssystem unendlich viele Lösungen.
Für $t \neq 1{,}5$ besitzt das Gleichungssystem jeweils genau eine Lösung.

2.2 Aus Aufgabe 2.1: Für $t_0 = 1{,}5$ gilt: $\left(\begin{array}{ccc|c} 2 & -1 & -2 & -8 \\ 0 & 3 & -6 & 4 \\ 0 & 0 & 0 & 0 \end{array}\right)$

Das heißt III) $0 \cdot x_3 = 0$

Für $x_3 = \lambda$ mit $\lambda \in \mathbb{R}$ folgt:

II) $3x_2 - 6\lambda = 4 \ \Leftrightarrow\ 3x_2 = 4 + 6\lambda \ \Leftrightarrow\ x_2 = \frac{4}{3} + 2\lambda$

I) $2x_1 - 1 \cdot \left(\frac{4}{3} + 2\lambda\right) - 2 \cdot \lambda = -8 \ \Leftrightarrow\ 2x_1 = -8 + \frac{4}{3} + 4\lambda \ \Leftrightarrow\ x_1 = -\frac{10}{3} + 2\lambda$

$$\overrightarrow{OX} = \begin{pmatrix} x_1 \\ x_2 \\ x_3 \end{pmatrix} = \begin{pmatrix} -\frac{10}{3} + 2\lambda \\ \frac{4}{3} + 2\lambda \\ \lambda \end{pmatrix} = \begin{pmatrix} -\frac{10}{3} \\ \frac{4}{3} \\ 0 \end{pmatrix} + \lambda \cdot \begin{pmatrix} 2 \\ 2 \\ 1 \end{pmatrix}$$

Für $t_0 = 1{,}5$ ist die Schnittmenge der drei Ebenen die Gerade mit der Gleichung:

$$\underline{\underline{\vec{x} = \begin{pmatrix} -\frac{10}{3} \\ \frac{4}{3} \\ 0 \end{pmatrix} + \lambda \cdot \begin{pmatrix} 2 \\ 2 \\ 1 \end{pmatrix} \text{ mit } \lambda \in \mathbb{R}}}$$

Bayern – FOS · BOS 12 – Fachabiturprüfung 2009
Mathematik (Ausbildungsrichtung Technik) – Analytische Geometrie B II

BE

Ein denkmalgeschütztes, fast verfallenes Gebäude soll wieder aufgebaut werden. Nebenstehende Skizze zeigt den Originalzustand des Hauses in einem kartesischen Koordinatensystem.
Die horizontale Grundfläche liegt in der x_1, x_2-Ebene. Durchgeführte Vermessungen haben ergeben, dass die Punkte $P_1(0; 0; 3)$, $P_2(10; 0; 3)$ und $P_3(0; 2; 4)$ auf der vorderen Dachfläche liegen. Die Koordinaten geben die jeweilige Länge in Meter an, die Einheiten dürfen weggelassen werden.

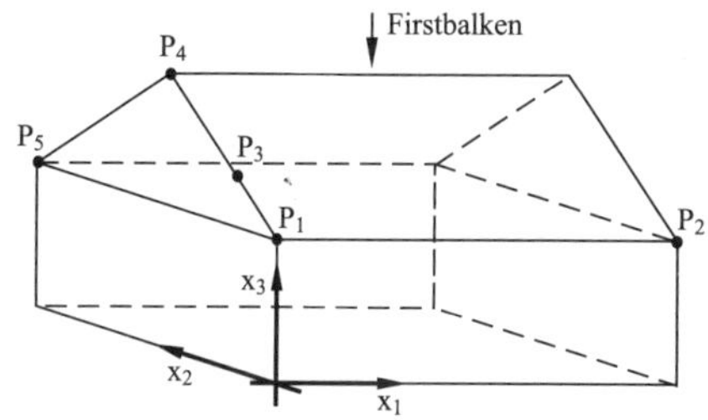

1 Stellen Sie eine Gleichung in Koordinatenform für die Ebene E auf, in der die vordere Dachfläche liegt, und geben Sie die besondere Lage dieser Ebene im Koordinatensystem an.
[Mögliches Teilergebnis: $-x_2 + 2x_3 - 6 = 0$] 4

2 Der Winkel α zwischen der horizontalen Ebene und der Ebene E wird als Dachneigung bezeichnet. Berechnen Sie α. 3

3 Die hintere Dachfläche liegt in der Ebene F, die durch die Gleichung $x_2 + 2x_3 - 20 = 0$ gegeben ist. Begründen Sie, dass die beiden Dachflächen die gleiche Dachneigung α besitzen, ohne den Winkel zwischen der horizontalen Ebene und der Ebene F zu berechnen. 2

4 Ermitteln Sie eine Gleichung der Geraden f, entlang der der Firstbalken des Daches verläuft.

[Mögliches Teilergebnis: $\vec{x} = \begin{pmatrix} 2 \\ 7 \\ 6{,}5 \end{pmatrix} + \lambda \cdot \begin{pmatrix} 1 \\ 0 \\ 0 \end{pmatrix}, \lambda \in \mathbb{R}$] 4

5 Bestimmen Sie die Koordinaten des Punktes P_4 in der x_2, x_3-Ebene (siehe Skizze), die Sparrenlänge $\overline{P_1P_4}$ sowie den Flächeninhalt der gesamten Dachfläche. 6

6 Der Sparren zwischen P_1 und P_4 soll vom Punkt K(4; 6; 0) aus mit einer Stütze, die mit dem Sparren einen rechten Winkel einschließt, stabilisiert werden. Berechnen Sie die Länge dieser Stütze sowie die Koordinaten ihres Befestigungspunktes L am Sparren. 6

7 Zur Bestimmung des Volumens des umbauten Raumes ist zusätzlich der Punkt $P_5(0; 14; 3)$ gegeben. Gegenüberliegende Hauswände sind zueinander parallel. Berechnen Sie das Volumen des umbauten Raumes sowie den prozentualen Anteil, den das Dachgeschoss davon einnimmt. 5

30

Tipps und Hinweise zur Lösung von Aufgabe B II

Teilaufgabe 1

- Suchen Sie sich geeignete Richtungsvektoren der Ebene E und berechnen Sie damit den Normalenvektor von E.
- Beachten Sie, dass für den Normalenvektor gilt: $n_1 = 0$

Teilaufgabe 2

- Nutzen Sie den Normalenvektor der Horizontalebene und den Normalenvektor der Ebene E.

Teilaufgabe 3

- Betrachten Sie die Normalenvektoren der Ebenen E und F.

Teilaufgabe 4

- Die Gerade f ist die Schnittgerade der Ebenen E und F.

Teilaufgabe 5

- P_4 ist der Schnittpunkt der Geraden f mit der x_2, x_3-Ebene.

Teilaufgabe 6

- Berechnen Sie zuerst die Koordinaten des Punktes L. Stellen Sie dazu die Gleichung einer geeigneten Lotebene auf.

Teilaufgabe 7

- Die nötigen Höhen, Längen und Breiten finden Sie in den Koordinaten der gegebenen und berechneten Punkte.

Lösung

1 $\overrightarrow{P_1P_2} = \begin{pmatrix} 10-0 \\ 0-0 \\ 3-3 \end{pmatrix} = \begin{pmatrix} 10 \\ 0 \\ 0 \end{pmatrix}$; $\overrightarrow{P_1P_3} = \begin{pmatrix} 0-0 \\ 2-0 \\ 4-3 \end{pmatrix} = \begin{pmatrix} 0 \\ 2 \\ 1 \end{pmatrix}$

$$\begin{pmatrix} 10 \\ 0 \\ 0 \end{pmatrix} \times \begin{pmatrix} 0 \\ 2 \\ 1 \end{pmatrix} = \begin{pmatrix} 0-0 \\ 0-10 \\ 20-0 \end{pmatrix} = \begin{pmatrix} 0 \\ -10 \\ 20 \end{pmatrix} = 10 \cdot \begin{pmatrix} 0 \\ -1 \\ 2 \end{pmatrix}; \quad \vec{n}_E = \begin{pmatrix} 0 \\ -1 \\ 2 \end{pmatrix}$$

$$E: \begin{pmatrix} 0 \\ -1 \\ 2 \end{pmatrix} \circ \begin{pmatrix} x_1 - 0 \\ x_2 - 0 \\ x_3 - 3 \end{pmatrix} = 0 \quad \Leftrightarrow \quad E: \underline{\underline{-x_2 + 2x_3 - 6 = 0}}$$

E ist parallel zur x_1-Achse.

2 Normalenvektor der Horizontalebene: $\vec{n}_H = \begin{pmatrix} 0 \\ 0 \\ 1 \end{pmatrix}$

$$\cos(\alpha) = \frac{|\vec{n}_E \circ \vec{n}_H|}{|\vec{n}_E| \cdot |\vec{n}_H|} = \frac{\left| \begin{pmatrix} 0 \\ -1 \\ 2 \end{pmatrix} \circ \begin{pmatrix} 0 \\ 0 \\ 1 \end{pmatrix} \right|}{\sqrt{1+4} \cdot 1} = \frac{2}{\sqrt{5}} \quad \Rightarrow \quad \underline{\underline{\alpha \approx 26{,}6^\circ}}$$

3 F: $x_2 + 2x_3 - 20 = 0$, damit gilt: $\vec{n}_F = \begin{pmatrix} 0 \\ 1 \\ 2 \end{pmatrix}$

Die Normalenvektoren der Ebenen E und F mit $\vec{n}_E = \begin{pmatrix} 0 \\ -1 \\ 2 \end{pmatrix}$ und $\vec{n}_F = \begin{pmatrix} 0 \\ 1 \\ 2 \end{pmatrix}$ unterscheiden sich nur im Vorzeichen der zweiten Koordinate, ihre Beträge sind also gleich.

Der winkelhalbierende Vektor $\vec{w} = \begin{pmatrix} 0 \\ -1 \\ 2 \end{pmatrix} + \begin{pmatrix} 0 \\ 1 \\ 2 \end{pmatrix} = \begin{pmatrix} 0 \\ 0 \\ 4 \end{pmatrix}$ zwischen den beiden Normalenvektoren steht senkrecht auf der horizontalen Grundfläche.
Damit sind die beiden Dachneigungswinkel gleich.

4 $E \cap F = f$

$$\begin{aligned} &E: \text{I)} \quad -x_2 + 2x_3 - 6 = 0 \\ &F: \text{II)} \quad x_2 + 2x_3 - 20 = 0 \end{aligned} \qquad \text{I)} + \text{II)} \quad 4x_3 - 26 = 0 \quad \Leftrightarrow \quad x_3 = 6{,}5$$

mit II folgt: $x_2 + 13 - 20 = 0 \quad \Leftrightarrow \quad x_2 = 7$

$$x_1 = \lambda \in \mathbb{R} \quad \Rightarrow \quad f: \underline{\underline{\vec{x} = \begin{pmatrix} 0 \\ 7 \\ 6{,}5 \end{pmatrix} + \lambda \cdot \begin{pmatrix} 1 \\ 0 \\ 0 \end{pmatrix}}}$$

5 $P_4 = f \cap x_2, x_3$-Ebene

x_2, x_3-Ebene: $x_1 = 0$

Also gilt mit f aus Aufgabe 4:

$$0+\lambda=0 \;\Leftrightarrow\; \lambda=0 \;\Rightarrow\; \overrightarrow{OP_4}=\begin{pmatrix}0\\7\\6{,}5\end{pmatrix}+0\cdot\begin{pmatrix}1\\0\\0\end{pmatrix}=\begin{pmatrix}0\\7\\6{,}5\end{pmatrix};\quad \underline{\underline{P_4(0;7;6{,}5)}}$$

Sparrenlänge:

$$\underline{\underline{|\overrightarrow{P_1P_4}|}}=\left|\begin{pmatrix}0-0\\7-0\\6{,}5-3\end{pmatrix}\right|=\left|\begin{pmatrix}0\\7\\3{,}5\end{pmatrix}\right|=\frac{1}{2}\cdot\left|\begin{pmatrix}0\\14\\7\end{pmatrix}\right|=\frac{7}{2}\cdot\left|\begin{pmatrix}0\\2\\1\end{pmatrix}\right|=\frac{7}{2}\sqrt{4+1}=\underline{\underline{\frac{7}{2}\sqrt{5}}}\approx 7{,}826$$

Dachfläche D: $\underline{\underline{D}}=2\cdot|\overrightarrow{P_1P_4}|\cdot|\overrightarrow{P_1P_2}|=2\cdot\frac{7}{2}\sqrt{5}\cdot 10=\underline{\underline{70\cdot\sqrt{5}}}\approx 156{,}525$

6 Die Hilfsebene H steht senkrecht zum Sparren zwischen P_1 und P_4 und enthält den Punkt K(4; 6; 0).
L ist der Schnittpunkt der Gerade g durch P_1 und P_4 mit der Ebene H.

$$\overrightarrow{P_1P_4}=\frac{7}{2}\cdot\begin{pmatrix}0\\2\\1\end{pmatrix};\quad \vec{n}_H=\begin{pmatrix}0\\2\\1\end{pmatrix};\quad H\colon\begin{pmatrix}0\\2\\1\end{pmatrix}\circ\begin{pmatrix}x_1-4\\x_2-6\\x_3-0\end{pmatrix}=0 \;\Leftrightarrow\; H\colon 2x_2+x_3-12=0$$

$$g\colon \vec{x}=\begin{pmatrix}0\\0\\3\end{pmatrix}+\mu\cdot\begin{pmatrix}0\\2\\1\end{pmatrix}\text{ mit }\mu\in\mathbb{R}$$

$$g\text{ in }H\colon 2\cdot 2\mu+3+\mu-12=0 \;\Leftrightarrow\; 5\mu=9 \;\Leftrightarrow\; \mu=\frac{9}{5}$$

$$\overrightarrow{OL}=\begin{pmatrix}0\\0\\3\end{pmatrix}+\frac{9}{5}\cdot\begin{pmatrix}0\\2\\1\end{pmatrix};\quad \underline{\underline{L\left(0;\frac{18}{5};\frac{24}{5}\right)}}\text{ bzw. }\underline{\underline{L(0;3{,}6;4{,}8)}}$$

Länge der Stütze:

$$\underline{\underline{|\overrightarrow{LK}|}}=\left|\begin{pmatrix}4-0\\6-3{,}6\\0-4{,}8\end{pmatrix}\right|=\left|\begin{pmatrix}4\\2{,}4\\-4{,}8\end{pmatrix}\right|=\frac{1}{5}\cdot\left|\begin{pmatrix}20\\12\\-24\end{pmatrix}\right|=\frac{4}{5}\cdot\left|\begin{pmatrix}5\\3\\-6\end{pmatrix}\right|=$$

$$=\frac{4}{5}\sqrt{25+9+36}=\underline{\underline{\frac{4}{5}\sqrt{70}}}\approx 6{,}693$$

7 $V_{EG}=10\cdot 14\cdot 3=420;\quad V_{DG}=\frac{1}{2}\cdot 14\cdot(6{,}5-3)\cdot 10=245$

$\underline{\underline{V_{Ges}}}=420+245=\underline{\underline{665}}$

$$\underline{\underline{\frac{V_{DG}}{V_{Ges}}}}=\frac{245}{665}\approx 0{,}368=\underline{\underline{36{,}8\%}}$$

Bayern – FOS · BOS 12 – Fachabiturprüfung 2010
Mathematik (Ausbildungsrichtung Technik) – Analysis A I

BE

1 Gegeben ist die reelle Funktion $f\colon x \mapsto 4 \cdot \frac{1+\ln(1-x)}{1-x}$ in ihrer größtmöglichen Definitionsmenge D_f.

1.1 Zeigen Sie, dass $D_f =]-\infty; 1[$ gilt, und berechnen Sie den exakten Wert der Nullstelle der Funktion f. 3

1.2 Untersuchen Sie das Verhalten der Funktionswerte f(x) an den Rändern der Definitionsmenge. 4

1.3 Bestimmen Sie über die maximalen Monotonieintervalle Art und Lage des Extrempunktes des Graphen von f. 7

[Teilergebnis: $f'(x) = 4 \cdot \frac{\ln(1-x)}{(1-x)^2}$]

1.4 Bestimmen Sie die Wertemenge der Funktion f mithilfe bisheriger Ergebnisse. 3

1.5 Untersuchen Sie das Krümmungsverhalten des Graphen von f und ermitteln Sie die exakten Koordinaten seines Wendepunktes W. 8

1.6 Bestimmen Sie eine Gleichung der Tangente t an den Graphen von f im Punkt W und berechnen Sie deren Schnittpunkt mit der x-Achse. 5

[Mögliches Teilergebnis: t: $y = \frac{2}{e} \cdot x + \frac{8 \cdot \sqrt{e} - 2}{e}$]

1.7 Zeichnen Sie mithilfe der vorliegenden Ergebnisse den Graphen der Funktion f und die Tangente t für $-6 \leq x \leq 0{,}7$ in ein kartesisches Koordinatensystem mit dem Maßstab 1 LE = 1 cm. 4

1.8 Im zweiten Quadranten liegt ein Punkt P(k; f(k)) auf dem Graphen von f, dessen Koordinaten die Bedingung $f(k) = -k$ erfüllen. Entnehmen Sie Ihrem Graphen einen geeigneten Startwert k_0 und berechnen Sie mithilfe des Newton-Verfahrens einen Näherungswert für die Stelle k. Führen Sie zwei Näherungsschritte durch und geben Sie Ihre Ergebnisse auf drei Nachkommastellen gerundet an. 7

1.9 Zeigen Sie, dass die Funktion $F\colon x \mapsto -2 \cdot [\ln(1-x)]^2 - 4 \cdot \ln(1-x)$ in ihrer Definitionsmenge $D_F = D_f$ eine Stammfunktion der Funktion f ist, und berechnen Sie den Flächeninhalt des Flächenstückes, das vom Graphen von f, der Tangente t und der y-Achse eingeschlossen wird. Runden Sie das Ergebnis auf drei Nachkommastellen. 7

2 Das Hinterrad eines Traktors übt auf den Ackerboden an der Oberfläche einen Druck von $4{,}0 \cdot 10^4$ Pa aus. Der Druck nimmt mit zunehmender Tiefe unter der Oberfläche ab und beträgt in 1,0 m Tiefe nur noch ein Viertel des Wertes an der Oberfläche. Für die Abhängigkeit des Drucks p in Pascal (Pa) von der Tiefe x in Meter gilt in einem mathematischen Modell die Funktionsgleichung $p(x) = a \cdot e^{-bx^2}$, wobei $x \geq 0$ und $a, b \in \mathbb{R}$.
Auf das Mitführen der Einheiten kann verzichtet werden.

2.1 Bestimmen Sie die Parameterwerte a und b. 3
[Mögliche Ergebnisse: $a = 4{,}0 \cdot 10^4$, $b = 2 \cdot \ln(2)$]

2.2 Stellen Sie den Druck p in Abhängigkeit von der Tiefe x für $0 \leq x \leq 1{,}5$ grafisch dar. Wählen Sie dazu selbst einen geeigneten Maßstab. 3

2.3 Entnehmen Sie Ihrem Diagramm die ungefähre Tiefe, in der der Druck halb so groß ist wie an der Oberfläche, und berechnen Sie dann diese Tiefe genau. 4

2.4 Berechnen Sie die lokale Änderungsrate des Drucks in 0,50 m Tiefe. 4

2.5 Bestimmen Sie, in welcher Tiefe die lokale Änderungsrate des Drucks betragsmäßig am größten ist, und berechnen Sie diese lokale Änderungsrate. 8

70

Tipps und Hinweise zur Lösung von Aufgabe A I

Teilaufgabe 1.1

- Betrachten Sie das Argument des Logarithmus sowie den Nenner des Bruchterms.
- Ein Bruch hat den Wert 0, falls der Zähler den Wert 0 und der Nenner einen Wert $\neq 0$ besitzt.

Teilaufgabe 1.2

- Verwenden Sie auch eine Regel von l'Hospital.

Teilaufgabe 1.3

- Untersuchen Sie das Vorzeichen der ersten Ableitung von f.
- Verwenden Sie zur Berechnung der Ableitung die Quotienten- und die Kettenregel.

Teilaufgabe 1.4

- Verwenden Sie für die Wertemenge die Ergebnisse aus 1.2 und 1.3 sowie die Stetigkeit von f.

Teilaufgabe 1.5

- Das Krümmungsverhalten des Graphen von f ermittelt man mithilfe des Vorzeichens der zweiten Ableitung.
- Aus dem Krümmungsverhalten kann man auf die Wendestelle schließen.

Teilaufgabe 1.6

- Eine Formel für die Tangentengleichung finden Sie in der Formelsammlung.

Teilaufgabe 1.7

- Zeichnen Sie zuerst die Tangente mithilfe zweier geeigneter Punkte.

Teilaufgabe 1.8

- Nutzen Sie die Gerade mit der Gleichung $y = -x$.

Teilaufgabe 1.9

Beachten Sie, dass gilt: $F'(x) = f(x)$

Nutzen Sie zur Berechnung des Flächeninhalts auch das Teilergebnis aus 1.6.

Teilaufgabe 2.1

Gegeben sind p(0) und p(1).

Teilaufgabe 2.2

Erstellen Sie eine Wertetabelle mit geeigneten Funktionswerten p(x).

Teilaufgabe 2.3

Zeichnen Sie in Ihre Grafik aus 2.2 geeignete Geradenstücke ein.

Lösen Sie die Gleichung $p(x) = \frac{1}{2} \cdot p(0)$.

Teilaufgabe 2.4

Unter „lokaler Änderungsrate" versteht man die erste Ableitung $p'(x)$.

Verwenden Sie die Produkt- und die Kettenregel.

Teilaufgabe 2.5

Eine Extremalstelle des Graphen von p' (lokale Änderungsrate) ist eine Wendestelle des Graphen von p.

Lösung

1 $\quad f(x) = 4 \cdot \frac{1 + \ln(1-x)}{1-x}$

1.1 $\quad 1 - x > 0 \wedge 1 - x \neq 0 \iff 1 - x > 0 \iff x < 1$

Also gilt: $\underline{\underline{D_f =]-\infty; 1[}}$

$f(x) = 0 \iff 1 + \ln(1-x) = 0 \iff \ln(1-x) = -1 \iff 1 - x = e^{-1} \iff x = 1 - e^{-1}$

Nullstelle von f: $\underline{\underline{x = 1 - e^{-1}}}$

1.2 $\quad x \overset{<}{\to} 1 \Rightarrow f(x) = 4 \cdot \frac{1 + \overbrace{\ln(1-x)}^{\to -\infty}}{\underbrace{1-x}_{\overset{>}{\to} 0}} = 4 \cdot \overbrace{(1 + \ln(1-x))}^{\to -\infty} \cdot \overbrace{\frac{1}{1-x}}^{\to +\infty} \to -\infty$

$$\lim_{x \to -\infty} f(x) = 4 \cdot \lim_{x \to -\infty} \frac{\overbrace{1 + \ln \overbrace{(1-x)}^{\to +\infty}}^{\to +\infty}}{\underbrace{1-x}_{\to +\infty}} \overset{\text{L'H}}{=} 4 \cdot \lim_{x \to -\infty} \frac{\frac{-1}{1-x}}{-1} = 4 \cdot \lim_{x \to +\infty} \frac{1}{\underbrace{1-x}_{\to -\infty}} = 0$$

1.3 $f(x) = 4 \cdot \frac{1+\ln(1-x)}{1-x}$

$$f'(x) = 4 \cdot \frac{\frac{-1}{1-x} \cdot (1-x) - (1+\ln(1-x)) \cdot (-1)}{(1-x)^2} = 4 \cdot \frac{-1+1+\ln(1-x)}{(1-x)^2} = 4 \cdot \frac{\ln(1-x)}{(1-x)^2}$$

mit $D_{f'} = D_f =]-\infty; 1[$

Wegen $(1-x)^2 > 0$ für alle $x \in D_{f'}$ gilt:

$f'(x) > 0 \iff \ln(1-x) > 0 \iff 1-x > e^0 \iff x < 0$

$f'(x) < 0 \iff \ln(1-x) < 0 \iff 1-x < 1 \iff x > 0 \wedge x \in D_{f'}$

Also ist (wegen der Stetigkeit von f) die Funktion f im Intervall $]-\infty; 0]$ streng monoton zunehmend und in $[0; 1[$ streng monoton abnehmend.
Also besitzt der Graph von f bei $x = 0$ einen absoluten Hochpunkt H.

$f(0) = 4 \cdot \frac{1+0}{1} = 4;$ $\underline{\underline{H(0; 4)}}$

1.4 Wegen der Stetigkeit von f und wegen der Existenz des absoluten Hochpunkts H(0; 4) sowie wegen $x \overset{<}{\to} 1 \Rightarrow f(x) \to -\infty$ gilt für die Wertemenge $\underline{\underline{W_f =]-\infty; 4]}}$.

1.5 $f'(x) = 4 \cdot \frac{\ln(1-x)}{(1-x)^2} = 4 \cdot \frac{\ln(1-x)}{(x-1)^2}$; mit Quotientenregel folgt:

$$f''(x) = 4 \cdot \frac{\frac{1}{1-x} \cdot (-1) \cdot (x-1)^2 - \ln(1-x) \cdot 2 \cdot (x-1)}{(x-1)^4} = 4 \cdot \frac{\frac{1}{x-1} \cdot (x-1) - 2 \cdot \ln(1-x)}{(x-1)^3} =$$

$$= 4 \cdot \frac{1 - 2 \cdot \ln(1-x)}{(x-1)^3} \quad \text{mit } D_{f''} = D_f =]-\infty; 1[$$

Wegen $(x-1)^3 < 0$ für alle $x \in D_f =]-\infty; 1[$ gilt:

$f''(x) > 0 \iff 1 - 2 \cdot \ln(1-x) < 0 \iff 2 \cdot \ln(1-x) > 1 \iff \ln(1-x) > 0{,}5$
$\iff 1 - x > e^{0,5} \iff x < 1 - e^{0,5}$

$f''(x) < 0 \iff 1 - 2 \cdot \ln(1-x) > 0 \iff 2 \cdot \ln(1-x) < 1 \iff \ln(1-x) < 0{,}5$
$\iff 1 - x < e^{0,5} \iff x > 1 - e^{0,5} \wedge x \in D_{f''}$

Also ist (wegen der Stetigkeit von f') der Graph von f linksgekrümmt im Intervall $]-\infty; 1-e^{0,5}]$ und rechtsgekrümmt im Intervall $[1-e^{0,5}; 1[$.

Wegen des Krümmungsverhaltens des Graphen von f gilt:

Der Graph von f besitzt die Wendestelle $x_W = 1 - e^{0,5}$.

$$f(1-e^{0,5}) = 4 \cdot \frac{1+\ln(1-1+e^{0,5})}{1-1+e^{0,5}} = 4 \cdot \frac{1+\ln(e^{0,5})}{e^{0,5}} = 4 \cdot \frac{1{,}5}{e^{0,5}} = 6 \cdot e^{-0,5}$$

Wendepunkt $\underline{\underline{W(1-e^{0,5}; 6e^{-0,5})}}$

1.6 $f'(1-e^{0,5}) = 4 \cdot \frac{\ln(1-1+e^{0,5})}{(1-1+e^{0,5})^2} = 4 \cdot \frac{0,5}{e^1} = \frac{2}{e}$

Tangente t_W: $y = f'(x_W) \cdot (x - x_W) + f(x_W)$

t_W: $y = \frac{2}{e} \cdot (x - 1 + e^{0,5}) + 6e^{-0,5}$

t_W: $y = \frac{2}{e} \cdot x - \frac{2}{e} + \frac{2 \cdot e^{0,5}}{e} + \frac{6e^{0,5}}{e}$

t_W: $\underline{\underline{y = \frac{2}{e} \cdot x + \frac{8\sqrt{e} - 2}{e}}}$

$y = 0$; $\frac{2}{e} \cdot x + \frac{8\sqrt{e} - 2}{e} = 0 \Leftrightarrow \frac{2}{e} \cdot x = -\frac{8\sqrt{e} - 2}{e} \quad \left| \cdot \frac{e}{2}; \right. \quad x = -4\sqrt{e} + 1$

Schnittpunkt S_x mit der x-Achse: $\underline{\underline{S_x(1 - 4\sqrt{e}; 0)}}$

1.7 Wertetabelle:

x	≈ f(x)	
−6	1,68	
−4	2,09	
−2	2,80	
−0,65	3,64	W
0	4	H
0,7	−2,72	

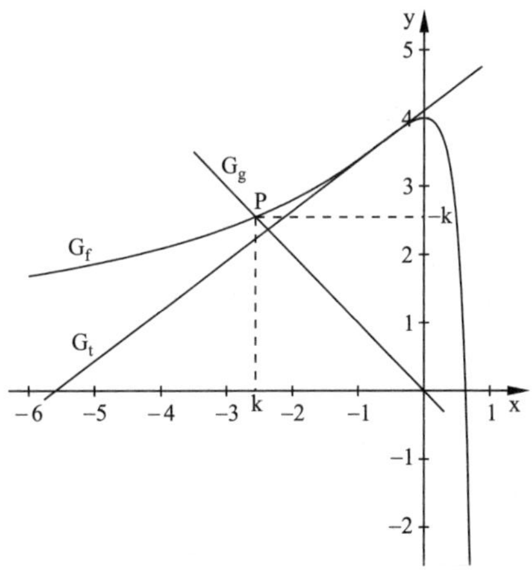

$S_x(\approx -5,59; 0)$

1.8 Der Punkt $P(k; -k)$ des Graphen von f liegt auch auf der Geraden mit der Gleichung $g(x) = -x$. Aus der Grafik in 1.7 entnimmt man $k \approx -2,6$.

k ist eine Lösung der Gleichung $f(k) = -k$.
Das heißt: k ist eine Nullstelle der Funktion d: $k \mapsto d(k) = f(k) + k$ mit $k < 0$.

Näherungsformel: $k_{i+1} = k_i - \frac{d(k_i)}{d'(k_i)}$ mit $i = 0, 1, 2, 3, \ldots$ und $k_0 = -2,6$

$$k_1 = k_0 - \frac{d(k_0)}{d'(k_0)} = -2,6 - \frac{f(-2,6) - 2,6}{f'(-2,6) + 1} = -2,6 - \frac{2,53437 - 2,6}{0,39535 + 1} \approx -2,553$$

$$k_2 = k_1 - \frac{d(k_1)}{d'(k_1)} = -2,553 - \frac{f(-2,553) - 2,553}{f'(-2,553) + 1} \approx -2,55307 \approx -2,553$$

Somit gilt für die gesuchte Zahl $\underline{\underline{k \approx -2,553}}$.

1.9 $F(x) = -2\cdot[\ln(1-x)]^2 - 4\cdot\ln(1-x);\quad D_F =]-\infty;1[$

$$\underline{\underline{F'(x)}} = -2\cdot 2\cdot\ln(1-x)\cdot\frac{1}{1-x}\cdot(-1) - 4\cdot\frac{1}{1-x}\cdot(-1) = 4\cdot\frac{\ln(1-x)+1}{1-x} = \underline{\underline{f(x)}}$$

$\Rightarrow$ F ist eine Stammfunktion von f.

Für die Flächenmaßzahl A gilt:

$$\underline{\underline{A}} = \int_{x_W}^{0} (t_W(x) - f(x))\,dx = \left[\frac{1}{e}\cdot x^2 + \frac{8\sqrt{e}-2}{e}\cdot x + 2\cdot[\ln(1-x)]^2 + 4\cdot\ln(1-x)\right]_{1-e^{0,5}}^{0} =$$

$$= 0 - \left(\frac{(1-e^{0,5})^2}{e} + \frac{(8e^{0,5}-2)\cdot(1-e^{0,5})}{e} + 2\cdot 0,5^2 + 4\cdot 0,5\right) \approx \underline{\underline{0,016}}$$

2 $p(x) = a\cdot e^{-bx^2},\ x \geq 0$ und $a, b \in \mathbb{R}$

2.1 $p(0) = 4,0\cdot 10^4;\ a\cdot e^0 = 4,0\cdot 10^4 \Leftrightarrow \underline{\underline{a = 4,0\cdot 10^4}}$

$p(1) = 1,0\cdot 10^4;\ 4,0\cdot 10^4\cdot e^{-b} = 1,0\cdot 10^4 \Leftrightarrow e^{-b} = \frac{1}{4} \Leftrightarrow -b = \ln\left(\frac{1}{4}\right)$

$\underline{\underline{b}} = -\ln\left(\frac{1}{4}\right) = -\ln(2^{-2}) = \underline{\underline{2\cdot\ln(2)}}$

2.2 Wertetabelle:

x in m	p in 10 kPa
0	4
0,4	3,20
0,8	1,65
1	1
1,2	0,54
1,5	0,18

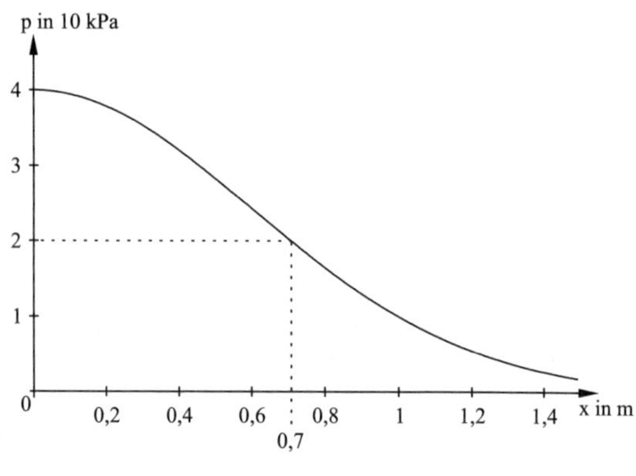

2.3 Aus Diagramm: $x \approx 0,7$

$p(x) = \frac{1}{2}\cdot p(0) \Leftrightarrow e^{-b\cdot x^2} = \frac{1}{2} \Leftrightarrow -b\cdot x^2 = \ln\left(\frac{1}{2}\right) \Leftrightarrow x^2 = \frac{-\ln(2)}{-b}$

$x^2 = \frac{\ln(2)}{2\cdot\ln(2)} \Leftrightarrow x^2 = \frac{1}{2} \Leftrightarrow \underline{\underline{x = \sqrt{\frac{1}{2}}}} \approx 0,71$ (wegen $x \geq 0$)

2.4 $p'(x) = a \cdot e^{-bx^2} \cdot (-2bx) = -2abx \cdot e^{-bx^2}$

$$\underline{\underline{p'(0,5)}} = -2 \cdot 4{,}0 \cdot 10^4 \cdot 2 \cdot \ln(2) \cdot 0{,}5 \cdot e^{-2 \cdot \ln(2) \cdot 0{,}25} = -8{,}0 \cdot 10^4 \cdot \ln(2) \cdot e^{-0{,}5 \cdot \ln(2)} =$$

$$= -8{,}0 \cdot 10^4 \cdot \ln(2) \cdot e^{\ln(2^{-0{,}5})} = -8{,}0 \cdot 10^4 \cdot \ln(2) \cdot \frac{1}{\sqrt{2}} \approx \underline{\underline{-3{,}9 \cdot 10^4}} \left(\text{in } \frac{\text{Pa}}{\text{m}}\right)$$

2.5 $p'(x) = -2ab \cdot (x \cdot e^{-bx^2})$

$$p''(x) = -2ab \cdot \left(1 \cdot e^{-bx^2} + x \cdot e^{-bx^2} \cdot (-2bx)\right) = -2ab \cdot (1 - 2bx^2) \cdot e^{-bx^2}$$

$$p''(x) = 0 \quad \Leftrightarrow \quad 1 - 2bx^2 = 0 \quad \Leftrightarrow \quad x^2 = \frac{1}{2b} \quad \Leftrightarrow \quad x = \sqrt{\frac{1}{2b}} \text{ (wegen } x \geq 0)$$

$$x = \sqrt{\frac{1}{4 \cdot \ln(2)}} \approx 0{,}60$$

$x = \sqrt{\frac{1}{4 \cdot \ln(2)}}$ ist eine Nullstelle von $p''(x)$ mit Vorzeichenwechsel und deshalb eine Extremalstelle des Graphen von p', d. h. eine Wendestelle des Graphen von p.

$$\underline{\underline{p'\left(\sqrt{\frac{1}{2b}}\right)}} = -2ab \cdot \sqrt{\frac{1}{2b}} \cdot e^{-b \cdot \frac{1}{2b}} = -a \cdot \sqrt{\frac{4b^2}{2b}} \cdot e^{-\frac{1}{2}} = -a \cdot \sqrt{2b} \cdot \frac{1}{\sqrt{e}} = -a \cdot \sqrt{\frac{2b}{e}} =$$

$$= -4{,}0 \cdot 10^4 \cdot \sqrt{\frac{4 \cdot \ln(2)}{e}} \approx \underline{\underline{-4{,}0 \cdot 10^4}} \left(\text{in } \frac{\text{Pa}}{\text{m}}\right)$$

Bayern – FOS · BOS 12 – Fachabiturprüfung 2010
Mathematik (Ausbildungsrichtung Technik) – Analysis A II

BE

1 Gegeben sind die reellen Funktionen $f_a:\ x \mapsto \frac{x^2 - ax + 1}{x^2}$ in der vom Parameter $a \in \mathbb{R}$ unabhängigen Definitionsmenge $D_{f_a} = \mathbb{R} \setminus \{0\}$.

1.1 Ermitteln Sie Anzahl und Lage der Nullstellen der Funktion f_a in Abhängigkeit von a. 4

1.2 Untersuchen Sie das Verhalten der Funktionswerte $f_a(x)$ in der Nähe der Definitionslücke sowie für $|x| \to \infty$. Geben Sie die Gleichungen aller Asymptoten an. 6

1.3 Bestimmen Sie in Abhängigkeit von a die jeweils maximalen Monotonieintervalle der Funktion f_a, geben Sie diejenigen Werte von a an, für die der jeweilige Graph von f_a einen Extrempunkt hat, und ermitteln Sie dessen Art und Lage in Abhängigkeit von a. 14
Hinweis: Unterscheiden Sie die Fälle $a = 0$, $a > 0$ und $a < 0$.

[Mögliches Teilergebnis: $f_a'(x) = \frac{a}{x^2} - \frac{2}{x^3}$]

1.4 Untersuchen Sie, für welche Werte von a der Graph von f_a einen Wendepunkt besitzt, und bestimmen Sie dessen Koordinaten in Abhängigkeit von a. 5

1.5 Setzen Sie nun $a = 1$ und zeichnen Sie unter Verwendung der bisherigen Ergebnisse und weiterer geeigneter Funktionswerte für $-5 \le x \le 5$ den Graphen von f_1 mit seinen Asymptoten in ein kartesisches Koordinatensystem mit dem Maßstab 1 LE = 1 cm. 4

1.6 Bestimmen Sie eine Gleichung der Tangente t im Punkt $P(1; f_1(1))$ an den Graphen von f_1 und zeichnen Sie die Tangente t in das Diagramm der Aufgabe 1.5 ein. 3
[Mögliches Teilergebnis: t: $y = -x + 2$]

1.7 Für $0 < k < 1$ schließen die Gerade mit der Gleichung $x = k$, der Graph von f_1 und die Tangente t ein endliches Flächenstück A_k ein.
Markieren Sie dieses Flächenstück für $k = 0{,}5$ im Diagramm der Aufgabe 1.5 und zeigen Sie, dass für den Flächeninhalt A(k) der Fläche A_k in Abhängigkeit von k gilt:

$$A(k) = \frac{k^2 + k \cdot \ln(k) + 1}{k} - \frac{k^2 + 3}{2}$$ 5

1.8 Beweisen Sie zunächst, dass gilt $\lim\limits_{\substack{k \to 0 \\ k > 0}} [k \cdot \ln(k)] = 0$. Untersuchen Sie dann, ob der Grenzwert $\lim\limits_{\substack{k \to 0 \\ k > 0}} A(k)$ existiert, und erklären Sie, was Ihr Ergebnis geometrisch bedeutet. 6

2 Ein Doppelschicht-Kondensator ist entsprechend der gegebenen Schaltung mit einer Gleichspannungsquelle verbunden, die eine konstante Spannung $U_0 = 5{,}00$ V liefert. Der Widerstand R des Stromkreises beträgt 10 Ω.
Wird zum Zeitpunkt $t_0 = 0$ der Schalter S geschlossen, beginnt der Kondensator sich aufzuladen. Der zeitliche Verlauf der am Kondensator anliegenden Spannung in Volt (V) wird beschrieben durch die Gleichung:

$U_C(t) = U_0 \cdot (1 - e^{-\alpha \cdot t})$, wobei $\alpha = 2{,}50 \cdot 10^{-2}\ s^{-1}$

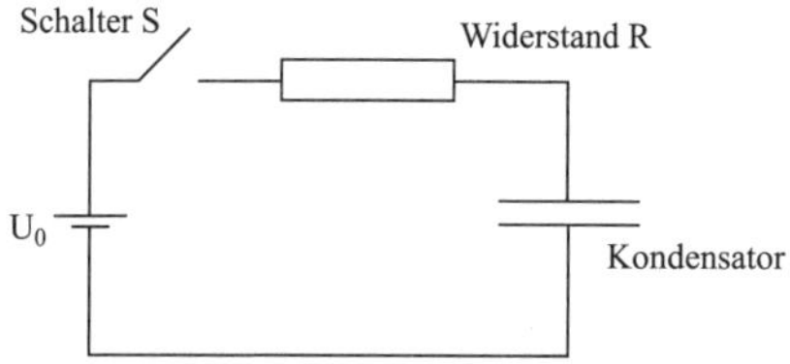

2.1 Berechnen Sie $\lim_{t \to \infty} U_C(t)$ und erklären Sie die Bedeutung dieses Grenzwerts. 3

2.2 Erstellen Sie eine Wertetabelle für die Kondensatorspannung $U_C(t)$ sowie für die am Widerstand R anliegende Spannung $U_R(t)$ für $0 \le t \le 100$ s mit einer Schrittweite von $\Delta t = 20$ s und stellen Sie $U_C(t)$ und $U_R(t)$ in einem gemeinsamen Diagramm grafisch dar. 5
Hinweis: Offensichtlich gilt zu jedem Zeitpunkt $U_0 = U_C + U_R$.
Maßstäbe: 1 cm entspricht 10 s bzw. 1 V.

2.3 Bestimmen Sie die momentane Änderungsrate der Spannung U_C zur Zeit $t_0 = 0$ sowie ihren Grenzwert für $t \to \infty$. Stellen Sie eine Gleichung der (einseitigen) Tangente an den Graphen von U_C im Ursprung auf und zeichnen Sie diese Tangente in das Diagramm der Aufgabe 2.2 ein. 5

2.4 In dem gegebenen Stromkreis gilt für die Stromstärke I in Abhängigkeit von der Zeit t die Gleichung: $I(t) = \frac{U_0}{R} \cdot e^{-\alpha \cdot t}$
Stellen Sie in einem neuen Diagramm die Stromstärke I in Abhängigkeit von der Zeit t grafisch dar. 3

2.5 Die Stromstärke I ist definiert als die Ableitung der transportierten Ladung Q nach der Zeit t: $I(t) = \dot{Q}(t)$
Ermitteln Sie eine Gleichung, die den zeitlichen Verlauf der Ladung Q(t) des Kondensators angibt, berechnen Sie Q(60 s) und veranschaulichen Sie diesen Wert im Diagramm der Aufgabe 2.4. Berechnen Sie außerdem $\lim_{t \to \infty} Q(t)$. 7

70

Tipps und Hinweise zur Lösung von Aufgabe A II

Teilaufgabe 1.1

Betrachten Sie die Diskriminante des quadratischen Terms im Zähler. Machen Sie eine geeignete Fallunterscheidung.

Teilaufgabe 1.2

Verwandeln Sie für $x \to \pm\infty$ den Term $f_a(x)$ in eine Summe.

Teilaufgabe 1.3

Untersuchen Sie das Vorzeichen von $f_a'(x)$. Machen Sie eine Fallunterscheidung bezüglich a.

Teilaufgabe 1.4

Nutzen Sie zur Berechnung von $f_a'(x)$ das Teilergebnis aus 1.3.

Bei der Suche nach Wendepunkten ist ebenfalls eine Fallunterscheidung nötig.

Teilaufgabe 1.5

Erstellen Sie auch eine geeignete Wertetabelle.

Teilaufgabe 1.6

Eine Formel für die Tangentengleichung finden Sie in der Formelsammlung.

Teilaufgabe 1.7

Bei Suche nach einer Stammfunktion von f_1 sollten Sie von einem Summenterm von $f_1(x)$ ausgehen.

Teilaufgabe 1.8

Benutzen Sie eine Regel von l'Hospital.

Teilaufgabe 2.1

Beachte: Wenn z gegen $-\infty$ strebt, gilt: e^z strebt gegen 0.

Teilaufgabe 2.2

Beachte: $U_R(t) = 5{,}00\ V - U_C(t)$

Teilaufgabe 2.3

Unter „momentaner Änderungsrate“ von $U_C(t)$ versteht man die erste Ableitung von $U_C(t)$ nach der Variablen t. Verwenden Sie die Kettenregel.

Teilaufgabe 2.4

Nutzen Sie die direkte Proportionalität zwischen I(t) und $U_C(t)$.

Teilaufgabe 2.5

Beachte: Q(t) ist eine Stammfunktion von I(t) mit der Bedingung $Q(0) = 0$.

Lösung

1 $f_a(x) = \frac{x^2 - ax + 1}{x^2} = 1 - \frac{a}{x} + \frac{1}{x^2}$ mit $a \in \mathbb{R}$, $D_{f_a} = \mathbb{R} \setminus \{0\}$

1.1 $f_a(x) = 0 \;\Leftrightarrow\; x^2 - ax + 1 = 0 \;\wedge\; x \neq 0$

$x = 0$ ist für alle Werte a keine Lösung der quadratischen Gleichung.

Diskriminante der quadratischen Gleichung: $\text{Disk} = a^2 - 4 = (a-2) \cdot (a+2)$

Für $\underline{\underline{a \in\,]-2; 2[}}$ (Disk < 0) gilt: f_a besitzt keine Nullstellen.

Für $\underline{\underline{a \in \{-2; 2\}}}$ (Disk = 0) gilt: f_a besitzt genau eine Nullstelle $\underline{\underline{x = \frac{a}{2}}}$.

Für $\underline{\underline{a \in\,]-\infty; -2[\, \cup\,]2; +\infty[}}$ (Disk > 0) gilt: f_a besitzt genau zwei Nullstellen $x_{1;2}$

mit $\underline{\underline{x_{1;2} = \frac{a \pm \sqrt{a^2 - 4}}{2}}}$.

1.2 $x \overset{<}{\underset{>}{\rightarrow}} 0 \;\Rightarrow\; f_a(x) = \frac{\overbrace{x^2 - ax + 1}^{\rightarrow 1}}{\underbrace{x^2}_{\overset{>}{\rightarrow} 0}} \rightarrow +\infty$

$f_a(x) = \frac{x^2 - ax + 1}{x^2} = 1 - \frac{a}{x} + \frac{1}{x^2}$

$x \rightarrow \pm\infty \;\Rightarrow\; f_a(x) = 1 - \frac{a}{x} + \frac{1}{x^2} \rightarrow 1 - 0 + 0 = 1$

Also besitzt der Graph von f_a für alle Werte $a \in \mathbb{R}$ die senkrechte Asymptote $\underline{\underline{A_1 \colon x = 0}}$ und die waagrechte Asymptote $\underline{\underline{A_2 \colon y = 1}}$.

1.3 $f_a(x) = 1 - \frac{a}{x} + \frac{1}{x^2} = 1 - a \cdot x^{-1} + x^{-2}$

$\Rightarrow\; f_a'(x) = +a \cdot x^{-2} - 2 \cdot x^{-3} = \frac{a}{x^2} - \frac{2}{x^3} = \frac{ax - 2}{x^3}$ mit $D_{f_a'} = D_{f_a} = \mathbb{R} \setminus \{0\}$

$f_a'(x) = 0 \;\Leftrightarrow\; ax - 2 = 0 \;\wedge\; x \neq 0 \;\Leftrightarrow\; x = \frac{2}{a}$, falls $a \neq 0$

$\underline{\underline{\text{Fall } a = 0\text{:}}}$ $f_0'(x) = \frac{-2}{x^3}$

Für $x < 0$ gilt: $f_0'(x) = \frac{-2}{x^3} > 0$; für $x > 0$ gilt: $f_0'(x) = \frac{-2}{x^3} < 0$

$\Rightarrow$ f_0 ist streng monoton zunehmend im Intervall $]-\infty; 0[$ und streng monoton abnehmend im Intervall $]0; +\infty[$.

$\Rightarrow$ Der Graph von f_0 besitzt keinen Extrempunkt.

Fall $a > 0$: $f_a'(x) = \dfrac{ax-2}{x^3}$

Der Zähler $Z(x) = ax - 2$ wechselt sein Vorzeichen bei $x = \frac{2}{a} > 0$ von „–" nach „+". Der Nenner $N(x) = x^3$ wechselt sein Vorzeichen bei $x = 0$ von „–" nach „+".

Also gilt: $f_a'(x) > 0$ für $x \in\ ]-\infty; 0[$, $f_a'(x) < 0$ für $x \in\ ]0; \frac{2}{a}[$ und
$f_a'(x) > 0$ für $x \in\ ]\frac{2}{a}; +\infty[$

Wegen der Stetigkeit von f_a in D_{f_a} folgt:
f_a ist streng monoton zunehmend im Intervall $]-\infty; 0[$, streng monoton abnehmend im Intervall $]0; \frac{2}{a}]$ und streng monoton zunehmend im Intervall $[\frac{2}{a}; +\infty[$.

$\Rightarrow$ Der Graph von f_a besitzt bei $x = \frac{2}{a}$ einen Tiefpunkt T_a.

$$f_a\left(\frac{2}{a}\right) = 1 - a \cdot \frac{a}{2} + \frac{a^2}{4} = 1 - \frac{a^2}{4};\quad \underline{\underline{T_a\left(\frac{2}{a}; 1 - \frac{1}{4}a^2\right)}}$$

Fall $a < 0$: $f_a'(x) = \dfrac{ax-2}{x^3}$

Der Zähler $Z(x) = ax - 2$ wechselt sein Vorzeichen bei $x = \frac{2}{a} < 0$ von „+" nach „–". Der Nenner $N(x) = x^3$ wechselt sein Vorzeichen bei $x = 0$ von „–" nach „+".

Also gilt: $f_a'(x) < 0$ für $x \in\ ]-\infty; \frac{2}{a}[$, $f_a'(x) > 0$ für $x \in\ ]\frac{2}{a}; 0[$ und
$f_a'(x) < 0$ für $x \in\ ]0; +\infty[$

Wegen der Stetigkeit von f_a in D_{f_a} folgt:
f_a ist streng monoton abnehmend im Intervall $]-\infty; \frac{2}{a}]$, streng monoton zunehmend im Intervall $[\frac{2}{a}; 0[$ und streng monoton abnehmend im Intervall $]0; +\infty[$.

$\Rightarrow$ Der Graph von f_a besitzt bei $x = \frac{2}{a}$ einen Tiefpunkt T_a.

$$f_a\left(\frac{2}{a}\right) = 1 - \frac{a^2}{4};\quad \underline{\underline{T_a\left(\frac{2}{a}; 1 - \frac{1}{4}a^2\right)}}$$

1.4 $f_a'(x) = \dfrac{a}{x^2} - \dfrac{2}{x^3} = a \cdot x^{-2} - 2 \cdot x^{-3}$

$$f_a''(x) = -2a \cdot x^{-3} + 6 \cdot x^{-4} = -\frac{2a}{x^3} + \frac{6}{x^4} = \frac{-2ax+6}{x^4} \text{ mit } D_{f_a''} = \mathbb{R} \setminus \{0\}$$

$$f_a''(x) = 0 \iff -2ax + 6 = 0 \wedge x \neq 0 \iff x = \frac{3}{a}, \text{ falls } a \neq 0$$

Fall $a = 0$: $f_0''(x) = \dfrac{6}{x^4} \neq 0$ für alle $x \in \mathbb{R} \setminus \{0\}$

Also besitzt der Graph von f_0 keinen Wendepunkt.

Fall $a \neq 0$: $f_a''(x) = \dfrac{-2ax+6}{x^4}$

$-2ax+6$ ist ein linearer Term, deshalb wechselt der Zähler $Z(x) = -2ax+6$ sein Vorzeichen bei $x = \frac{3}{a}$, der Nenner $N(x) = x^4$ ist für alle $x \in \mathbb{R}\setminus\{0\}$ stets positiv.

$\Rightarrow$ $f_a''(x)$ wechselt das Vorzeichen nur bei $x = \frac{3}{a} \in D_{f_a}$.

Also besitzt der Graph von f_a an der Stelle $x = \frac{3}{a}$ einen Wendepunkt W_a.

$$f_a\left(\frac{3}{a}\right) = 1 - a\cdot\frac{a}{3} + \frac{a^2}{9} = 1 - \frac{2a^2}{9};\quad W_a\left(\frac{3}{a}; 1 - \frac{2}{9}a^2\right)$$

1.5 $a = 1$: $f_1(x) = \dfrac{x^2 - x + 1}{x^2} = 1 - \dfrac{1}{x} + \dfrac{1}{x^2}$; $D_{f_1} = \mathbb{R}\setminus\{0\}$

f_1 besitzt keine Nullstelle.

Asymptoten des Graphen von f_1: $A_1: x = 0$ und $A_2: y = 1$

Lokaler Tiefpunkt des Graphen von f_1: $T_1\left(2; \dfrac{3}{4}\right)$

Wendepunkt des Graphen von f_1: $W_1\left(3; \dfrac{7}{9}\right)$

Wertetabelle:

x	$\approx f_1(x)$	
–5	1,24	
–4	1,31	
–3	1,44	
–2	1,75	
–1	3	
0,5	3	
1	1	
2	0,75	T_1
3	0,78	W_1
4	0,81	
5	0,84	

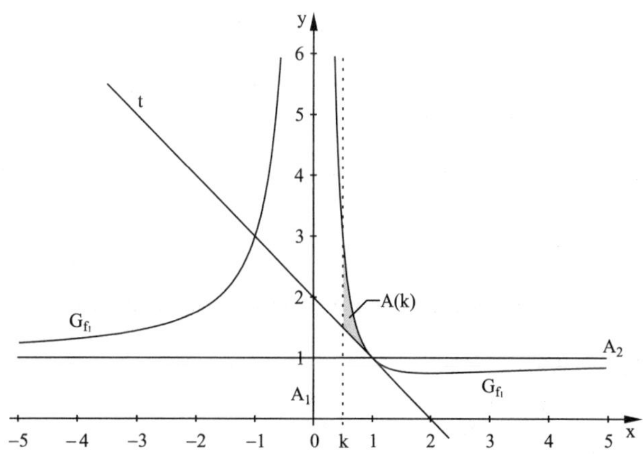

1.6 $f_1'(x) = \dfrac{1}{x^2} - \dfrac{2}{x^3}$; $f_1'(1) = 1 - 2 = -1$; $f_1(1) = 1 - 1 + 1 = 1$

Tangente: t: $y = f_1'(1)\cdot(x-1) + f_1(1)$

$y = -1\cdot(x-1) + 1 \quad\Leftrightarrow\quad y = -x + 2$

Zeichnung der Tangente t: Siehe Grafik in 1.5.

1.7 Markierung von A(k) für k = 0,5: Siehe Grafik in 1.5.

$$A(k)=\int_k^1 (f_1(x)-t(x))\,dx=\int_k^1\left(1-\frac{1}{x}+\frac{1}{x^2}+x-2\right)dx=\int_k^1\left(x-1-\frac{1}{x}+\frac{1}{x^2}\right)dx=$$

$$=\left[\frac{1}{2}x^2-x-\ln(x)-\frac{1}{x}\right]_k^1=\frac{1}{2}-1-0-1-\left(\frac{1}{2}k^2-k-\ln(k)-\frac{1}{k}\right)=$$

$$=-\frac{3}{2}-\frac{1}{2}k^2+k+\ln(k)+\frac{1}{k}=k+\ln(k)+\frac{1}{k}-\left(\frac{k^2}{2}+\frac{3}{2}\right)=$$

$$=\underline{\underline{\frac{k^2+k\cdot\ln(k)+1}{k}-\frac{k^2+3}{2}}}$$

1.8 $$\lim_{\substack{k\to 0\\k>0}}(k\cdot\ln(k))=\lim_{\substack{k\to 0\\k>0}}\frac{\ln(k)}{\frac{1}{k}}\overset{L'H}{=}\lim_{\substack{k\to 0\\k>0}}\frac{\frac{1}{k}}{-\frac{1}{k^2}}=\lim_{\substack{k\to 0\\k>0}}\left(-\frac{1}{k}\cdot\frac{k^2}{1}\right)=\lim_{\substack{k\to 0\\k>0}}(-k)=0$$

Wegen $\underset{k>0}{k\to 0}\Rightarrow \dfrac{\overbrace{k^2+\overbrace{k\cdot\ln(k)}^{\to 0}+1}^{\to 1}}{\underbrace{k}_{\substack{\to 0\\>0}}}\to+\infty$ und $\lim_{\substack{k\to 0\\k>0}}\dfrac{k^2+3}{2}=\dfrac{3}{2}$ existiert der Grenzwert $\lim_{\substack{k\to 0\\k>0}}A(k)$ nicht. Das heißt: Die sich nach oben ins Unendliche erstreckende Fläche zwischen y-Achse, dem Graphen von f_1 und der Tangente t hat keinen endlichen Flächeninhalt.

2 $U_C(t)=U_0\cdot(1-e^{-\alpha\cdot t})$, $\alpha=2{,}50\cdot 10^{-2}\ s^{-1}$, $t\in\mathbb{R}$ und $t\geq 0$

2.1 $$\underline{\underline{\lim_{t\to\infty}U_C(t)}}=\lim_{t\to\infty}U_0\cdot(1-e^{-\alpha\cdot t})=U_0\cdot(1-0)=\underline{\underline{U_0}}$$

Die Spannung U_C am Kondensator strebt gegen U_0.

2.2 Wertetabelle:

t in s	U_C in V	U_R in V
0	0	5,00
20	1,97	3,03
40	3,16	1,84
60	3,88	1,12
80	4,32	0,68
100	4,59	0,41

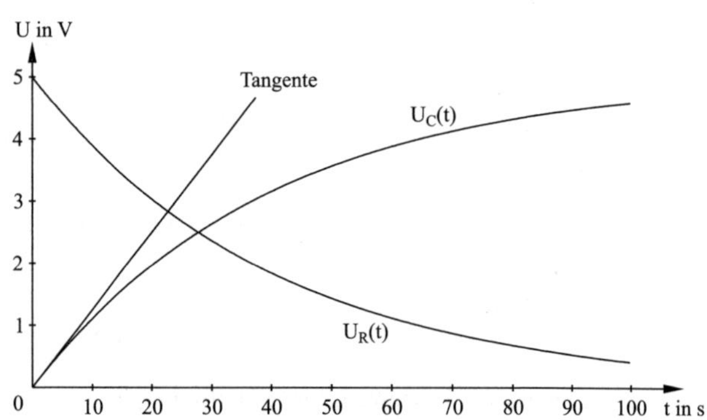

2.3 $U_C(t) = U_0 \cdot (1 - e^{-\alpha \cdot t}) \;\Rightarrow\; \underline{\underline{\frac{d}{dt}}} U_C(t) = U_0 \cdot (-e^{-\alpha \cdot t}) \cdot (-\alpha) = \underline{\underline{U_0 \cdot \alpha \cdot e^{-\alpha \cdot t}}}$

$\underline{\underline{\frac{d}{dt} U_C(0)}} = U_0 \cdot \alpha \cdot 1 = 5{,}00\ \text{V} \cdot 2{,}50 \cdot 10^{-2}\ \text{s}^{-1} = \underline{\underline{0{,}125\ \frac{\text{V}}{\text{s}}}}$

$\underline{\underline{\lim_{t \to +\infty} \left(\frac{d}{dt} U_C(t) \right)}} = \lim_{t \to +\infty} (U_0 \cdot \alpha \cdot e^{-\alpha \cdot t}) = U_0 \cdot \alpha \cdot 0 = \underline{\underline{0}}$

Tangente T: $\underline{\underline{U(t) = 0{,}125\ \frac{\text{V}}{\text{s}} \cdot t}}$ (Zeichnung: siehe 2.2)

2.4 Wertetabelle:

t in s	I in A
0	0,500
20	0,303
40	0,184
60	0,112
80	0,068
100	0,041

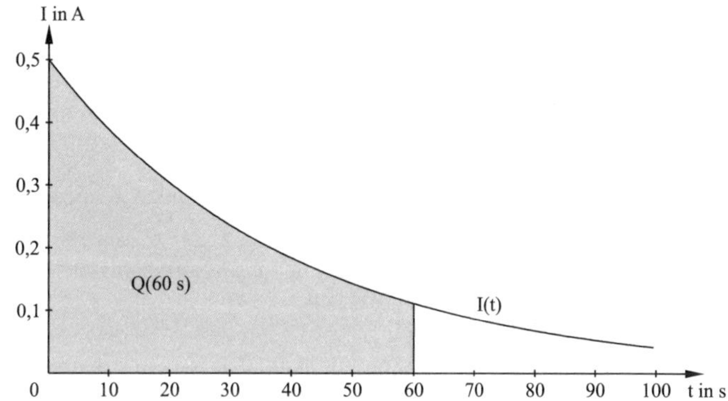

2.5 Wegen $I(t) = \dot{Q}(t)$ folgt: $Q(t)$ ist eine Stammfunktion von $I(t)$.

$Q(t) = \int I(t)\,dt = \frac{U_0}{R} \cdot \int e^{-\alpha \cdot t}\,dt = \frac{U_0}{R} \cdot \left(-\frac{1}{\alpha} \cdot e^{-\alpha \cdot t} \right) + C = -\frac{U_0}{R \cdot \alpha} \cdot e^{-\alpha \cdot t} + C$

mit der Konstanten C

Berechnung der Konstanten C:

Wegen $Q(0) = 0$ folgt: $-\frac{U_0}{R \cdot \alpha} \cdot 1 + C = 0 \;\Leftrightarrow\; C = \frac{U_0}{R \cdot \alpha}$

$\underline{\underline{Q(t)}} = -\frac{U_0}{R \cdot \alpha} \cdot e^{-\alpha \cdot t} + \frac{U_0}{R \cdot \alpha} = \underline{\underline{\frac{U_0}{R \cdot \alpha} \cdot (1 - e^{-\alpha \cdot t})}}$

$\underline{\underline{Q(60\ \text{s})}} = \frac{5{,}00\ \text{V}}{10\ \Omega \cdot 2{,}50 \cdot 10^{-2}\ \text{s}^{-1}} \cdot (1 - e^{-2{,}50 \cdot 10^{-2} \cdot 60}) \approx \underline{\underline{16\ \text{As}}}$ (Schraffur siehe 2.4)

$\underline{\underline{\lim_{t \to \infty} Q(t)}} = \frac{U_0}{R \cdot \alpha} \cdot \lim_{t \to \infty} (1 - e^{-\alpha \cdot t}) = \frac{U_0}{R \cdot \alpha} \cdot (1 - 0) = \frac{U_0}{R \cdot \alpha} = \underline{\underline{20\ \text{As}}}$

BE

Vor dem Louvre, dem berühmten Pariser Kunstmuseum, wurde im Jahre 1989 eine Glaspyramide erbaut, welche den unterirdisch liegenden Haupteingang beherbergt. Diese Pyramide wurde der Cheops-Pyramide nachempfunden. Die Seitenlänge der quadratischen, nach unten offenen Grundfläche beträgt 35 m und die Spitze S liegt lotrecht über deren Mittelpunkt in einer Höhe von 22 m. In einem geeignet gewählten Koordinatensystem (1 LE = 1 m) sind der Ursprung O und der Punkt B(35; 35; 0) zwei Eckpunkte der in der x_1, x_2-Ebene liegenden horizontalen Grundfläche. Die Skizze zeigt die prinzipielle Lage der Pyramide.

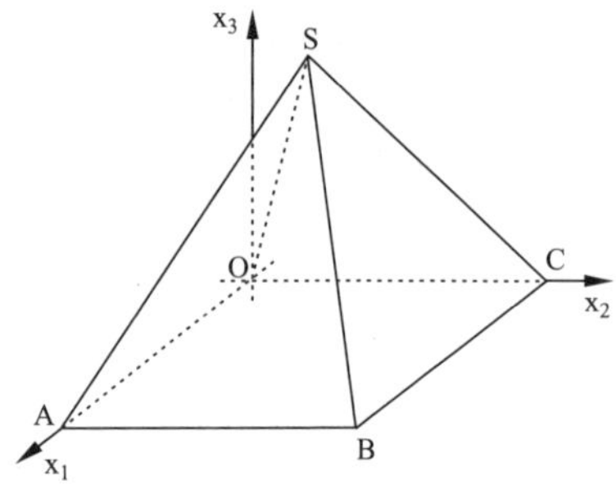

1 Geben Sie die Koordinaten der beiden Eckpunkte A und C sowie der Spitze S an. 2

2 Bestimmen Sie eine Parameter- und eine Normalengleichung der Ebene E, in der die Punkte A, B und S liegen.
[Mögliches Teilergebnis: $22 \cdot x_1 + 17{,}5 \cdot x_3 - 770 = 0$] 4

3 Berechnen Sie den Neigungswinkel einer Seitenfläche gegenüber der Grundfläche. 4

4 Berechnen Sie den Flächeninhalt einer der vier gläsernen Seitenflächen. 3

5 An einem im Punkt S befestigten Seil wurde eine nach allen Seiten gleichmäßig Licht abstrahlende Lampe so aufgehängt, dass die Lichtstrahlen im Schwerpunkt jeder Seitenfläche senkrecht auftreffen.

5.1 Zeigen Sie, dass der Punkt $M\left(\frac{175}{6}; \frac{35}{2}; \frac{22}{3}\right)$ der Schwerpunkt des Dreiecks ABS ist, und zeigen Sie, dass der Aufhängepunkt P der als punktförmig angenommenen Lampe unterhalb der offenen Grundfläche OABC liegt. 7

5.2 Die Position der Lampe kann für spezielle Lichteffekte durch Veränderung der Seillänge verändert werden. Berechnen Sie den Abstand der Lampe von der Seitenkante OS, wenn die Lampe auf Höhe der x_1, x_2-Ebene angebracht wird. 5

6 Vor der Pyramide steht ein senkrechter Fahnenmast, dessen Spitze F die Koordinaten F(40; 30; 8) besitzt. Paralleles Licht mit dem Richtungsvektor $\vec{l} = \begin{pmatrix} -2{,}5 \\ -3 \\ -2 \end{pmatrix}$ erzeugt auf der Seitenfläche ABS der Pyramide den Schattenpunkt F_S der Spitze F. Bestimmen Sie die Koordinaten dieses Punktes F_S. 5

30

Tipps und Hinweise zur Lösung von Aufgabe B I

Teilaufgabe 1

- Betrachten Sie die Punkte A, C und S im gegebenen Koordinatensystem und nutzen Sie die Angaben.

Teilaufgabe 2

- Verwenden Sie die Verbindungsvektoren von jeweils zwei Punkten als Richtungsvektoren der Ebene E.

Teilaufgabe 3

- Verwenden Sie den Normalenvektor der Ebene E und einen Normalenvektor der x_1, x_2-Ebene.

Teilaufgabe 4

- Nutzen Sie das in Aufgabe 2 schon berechnete Vektorprodukt.

Teilaufgabe 5.1

- Die Formel zur Berechnung des Schwerpunktes eines Dreiecks finden Sie in der Formelsammlung.
- Verwenden Sie eine Gerade durch M, senkrecht zum Dreieck ABS, und eine Ebene durch S, senkrecht zur x_1, x_2-Ebene.

Teilaufgabe 5.2

- Die x_3-Koordinate der neuen Lampenposition ist 0.
- Verwenden Sie eine Gerade durch O und S sowie eine Ebene senkrecht zur Seitenkante OS, die den Punkt der neuen Lampenposition enthält.

Teilaufgabe 6

- Nutzen Sie die Normalengleichung der Ebene E aus Aufgabe 2.

Lösung

1 Punkte: A(35; 0; 0), C(0; 35; 0) und S(17,5; 17,5; 22)

2 $\overrightarrow{AB}=\begin{pmatrix}35-35\\35-0\\0-0\end{pmatrix}=\begin{pmatrix}0\\35\\0\end{pmatrix}=35\cdot\begin{pmatrix}0\\1\\0\end{pmatrix};\ \overrightarrow{AS}=\begin{pmatrix}17{,}5-35\\17{,}5-0\\22-0\end{pmatrix}=\begin{pmatrix}-17{,}5\\17{,}5\\22\end{pmatrix}=\frac{1}{2}\cdot\begin{pmatrix}-35\\35\\44\end{pmatrix}$

$$\underline{\underline{E:\ \vec{x}=\begin{pmatrix}35\\0\\0\end{pmatrix}+\lambda\cdot\begin{pmatrix}0\\1\\0\end{pmatrix}+\mu\cdot\begin{pmatrix}-35\\35\\44\end{pmatrix}}}\ \text{mit } \lambda,\mu\in\mathbb{R}$$

$$\begin{pmatrix}0\\1\\0\end{pmatrix}\times\begin{pmatrix}-35\\35\\44\end{pmatrix}=\begin{pmatrix}44-0\\0-0\\0+35\end{pmatrix}=\begin{pmatrix}44\\0\\35\end{pmatrix};\ E:\ \begin{pmatrix}44\\0\\35\end{pmatrix}\circ\begin{pmatrix}x_1-35\\x_2-0\\x_3-0\end{pmatrix}=0$$

$$\Leftrightarrow\ E:\ \underline{\underline{44x_1+35x_3-1540=0}}$$

3 $\cos(\alpha)=\dfrac{\begin{pmatrix}44\\0\\35\end{pmatrix}\cdot\begin{pmatrix}0\\0\\1\end{pmatrix}}{\sqrt{44^2+35^2}\cdot 1}=\dfrac{35}{\sqrt{3161}};\ \underline{\underline{\alpha}}=\arccos\left(\dfrac{35}{\sqrt{3161}}\right)\approx\underline{\underline{51{,}50^\circ}}$

4 Flächenmaßzahl:

$$F=\frac{1}{2}\cdot|\overrightarrow{AB}\times\overrightarrow{AS}|=\frac{1}{2}\cdot\left|\left(35\cdot\begin{pmatrix}0\\1\\0\end{pmatrix}\right)\times\left(\frac{1}{2}\cdot\begin{pmatrix}-35\\35\\44\end{pmatrix}\right)\right|=\frac{35}{4}\cdot\left|\begin{pmatrix}0\\1\\0\end{pmatrix}\times\begin{pmatrix}-35\\35\\44\end{pmatrix}\right|=\frac{35}{4}\cdot\left|\begin{pmatrix}44\\0\\35\end{pmatrix}\right|=$$

$$=\frac{35}{4}\cdot\sqrt{44^2+35^2}=\frac{35}{4}\cdot\sqrt{3161}\approx\underline{\underline{491{,}9}}\text{ (Quadratmeter)}$$

5.1 $\overrightarrow{OM}=\frac{1}{3}\cdot\left(\overrightarrow{OA}+\overrightarrow{OB}+\overrightarrow{OS}\right)=\frac{1}{3}\cdot\left(\begin{pmatrix}35\\0\\0\end{pmatrix}+\begin{pmatrix}35\\35\\0\end{pmatrix}+\frac{1}{2}\cdot\begin{pmatrix}35\\35\\44\end{pmatrix}\right)=\frac{1}{6}\cdot\begin{pmatrix}70+70+35\\0+70+35\\0+0+44\end{pmatrix}=$

$$=\frac{1}{6}\cdot\begin{pmatrix}175\\105\\44\end{pmatrix}\ \Rightarrow\ \underline{\underline{M\left(\frac{175}{6};\frac{35}{2};\frac{22}{3}\right)}}$$

Hilfsgerade durch M, senkrecht zum Dreieck ABS:

$$h:\ \vec{x}=\frac{1}{6}\cdot\begin{pmatrix}175\\105\\44\end{pmatrix}+\lambda\cdot\begin{pmatrix}44\\0\\35\end{pmatrix}\ \text{mit } \lambda\in\mathbb{R}$$

Hilfsebene durch S, senkrecht zur x_1, x_2-Ebene:

$$H:\ \begin{pmatrix}1\\0\\0\end{pmatrix}\circ\begin{pmatrix}x_1-17{,}5\\x_2-17{,}5\\x_3-22\end{pmatrix}=0\ \Leftrightarrow\ x_1-17{,}5=0\ \Leftrightarrow\ x_1=17{,}5$$

$H \cap h$: $\frac{1}{6} \cdot 175 + 44\lambda = 17{,}5 \Leftrightarrow 44\lambda = \frac{35}{2} - \frac{175}{6} \Leftrightarrow \lambda = \frac{35 \cdot 3 - 175}{44 \cdot 6} \Leftrightarrow \lambda = -\frac{70}{264}$

$\lambda = -\frac{35}{132}$ in h: $\overrightarrow{OP} = \frac{1}{6} \cdot \begin{pmatrix} 175 \\ 105 \\ 44 \end{pmatrix} - \frac{35}{132} \cdot \begin{pmatrix} 44 \\ 0 \\ 35 \end{pmatrix}$

Für die x_3-Koordinate von P gilt:

$$x_{3;\,P} = \frac{1}{6} \cdot 44 - \frac{1225}{132} = \frac{22}{3} - \frac{1225}{132} = \frac{2904 - 3675}{3 \cdot 132} = -\frac{771}{3 \cdot 132} = -\frac{257}{132} < 0$$

Wegen $x_{3;\,P} < 0$ liegt der Punkt P unterhalb der Grundfläche OABC.

5.2 Die Lampe ist im Punkt L(17,5; 17,5; 0) positioniert.

Hilfsgerade h* durch die Punkte O und S:

$$h^*: \ \vec{x} = \mu \cdot \begin{pmatrix} 35 \\ 35 \\ 44 \end{pmatrix} \text{ mit } \mu \in \mathbb{R}$$

Hilfsebene H* durch L, senkrecht zur Seitenkante OS:

$$H^*: \begin{pmatrix} 35 \\ 35 \\ 44 \end{pmatrix} \circ \begin{pmatrix} x_1 - 17{,}5 \\ x_2 - 17{,}5 \\ x_3 - 0 \end{pmatrix} = 0 \Leftrightarrow 35x_1 + 35x_2 + 44x_3 - 1225 = 0$$

$$H^* \cap h^*: \ 35 \cdot 35\mu + 35 \cdot 35\mu + 44 \cdot 44\mu - 1225 = 0$$

$$\Leftrightarrow 4386 \cdot \mu = 1225 \Leftrightarrow \mu = \frac{1225}{4386}$$

$$\underline{\underline{d}} = \left| \frac{1225}{4386} \cdot \begin{pmatrix} 35 \\ 35 \\ 44 \end{pmatrix} - \begin{pmatrix} 17{,}5 \\ 17{,}5 \\ 0 \end{pmatrix} \right| \approx \left| \begin{pmatrix} -7{,}7246 \\ -7{,}7246 \\ 12{,}2891 \end{pmatrix} \right| = \sqrt{2 \cdot 7{,}7246^2 + 12{,}2891^2} \approx \underline{\underline{16{,}44}} \text{ (Meter)}$$

6 Sonnenstrahl s: $\vec{x} = \begin{pmatrix} 40 \\ 30 \\ 8 \end{pmatrix} + \tau \cdot \begin{pmatrix} -2{,}5 \\ -3 \\ -2 \end{pmatrix}$ mit $\tau \in \mathbb{R}$

$$\begin{aligned} s \cap E: \quad & 44 \cdot (40 - 2{,}5\tau) + 35 \cdot (8 - 2\tau) - 1540 = 0 \\ \Leftrightarrow \quad & 1760 - 110\tau + 280 - 70\tau - 1540 = 0 \\ \Leftrightarrow \quad & -180\tau = -500 \\ \Leftrightarrow \quad & \tau = \frac{500}{180} = \frac{25}{9} \end{aligned}$$

$$\overrightarrow{OF_S} = \begin{pmatrix} 40 \\ 30 \\ 8 \end{pmatrix} + \frac{25}{9} \cdot \begin{pmatrix} -2{,}5 \\ -3 \\ -2 \end{pmatrix} = \begin{pmatrix} 40 \\ 30 \\ 8 \end{pmatrix} - \frac{25}{18} \cdot \begin{pmatrix} 5 \\ 6 \\ 4 \end{pmatrix} = \frac{1}{18} \cdot \begin{pmatrix} 18 \cdot 40 - 25 \cdot 5 \\ 18 \cdot 30 - 25 \cdot 6 \\ 18 \cdot 8 - 25 \cdot 4 \end{pmatrix} = \frac{1}{18} \cdot \begin{pmatrix} 595 \\ 390 \\ 44 \end{pmatrix}$$

$$\Rightarrow \underline{\underline{F_S\left(\frac{595}{18}; \frac{65}{3}; \frac{22}{9}\right)}}$$

Bayern – FOS · BOS 12 – Fachabiturprüfung 2010
Mathematik (Ausbildungsrichtung Technik) – Analytische Geometrie B II

		BE
1	In einem kartesischen Koordinatensystem des $\mathbb{R}^3$ mit dem Ursprung O sind die Punkte A(1; 0; –2), B(–1; 2; 2) und $C_k(k; -k; -2-k)$ mit $k \in \mathbb{R}$ gegeben.	
1.1	Untersuchen Sie, für welche Werte von k die drei Vektoren $\overrightarrow{OA}$, $\overrightarrow{OB}$ und $\overrightarrow{OC_k}$ eine Basis des $\mathbb{R}^3$ bilden.	3
1.2	Die Punkte O, A, B und C_k bilden jeweils ein Tetraeder. Berechnen Sie alle Werte von k, für die das Volumen des zugehörigen Tetraeders 1 VE beträgt.	4
1.3	Bestimmen Sie k so, dass der zugehörige Punkt C_k von den Punkten A und B gleich weit entfernt ist.	4
1.4	Die Punkte A und B legen die Gerade g fest, die Punkte C_k liegen auf der Geraden h.	
1.4.1	Geben Sie für die beiden Geraden g und h jeweils eine Gleichung an und untersuchen Sie die gegenseitige Lage dieser beiden Geraden.	5
1.4.2	Stellen Sie eine Gleichung der Geraden i auf, die die beiden Geraden g und h jeweils senkrecht schneidet.	8
2	Die Punkte A, B und C_k aus 1 legen für jeden Wert von k genau eine Ebene E_k fest.	
2.1	Bestimmen Sie eine Gleichung der Ebene E_k in Normalenform. [Mögliches Ergebnis: $E_k: kx_1 + (k-2)x_2 + x_3 - k + 2 = 0$]	2
2.2	Gegeben ist außerdem die Ebene H: $x_1 - x_2 - 2x_3 + 19 = 0$ Ermitteln Sie die Koordinaten des Punktes S, der sowohl auf der Ebene H als auch auf jeder Ebene E_k liegt.	4
		30

Tipps und Hinweise zur Lösung von Aufgabe B II

Teilaufgabe 1.1

- Drei Vektoren bilden eine Basis, falls sie linear unabhängig sind.
- Drei Vektoren im $\mathbb{R}^3$ sind linear unabhängig, falls ihr Spatprodukt ungleich 0 ist.

Teilaufgabe 1.2

- Falls Sie in 1.1 ein Spatprodukt berechnet haben, so nutzen Sie dieses Ergebnis.

Teilaufgabe 1.3

- Betrachten Sie jeweils den Betrag zweier Verbindungsvektoren.

Teilaufgabe 1.4.1

- Untersuchen Sie zuerst die Kollinearität der Richtungsvektoren der Geraden und versuchen Sie dann, einen Schnittpunkt der beiden Geraden zu berechnen.

Teilaufgabe 1.4.2

- Berechnen Sie zuerst den Richtungsvektor der Lotgeraden i.
- Zur Berechnung der Koordinaten des Schnittpunktes zwischen i und h sollten Sie sich eine Skizze machen.

Teilaufgabe 2.1

- Berechnen Sie zuerst ein geeignetes Vektorprodukt.

Teilaufgabe 2.2

- Beachte: Jede Ebene E_k enthält die Gerade durch A und B.

Lösung

1 Punkte A(1; 0; –2), B(–1; 2; 2) und $C_k(k; -k; -2-k)$ mit $k \in \mathbb{R}$

1.1 $\overrightarrow{OA}$, $\overrightarrow{OB}$ und $\overrightarrow{OC_k}$ bilden eine Basis, falls gilt: $(\overrightarrow{OA} \times \overrightarrow{OB}) \circ \overrightarrow{OC_k} \neq 0$

$$\left(\begin{pmatrix} 1 \\ 0 \\ -2 \end{pmatrix} \times \begin{pmatrix} -1 \\ 2 \\ 2 \end{pmatrix}\right) \circ \begin{pmatrix} k \\ -k \\ -2-k \end{pmatrix} \neq 0 \iff \begin{pmatrix} 0+4 \\ 2-2 \\ 2+0 \end{pmatrix} \circ \begin{pmatrix} k \\ -k \\ -2-k \end{pmatrix} \neq 0 \iff \begin{pmatrix} 4 \\ 0 \\ 2 \end{pmatrix} \circ \begin{pmatrix} k \\ -k \\ -2-k \end{pmatrix} \neq 0$$

$\iff 4k - 4 - 2k \neq 0 \iff 2k \neq 4 \iff \underline{\underline{k \neq 2}}$ bzw. $k \in \mathbb{R} \setminus \{2\}$

Alternativ:

$\lambda \cdot \overrightarrow{OA} + \mu \cdot \overrightarrow{OB} + \nu \cdot \overrightarrow{OC_k} = \vec{0}$ mit $\lambda, \mu, \nu \in \mathbb{R}$

$$\begin{array}{rrr|r} 1 & -1 & k & 0 \\ 0 & 2 & -k & 0 \\ -2 & 2 & -2-k & 0 \end{array} \xrightarrow{2 \cdot I + III} \begin{array}{rrr|r} 1 & -1 & k & 0 \\ 0 & 2 & -k & 0 \\ 0 & 0 & -2+k & 0 \end{array}$$

$\Rightarrow$ Das Gleichungssystem besitzt genau die eine Lösung $\lambda = \mu = \nu = 0$, falls $-2 + k \neq 0 \iff \underline{\underline{k \neq 2}}$.

1.2 $V_k = \frac{1}{6} \cdot \left| (\overrightarrow{OA} \times \overrightarrow{OB}) \circ \overrightarrow{OC_k} \right|$ (siehe 1.1)

$$V_k = 1 \iff \frac{1}{6} \cdot |4k - 4 - 2k| = 1 \iff |2k - 4| = 6 \iff 2k - 4 = \pm 6$$

$$\iff 2k = 4 \pm 6 \iff k = 2 \pm 3 \iff \underline{\underline{k = 5 \lor k = -1}}$$

1.3 $\left|\overrightarrow{AC_k}\right| = \left|\overrightarrow{BC_k}\right|$

$$\left|\begin{pmatrix} k-1 \\ -k \\ -k \end{pmatrix}\right| = \left|\begin{pmatrix} k+1 \\ -k-2 \\ -k-4 \end{pmatrix}\right| \iff \sqrt{(k-1)^2 + k^2 + k^2} = \sqrt{(k+1)^2 + (-k-2)^2 + (-k-4)^2}$$

$$\iff k^2 - 2k + 1 + 2k^2 = k^2 + 2k + 1 + k^2 + 4k + 4 + k^2 + 8k + 16$$

$$\iff 3k^2 - 2k + 1 = 3k^2 + 14k + 21$$

$$\iff -2k + 1 = 14k + 21 \iff 16k = -20 \iff \underline{\underline{k = -\frac{5}{4}}}$$

1.4.1 g: $\vec{x} = \overrightarrow{OA} + \lambda \cdot \overrightarrow{AB}$; g: $\underline{\underline{\vec{x} = \begin{pmatrix} 1 \\ 0 \\ -2 \end{pmatrix} + \lambda \cdot \begin{pmatrix} -2 \\ 2 \\ 4 \end{pmatrix}}}$ mit $\lambda \in \mathbb{R}$

$\overrightarrow{OC_k} = \begin{pmatrix} k \\ -k \\ -2-k \end{pmatrix} = \begin{pmatrix} 0 \\ 0 \\ -2 \end{pmatrix} + k \cdot \begin{pmatrix} 1 \\ -1 \\ -1 \end{pmatrix}$; also: h: $\underline{\underline{\vec{x} = \begin{pmatrix} 0 \\ 0 \\ -2 \end{pmatrix} + \mu \cdot \begin{pmatrix} 1 \\ -1 \\ -1 \end{pmatrix}}}$ mit $\mu \in \mathbb{R}$

a) Untersuchung der beiden Richtungsvektoren auf Kollinearität:

Annahme: $\begin{pmatrix}-2\\2\\4\end{pmatrix} = k \cdot \begin{pmatrix}1\\-1\\-1\end{pmatrix} \Rightarrow \begin{matrix}\text{I)} & k=-2\\ \text{II)} & k=-2\\ \text{III)} & k=-4\end{matrix}$

Die Annahme ist offensichtlich falsch, also sind die beiden Richtungsvektoren nicht kollinear.

b) $g \cap h$: Annahme: $\begin{pmatrix}1\\0\\-2\end{pmatrix} + \lambda \cdot \begin{pmatrix}-2\\2\\4\end{pmatrix} = \begin{pmatrix}0\\0\\-2\end{pmatrix} + \mu \cdot \begin{pmatrix}1\\-1\\-1\end{pmatrix}$

$$\begin{array}{ll}\text{I)} & 1-2\lambda = \mu\\ \text{II)} & 2\lambda = -\mu\\ \text{III)} & -2+4\lambda = -2-\mu\end{array}$$

I) + II) $1 = 0$ (Widerspruch zur Annahme)

Mit a und b folgt:
Die Geraden g und h sind zueinander windschief.

1.4.2 Richtungsvektor der Lotgeraden i:

$$\vec{u}_i = \vec{u}_g \times \vec{u}_h = \begin{pmatrix}-2\\2\\4\end{pmatrix} \times \begin{pmatrix}1\\-1\\-1\end{pmatrix} = \begin{pmatrix}-2+4\\4-2\\2-2\end{pmatrix} = \begin{pmatrix}2\\2\\0\end{pmatrix}$$

Für den Schnittpunkt P von h und i gilt:

$$\overrightarrow{OP} = \begin{pmatrix}1\\0\\-2\end{pmatrix} + \lambda \cdot \begin{pmatrix}-2\\2\\4\end{pmatrix} + \sigma \cdot \begin{pmatrix}2\\2\\0\end{pmatrix} \wedge \overrightarrow{OP} = \begin{pmatrix}0\\0\\-2\end{pmatrix} + \mu \cdot \begin{pmatrix}1\\-1\\-1\end{pmatrix}$$

$$\Rightarrow \begin{pmatrix}1\\0\\-2\end{pmatrix} + \lambda \cdot \begin{pmatrix}-2\\2\\4\end{pmatrix} + \sigma \cdot \begin{pmatrix}2\\2\\0\end{pmatrix} = \begin{pmatrix}0\\0\\-2\end{pmatrix} + \mu \cdot \begin{pmatrix}1\\-1\\-1\end{pmatrix}$$

$$\lambda \cdot \begin{pmatrix}-2\\2\\4\end{pmatrix} + \sigma \cdot \begin{pmatrix}2\\2\\0\end{pmatrix} + \mu \cdot \begin{pmatrix}-1\\1\\1\end{pmatrix} = \begin{pmatrix}-1\\0\\0\end{pmatrix}$$

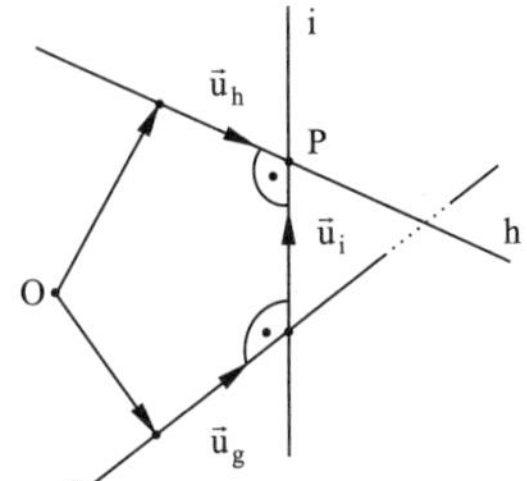

$$\left.\begin{array}{rrr|r}-2 & 2 & -1 & -1\\ 2 & 2 & 1 & 0\\ 4 & 0 & 1 & 0\end{array}\right. \xrightarrow{\text{II}-\text{I}} \left.\begin{array}{rrr|r}-2 & 2 & -1 & -1\\ 4 & 0 & 2 & 1\\ 4 & 0 & 1 & 0\end{array}\right.$$

$$\xrightarrow{\text{II}-\text{III}} \left.\begin{array}{rrr|r}-2 & 2 & -1 & -1\\ 4 & 0 & 2 & 1\\ 0 & 0 & 1 & 1\end{array}\right. \Rightarrow \mu = 1$$

$$\overrightarrow{OP} = \begin{pmatrix}0\\0\\-2\end{pmatrix} + 1 \cdot \begin{pmatrix}1\\-1\\-1\end{pmatrix} = \begin{pmatrix}1\\-1\\-3\end{pmatrix}$$

Gerade i: $\vec{x} = \begin{pmatrix}1\\-1\\-3\end{pmatrix} + \tau \cdot \begin{pmatrix}2\\2\\0\end{pmatrix}$ mit $\tau \in \mathbb{R}$

2.1 $\overrightarrow{AB} \times \overrightarrow{AC_k} = \begin{pmatrix} -2 \\ 2 \\ 4 \end{pmatrix} \times \begin{pmatrix} k-1 \\ -k \\ -k \end{pmatrix} = \begin{pmatrix} -2k+4k \\ 4\cdot(k-1)-2k \\ 2k-2\cdot(k-1) \end{pmatrix} = \begin{pmatrix} 2k \\ 2k-4 \\ 2 \end{pmatrix} = 2\cdot\begin{pmatrix} k \\ k-2 \\ 1 \end{pmatrix}$

$E_k\colon \begin{pmatrix} k \\ k-2 \\ 1 \end{pmatrix} \circ \left(\begin{pmatrix} x_1 \\ x_2 \\ x_3 \end{pmatrix} - \begin{pmatrix} 1 \\ 0 \\ -2 \end{pmatrix}\right) = 0$

$E_k\colon k\cdot x_1 - k + (k-2)\cdot x_2 + x_3 + 2 = 0$

$E_k\colon \underline{\underline{k\cdot x_1 + (k-2)\cdot x_2 + x_3 - k + 2 = 0}}$

2.2 H: $x_1 - x_2 - 2x_3 + 19 = 0$

Jede Ebene E_k enthält die Gerade g durch A und B:

$g\colon \vec{x} = \begin{pmatrix} 1 \\ 0 \\ -2 \end{pmatrix} + \lambda\cdot\begin{pmatrix} -2 \\ 2 \\ 4 \end{pmatrix}$

$g \cap H$:

$1 - 2\lambda - 2\lambda - 2\cdot(-2+4\lambda) + 19 = 0 \quad\Leftrightarrow\quad -12\lambda + 24 = 0 \quad\Leftrightarrow\quad \lambda = 2$

$\overrightarrow{OS} = \begin{pmatrix} 1 \\ 0 \\ -2 \end{pmatrix} + 2\cdot\begin{pmatrix} -2 \\ 2 \\ 4 \end{pmatrix} = \begin{pmatrix} -3 \\ 4 \\ 6 \end{pmatrix}$; $\underline{\underline{S(-3;\ 4;\ 6)}}$

Bayern – FOS · BOS 12 – Fachabiturprüfung 2011
Mathematik (Ausbildungsrichtung Technik) – Analysis A I

BE

1 Gegeben sind die reellen Funktionen $f_a: x \mapsto \frac{x^2 + 2ax + 1}{2x + 4a}$ mit $a \in \mathbb{R}$ in der maximalen Definitionsmenge D_a. Der Graph einer solchen Funktion wird mit G_a bezeichnet.

1.1 Geben Sie D_a an und bestimmen Sie die Art der Definitionslücke. 4

1.2 Ermitteln Sie, für welche Parameterwerte a die Funktion f_a zwei verschiedene Nullstellen, genau eine Nullstelle bzw. keine Nullstelle hat, und geben Sie die entsprechenden Nullstellen jeweils an. 6

1.3 Untersuchen Sie das Verhalten der Funktionswerte $f_a(x)$ für $|x| \to \infty$ und bestimmen Sie die Gleichungen aller Asymptoten des Graphen G_a. 6

1.4 Bestimmen Sie die maximalen Monotonieintervalle der Funktion f_a und ermitteln Sie damit Art und Lage der Extrempunkte des Graphen G_a. 8

[Mögliches Teilergebnis: $f_a'(x) = \frac{(x+2a)^2 - 1}{2(x+2a)^2}$]

1.5 Zeigen Sie, dass unabhängig von a der Tiefpunkt $T_a(-2a+1; -a+1)$ und der Hochpunkt $H_a(-2a-1; -a-1)$ des Graphen G_a immer denselben Abstand voneinander haben. 3

1.6 Setzen Sie $a = -1$ und zeichnen Sie den Graphen G_{-1} mit seinen Asymptoten für $-3 \le x \le 6$ in ein kartesisches Koordinatensystem. Maßstab: 1 LE = 1 cm. 5

1.7 Für $a = -1$ erhält man nach entsprechender Umformung die Funktion

$f_{-1}: x \mapsto \frac{x}{2} + \frac{1}{2x-4}$ in ihrer maximalen Definitionsmenge D_{-1}.

Der Graph G_{-1} begrenzt mit den drei Geraden mit den Gleichungen $y = 0$, $x = k$ und $x = k+1$ mit $k \in \mathbb{R}$ und $k > 2$ ein Flächenstück A_k.

1.7.1 Kennzeichnen Sie für $k = 3$ das Flächenstück A_3 im Schaubild der Aufgabe 1.6 und zeigen Sie, dass für die von k abhängige Flächenmaßzahl F des Flächenstücks A_k gilt: $F(k) = \frac{1}{2} \cdot \left(k + \frac{1}{2} + \ln \frac{k-1}{k-2} \right)$ 9

1.7.2 Bestimmen Sie den Parameterwert k so, dass die Flächenmaßzahl F ihren absolut kleinsten Wert annimmt. 9

2 Nach einem Modell des britischen Ökonomen Thomas Malthus kann die Zahl B der Weltbevölkerung in Abhängigkeit von der Zeit t (in Jahren) näherungsweise durch folgende Funktionsgleichung beschrieben werden. (Einheiten werden nicht mitgeführt.)

$B(t) = B_0 \cdot e^{r \cdot t}$, wobei gilt: $t \in \mathbb{R}$ und $t \geq 0$ sowie $r \in \mathbb{R}$ und $r > 0$.

Dabei gibt B_0 die Bevölkerungszahl zum Zeitpunkt $t = 0$ am 1. 1. 1800 an und r ist ein Maß für die Wachstumsrate der Bevölkerung.
Am 1. 1. 1950 betrug die Weltbevölkerung etwa 3,7 Milliarden Menschen, und am 1. 1. 2050 werden etwa 9,5 Milliarden Menschen weltweit erwartet.

2.1 Zeigen Sie, dass für die Werte B_0 und r gilt: $B_0 \approx 0{,}90 \cdot 10^9$ und $r \approx 9{,}43 \cdot 10^{-3}$. 5

2.2 Stellen Sie die Entwicklung der Weltbevölkerung zwischen 1. 1. 1800 und 1. 1. 2050 mit einem geeigneten Maßstab grafisch dar. 3

2.3 Entnehmen Sie einer entsprechenden Markierung im Diagramm der Aufgabe 2.2 zu einem beliebigen Zeitpunkt t das Zeitintervall Δt, für das folgende Bedingung gilt: $B(t + \Delta t) = 2 \cdot B(t)$
Zeigen Sie durch Rechnung, dass das Zeitintervall Δt unabhängig vom Zeitpunkt t ist, und berechnen Sie Δt auf eine Nachkommastelle gerundet. 5

2.4 Die natürliche Tragfähigkeitsgrenze der Erde ist der Zeitpunkt t_{TG}, an dem die Maßzahl der zur Verfügung stehenden Nahrungsmittel

$N(t) = 2{,}5 \cdot 10^7 \cdot t + 2{,}0 \cdot 10^9$ mit $t \in \mathbb{R}$ und $t \geq 0$ (t in Jahren)

nicht mehr größer ist als die Zahl der Weltbevölkerung B(t).
(Eine Nahrungsmitteleinheit entspricht zur Vereinfachung dabei einer Bevölkerungseinheit.)
Bestimmen Sie mithilfe des Newton-Verfahrens den Zeitpunkt t_{TG}. Benutzen Sie als Startwert $t_0 = 210$, führen Sie nur einen Näherungsschritt durch, runden Sie das Ergebnis auf ganze Jahre und geben Sie auch das entsprechende Jahr unserer Zeitrechnung an. 7

70

Tipps und Hinweise zur Lösung von Aufgabe A I

Teilaufgabe 1.1

- Betrachten Sie den Nenner des Funktionsterms. Die Division durch 0 ist nicht definiert.
- Berechnen Sie den Wert des Zählers an der Definitionslücke und schlussfolgern Sie dann.

Teilaufgabe 1.2

- Untersuchen Sie die Diskriminante des Zählerterms.

Teilaufgabe 1.3

- Verwandeln Sie den Term $f_a(x)$ in eine Summe und betrachten Sie den ganzrationalen Anteil.
- Beachten Sie auch Ihr Ergebnis aus Aufgabe 1.1.

Teilaufgabe 1.4

- Untersuchen Sie das Vorzeichen von $f_a'(x)$.

Teilaufgabe 1.5

- Berechnen Sie den Betrag des Verbindungsvektors der beiden Punkte mithilfe Ihrer Kenntnisse aus der Vektorgeometrie.

Teilaufgabe 1.6

- Erstellen Sie auch eine geeignete Wertetabelle.

Teilaufgabe 1.7.1

- Verwenden Sie für die Ermittlung der Stammfunktion den in 1.7 gegebenen Term.

Teilaufgabe 1.7.2

- Untersuchen Sie das Vorzeichen der Ableitung $\frac{dF}{dk}(k)$.

Teilaufgabe 2.1

- Mithilfe der Angaben kann man zwei Gleichungen aufstellen.

Teilaufgabe 2.2

- Verwenden Sie günstige Maßstäbe an den Achsen.

Teilaufgabe 2.3

- Markieren Sie sich günstige Werte auf der Ordinatenachse.
- Nutzen Sie zur Berechnung von Δt auch Potenzgesetze.

Teilaufgabe 2.4

- Nutzen Sie den Differenzterm $D(t) = B(t) - N(t)$.

Lösung

1 $f_a(x) = \dfrac{x^2 + 2ax + 1}{2x + 4a}$ mit $a \in \mathbb{R}$

1.1 $\underline{\underline{D_a = \mathbb{R} \setminus \{-2a\}}}$

I) Für den Zähler $Z(x) = x^2 + 2ax + 1$ gilt:

$Z(-2a) = 4a^2 - 4a^2 + 1 = 1 \neq 0$ für alle $a \in \mathbb{R}$

II) Der Nenner $N(x) = 2x + 4a$ ist ein linearer Term.

Wegen I) und II) folgt: Die Definitionslücke $x = -2a$ ist eine Polstelle 1. Ordnung (Unendlichkeitsstelle mit Vorzeichenwechsel von $f_a(x)$).

1.2 $f_a(x) = 0 \quad \Leftrightarrow \quad x^2 + 2ax + 1 = 0 \;\wedge\; x \neq -2a$

Wegen $Z(-2a) = 1 \neq 0$ (siehe 1.1) gilt für alle Nullstellen x von f_a: $x^2 + 2ax + 1 = 0$

Für die Diskriminante der quadratischen Gleichung gilt: $\text{Disk} = 4a^2 - 4 = 4 \cdot (a^2 - 1)$

Für Disk < 0, d. h. für $\underline{\underline{a \in \;]-1; 1[}}$ besitzt f_a keine Nullstelle.

Für Disk = 0, d. h. für $\underline{\underline{a = -1 \;\vee\; a = 1}}$ besitzt f_a genau eine Nullstelle

$x = \dfrac{-2a}{2}$; $\underline{\underline{x = -a}}$.

Für Disk > 0, d. h. für $\underline{\underline{a \in \;]-\infty; -1[\; \cup \;]1; +\infty[}}$ besitzt f_a genau zwei Nullstellen

$x_{1;2} = \dfrac{-2a \pm \sqrt{4 \cdot (a^2 - 1)}}{2}$; $\underline{\underline{x_{1;2} = -a \pm \sqrt{a^2 - 1}}}$.

1.3 f_a ist eine unecht gebrochenrationale Funktion (Zählergrad ≥ Nennergrad).

Nebenrechnung:

$$\begin{array}{l} (x^2 + 2ax + 1) : (2x + 4a) = \dfrac{1}{2}x + \dfrac{1}{2x + 4a} = f_a(x) \\ \underline{-(x^2 + 2ax)} \\ \qquad\qquad 0 + 1 \end{array}$$

Wegen $\lim\limits_{x \to \pm\infty} \dfrac{1}{2x + 4a} = 0$ gilt: $\underline{\underline{x \to +\infty \;\Rightarrow\; f_a(x) \to +\infty}}$

$\underline{\underline{x \to -\infty \;\Rightarrow\; f_a(x) \to -\infty}}$

Also besitzt G_a die schiefe Asymptote mit der Gleichung $\underline{\underline{y = \dfrac{1}{2}x}}$.

Da die Definitionslücke von f_a eine Polstelle ist, besitzt G_a die senkrechte Asymptote mit der Gleichung $\underline{\underline{x = -2a}}$.

1.4 $f_a(x)=\frac{1}{2}\cdot\frac{x^2+2ax+1}{x+2a}$

$$f_a'(x)=\frac{1}{2}\cdot\frac{(2x+2a)\cdot(x+2a)-(x^2+2ax+1)\cdot 1}{(x+2a)^2}=$$

$$=\frac{2x^2+4ax+2ax+4a^2-x^2-2ax-1}{2\cdot(x+2a)^2}=\frac{x^2+4ax+4a^2-1}{2\cdot(x+2a)^2}=\frac{(x+2a)^2-1}{2\cdot(x+2a)^2}$$

mit $D_{f_a'}=D_a$

Stellen mit waagrechter Tangente an G_a:

$f_a'(x)=0 \;\Leftrightarrow\; (x+2a)^2-1=0 \;\Leftrightarrow\; (x+2a)^2=1;\; x+2a=\pm 1;\; x_{1;2}=-2a\pm 1$

Vorzeichenuntersuchung von $f_a'(x)$:
Wegen $2\cdot(x+2a)^2>0$ für alle $x\in D_a$ gilt:

$f_a'(x)>0 \;\Leftrightarrow\; (x+2a)^2>1 \;\Leftrightarrow\; x+2a>1 \vee x+2a<-1 \;\Leftrightarrow\; x>-2a+1 \vee x<-2a-1$
d. h. $x\in\,]-\infty;-2a-1[\,\cup\,]-2a+1;+\infty[$

$f_a'(x)<0 \;\Leftrightarrow\; (x+2a)^2<1 \wedge x\neq -2a \;\Leftrightarrow\; x\in\,]-2a-1;-2a+1[\, \wedge\, x\neq -2a$
d. h. $x\in\,]-2a-1;-2a[\,\cup\,]-2a;-2a+1[$

Also ist f_a streng monoton zunehmend im Intervall $]-\infty;-2a-1]$,
streng monoton abnehmend im Intervall $[-2a-1;-2a[$,
streng monoton abnehmend im Intervall $]-2a;-2a+1]$
und streng monoton zunehmend im Intervall $[-2a+1;+\infty[$.

Aus dem Monotonieverhalten von f_a folgt:
G_a besitzt einen Hochpunkt H_a mit der Abszisse $x=-2a-1$ und einen Tiefpunkt T_a mit der Abszisse $x=-2a+1$.

$$f_a(-2a-1)=\frac{(-2a-1)^2+2a\cdot(-2a-1)+1}{2(-2a-1)+4a}=\frac{4a^2+4a+1-4a^2-2a+1}{-4a-2+4a}=\frac{2a+2}{-2}=$$

$$=-a-1;\qquad \underline{\underline{H_a(-2a-1;-a-1)}}$$

$$f_a(-2a+1)=\frac{(-2a+1)^2+2a\cdot(-2a+1)+1}{2(-2a+1)+4a}=\frac{4a^2-4a+1-4a^2+2a+1}{-4a+2+4a}=\frac{-2a+2}{2}=$$

$$=-a+1;\qquad \underline{\underline{T_a(-2a+1;-a+1)}}$$

1.5 Für den Abstand d gilt:

$d=\left|\begin{pmatrix}-2a+1\\-a+1\end{pmatrix}-\begin{pmatrix}-2a-1\\-a-1\end{pmatrix}\right|=\left|\begin{pmatrix}2\\2\end{pmatrix}\right|=2\cdot\left|\begin{pmatrix}1\\1\end{pmatrix}\right|=2\cdot\sqrt{1+1}=2\sqrt{2}$ ist unabhängig von a.

1.6 Wertetabelle:

x	$\approx f_{-1}(x)$	
–3	–1,6	
–2	–1,13	
–1	–0,67	
0	–0,25	
1	0	H
1,9	–4,05	
2,1	6,05	
3	2	T
4	2,25	
5	2,67	
6	3,13	

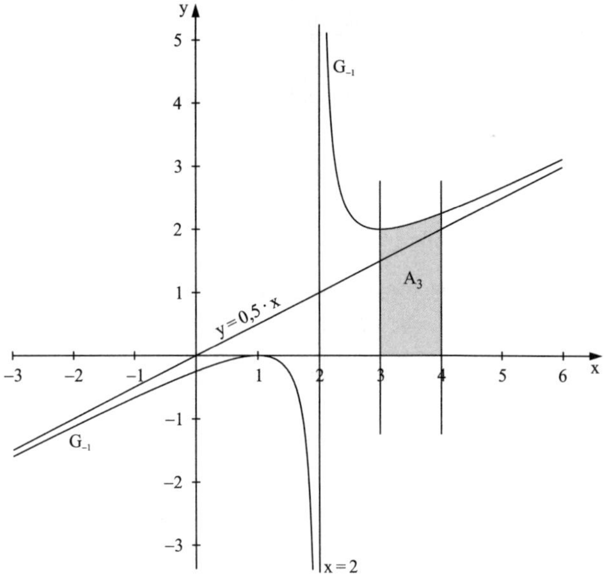

1.7 $f_{-1}(x) = \frac{1}{2}x + \frac{1}{2x-4} = \frac{1}{2}x + \frac{1}{2} \cdot \frac{1}{x-2} = \frac{1}{2} \cdot \left(x + \frac{1}{x-2}\right)$

1.7.1 Kennzeichnung des Flächenstücks: Siehe Grafik unter 1.6.

$$\underline{\underline{F(k)}} = \int_k^{k+1} f_{-1}(x)\,dx = \frac{1}{2} \cdot \int_k^{k+1} \left(x + \frac{1}{x-2}\right) dx = \frac{1}{2} \cdot \left[\frac{1}{2}x^2 + \ln(x-2)\right]_k^{k+1} =$$

$$= \frac{1}{2} \cdot \left(\left(\frac{1}{2}(k+1)^2 + \ln(k+1-2)\right) - \left(\frac{1}{2}k^2 + \ln(k-2)\right)\right) =$$

$$= \frac{1}{2} \cdot \left(\frac{1}{2}k^2 + k + \frac{1}{2} + \ln(k-1) - \frac{1}{2}k^2 - \ln(k-2)\right) =$$

$$= \frac{1}{2} \cdot \left(k + \frac{1}{2} + \ln(k-1) - \ln(k-2)\right) = \underline{\underline{\frac{1}{2} \cdot \left(k + \frac{1}{2} + \ln\left(\frac{k-1}{k-2}\right)\right)}}$$

1.7.2 $$\frac{dF(k)}{dk} = \frac{1}{2} \cdot \left(1 + \frac{k-2}{k-1} \cdot \frac{1 \cdot (k-2) - (k-1) \cdot 1}{(k-2)^2}\right) = \frac{1}{2} \cdot \left(1 + \frac{1}{k-1} \cdot \frac{k-2-k+1}{k-2}\right) =$$

$$= \frac{1}{2} \cdot \left(1 + \frac{1}{k-1} \cdot \frac{-1}{k-2}\right) = \frac{1}{2} \cdot \frac{(k-1) \cdot (k-2) - 1}{(k-1) \cdot (k-2)} = \frac{1}{2} \cdot \frac{k^2 - 3k + 1}{(k-1) \cdot (k-2)}$$

mit $k > 2$

$$\frac{dF(k)}{dk} = 0 \quad \Leftrightarrow \quad k^2 - 3k + 1 = 0 \ \wedge \ k > 2$$

Nebenrechnung: $k_{1;\,2} = \frac{3 \pm \sqrt{5}}{2}$; $k_1 = \frac{3+\sqrt{5}}{2} \approx 2{,}62 > 2$; $k_2 = \frac{3-\sqrt{5}}{2} \approx 0{,}38 < 2$

$$\frac{dF(k)}{dk} = 0 \quad \Leftrightarrow \quad k = \frac{3+\sqrt{5}}{2} \ (\approx 2{,}62)$$

$$\frac{dF(2{,}5)}{dk} = \frac{1}{2} \cdot \frac{6{,}25 - 7{,}5 + 1}{1{,}5 \cdot 0{,}5} = \frac{-0{,}25}{1{,}5} < 0$$

$$\frac{dF(3)}{dk} = \frac{1}{2} \cdot \frac{9 - 9 + 1}{2 \cdot 1} = \frac{1}{4} > 0$$

$\frac{dF(k)}{dk}$ ist stetig im Intervall $]\,2; +\infty\,[$, die Gleichung $\frac{dF(k)}{dk} = 0$ besitzt nur eine Lösung und $\frac{dF(k)}{dk}$ wechselt bei $k = \frac{3+\sqrt{5}}{2}$ das Vorzeichen von „–“ nach „+“.
Also hat F(k) für $k = \frac{3+\sqrt{5}}{2}$ seinen absolut kleinsten Wert.

2 $\quad B(t) = B_0 \cdot e^{r \cdot t}$; $t \geq 0$, $r > 0$

2.1 $\quad B(150) = 3{,}7 \cdot 10^9 \Rightarrow$ I) $B_0 \cdot e^{150 \cdot r} = 3{,}7 \cdot 10^9 \Leftrightarrow B_0 = 3{,}7 \cdot 10^9 \cdot e^{-150 \cdot r}$

$B(250) = 9{,}5 \cdot 10^9 \Rightarrow$ II) $B_0 \cdot e^{250 \cdot r} = 9{,}5 \cdot 10^9$

I) in II): $3{,}7 \cdot 10^9 \cdot e^{-150 \cdot r} \cdot e^{250 \cdot r} = 9{,}5 \cdot 10^9 \Leftrightarrow e^{100 \cdot r} = \frac{9{,}5}{3{,}7}$

$$\Leftrightarrow \quad 100 \cdot r = \ln\left(\frac{9{,}5}{3{,}7}\right); \quad r = \frac{1}{100} \cdot \ln\left(\frac{9{,}5}{3{,}7}\right) \approx \underline{\underline{0{,}00943}}$$

I) $B_0 = 3{,}7 \cdot 10^9 \cdot e^{-150 \cdot 0{,}00943} \approx \underline{\underline{0{,}90 \cdot 10^9}}$

2.2 $\quad$ Wertetabelle:

t	B(t) in 10^9
0	0,9
50	1,4
100	2,3
150	3,7
200	5,9
250	9,5

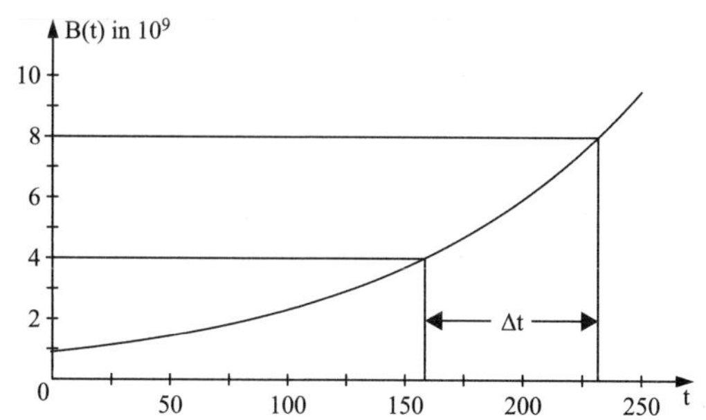

2.3 Aus der Zeichnung gemessen: $\Delta t \approx 73$

$B(t) = B_0 \cdot e^{r \cdot t}$

$$B(t+\Delta t) = 2 \cdot B(t) \Leftrightarrow B_0 \cdot e^{r \cdot (t+\Delta t)} = 2 \cdot B_0 \cdot e^{r \cdot t}$$

$$\Leftrightarrow e^{r \cdot (t+\Delta t)} = 2 \cdot e^{r \cdot t} \Leftrightarrow e^{r \cdot (t+\Delta t) - r \cdot t} = 2 \Leftrightarrow e^{r \cdot \Delta t} = 2$$

$$\Leftrightarrow r \cdot \Delta t = \ln(2) \Leftrightarrow \underline{\underline{\Delta t = \frac{\ln(2)}{r}}}$$, damit ist Δt unabhängig von t.

$$\underline{\underline{\Delta t}} = \frac{\ln(2)}{9{,}43 \cdot 10^{-3}} \approx \underline{\underline{73{,}5}}$$

2.4 $B(t) = N(t) \Leftrightarrow B(t) - N(t) = 0$

Betrachtet wird die Differenz $D(t) = B(t) - N(t)$.

$D(t) = 0{,}90 \cdot 10^9 \cdot e^{9{,}43 \cdot 10^{-3} \cdot t} - 2{,}5 \cdot 10^7 \cdot t - 2{,}0 \cdot 10^9$

$\dot{D}(t) = 0{,}90 \cdot 10^9 \cdot 9{,}43 \cdot 10^{-3} \cdot e^{9{,}43 \cdot 10^{-3} \cdot t} - 2{,}5 \cdot 10^7$

t_{TG} ist eine Lösung der Gleichung $D(t) = 0$.

Näherungsformel: $t_{i+1} = t_i - \dfrac{D(t_i)}{\dot{D}(t_i)}$ mit $i = 0, 1, 2, 3, \ldots$ und $t_0 = 210$

$$\underline{\underline{t_{TG}}} \approx t_1 = t_0 - \frac{D(t_0)}{\dot{D}(t_0)} = 210 - \frac{D(210)}{\dot{D}(210)} =$$

$$= 210 - \frac{0{,}90 \cdot 10^9 \cdot e^{9{,}43 \cdot 10^{-3} \cdot 210} - 2{,}5 \cdot 10^7 \cdot 210 - 2{,}0 \cdot 10^9}{0{,}90 \cdot 10^9 \cdot 9{,}43 \cdot 10^{-3} \cdot e^{9{,}43 \cdot 10^{-3} \cdot 210} - 2{,}5 \cdot 10^7} \approx \underline{\underline{230}}$$

Wegen $1800 + 230 = 2030$ entspricht der Zeitpunkt t_{TG} dem 1. 1. 2030.

Bayern – FOS · BOS 12 – Fachabiturprüfung 2011
Mathematik (Ausbildungsrichtung Technik) – Analysis A II

		BE
1	Gegeben ist die reelle Funktion $f\colon x \mapsto \dfrac{3+e^{2x}}{1+e^{2x}}$ mit $x \in \mathbb{R}$.	
1.1	Untersuchen Sie das Verhalten der Funktionswerte f(x) für $\lvert x \rvert \to \infty$ und geben Sie die Gleichungen der Asymptoten an.	5
1.2	Zeigen Sie, dass die Funktion f keine Nullstellen und ihr Graph keine Extrempunkte besitzt. [Teilergebnis: $f'(x) = \dfrac{-4e^{2x}}{(1+e^{2x})^2}$]	3
1.3	Untersuchen Sie das Krümmungsverhalten des Graphen von f, ermitteln Sie die Koordinaten des Wendepunktes W und stellen Sie die Gleichung der Tangente w an den Graphen von f im Wendepunkt W auf. [Teilergebnis: W(0; 2)]	9
1.4	Zeichnen Sie den Graphen von f mit der Tangente w für $-3 \le x \le 5$ in ein kartesisches Koordinatensystem mit dem Maßstab 1 LE = 1 cm.	4
1.5	Zeigen Sie, dass die Funktion $F\colon x \mapsto 3x - \ln(1+e^{2x})$, $x \in \mathbb{R}$, eine Stammfunktion der Funktion f ist.	3
1.6	Der Graph von f, die Tangente w und die Gerade mit der Gleichung $x = u$ mit $u \in \mathbb{R}$ und $u \ge 2$ schließen ein Flächenstück A_u ein.	
1.6.1	Kennzeichnen Sie für $u = 2$ das Flächenstück A_2 im Schaubild der Aufgabe 1.4 und berechnen Sie seine Flächenmaßzahl A. [Teilergebnis: $A \approx 0{,}675$]	4
1.6.2	Bestimmen Sie mit dem Newton-Verfahren u näherungsweise so, dass das Flächenstück A_u gleich große Flächenanteile oberhalb und unterhalb der x-Achse besitzt. Benutzen Sie $u_0 = 4$ als Startwert und führen Sie einen Näherungsschritt aus.	6
2	Gegeben ist ferner in der maximalen Definitionsmenge D_g eine Funktion $g\colon x \mapsto a \cdot \ln(bx+c) + 2$, bei der die reellen, von null verschiedenen Koeffizienten a, b und c dadurch festgelegt sind, dass der Graph dieser Funktion durch den Punkt P(0; 2) verläuft, dort die Steigung 1 und an der Stelle $x_0 = -1$ die Steigung 3 besitzt.	
2.1	Berechnen Sie die Koeffizienten a, b und c. [Ergebnis: $a = \frac{3}{2}$; $b = \frac{2}{3}$; $c = 1$]	6
2.2	Bestimmen Sie die maximale Definitionsmenge D_g.	2
2.3	Zeigen Sie, dass die Funktion g streng monoton ist.	3

2.4 Untersuchen Sie, ob die Funktion h mit

$$h(x)=\begin{cases} f(x) & \text{für } x<0 \text{ (siehe Aufgabe 1)} \\ g(x) & \text{für } x\geq 0 \text{ (siehe Aufgabe 2)} \end{cases}$$

an der Nahtstelle $x=0$ stetig ist, begründen Sie, dass die Funktionswerte von h an der Nahtstelle ein Minimum aufweisen, und geben Sie den Winkel an, unter dem die Graphen der beiden Teilfunktionen an der Nahtstelle aufeinandertreffen. 8

3 Mithilfe einer Konvexlinse (Sammellinse) wird von einem selbstleuchtenden, links von der Linse stehenden Gegenstand auf einem Schirm rechts von der Linse ein reales, scharfes Bild erzeugt. Der Abstand des Gegenstands von der Linsenmitte heißt dabei Gegenstandsweite g, der Abstand des Schirms von der Linsenmitte heißt Bildweite b.

Der Zusammenhang zwischen diesen Größen ist durch die Linsenformel $\frac{1}{g}+\frac{1}{b}=\frac{1}{f}$ gegeben, wobei mit f die Brennweite der Linse bezeichnet wird.

Um ein reales Bild zu erzeugen, muss die Gegenstandsweite größer als die Brennweite sein.

Dieser Versuchsaufbau soll in einem Schaukasten einer Schule gezeigt werden. Die Brennweite der verwendeten Linse beträgt $f=50$ mm. Die Einheit kann für die Berechnungen weggelassen werden.

3.1 Zeigen Sie, dass für den gesamten Platzbedarf $a=g+b$ in Abhängigkeit von der Gegenstandsweite g folgender funktionaler Zusammenhang besteht:

$$a(g)=\frac{g^2}{g-50}$$ 5

3.2 Bestimmen Sie eine geeignete Definitionsmenge D_a, wenn der Platzbedarf a durch die Länge des Schaukastens mit 3 000 mm begrenzt ist. 4

3.3 Beweisen Sie, dass es eine Gegenstandsweite g_0 gibt, für die der Platzbedarf a minimal wird, berechnen Sie g_0 sowie den minimalen Platzbedarf $a(g_0)$ und ermitteln Sie, welcher besondere Zusammenhang zwischen g_0 und der zugehörigen Bildweite b_0 besteht. 8

70

Tipps und Hinweise zur Lösung von Aufgabe A II

Teilaufgabe 1.1

Verwenden Sie auch eine Regel von l'Hospital.

Teilaufgabe 1.2

Zeigen Sie, dass die Gleichungen $f(x) = 0$ und $f'(x) = 0$ keine Lösungen besitzen.

Teilaufgabe 1.3

Untersuchen Sie das Vorzeichen der zweiten Ableitung von f.

Teilaufgabe 1.4

Erstellen Sie auch eine geeignete Wertetabelle.

Teilaufgabe 1.5

Beachten Sie, dass gilt: $F'(x) = f(x)$

Teilaufgabe 1.6.1

Nutzen Sie den gegebenen Term der Stammfunktion.

Teilaufgabe 1.6.2

Berechnen Sie den Flächenanteil oberhalb der x-Achse mithilfe eines Integrals und den Flächenanteil unterhalb der x-Achse mithilfe der Dreiecksformel.

Teilaufgabe 2.1

Erstellen Sie ein geeignetes Gleichungssystem und verwenden Sie das Einsetzungsverfahren.

Teilaufgabe 2.2

Das Argument des Logarithmusterms muss stets positiv sein.

Teilaufgabe 2.3

Untersuchen Sie das Vorzeichen der ersten Ableitung von g.

Teilaufgabe 2.4

Nutzen Sie auch das Monotonieverhalten der Funktionen f und g.

Teilaufgabe 3.1

Berechnen Sie zuerst mithilfe der Linsenformel und $f = 50$ einen Term b(g).

Teilaufgabe 3.2

Untersuchen Sie geeignete Ungleichungen.

Teilaufgabe 3.3

Berechnen und untersuchen Sie die Ableitung „da nach dg".

Lösung

1 $f(x)=\frac{3+e^{2x}}{1+e^{2x}}$ mit $D_f=\mathbb{R}$

1.1 $\lim\limits_{x\to-\infty} f(x)=\lim\limits_{x\to-\infty}\frac{\overbrace{3+e^{2x}}^{\to 3}}{\underbrace{1+e^{2x}}_{\to 1}}=3$

$$\lim_{x\to+\infty} f(x)=\lim_{x\to+\infty}\frac{\overbrace{3+e^{2x}}^{\to+\infty}}{\underbrace{1+e^{2x}}_{\to+\infty}}\overset{L'H}{=}\lim_{x\to+\infty}\frac{2\cdot e^{2x}}{2\cdot e^{2x}}=\lim_{x\to+\infty}1=1$$

Der Graph von f besitzt zwei waagrechte Asymptoten mit den Gleichungen $\underline{\underline{y=3}}$ und $\underline{\underline{y=1}}$.

1.2 Wegen $3+e^{2x}>3$ für alle $x\in\mathbb{R}$ besitzt die Gleichung $f(x)=0$ keine Lösung. Also besitzt die Funktion f keine Nullstellen.

$$f(x)=\frac{3+e^{2x}}{1+e^{2x}} \;\Rightarrow\; f'(x)=\frac{e^{2x}\cdot 2\cdot(1+e^{2x})-(3+e^{2x})\cdot e^{2x}\cdot 2}{(1+e^{2x})^2}=$$

$$=\frac{2\cdot e^{2x}\cdot(1+e^{2x}-3-e^{2x})}{(1+e^{2x})^2}=\frac{-4\cdot e^{2x}}{(1+e^{2x})^2}\quad \text{mit } D_{f'}=\mathbb{R}$$

Wegen $-4\cdot e^{2x}<0$ für alle $x\in\mathbb{R}$ besitzt die Gleichung $f'(x)=0$ keine Lösung. Also besitzt der Graph von f keine Extrempunkte.

1.3 $f'(x)=-4\cdot\frac{e^{2x}}{(1+e^{2x})^2}$

$$f''(x)=-4\cdot\frac{e^{2x}\cdot 2\cdot(1+e^{2x})^2-e^{2x}\cdot 2\cdot(1+e^{2x})\cdot e^{2x}\cdot 2}{(1+e^{2x})^4}=$$

$$=-4\cdot\frac{e^{2x}\cdot 2\cdot(1+e^{2x})-e^{2x}\cdot 2\cdot e^{2x}\cdot 2}{(1+e^{2x})^3}=-4\cdot\frac{2\cdot e^{2x}\cdot(1+e^{2x}-2e^{2x})}{(1+e^{2x})^3}=$$

$$=\frac{-8e^{2x}\cdot(1-e^{2x})}{(1+e^{2x})^3}=\frac{8e^{2x}\cdot(e^{2x}-1)}{(1+e^{2x})^3}$$

$$f''(x)<0 \;\Leftrightarrow\; e^{2x}-1<0 \;\Leftrightarrow\; e^{2x}<1 \;\Leftrightarrow\; 2x<0 \;\Leftrightarrow\; x<0$$

$$f''(x)>0 \;\Leftrightarrow\; e^{2x}-1>0 \;\Leftrightarrow\; e^{2x}>1 \;\Leftrightarrow\; 2x>0 \;\Leftrightarrow\; x>0$$

Also ist der Graph von f im Intervall $]-\infty;0]$ rechtsgekrümmt und im Intervall $[0;+\infty[$ linksgekrümmt und besitzt einen Wendepunkt W mit der Abszisse $x=0$.

$f(0) = \frac{3+e^0}{1+e^0} = \frac{3+1}{1+1} = \frac{4}{2} = 2;\quad \underline{\underline{W(0;\,2)}}$

$f'(0) = \frac{-4 \cdot e^0}{(1+e^0)^2} = \frac{-4}{(1+1)^2} = \frac{-4}{4} = -1$

Tangente w: $\underline{\underline{y = -x + 2}}$

1.4 Wertetabelle:

x	f(x)	
−3	3,00	
−2	2,96	
−1	2,76	
0	2	W
1	1,24	
2	1,04	
3	1,00	
4	1,00	
5	1,00	

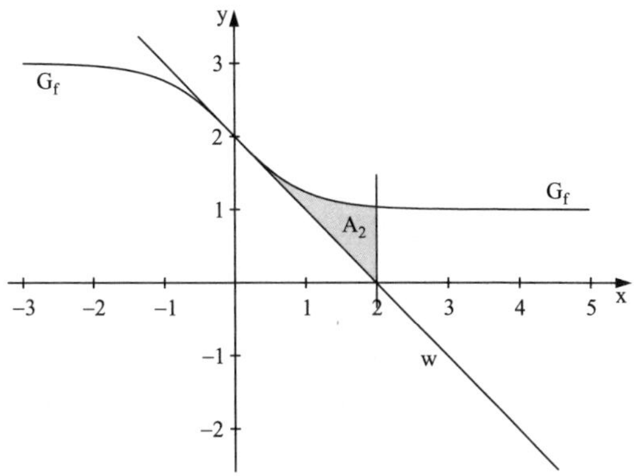

1.5 $F(x) = 3x - \ln(1+e^{2x});\quad D_F = \mathbb{R}$

$F'(x) = 3 - \frac{e^{2x} \cdot 2}{1+e^{2x}} = \frac{3 \cdot (1+e^{2x}) - 2e^{2x}}{1+e^{2x}} = \frac{3+3e^{2x}-2e^{2x}}{1+e^{2x}} = \frac{3+e^{2x}}{1+e^{2x}} = f(x)$

$\Rightarrow$ F ist eine Stammfunktion von f.

1.6.1 Kennzeichnung des Flächenstücks A_2: Siehe Schaubild in Aufgabe 1.4.

$\underline{\underline{A}} = \int_0^2 f(x)\,dx - \frac{1}{2} \cdot 2 \cdot 2 = F(2) - F(0) - 2 = 6 - \ln(1+e^4) - 0 + \ln(1+1) - 2 =$

$= 4 + \ln(2) - \ln(1+e^4) \approx \underline{\underline{0,675}}$

1.6.2 Maßzahl des Flächenanteils oberhalb der x-Achse:

$\int_0^u f(x)\,dx - 2 = F(u) - F(0) - 2 = 3u - \ln(1+e^{2u}) + \ln(2) - 2 = 3u - 2 + \ln(2) - \ln(1+e^{2u})$

Maßzahl des Flächenanteils unterhalb der x-Achse: $\frac{1}{2} \cdot (u-2) \cdot (u-2) = \frac{1}{2} \cdot (u-2)^2$

Die Flächenanteile sind gleich, falls gilt:

$$\frac{1}{2}(u-2)^2 = 3u - 2 + \ln(2) - \ln(1+e^{2u})$$

$$\Leftrightarrow \quad \frac{1}{2}u^2 - 2u + 2 - 3u + 2 - \ln(2) + \ln(1+e^{2u}) = 0$$

$$\Leftrightarrow \quad \frac{1}{2}u^2 - 5u + 4 - \ln(2) + \ln(1+e^{2u}) = 0$$

Betrachtet wird der Term: $D(u) = \frac{1}{2}u^2 - 5u + 4 - \ln(2) + \ln(1+e^{2u})$

$$D'(u) = u - 5 + \frac{e^{2u} \cdot 2}{1+e^{2u}} = u - 5 + \frac{2e^{2u}}{1+e^{2u}}$$

Näherungsformel: $u_{i+1} = u_i - \frac{D(u_i)}{D'(u_i)}$ mit $i = 0, 1, 2, 3, \dots$ und $u_0 = 4$

$$\underline{\underline{u}} \approx u_1 = u_0 - \frac{D(u_0)}{D'(u_0)} = 4 - \frac{D(4)}{D'(4)} =$$

$$= 4 - \frac{8 - 20 + 4 - \ln(2) + \ln(1+e^8)}{4 - 5 + \frac{2e^8}{1+e^8}} = 4 - \frac{-8 - \ln(2) + \ln(1+e^8)}{-1 + \frac{2e^8}{1+e^8}} \approx \underline{\underline{4{,}69}}$$

2.1 $g(x) = a \cdot \ln(bx + c) + 2$

$$g'(x) = a \cdot \frac{b}{bx + c}$$

$g(0) = 2 \quad \Rightarrow \quad$ I) $\quad a \cdot \ln(c) + 2 = 2 \quad \Leftrightarrow \quad a \cdot \ln(c) = 0$

$g'(0) = 1 \quad \Rightarrow \quad$ II) $\quad a \cdot \frac{b}{c} = 1$

$g'(-1) = 3 \quad \Rightarrow \quad$ III) $\quad a \cdot \frac{b}{-b + c} = 3$

Aus II) $b = \frac{c}{a}$; in III) $a \cdot \frac{\frac{c}{a}}{-\frac{c}{a} + c} = 3 \quad \Leftrightarrow \quad \frac{c}{-\frac{c}{a} + c} = 3 \quad \Leftrightarrow \quad \frac{1}{-\frac{1}{a} + 1} = 3$

$$\Leftrightarrow \quad 1 = 3 \cdot \left(-\frac{1}{a} + 1\right) \quad \Leftrightarrow \quad 1 = -\frac{3}{a} + 3$$

$$\Leftrightarrow \quad -2 = -\frac{3}{a} \quad \Leftrightarrow \quad \underline{\underline{a = \frac{3}{2}}}$$

I) $\Rightarrow \quad \ln(c) = 0 \quad \Leftrightarrow \quad \underline{\underline{c = 1}}$

II) $\Rightarrow \quad \underline{\underline{b}} = c \cdot \frac{1}{a} = 1 \cdot \frac{2}{3} = \underline{\underline{\frac{2}{3}}}$

2.2 $g(x)=\frac{3}{2}\cdot\ln\left(\frac{2}{3}x+1\right)+2$

$\frac{2}{3}x+1>0 \;\Leftrightarrow\; \frac{2}{3}x>-1 \;\Leftrightarrow\; x>-\frac{3}{2};\;\; \underline{\underline{D_g=\,]-1{,}5;+\infty[}}$

2.3 $g(x)=\frac{3}{2}\cdot\ln\left(\frac{2}{3}x+1\right)+2 \;\Rightarrow\; g'(x)=\frac{3}{2}\cdot\frac{\frac{2}{3}}{\frac{2}{3}x+1}\cdot\frac{3}{3}=\frac{3}{2}\cdot\frac{2}{2x+3}=\frac{3}{2x+3}$

$g'(x)>0 \;\Leftrightarrow\; \frac{3}{2x+3}>0 \;\Leftrightarrow\; 2x+3>0 \;\Leftrightarrow\; 2x>-3 \;\Leftrightarrow\; x>-1{,}5$

Also ist g streng monoton zunehmend in $D_g=\,]-1{,}5;+\infty[$.

2.4 $\lim\limits_{x \overset{<}{\to} 0} h(x)=f(0)=2;\;\; \lim\limits_{x \overset{>}{\to} 0} h(x)=g(0)=\frac{3}{2}\cdot\ln(1)+2=0+2=2;\;\; h(0)=g(0)=2$

Wegen $\lim\limits_{x \overset{<}{\to} 0} h(x)=\lim\limits_{x \overset{>}{\to} 0} h(x)=h(0)$ ist die Funktion h stetig an der Stelle $x=0$.

Da f im Intervall $]-\infty;0]$ streng monoton abnimmt und g im Intervall $[0;+\infty[$ streng monoton zunimmt und h stetig in $\mathbb{R}$ ist, haben die Funktionswerte h(x) bei $x=0$ ein Minimum.

$f'(0)=-1;\;\; g'(0)=\frac{3}{3}=1$

Wegen $f'(0)\cdot g'(0)=-1$ treffen die Graphen der beiden Teilfunktionen bei $x=0$ unter einem Winkel von 90° aufeinander.

3 $\frac{1}{g}+\frac{1}{b}=\frac{1}{f}$

3.1 Mit $f=50$ gilt:

$\frac{1}{g}+\frac{1}{b}=\frac{1}{50} \;\Leftrightarrow\; \frac{1}{b}=\frac{1}{50}-\frac{1}{g} \;\Leftrightarrow\; \frac{1}{b}=\frac{g-50}{50\cdot g} \;\Leftrightarrow\; b=\frac{50\cdot g}{g-50}$

$\underline{\underline{a(g)}}=g+b=g+\frac{50g}{g-50}=\frac{g\cdot(g-50)+50g}{g-50}=\frac{g^2-50g+50g}{g-50}=\underline{\underline{\frac{g^2}{g-50}}}$

3.2 $a(g)>0 \;\wedge\; a(g)<3\,000$

$a(g)>0 \;\Leftrightarrow\; g-50>0 \;\Leftrightarrow\; g>50$

$a(g)<3\,000 \;\Leftrightarrow\; \frac{g^2}{g-50}<3\,000 \;\Leftrightarrow\; g^2<3\,000g-150\,000$

$\Leftrightarrow\; (*)\;\; g^2-3\,000g+150\,000<0$

Nebenrechnung: Nullstellen von $D(g) = g^2 - 3\,000g + 150\,000$

$$g_{1;\,2} = \frac{3\,000 \pm \sqrt{9 \cdot 1\,000^2 - 4 \cdot 0{,}15 \cdot 1\,000^2}}{2}$$

$$= 500 \cdot (3 \pm \sqrt{9 - 0{,}6}) = 500 \cdot (3 \pm \sqrt{8{,}4})$$

$$g_1 \approx 2\,949{,}1; \quad g_2 \approx 50{,}9$$

Also ist $D_a = [51;\, 2\,949]$ eine geeignete Definitionsmenge.

3.3 $a(g) = \dfrac{g^2}{g - 50}$

$$\frac{da}{dg} = \frac{2g \cdot (g-50) - g^2 \cdot 1}{(g-50)^2} = \frac{g^2 - 100g}{(g-50)^2} = \frac{g \cdot (g-100)}{(g-50)^2}$$

$$\frac{da}{dg} = 0 \;\wedge\; g \in D_a \quad \Rightarrow \quad g = 100$$

Die stetige Funktion a: $g \mapsto a(g)$ besitzt im abgeschlossenen Intervall $D_a = [51;\, 2\,949]$ einen größten und einen kleinsten Funktionswert a(g). Also gibt es eine Gegenstandsweite g_0, für die a(g) minimal wird.

Da die Gleichung $\dfrac{da}{dg} = 0$ in D_a nur eine Lösung besitzt, kommen für den kleinsten Platzbedarf a nur die Werte a(100), a(51) bzw. a(2 949) infrage.

$$a(100) = \frac{100^2}{100-50} = 200; \quad a(51) = \frac{51^2}{51-50} = 2\,601; \quad a(2\,949) = \frac{2\,949^2}{2\,949 - 50} \approx 2\,999{,}86$$

Damit gilt: $\underline{\underline{g_0 = 100}}$

Der minimale Platzbedarf beträgt: $\underline{\underline{a(g_0) = 200}}$

Mit $b = \dfrac{50 \cdot g}{g - 50}$ aus Aufgabe 3.1 folgt:

$$b_0 = \frac{50 \cdot g_0}{g_0 - 50} = \frac{50 \cdot 100}{100 - 50} = \frac{50 \cdot 100}{50} = 100$$

Es gilt also: $\underline{\underline{b_0 = g_0}}$

BE

1 In einem kartesischen Koordinatensystem des $\mathbb{R}^3$ sind in Abhängigkeit der Variablen $p, q \in \mathbb{R} \setminus \{0\}$ die Vektoren $\vec{a} = \begin{pmatrix} p-q \\ -p \\ q \end{pmatrix}$ und $\vec{b} = \begin{pmatrix} p-q \\ p \\ 2p-q \end{pmatrix}$ gegeben.

1.1 Zeigen Sie, dass unabhängig von der Wahl der Werte für p und q die Vektoren $\vec{a}$ und $\vec{b}$ senkrecht aufeinander stehen. 2

1.2 Setzen Sie nun $p = 2$ und $q = 1$. Daraus ergeben sich mit dem Koordinatenursprung O die Ortsvektoren $\vec{a} = \overrightarrow{OA}$ und $\vec{b} = \overrightarrow{OB}$ für die Punkte A und B.

1.2.1 Bestimmen Sie eine Normalengleichung der Ebene E, in der die Punkte A und B sowie der Koordinatenursprung O liegen. Geben Sie die Gleichung der Ebene E auch in Koordinatenform an. 3

1.2.2 Berechnen Sie den Abstand des Koordinatenursprungs O von der durch die Punkte A und B festgelegten Geraden g.
Bestimmen Sie auch den Punkt L auf der Geraden g, der die geringste Entfernung vom Ursprung hat. 7
[Teilergebnis: L(1; –0,8; 1,6)]

1.2.3 Die Punkte S_1 und S_2 liegen auf der Geraden g. Die Strecke $[S_1S_2]$ bildet die Basis eines gleichschenkligen Dreiecks mit dem Koordinatenursprung O als Spitze. Dieses Dreieck besitzt die Flächenmaßzahl $A_\Delta = 2 \cdot \sqrt{4{,}2}$.
Fertigen Sie eine Lageskizze der Punkte O, A, B, L, S_1 und S_2 an und berechnen Sie die Koordinaten der Punkte S_1 und S_2. Runden Sie die Koordinaten der Punkte S_1 und S_2 auf zwei Stellen nach dem Komma. 9
[Zwischenergebnis: $|\overrightarrow{LS_1}| = 2$]

2 Die folgenden Gleichungen I, II und III stellen jeweils Ebenen in Koordinatenform dar:

I $x_1 + x_2 + 2x_3 = 3$

II $x_2 + x_3 = 1$

III $2x_1 - x_2 + x_3 = c$, wobei $c \in \mathbb{R}$

2.1 Ermitteln Sie in Abhängigkeit von c die Anzahl der Lösungen des Gleichungssystems. 4

2.2 Bestimmen Sie für $c = 3$ die Lösung des Gleichungssystems und interpretieren Sie die gegenseitige Lage der drei Ebenen. 5

30

Tipps und Hinweise zur Lösung von Aufgabe B I

Teilaufgabe 1.1

Berechnen Sie das Skalarprodukt der beiden gegebenen Vektoren.

Teilaufgabe 1.2.1

Verwenden Sie zur Berechnung des Normalenvektors der Ebene E ein geeignetes Vektorprodukt (Kreuzprodukt).

Teilaufgabe 1.2.2

Eine Ebene H steht senkrecht auf g und enthält den Ursprung O. Eine Gleichung der Ebene H in Normalenform lässt sich sofort niederschreiben. Der Lotfußpunkt L ist der Schnittpunkt der Geraden g mit der Ebenen H.

Der gesuchte Abstand ist der Betrag des Ortsvektors zum Punkt L.

Teilaufgabe 1.2.3

Berechnen Sie zuerst die Beträge der Ortsvektoren zu den Punkten A und B. Verwenden Sie als Zeichenebene die Ebene E und als Längeneinheit 1 cm.

Teilaufgabe 2.1

Verwenden Sie zur Vereinfachung des Gleichungssystems das Gauß'sche Eliminationsverfahren.

Teilaufgabe 2.2

Die Lösungen bilden eine Menge von Zahlentripeln, die in einem kartesischen Koordinatensystem eine Gerade beschreiben.

Lösung

1.1 $\vec{a} \circ \vec{b} = \begin{pmatrix} p-q \\ -p \\ q \end{pmatrix} \circ \begin{pmatrix} p-q \\ p \\ 2p-q \end{pmatrix} = (p-q)^2 - p^2 + q \cdot (2p-q) =$

$= p^2 - 2pq + q^2 - p^2 + 2pq - q^2 = \underline{\underline{0}}$

1.2.1 $\overrightarrow{OA} = \begin{pmatrix} 2-1 \\ -2 \\ 1 \end{pmatrix} = \begin{pmatrix} 1 \\ -2 \\ 1 \end{pmatrix}; \quad \overrightarrow{OB} = \begin{pmatrix} 2-1 \\ 2 \\ 4-1 \end{pmatrix} = \begin{pmatrix} 1 \\ 2 \\ 3 \end{pmatrix}$

$\overrightarrow{OA} \times \overrightarrow{OB} = \begin{pmatrix} 1 \\ -2 \\ 1 \end{pmatrix} \times \begin{pmatrix} 1 \\ 2 \\ 3 \end{pmatrix} = \begin{pmatrix} -6-2 \\ 1-3 \\ 2+2 \end{pmatrix} = \begin{pmatrix} -8 \\ -2 \\ 4 \end{pmatrix} = -2 \cdot \begin{pmatrix} 4 \\ 1 \\ -2 \end{pmatrix}$

Normalenform von E: $\underline{\underline{\begin{pmatrix} 4 \\ 1 \\ -2 \end{pmatrix} \circ \begin{pmatrix} x_1 \\ x_2 \\ x_3 \end{pmatrix} = 0}}$

Koordinatenform von E: $\underline{\underline{4x_1 + x_2 - 2x_3 = 0}}$

1.2.2 $\overrightarrow{AB} = \begin{pmatrix} 1-1 \\ 2+2 \\ 3-1 \end{pmatrix} = \begin{pmatrix} 0 \\ 4 \\ 2 \end{pmatrix} = 2 \cdot \begin{pmatrix} 0 \\ 2 \\ 1 \end{pmatrix}$

g: $\vec{x} = \begin{pmatrix} 1 \\ -2 \\ 1 \end{pmatrix} + \lambda \cdot \begin{pmatrix} 0 \\ 2 \\ 1 \end{pmatrix}$ mit $\lambda \in \mathbb{R}$

Ebene H, senkrecht zu g mit $O \in H$:

H: $\begin{pmatrix} 0 \\ 2 \\ 1 \end{pmatrix} \circ \begin{pmatrix} x_1 \\ x_2 \\ x_3 \end{pmatrix} = 0 \quad \Leftrightarrow \quad$ H: $2x_2 + x_3 = 0$

$L = g \cap H$: $\; 2 \cdot (-2 + 2\lambda) + 1 + \lambda = 0 \quad \Leftrightarrow \quad 5\lambda - 3 = 0 \quad \Leftrightarrow \quad \lambda = \frac{3}{5}$

$\overrightarrow{OL} = \begin{pmatrix} 1 \\ -2 \\ 1 \end{pmatrix} + \frac{3}{5} \cdot \begin{pmatrix} 0 \\ 2 \\ 1 \end{pmatrix} = \begin{pmatrix} 1+0 \\ -2+1,2 \\ 1+0,6 \end{pmatrix} = \begin{pmatrix} 1 \\ -0,8 \\ 1,6 \end{pmatrix}$; $\underline{\underline{L(1; -0,8; 1,6)}}$

$d = |\overrightarrow{OL}| = \left| \begin{pmatrix} 1 \\ -0,8 \\ 1,6 \end{pmatrix} \right| = \sqrt{1 + 0,64 + 2,56} = \underline{\underline{\sqrt{4,2}}}$

1.2.3 $[OA] \perp [OB]; \quad [OL] \perp [AB]$

$|\overrightarrow{OA}| = \left| \begin{pmatrix} 1 \\ -2 \\ 1 \end{pmatrix} \right| = \sqrt{1+4+1} = \sqrt{6} \approx 2,45$

$|\overrightarrow{OB}| = \left|\begin{pmatrix}1\\2\\3\end{pmatrix}\right| = \sqrt{1+4+9} = \sqrt{14} \approx 3{,}74$

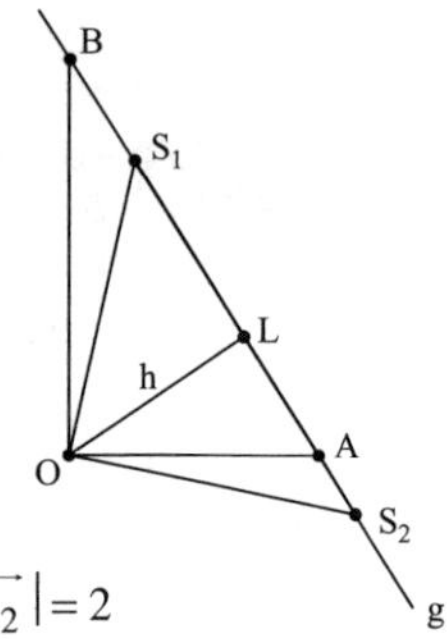

Zeichenebene ist die Ebene E.

Für die Flächenmaßzahl A_Δ des Dreiecks OS_1S_2 gilt:

$A_\Delta = \frac{1}{2} \cdot |\overrightarrow{S_2S_1}| \cdot h$

Mit $A_\Delta = 2 \cdot \sqrt{4{,}2}$ und $h = |\overrightarrow{OL}| = \sqrt{4{,}2}$ folgt:

$2 \cdot \sqrt{4{,}2} = \frac{1}{2} \cdot |\overrightarrow{S_2S_1}| \cdot \sqrt{4{,}2} \quad \Leftrightarrow \quad |\overrightarrow{S_2S_1}| = 4 \quad \Rightarrow \quad |\overrightarrow{LS_1}| = |\overrightarrow{LS_2}| = 2$

Betrag des Richtungsvektors von g: $|\vec{v}| = \left|\begin{pmatrix}0\\2\\1\end{pmatrix}\right| = \sqrt{0+4+1} = \sqrt{5}$; $\vec{v}^0 = \frac{1}{\sqrt{5}} \cdot \begin{pmatrix}0\\2\\1\end{pmatrix}$

$$\overrightarrow{OS_{1;2}} = \overrightarrow{OL} \pm 2 \cdot \vec{v}^0 = \begin{pmatrix}1\\-0{,}8\\1{,}6\end{pmatrix} \pm \frac{2}{\sqrt{5}} \cdot \begin{pmatrix}0\\2\\1\end{pmatrix} \approx \begin{pmatrix}1 \pm 0\\-0{,}8 \pm 1{,}79\\1{,}6 \pm 0{,}89\end{pmatrix}$$

$\overrightarrow{OS_1} \approx \begin{pmatrix}1\\0{,}99\\2{,}49\end{pmatrix}$; $\underline{\underline{S_1(1; 0{,}99; 2{,}49)}}$; $\overrightarrow{OS_2} \approx \begin{pmatrix}1\\-2{,}59\\0{,}71\end{pmatrix}$; $\underline{\underline{S_2(1; -2{,}59; 0{,}71)}}$

2.1 $$\left(\begin{array}{ccc|c}1 & 1 & 2 & 3\\0 & 1 & 1 & 1\\2 & -1 & 1 & c\end{array}\right) \xrightarrow{III - 2\cdot I} \left(\begin{array}{ccc|c}1 & 1 & 2 & 3\\0 & 1 & 1 & 1\\0 & -3 & -3 & c-6\end{array}\right) \xrightarrow{3\cdot II + III} \left(\begin{array}{ccc|c}1 & 1 & 2 & 3\\0 & 1 & 1 & 1\\0 & 0 & 0 & c-3\end{array}\right)$$

Für $c \neq 3$ besitzt das Gleichungssystem keine Lösung.
Für $c = 3$ besitzt das Gleichungssystem unendlich viele Lösungen.

2.2 Aus Aufgabe 2.1: Für $c = 3$ gilt:

$$\left(\begin{array}{ccc|c}1 & 1 & 2 & 3\\0 & 1 & 1 & 1\\0 & 0 & 0 & 0\end{array}\right)$$

Das heißt III) $0 \cdot x_3 = 0$

Für $x_3 = \lambda$ mit $\lambda \in \mathbb{R}$ folgt:

II) $x_2 + \lambda = 1 \quad \Leftrightarrow \quad x_2 = 1 - \lambda$

I) $x_1 + (1-\lambda) + 2 \cdot \lambda = 3 \quad \Leftrightarrow \quad x_1 = 3 - 1 - \lambda \quad \Leftrightarrow \quad x_1 = 2 - \lambda$

Die Lösungen des Gleichungssystems sind alle Zahlentripel $(2-\lambda; 1-\lambda; \lambda)$ mit $\lambda \in \mathbb{R}$.

Für $c = 3$ schneiden sich alle drei Ebenen in einer Geraden mit der Gleichung:

$$\underline{\underline{\vec{x} = \begin{pmatrix}2\\1\\0\end{pmatrix} + \lambda \cdot \begin{pmatrix}-1\\-1\\1\end{pmatrix}}} \text{ mit } \lambda \in \mathbb{R}$$

BE

1 In einem kartesischen Koordinatensystem des $\mathbb{R}^3$ sind die Punkte P(1; 0; 0), Q(0; 1; 0), R(0; 0; 1) und $S_k(k; k; k)$ mit $k \in \mathbb{R}$ gegeben.

1.1 Berechnen Sie die Werte des Parameters k, für die die gegebenen Punkte eine dreiseitige Pyramide aufspannen. 6

1.2 Bestimmen Sie, für welche Werte des Parameters k die Pyramide ein reguläres Tetraeder, also eine gleichseitige Pyramide ist. 6

2 Methan CH_4 ist eine Kohlenwasserstoffverbindung. Das Molekül hat die Form eines regulären Tetraeders, in dessen Ecken sich die H-Atome befinden. Das C-Atom liegt im Punkt C, gleich weit von allen H-Atomen entfernt. Der Punkt C teilt die Höhen des Tetraeders im Verhältnis 3 : 1. Die Ecken des Tetraeders, also die Lage der H-Atome, seien die Punkte aus Aufgabe 1 mit k = 1, also P(1; 0; 0), Q(0; 1; 0), R(0; 0; 1) und $S_1(1; 1; 1)$.

2.1 Die Punkte P, Q und S_1 liegen in einer Ebene F. Bestimmen Sie eine Gleichung dieser Ebene in Koordinatenform. 3
[Mögliches Ergebnis: F: $x_1 + x_2 - x_3 - 1 = 0$]

2.2 Bestimmen Sie das Volumen des Tetraeders PQS_1R. 3

2.3 Der Punkt T ist der Fußpunkt des vom Punkt R auf die Ebene F gefällten Lotes. Berechnen Sie die Koordinaten des Punktes T. 4

[Ergebnis: $T\left(\frac{2}{3}; \frac{2}{3}; \frac{1}{3}\right)$]

2.4 Berechnen Sie die Koordinaten des C-Atoms. 4

[Ergebnis: $C\left(\frac{1}{2}; \frac{1}{2}; \frac{1}{2}\right)$]

2.5 Bestimmen Sie den Winkel φ zwischen zwei C-H-Bindungen, also z. B. den Winkel PCS_1. 4

30

Tipps und Hinweise zur Lösung von Aufgabe B II

Teilaufgabe 1.1

- Bestimmen Sie zuerst eine Gleichung der Ebene E, in der die Punkte P, Q und R liegen. Untersuchen Sie dann, für welche Werte k der Punkt S_k nicht in E liegt.

Teilaufgabe 1.2

- Fertigen Sie eine geeignete Schrägbildskizze für das Dreieck PQR. Alle Punkte S_k liegen auf einer Ursprungsgeraden, die senkrecht zum Dreieck PQR steht.
- Berechnen Sie zuerst den Abstand der Punkte P und Q.

Teilaufgabe 2.1

- Berechnen Sie zur Ermittlung des Normalenvektors der Ebene F ein geeignetes Vektorprodukt (Kreuzprodukt).

Teilaufgabe 2.2

- Verwenden Sie ein geeignetes Spatprodukt.

Teilaufgabe 2.3

- Ermitteln Sie zuerst die Gleichung einer Geraden h, die senkrecht zur Ebene F steht und den Punkt R enthält. Der Punkt T ist der Schnittpunkt der Geraden h mit der Ebene F.

Teilaufgabe 2.4

- Zeichnen Sie den Punkt C in Ihre Schrägbildskizze und nutzen Sie zur Berechnung der Koordinaten von C das in Aufgabe 2 gegebene Verhältnis.

Teilaufgabe 2.5

- Berechnen Sie den Winkel φ zwischen zwei geeigneten Vektoren.
- Beachten Sie: Offensichtlich ist φ größer als 90°.

Lösung

1.1 Ebene E durch die Punkte P, Q und R:

$$\overrightarrow{PQ}\times\overrightarrow{PR}=\begin{pmatrix}0-1\\1-0\\0-0\end{pmatrix}\times\begin{pmatrix}0-1\\0-0\\1-0\end{pmatrix}=\begin{pmatrix}-1\\1\\0\end{pmatrix}\times\begin{pmatrix}-1\\0\\1\end{pmatrix}=\begin{pmatrix}1-0\\0+1\\0+1\end{pmatrix}=\begin{pmatrix}1\\1\\1\end{pmatrix}$$

$$E: \begin{pmatrix}1\\1\\1\end{pmatrix}\circ\begin{pmatrix}x_1-1\\x_2-0\\x_3-0\end{pmatrix}=0 \quad\Leftrightarrow\quad E: x_1+x_2+x_3-1=0$$

$$S_k \text{ in E: } k+k+k-1=0 \quad\Leftrightarrow\quad 3k=1 \quad\Leftrightarrow\quad k=\frac{1}{3}$$

$\Rightarrow$ Für $k\neq\frac{1}{3}$ spannen die Punkte P, Q, R und S_k eine dreiseitige Pyramide auf.

1.2 Die Punkte P, Q und R bilden ein gleichseitiges Dreieck mit der Kantenlänge

$$s=|\overrightarrow{PQ}|=\left|\begin{pmatrix}-1\\1\\0\end{pmatrix}\right|=\sqrt{1+1}=\sqrt{2}.$$

Alle Punkte $S_k(k; k; k)$ liegen auf der Geraden g: $\vec{x}=k\cdot\begin{pmatrix}1\\1\\1\end{pmatrix}$. Wegen $\overrightarrow{PQ}\times\overrightarrow{PR}=\begin{pmatrix}1\\1\\1\end{pmatrix}$ steht die Gerade g senkrecht auf der Ebene E.

Also bilden die Punkte P, Q, R und S_k ein reguläres Tetraeder, falls gilt:

$$|\overrightarrow{PS_k}|=\sqrt{2} \quad\Leftrightarrow\quad \left|\begin{pmatrix}k-1\\k\\k\end{pmatrix}\right|=\sqrt{2} \quad\Leftrightarrow\quad \sqrt{(k-1)^2+k^2+k^2}=\sqrt{2}$$

$$\Leftrightarrow\quad k^2-2k+1+2k^2=2$$

$$\Leftrightarrow\quad 3k^2-2k-1=0$$

$$k_{1;2}=\frac{2\pm\sqrt{4+4\cdot3}}{2\cdot3}=\frac{2\pm4}{6}=\frac{1\pm2}{3};\quad \underline{\underline{k_1=1}};\quad \underline{\underline{k_2=-\frac{1}{3}}}$$

2.1 $$\overrightarrow{PQ}\times\overrightarrow{PS_1}=\begin{pmatrix}0-1\\1-0\\0-0\end{pmatrix}\times\begin{pmatrix}1-1\\1-0\\1-0\end{pmatrix}=\begin{pmatrix}-1\\1\\0\end{pmatrix}\times\begin{pmatrix}0\\1\\1\end{pmatrix}=\begin{pmatrix}1-0\\0+1\\-1+0\end{pmatrix}=\begin{pmatrix}1\\1\\-1\end{pmatrix}$$

$$F: \begin{pmatrix}1\\1\\-1\end{pmatrix}\circ\begin{pmatrix}x_1-1\\x_2-0\\x_3-0\end{pmatrix}=0 \quad\Leftrightarrow\quad \underline{\underline{F: x_1+x_2-x_3-1=0}}$$

2.2 $$\underline{\underline{V}}=\frac{1}{6}\cdot|\overrightarrow{PR}\circ(\overrightarrow{PQ}\times\overrightarrow{PS_1})|=\frac{1}{6}\cdot\left|\begin{pmatrix}0-1\\0-0\\1-0\end{pmatrix}\circ\begin{pmatrix}1\\1\\-1\end{pmatrix}\right|=\frac{1}{6}\cdot|-1+0-1|=\frac{2}{6}=\underline{\underline{\frac{1}{3}}}$$

2.3 Hilfsgerade h durch R und senkrecht zu F:

$$h:\ \vec{x} = \begin{pmatrix} 0 \\ 0 \\ 1 \end{pmatrix} + \mu \cdot \begin{pmatrix} 1 \\ 1 \\ -1 \end{pmatrix} \text{ mit } \mu \in \mathbb{R}$$

$$h \cap F:\ \mu + \mu - (1-\mu) - 1 = 0 \quad \Leftrightarrow \quad 3\mu = 2 \quad \Leftrightarrow \quad \mu = \frac{2}{3}$$

$$\overrightarrow{OT} = \begin{pmatrix} 0 \\ 0 \\ 1 \end{pmatrix} + \frac{2}{3} \cdot \begin{pmatrix} 1 \\ 1 \\ -1 \end{pmatrix} = \frac{1}{3} \cdot \begin{pmatrix} 2 \\ 2 \\ 1 \end{pmatrix};$$

$$\underline{\underline{T\left(\frac{2}{3}; \frac{2}{3}; \frac{1}{3}\right)}}$$

2.4 $$\overrightarrow{OC} = \overrightarrow{OT} + \frac{1}{4}\overrightarrow{TR} = \begin{pmatrix} \frac{2}{3} \\ \frac{2}{3} \\ \frac{1}{3} \end{pmatrix} + \frac{1}{4} \cdot \begin{pmatrix} 0 - \frac{2}{3} \\ 0 - \frac{2}{3} \\ 1 - \frac{1}{3} \end{pmatrix} = \frac{1}{3} \cdot \begin{pmatrix} 2 \\ 2 \\ 1 \end{pmatrix} + \frac{1}{4} \cdot \frac{1}{3} \cdot \begin{pmatrix} -2 \\ -2 \\ 2 \end{pmatrix} =$$

$$= \frac{1}{3} \cdot \begin{pmatrix} 2 \\ 2 \\ 1 \end{pmatrix} + \frac{1}{2} \cdot \frac{1}{3} \cdot \begin{pmatrix} -1 \\ -1 \\ 1 \end{pmatrix} = \frac{1}{6} \cdot \begin{pmatrix} 4-1 \\ 4-1 \\ 2+1 \end{pmatrix} = \frac{1}{6} \cdot \begin{pmatrix} 3 \\ 3 \\ 3 \end{pmatrix} = \frac{1}{2} \cdot \begin{pmatrix} 1 \\ 1 \\ 1 \end{pmatrix};$$

$$\underline{\underline{C\left(\frac{1}{2}; \frac{1}{2}; \frac{1}{2}\right)}}$$

2.5 $$\overrightarrow{CP} = \begin{pmatrix} 1 - \frac{1}{2} \\ 0 - \frac{1}{2} \\ 0 - \frac{1}{2} \end{pmatrix} = \frac{1}{2} \cdot \begin{pmatrix} 1 \\ -1 \\ -1 \end{pmatrix}; \quad \overrightarrow{CS_1} = \begin{pmatrix} 1 - \frac{1}{2} \\ 1 - \frac{1}{2} \\ 1 - \frac{1}{2} \end{pmatrix} = \frac{1}{2} \cdot \begin{pmatrix} 1 \\ 1 \\ 1 \end{pmatrix}$$

$$\cos(\varphi) = \frac{\begin{pmatrix} 1 \\ -1 \\ -1 \end{pmatrix} \circ \begin{pmatrix} 1 \\ 1 \\ 1 \end{pmatrix}}{\sqrt{1^2 + (-1)^2 + (-1)^2} \cdot \sqrt{1^2 + 1^2 + 1^2}} = \frac{1 - 1 - 1}{\sqrt{3} \cdot \sqrt{3}} = -\frac{1}{3} \quad \Rightarrow \quad \underline{\underline{\varphi \approx 109{,}47°}}$$

Bayern – FOS · BOS 12 – Fachabiturprüfung 2012
Mathematik (Ausbildungsrichtung Technik) – Analysis A I

BE

1 Gegeben ist die reelle Funktion $f\colon x \mapsto \ln\frac{-2x^2}{x^2-4}$ in der maximalen Definitionsmenge D_f.

1.1 Zeigen Sie, dass gilt: $D_f =]-2; 0[\cup]0; 2[$ 6

1.2 Untersuchen Sie den Graphen von f auf Symmetrie bezüglich des Koordinatensystems. 3

1.3 Berechnen Sie die Nullstellen der Funktion f. 4

1.4 Untersuchen Sie das Verhalten der Funktionswerte f(x) für $x \to 0$, für $x \to -2$ und für $x \to 2$. 5

1.5 Geben Sie die Wertemenge der Funktion f sowie die Art und die Gleichungen der Asymptoten des Graphen von f an. 4

1.6 Bestimmen Sie die maximalen Monotonieintervalle des Graphen von f. 7

[Mögliches Teilergebnis: $f'(x) = \frac{8}{4x - x^3}$]

1.7 Berechnen Sie die Koordinaten der Wendepunkte des Graphen von f. 7

1.8 Zeichnen Sie mithilfe Ihrer Ergebnisse den Graphen von f mit seinen Asymptoten in ein kartesisches Koordinatensystem. Maßstab: 1 LE = 1 cm. 4

1.9 Gegeben sei nun die Funktion $F\colon x \mapsto 2 \cdot \ln(2-x) - 2 \cdot \ln(2+x) + x \cdot \ln\frac{-2x^2}{x^2-4}$

mit der maximalen Definitionsmenge $D_F = D_f$. Zeigen Sie, dass die Funktion F eine Stammfunktion von f ist. Markieren Sie das von der x-Achse, der Geraden mit der Gleichung $x = 0{,}5$ und dem Graphen von f eingeschlossene, endliche Flächenstück im Schaubild der Aufgabe 1.8 und berechnen Sie seine Flächenmaßzahl A. Runden Sie das Ergebnis auf drei Nachkommastellen. 9

2 Die Halbwertszeit T_A eines radioaktiven Elements A, also die Zeit, nach der die Hälfte der zur Zeit $t = 0$ vorhandenen $N_{A_0} = 1{,}75 \cdot 10^{16}$ Atome zerfallen ist, beträgt 134 s. Für die Anzahl $N_A(t)$ der zur Zeit t nicht zerfallenen Atome gilt das Zerfallsgesetz:

$$N_A(t) = N_{A_0} \cdot e^{-\frac{\ln 2}{T_A} \cdot t}$$

2.1 Berechnen Sie die sog. „mittlere Lebensdauer“ τ, d. h. die Zeit τ, für die gilt:

$$N_A(\tau) = \frac{N_{A_0}}{e}$$ 5

2.2 Zeigen Sie ausgehend vom Zerfallsgesetz, dass folgende Beziehung gilt:

$$\frac{\dot{N}_A(t)}{N_A(t)} = -\frac{\ln 2}{T_A}$$

$\dot{N}_A(t)$ bedeutet dabei die Ableitung von $N_A(t)$ nach der Zeit t. 3

2.3 Für ein Stoffgemisch zweier radioaktiver Elemente B und C mit den Halbwertszeiten T_B bzw. T_C gelten folgende Beziehungen:

- $N_{BC}(t) = N_B(t) + N_C(t)$
- Zur Zeit $t = 0$ ist die Anzahl N_{C_0} der vorhandenen Atome des Elements C doppelt so groß wie die Anzahl N_{B_0} der vorhandenen Atome des Elements B.
- Die Halbwertszeit des Elements B ist nur halb so groß wie die des Elements C.
- Beim Zerfall des Elements B entsteht nicht das Element C und beim Zerfall des Elements C entsteht auch nicht das Element B.

2.3.1 Zeigen Sie, dass für den Zeitpunkt t* mit $N_{BC}(t^*) = \frac{1}{2} \cdot N_{BC}(0)$ folgende Gleichung gilt:

$$e^{-\frac{\ln 2}{T_C} \cdot t^* \cdot 2} + 2 \cdot e^{-\frac{\ln 2}{T_C} \cdot t^*} = 1{,}5$$ 6

2.3.2 Berechnen Sie den Wert $\frac{t^*}{T_C}$ auf zwei Nachkommastellen genau. 7

[Hinweis: Benutzen Sie die Substitution $u = e^{-\frac{\ln 2}{T_C} \cdot t^*}$]

70

Tipps und Hinweise zur Lösung von Aufgabe A I

Teilaufgabe 1.1

Das Argument der Logarithmusfunktion muss positiv sein.

Teilaufgabe 1.2

Untersuchen Sie $f(-x)$.

Teilaufgabe 1.3

Das Argument der Logarithmusfunktion muss den Wert 1 besitzen.

Teilaufgabe 1.4

Nutzen Sie die Symmetrie aus Teilaufgabe 1.2.

Teilaufgabe 1.5

Nutzen Sie Ihre Ergebnisse aus Teilaufgabe 1.4.

Teilaufgabe 1.6

Das Monotonieverhalten von f ermitteln Sie mithilfe des Vorzeichens der ersten Ableitung. Beachten Sie dabei die Definitionsmenge von f.

Teilaufgabe 1.7

Schließen Sie vom Vorzeichenwechsel der zweiten Ableitung auf die Existenz und die Abszissen der Wendepunkte.

Teilaufgabe 1.8

Erstellen Sie eine Wertetabelle und nutzen Sie alle Ergebnisse Ihrer bisherigen Aufgaben.

Teilaufgabe 1.9

Beachten Sie, dass $F'(x) = f(x)$ gilt. Nutzen Sie F(x) zur Flächenberechnung.

Teilaufgabe 2.1

Verwenden Sie das Zerfallsgesetz und lösen Sie die entsprechende Gleichung nach τ auf.

Teilaufgabe 2.2

Wenden Sie zur Berechnung der Ableitung die Kettenregel an.

Teilaufgabe 2.3.1

Beginnen Sie mit der Summe $N_{BC}(t^*) = N_B(t^*) + N_C(t^*)$ und verwenden Sie die weiteren Angaben in der gegebenen Reihenfolge.

Teilaufgabe 2.3.2

Die Substitution führt zu einer quadratischen Gleichung. Beachten Sie, dass $u > 0$ gilt.

Lösung

1 $f(x)=\ln\frac{-2x^2}{x^2-4};\ D_f\subseteq\mathbb{R}$

1.1 $\frac{-2x^2}{x^2-4}>0$

Betrachtet wird der Zähler Z(x) und der Nenner N(x) des Terms:

$T(x)=\frac{Z(x)}{N(x)}=\frac{-2x^2}{x^2-4}$

Für den Zähler $Z(x)=-2x^2$ gilt $Z(x)\leq 0$ für alle $x\in\mathbb{R}$, der Graph des Nenners $N(x)=x^2-4$ ist eine nach oben geöffnete Parabel mit den Nullstellen $x_{1;2}=\pm 2$.

$$\frac{-2x^2}{x^2-4}>0 \iff -2x^2<0 \wedge x^2-4<0 \iff x\neq 0 \wedge -2<x<2$$

$\Rightarrow\ \underline{\underline{D_f=]-2;0[\,\cup\,]0;2[}}$

1.2 $\underline{\underline{f(-x)}}=\ln\frac{-2(-x)^2}{(-x)^2-4}=\ln\frac{-2x^2}{x^2-4}=\underline{\underline{f(x)}}$

$f(-x)=f(x)$ gilt für alle Zahlen x der zu $x=0$ symmetrischen Definitionsmenge $D_f=]-2;0[\,\cup\,]0;2[$.
Also ist der Graph von f symmetrisch zur y-Achse des Koordinatensystems.

1.3 $f(x)=0 \iff \ln\frac{-2x^2}{x^2-4}=0 \iff \frac{-2x^2}{x^2-4}=1 \iff -2x^2=x^2-4 \iff 3x^2=4$

$$\iff x^2=\frac{4}{3};\quad x_{1;2}=\pm\sqrt{\frac{4}{3}}=\pm\frac{2}{3}\sqrt{3}\approx\pm 1{,}15$$

Nullstellen von f: $\underline{\underline{x_{1;2}=\pm\frac{2}{3}\sqrt{3}}}$

1.4 $x\overset{<}{\underset{>}{\to}}0 \Rightarrow \frac{\overbrace{-2x^2}^{\overset{<}{\to}0}}{\underbrace{x^2-4}_{\to -4<0}}\overset{>}{\to}0 \Rightarrow f(x)=\ln\frac{-2x^2}{x^2-4}\to-\infty$

$x\overset{<}{\to}2 \Rightarrow \frac{\overbrace{-2x^2}^{\to -8<0}}{\underbrace{x^2-4}_{\overset{<}{\to}0}}\to+\infty \Rightarrow f(x)=\ln\frac{-2x^2}{x^2-4}\to+\infty$

Wegen der Symmetrie des Graphen von f zur y-Achse folgt: $x\overset{>}{\to}-2 \Rightarrow f(x)\to+\infty$

1.5 Wertemenge $\underline{\underline{W_f = \mathbb{R}}}$

Der Graph von f besitzt die vertikalen Asymptoten a_1, a_2 und a_3 mit den Gleichungen:
$\underline{\underline{a_1: x = -2}}$; $\underline{\underline{a_2: x = 0}}$; $\underline{\underline{a_3: x = 2}}$

1.6 $f(x) = \ln \frac{-2x^2}{x^2-4}$

$$f'(x) = \frac{x^2-4}{-2x^2} \cdot \frac{-4x \cdot (x^2-4) - (-2x^2) \cdot 2x}{(x^2-4)^2} = \frac{1}{-2x} \cdot \frac{-4 \cdot (x^2-4) - (-2x^2) \cdot 2}{x^2-4} =$$

$$= \frac{-4x^2 + 16 + 4x^2}{-2x \cdot (x^2-4)} = \frac{16}{-2x \cdot (x^2-4)} = \frac{8}{-x \cdot (x^2-4)} = \frac{8}{4x - x^3}$$

mit $D_{f'} = D_f =]-2; 0[\cup]0; 2[$

Für die Zahlen $0 < x < 2$ gilt:

$$f'(x) = \frac{\overbrace{8}^{>0}}{\underbrace{-x}_{<0} \cdot \underbrace{(x^2-4)}_{<0}} > 0$$

$\Rightarrow$ Der Graph von ist im Intervall $]0; 2[$ streng monoton steigend.
Wegen der Symmetrie des Graphen von f zur y-Achse ist damit der Graph von f im Intervall $]-2; 0[$ streng monoton fallend.

1.7 $f'(x) = \frac{8}{4x - x^3}$ mit $D_{f'} =]-2; 0[\cup]0; 2[$

$$f''(x) = \frac{0 - 8 \cdot (4 - 3x^2)}{(4x - x^3)^2} = \frac{8 \cdot (3x^2 - 4)}{(4x - x^3)^2} \text{ mit } D_{f''} =]-2; 0[\cup]0; 2[$$

$$f''(x) = 0 \quad \Leftrightarrow \quad 3x^2 - 4 = 0 \quad \Leftrightarrow \quad 3x^2 = 4 \quad \Leftrightarrow \quad x^2 = \frac{4}{3}$$

$$x_{1;2} = \pm\sqrt{\frac{4}{3}} = \pm\frac{2}{3}\sqrt{3} \approx \pm 1{,}15 \in D_{f''}$$

$f''(x)$ wechselt das Vorzeichen bei $x_1 = \frac{2}{3}\sqrt{3}$ und bei $x_2 = -\frac{2}{3}\sqrt{3}$ und es gilt (siehe Teilaufgabe 1.3):

$$f\left(\pm\frac{2}{3}\sqrt{3}\right) = 0$$

$\Rightarrow$ Der Graph von f besitzt die Wendepunkte $\underline{\underline{W_1\left(\frac{2}{3}\sqrt{3}; 0\right)}}$ und $\underline{\underline{W_2\left(-\frac{2}{3}\sqrt{3}; 0\right)}}$.

1.8 Wertetabelle:

x	≈ f(x)	
±0,2	–3,90	
±0,5	–2,01	
±1	–0,41	
≈ ±1,15	0	$W_{1;2}$
±1,5	0,94	
±1,9	2,92	

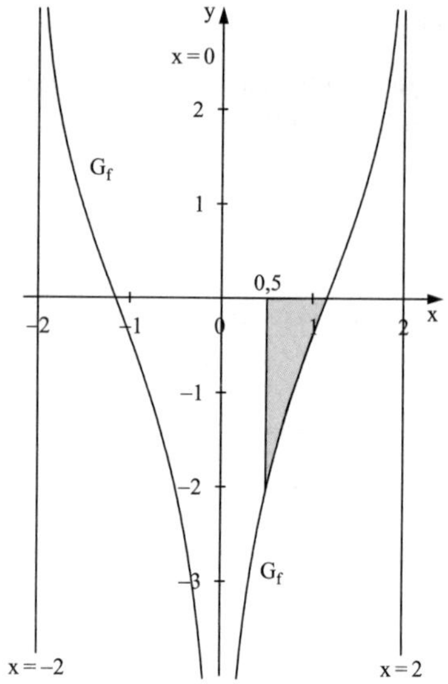

1.9 $F(x) = 2\cdot\ln(2-x) - 2\cdot\ln(2+x) + x\cdot\ln\frac{-2x^2}{x^2-4}$; zu zeigen ist: $F'(x) = f(x)$

$$F(x) = 2\cdot\ln(2-x) - 2\cdot\ln(2+x) + x\cdot f(x)$$

$$\underline{\underline{F'(x)}} = 2\cdot\frac{-1}{2-x} - 2\cdot\frac{1}{2+x} + 1\cdot f(x) + x\cdot f'(x) = \frac{-2}{2-x} + \frac{-2}{2+x} + f(x) + x\cdot\frac{8}{4x-x^3} =$$

$$= \frac{-2\cdot(2+x) - 2\cdot(2-x)}{(2-x)\cdot(2+x)} + f(x) + \frac{8}{4-x^2} = \frac{-2\cdot(2+x+2-x)}{4-x^2} + f(x) + \frac{8}{4-x^2} =$$

$$= \frac{-8}{4-x^2} + f(x) + \frac{8}{4-x^2} = \underline{\underline{f(x)}}$$

$$\underline{\underline{A}} = -\int_{0,5}^{\frac{2}{3}\sqrt{3}} f(x)\,dx = -\left(F\left(\frac{2}{3}\sqrt{3}\right) - F(0,5)\right) = F(0,5) - F\left(\frac{2}{3}\sqrt{3}\right) =$$

$$= 2\cdot\ln(1,5) - 2\cdot\ln(2,5) + 0,5\cdot\ln\frac{-0,5}{-3,75} - \left(2\cdot\ln\left(2-\frac{2}{3}\sqrt{3}\right) - 2\cdot\ln\left(2+\frac{2}{3}\sqrt{3}\right) + 0\right) \approx$$

$$\approx -2,029 - (-2,634) = \underline{\underline{0,605}}$$

2.1 Gegeben ist: $T_A = 134$; $N_{A_0} = 1,75\cdot 10^{16}$; $N_A(t) = N_{A_0}\cdot e^{-\frac{\ln 2}{T_A}\cdot t}$

$$N_A(\tau) = \frac{N_{A_0}}{e} \Leftrightarrow N_{A_0}\cdot e^{-\frac{\ln 2}{T_A}\cdot\tau} = \frac{N_{A_0}}{e} \Leftrightarrow e^{-\frac{\ln 2}{T_A}\cdot\tau} = e^{-1} \Leftrightarrow -\frac{\ln 2}{T_A}\cdot\tau = -1$$

$$\Leftrightarrow \tau = \frac{T_A}{\ln 2};\ \underline{\underline{\tau = \frac{134}{\ln 2} \approx 193}}$$

2.2 $N_A(t) = N_{A_0} \cdot e^{-\frac{\ln 2}{T_A} \cdot t}$

$$\Rightarrow \quad \dot{N}_A(t) = \frac{dN_A}{dt} = \underbrace{N_{A_0} \cdot e^{-\frac{\ln 2}{T_A} \cdot t}}_{N_A(t)} \cdot \left(-\frac{\ln 2}{T_A}\right) = N_A(t) \cdot \left(-\frac{\ln 2}{T_A}\right)$$

Das heißt: $\dot{N}_A(t) = N_A(t) \cdot \left(-\frac{\ln 2}{T_A}\right) \quad \Leftrightarrow \quad \frac{\dot{N}_A(t)}{N_A(t)} = -\frac{\ln 2}{T_A}$

2.3.1 $N_{BC}(t) = N_B(t) + N_C(t)$; $N_B(t) = N_{B_0} \cdot e^{-\frac{\ln 2}{T_B} \cdot t}$; $N_C(t) = N_{C_0} \cdot e^{-\frac{\ln 2}{T_C} \cdot t}$

$N_{BC}(t^*) = N_B(t^*) + N_C(t^*)$

Wegen $N_{BC}(t^*) = \frac{1}{2} \cdot (N_{B_0} + N_{C_0})$ gilt:

$$\frac{1}{2} \cdot (N_{B_0} + N_{C_0}) = N_{B_0} \cdot e^{-\frac{\ln 2}{T_B} \cdot t^*} + N_{C_0} \cdot e^{-\frac{\ln 2}{T_C} \cdot t^*}$$

Wegen $N_{C_0} = 2 \cdot N_{B_0}$ gilt:

$$\frac{1}{2} \cdot (N_{B_0} + 2 \cdot N_{B_0}) = N_{B_0} \cdot e^{-\frac{\ln 2}{T_B} \cdot t^*} + 2 \cdot N_{B_0} \cdot e^{-\frac{\ln 2}{T_C} \cdot t^*}$$

$$\frac{3}{2} \cdot N_{B_0} = N_{B_0} \cdot \left(e^{-\frac{\ln 2}{T_B} \cdot t^*} + 2 \cdot e^{-\frac{\ln 2}{T_C} \cdot t^*}\right)$$

$$1{,}5 = e^{-\frac{\ln 2}{T_B} \cdot t^*} + 2 \cdot e^{-\frac{\ln 2}{T_C} \cdot t^*}$$

Wegen $T_B = \frac{1}{2} T_C$ folgt: $e^{-\frac{\ln 2}{T_C} \cdot t^* \cdot 2} + 2 \cdot e^{-\frac{\ln 2}{T_C} \cdot t^*} = 1{,}5$

2.3.2 $e^{-\frac{\ln 2}{T_C} \cdot t^* \cdot 2} + 2 \cdot e^{-\frac{\ln 2}{T_C} \cdot t^*} = 1{,}5$

Mit der Substitution $u = e^{-\frac{\ln 2}{T_C} \cdot t^*} > 0$ folgt:

$u^2 + 2u = 1{,}5 \quad \Leftrightarrow \quad u^2 + 2u - 1{,}5 = 0$; wegen $u > 0$ gilt:

$$u = \frac{-2 + \sqrt{4 + 4 \cdot 1{,}5}}{2} = \frac{-2 + 2 \cdot \sqrt{1 + 1 \cdot 1{,}5}}{2} - 1 + \sqrt{2{,}5}$$

$$e^{-\frac{\ln 2}{T_C} \cdot t^*} = -1 + \sqrt{2{,}5} \quad \Leftrightarrow \quad -\ln 2 \cdot \frac{t^*}{T_C} = \ln\left(-1 + \sqrt{2{,}5}\right)$$

$$\Leftrightarrow \quad \underline{\underline{\frac{t^*}{T_C}}} = \frac{\ln\left(-1 + \sqrt{2{,}5}\right)}{-\ln(2)} \approx \underline{\underline{0{,}78}}$$

Bayern – FOS · BOS 12 – Fachabiturprüfung 2012
Mathematik (Ausbildungsrichtung Technik) – Analysis A II

BE

1 Gegeben sind die reellen Funktionen $f_a: x \mapsto \frac{x^2+ax}{2x-4}$ mit $a \in \mathbb{R}$ in der größtmöglichen Definitionsmenge $D \subseteq \mathbb{R}$. Die zugehörigen Graphen werden mit G_a bezeichnet.

1.1 Geben Sie D an und bestimmen Sie die Art der Definitionslücke in Abhängigkeit von a. 3

1.2 Ermitteln Sie in Abhängigkeit von a Lage und Anzahl der Nullstellen von f_a. 3

1.3 Bestimmen Sie in Abhängigkeit von a Anzahl, Abszissenwerte und Art der Extrempunkte von G_a. 10

[mögliches Teilergebnis: $f_a'(x) = \frac{x^2-4x-2a}{2\cdot(x-2)^2}$]

1.4 Für $a = -5$ erhält man die Funktion $f_{-5}: x \mapsto \frac{x^2-5x}{2x-4}$, $x \in D$.

1.4.1 Bestimmen Sie Gleichungen aller Asymptoten von G_{-5} und geben Sie die Nullstellen von f_{-5} an. 4

1.4.2 Untersuchen Sie das Monotonieverhalten von G_{-5}. 4

1.4.3 Zeigen Sie, dass die Gerade h mit der Gleichung $y = \frac{7}{12}x - \frac{2}{3}$ mit $x \in \mathbb{R}$ Tangente an den Graphen G_{-5} ist, und berechnen Sie die Koordinaten des Berührpunktes P. 6

[Teilergebnis: $P(-4; -3)$]

1.4.4 Zeichnen Sie unter Verwendung der bisherigen Ergebnisse und geeigneter Funktionswerte den Graphen der Funktion f_{-5} mit seinen Asymptoten und der Tangente aus 1.4.3 für $-6 \leq x \leq 6$ in ein kartesisches Koordinatensystem.
Maßstab: 1 LE = 1 cm. 6

1.4.5 Bestimmen Sie mittels Integration eine Stammfunktion F_{-5} der Funktion f_{-5}. 3

[mögliches Ergebnis: $F_{-5}(x) = \frac{3}{2}\left(\frac{1}{6}x^2 - x - \ln\left((x-2)^2\right)\right)$]

1.4.6 Der Graph G_{-5} schließt zusammen mit der Tangente h aus 1.4.3 und der x-Achse ein endliches Flächenstück ein. Kennzeichnen Sie dieses im Schaubild der Aufgabe 1.4.4 und berechnen Sie seine Flächenmaßzahl auf zwei Nachkommastellen gerundet. 9

2 Nach der Einnahme eines Medikaments kann man dessen Konzentration im Blut des Patienten messen. Für die ersten 6 Stunden nach der Einnahme beschreibt die Funktion g mit dem Funktionsterm $g(t) = 10 \cdot t \cdot e^{-0,5 \cdot t}$ die Konzentration des Medikaments im Blut des Patienten (in Milligramm pro Liter) in Abhängigkeit von der Zeit t (in Stunden seit der Einnahme), wobei auf das Mitführen der Einheiten verzichtet wird. Nach 6 Stunden seit der Einnahme erfolgt der weitere Abbau des Medikaments dann linear.

2.1 Berechnen Sie die maximale Konzentration des Medikaments im Blut des Patienten und den Zeitpunkt, zu dem diese vorliegt. 5

[Teilergebnisse: $\frac{dg(t)}{dt} = (10 - 5t) \cdot e^{-0,5 \cdot t}$

maximale Konzentration $\approx 7,36 \left(\frac{mg}{\ell}\right)$]

2.2 Bestimmen Sie den Zeitpunkt, zu dem das Medikament am schnellsten abgebaut wird. 5

2.3 Der lineare Abbau nach 6 Stunden wird näherungsweise durch die Tangente s an den Graphen von g im Punkt P(6; g(6)) beschrieben. Bestimmen Sie die Gleichung der Tangente s und berechnen Sie damit den Zeitpunkt, zu dem das Medikament vollständig abgebaut ist. 5

2.4 Zeichnen Sie den Graphen der Funktion $k\colon t \mapsto k(t)$, die die Konzentration des Medikaments im Blut des Patienten innerhalb der ersten 9 Stunden nach der Einnahme beschreibt. 3

2.5 Bestimmen Sie mit dem Newton-Verfahren den Zeitpunkt, zu dem sich die Konzentration des Medikaments im Blut auf die Hälfte der maximalen Konzentration reduziert hat. Benutzen Sie als Startwert $t_0 = 5$ und führen Sie einen Näherungsschritt aus. 4

70

Tipps und Hinweise zur Lösung von Aufgabe A II

Teilaufgabe 1.1

Der Bruch ist kürzbar, falls der Zähler an der gleichen Stelle null wird wie der Nenner.

Teilaufgabe 1.2

Machen Sie eine geeignete Fallunterscheidung für a.

Teilaufgabe 1.3

Untersuchen Sie den Vorzeichenwechsel der Ableitungsfunktion. Machen Sie auch hier eine geeignete Fallunterscheidung (Diskriminante beachten!).

Teilaufgabe 1.4.1

Machen Sie auch eine geeignete Polynomdivision.

Teilaufgabe 1.4.2

Untersuchen Sie das Vorzeichen der 1. Ableitung.

Teilaufgabe 1.4.3

Lösen die Gleichung $f'_{-5}(x) = \frac{7}{12}$ und untersuchen Sie dann die dazugehörigen Ordinaten.

Teilaufgabe 1.4.4

Erstellen Sie eine Wertetabelle und nutzen Sie alle Ergebnisse der bisherigen Aufgaben.

Teilaufgabe 1.4.5

Nutzen Sie für die Suche einer Stammfunktion die Summendarstellung, die Sie mithilfe einer Polynomdivision in Teilaufgabe 1.4.1 errechnet haben.

Teilaufgabe 1.4.6

Zur Berechnung der gesuchten Flächenmaßzahl kann man eine geeignete Dreiecksfläche nutzen.

Teilaufgabe 2.1

Untersuchen Sie den Vorzeichenwechsel der ersten Ableitung nach der Variablen t.

Teilaufgabe 2.2

Untersuchen Sie den Vorzeichenwechsel von $\ddot{g}(t)$.

Teilaufgabe 2.3

Ermitteln Sie den Zeitpunkt, zu dem die Tangente die Abszissenachse schneidet.

Teilaufgabe 2.4

Erstellen Sie eine Wertetabelle und nutzen Sie alle Ergebnisse der bisherigen Aufgaben.

Teilaufgabe 2.5

Erstellen Sie den Term der Differenzfunktion $h(t) = g(t) - \frac{1}{2} \cdot g(2)$.

Die notwendige Formel für das Newton-Verfahren steht in der Formelsammlung (Merkhilfe).

Lösung

1 $f_a(x) = \frac{x^2 + ax}{2x - 4}, \quad a \in \mathbb{R}$

1.1 $\underline{\underline{D = \mathbb{R} \setminus \{2\}}}$

Für den Nenner $N(x) = 2x - 4$ des Terms $\frac{x^2 + ax}{2x - 4}$ gilt: $N(2) = 0$

Genau dann, wenn für den Zähler $Z(x) = x^2 + ax$ die Bedingung $Z(2) = 0$ gilt, lässt sich der Bruchterm kürzen.

$Z(2) = 0 \quad \Leftrightarrow \quad 4 + 2a = 0 \quad \Leftrightarrow \quad a = -2$

$\Rightarrow$ Für $\underline{\underline{a = -2}}$ ist die Definitionslücke $x = 2$ $\underline{\underline{\text{stetig behebbar}}}$, da der Grenzwert

$$\lim_{x \to 2} f_{-2}(x) = \lim_{x \to 2} \frac{x^2 - 2x}{2x - 4} = \lim_{x \to 2} \frac{x \cdot (x-2)}{2 \cdot (x-2)} = \lim_{x \to 2} \frac{x}{2} = 1$$

existiert. Für $\underline{\underline{a \neq -2}}$ ist die Definitionslücke $x = 2$ eine $\underline{\underline{\text{Polstelle 1. Ordnung}}}$.

1.2 $f_a(x) = 0 \quad \Rightarrow \quad x^2 + ax = 0 \ \wedge \ x \in D$

$x^2 + ax = 0 \quad \Leftrightarrow \quad x \cdot (x + a) = 0$

Mögliche Nullstellen: $x_1 = 0; \ x_2 = -a$

Für $\underline{\underline{a = -2}}$ besitzt f_a $\underline{\underline{\text{genau eine}}}$ Nullstelle: $\underline{\underline{x = 0}}$

Für $\underline{\underline{a = 0}}$ besitzt f_a $\underline{\underline{\text{genau eine}}}$ Nullstelle: $\underline{\underline{x = 0}}$

Für $\underline{\underline{a \in \mathbb{R} \setminus \{-2; 0\}}}$ besitzt f_a $\underline{\underline{\text{genau zwei}}}$ Nullstellen: $\underline{\underline{x_1 = 0}}$; $\underline{\underline{x_2 = -a}}$

1.3 Für $a = -2$ gilt:

$f_{-2}(x) = \frac{x}{2}$ (siehe 1.1); $f'_{-2}(x) = \frac{1}{2} \neq 0$

$\Rightarrow$ Für $\underline{\underline{a = -2}}$ besitzt G_a $\underline{\underline{\text{keine}}}$ Extrempunkte.

Für $a \neq -2$ gilt:

$$f_a(x) = \frac{x^2 + ax}{2x - 4} = \frac{1}{2} \cdot \frac{x^2 + ax}{x - 2}$$

$$f'_a(x) = \frac{1}{2} \cdot \frac{(2x + a) \cdot (x - 2) - (x^2 + ax) \cdot 1}{(x-2)^2} = \frac{1}{2} \cdot \frac{2x^2 - 4x + ax - 2a - x^2 - ax}{(x-2)^2} =$$

$$= \frac{1}{2} \cdot \frac{x^2 - 4x - 2a}{(x-2)^2} = \frac{x^2 - 4x - 2a}{2 \cdot (x-2)^2}; \quad D_{f'} = D$$

$f_a'(x) = 0 \;\Rightarrow\; x^2 - 4x - 2a = 0 \;\wedge\; x \in D$

Mögliche Lösungen:

$$x_{1;\,2} = \frac{4 \pm \sqrt{16 + 8a}}{2} = \frac{4 \pm 2 \cdot \sqrt{4 + 2a}}{2} = 2 \pm \sqrt{4 + 2a}$$

Diskriminante: $4 + 2a < 0 \;\Leftrightarrow\; 2a < -4 \;\Leftrightarrow\; a < -2$

$\Rightarrow$ Für $\underline{\underline{a < -2}}$ besitzt G_a $\underline{\underline{\text{keine}}}$ Extrempunkte.

Für $\underline{\underline{a > -2}}$ besitzt f_a' genau zwei Nullstellen mit Vorzeichenwechsel von $f_a'(x)$.

Also besitzt G_a $\underline{\underline{\text{genau zwei}}}$ Extrempunkte mit den Abszissen

$x_1 = 2 + \sqrt{4 + 2a}$ und $x_2 = 2 - \sqrt{4 + 2a}$.

Wegen $2 \cdot (x - 2)^2 > 0$ für alle $x \in D$ ist das Vorzeichen von $f_a'(x)$ identisch mit dem Vorzeichen des Zählers $p(x) = x^2 - 4x - 2a$ (nach oben geöffnete Parabel).

p(x) wechselt das Vorzeichen bei $x_1 = 2 + \sqrt{4 + 2a}$ von „–“ nach „+“, also besitzt G_a bei $\underline{\underline{x_1 = 2 + \sqrt{4 + 2a}}}$ einen $\underline{\underline{\text{Tiefpunkt}}}$.

p(x) wechselt das Vorzeichen bei $x_2 = 2 - \sqrt{4 + 2a}$ von „+“ nach „–“, also besitzt G_a bei $\underline{\underline{x_2 = 2 - \sqrt{4 + 2a}}}$ einen $\underline{\underline{\text{Hochpunkt}}}$.

1.4.1 $f_{-5}(x) = \dfrac{x^2 - 5x}{2x - 4} = \dfrac{1}{2} \cdot \dfrac{x^2 - 5x}{x - 2}$; $D = \mathbb{R} \setminus \{2\}$

f_{-5} ist eine unecht gebrochenrationale Funktion (Zählergrad ≥ Nennergrad).

Nebenrechnung: $(x^2 - 5x) : (x - 2) = x - 3 + \dfrac{-6}{x - 2} \;\Rightarrow\; f_{-5}(x) = \dfrac{1}{2}x - \dfrac{3}{2} - \dfrac{3}{x - 2}$

$$\begin{array}{l} -(x^2 - 2x) \\ \hline \quad -3x \\ \quad -(-3x + 6) \\ \hline \qquad -6 \end{array}$$

Also besitzt G_{-5} eine schiefe Asymptote mit der Gleichung $\underline{\underline{y = \frac{1}{2}x - \frac{3}{2}}}$ und eine vertikale Asymptote mit der Gleichung $\underline{\underline{x = 2}}$.

Nullstellen von f_{-5} (vgl. 1.2): $\underline{\underline{x_1 = 0}}$; $\underline{\underline{x_2 = 5}}$

1.4.2 $f_{-5}'(x) = \dfrac{x^2 - 4x + 10}{2 \cdot (x - 2)^2}$

Aus 1.3 ist bekannt, dass die Gleichung $f_{-5}'(x) = 0$ keine Lösung besitzt.

Wegen $x^2 - 4x + 10 > 0 \;\wedge\; 2 \cdot (x - 2)^2 > 0$ für alle $x \in D$ folgt:

$f_{-5}'(x) > 0$ für alle $x \in D$

$\Rightarrow$ G_{-5} ist streng monoton steigend im Intervall $]-\infty; 2[$ und streng monoton steigend im Intervall $]2; +\infty[$.

1.4.3 $f'_{-5}(x)=\frac{7}{12} \Leftrightarrow \frac{x^2-4x+10}{2\cdot(x-2)^2}=\frac{7}{12} \Leftrightarrow \frac{x^2-4x+10}{2\cdot(x-2)^2}-\frac{7}{12}=0$

$$\Leftrightarrow \frac{6\cdot(x^2-4x+10)-7\cdot(x-2)^2}{12\cdot(x-2)^2}=0 \Leftrightarrow 6x^2-24x+60-7\cdot(x^2-4x+4)=0$$

$$\Leftrightarrow 6x^2-24x+60-7x^2+28x-28=0 \Leftrightarrow -x^2+4x+32=0$$

$$\Leftrightarrow x^2-4x-32=0 \Leftrightarrow (x+4)\cdot(x-8)=0 \Leftrightarrow x=-4 \lor x=8$$

Mit $g(x)=\frac{7}{12}x-\frac{2}{3}$ folgt:

$g(-4)=-\frac{7}{3}-\frac{2}{3}=-3;\ g(8)=\frac{14}{3}-\frac{2}{3}=4$

$f_{-5}(8)=\frac{64-40}{12}=2\neq g(8);\ f_{-5}(-4)=\frac{16+20}{-8-4}=\frac{36}{-12}=-3=g(-4)$

$\Rightarrow$ Die Gerade mit der Gleichung $y=\frac{7}{12}x-\frac{2}{3}$ ist Tangente an G_{-5} im Berührpunkt $P(-4;-3)$.

1.4.4 Wertetabelle:

x	f(x)	
−6	−4,125	
−4	−3	P
−2	−1,75	
−1	−1	
0	0	N_1
1	2	
1,5	5,25	
2,5	−6,25	
3	−3	
4	−1	
5	0	N_2
6	0,75	

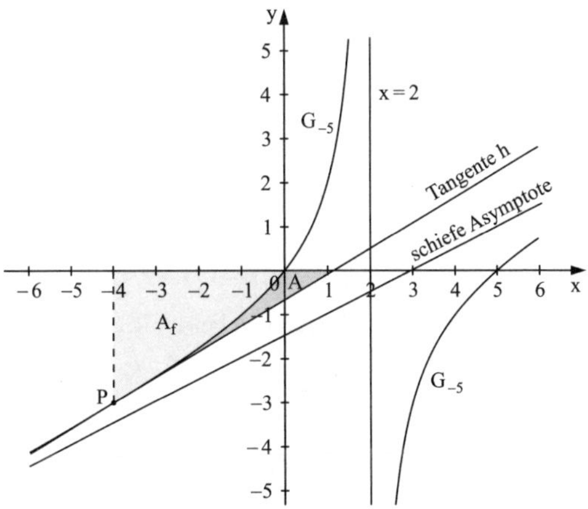

1.4.5 $f_{-5}(x)=\frac{1}{2}x-\frac{3}{2}-\frac{3}{x-2}$

$$F_{-5}(x)=\frac{1}{4}x^2-\frac{3}{2}x-3\cdot\ln|x-2|$$

1.4.6 Kennzeichnung des Flächenstücks A: Siehe Schaubild in Aufgabe 1.4.4.

$$\frac{7}{12}x - \frac{2}{3} = 0 \quad \Leftrightarrow \quad \frac{7}{12}x = \frac{2}{3} \quad \Leftrightarrow \quad x = \frac{2 \cdot 12}{3 \cdot 7} \quad \Leftrightarrow \quad x = \frac{8}{7}$$

Die Gerade h schneidet die x-Achse bei $x = \frac{8}{7}$.

$$\underline{\underline{A}} = A_\Delta - A_f = \frac{1}{2} \cdot \left(4 + \frac{8}{7}\right) \cdot 3 + \int_{-4}^{0} f(x)\,dx = \frac{54}{7} + F_{-5}(0) - F_{-5}(-4) =$$

$$= \frac{54}{7} - 3 \cdot \ln 2 - (4 + 6 - 3 \cdot \ln 6) = \frac{54}{7} - 3 \cdot \ln 2 - 10 + 3 \cdot (\ln 2 + \ln 3) =$$

$$= \frac{54}{7} - 10 + 3 \cdot \ln 3 = 3 \cdot \ln 3 - \frac{16}{7} \approx \underline{\underline{1{,}01}}$$

2.1 $g(t) = 10t \cdot e^{-0{,}5 \cdot t};\ 0 \le t \le 6$

$$\frac{dg(t)}{dt} = \dot{g}(t) = 10 \cdot e^{-0{,}5 \cdot t} + 10t \cdot e^{-0{,}5 \cdot t} \cdot (-0{,}5) = (10 - 5t) \cdot e^{-0{,}5 \cdot t}$$

$\dot{g}(t) = 0 \quad \Leftrightarrow \quad 10 - 5t = 0 \quad \Leftrightarrow \quad t = 2;\ \ g(2) = 20 \cdot e^{-1} \approx 7{,}36$

$\dot{g}(t)$ wechselt das Vorzeichen bei $t = 2$ von „+“ nach „–“.

$\Rightarrow$ Zum Zeitpunkt $\underline{\underline{\text{2 Stunden}}}$ ist die Konzentration maximal und beträgt $\underline{\underline{7{,}36\,\frac{\text{mg}}{\ell}}}$.

2.2 $\dot{g}(t) = (10 - 5t) \cdot e^{-0{,}5 \cdot t}$

$$\ddot{g}(t) = -5 \cdot e^{-0{,}5 \cdot t} + (10 - 5t) \cdot e^{-0{,}5 \cdot t} \cdot (-0{,}5) = (-5 - 5 + 2{,}5t) \cdot e^{-0{,}5 \cdot t}$$
$$= (2{,}5t - 10) \cdot e^{-0{,}5 \cdot t}$$

$\ddot{g}(t) = 0 \quad \Leftrightarrow \quad 2{,}5t - 10 = 0 \quad \Leftrightarrow \quad t = 4$

$\ddot{g}(t)$ wechselt das Vorzeichen bei $t = 4$ (von „–“ nach „+“).

$\Rightarrow$ Zum Zeitpunkt $\underline{\underline{\text{4 Stunden}}}$ ist die Konzentrationsänderung am schnellsten.

2.3 $\dot{g}(6) = -20 \cdot e^{-3};\ \ g(6) = 60 \cdot e^{-3}$

Tangente s:

$$y = -20 \cdot e^{-3} \cdot (t - 6) + 60 \cdot e^{-3} \quad \Leftrightarrow \quad y = -20 \cdot e^{-3} \cdot (t - 6 - 3) \quad \Leftrightarrow \quad \underline{\underline{y = -20 \cdot e^{-3} \cdot (t - 9)}}$$

$y = 0 \quad \Leftrightarrow \quad t = 9$

$\Rightarrow$ Das Medikament ist nach $\underline{\underline{\text{9 Stunden}}}$ vollständig abgebaut.

2.4 Wertetabelle:

t	≈ k(t)	
0	0	
0,5	3,89	
1	6,07	
2	7,36	Hochpunkt
3	6,69	
4	5,41	Wendepunkt
5	4,10	
6	2,99	
9	0	

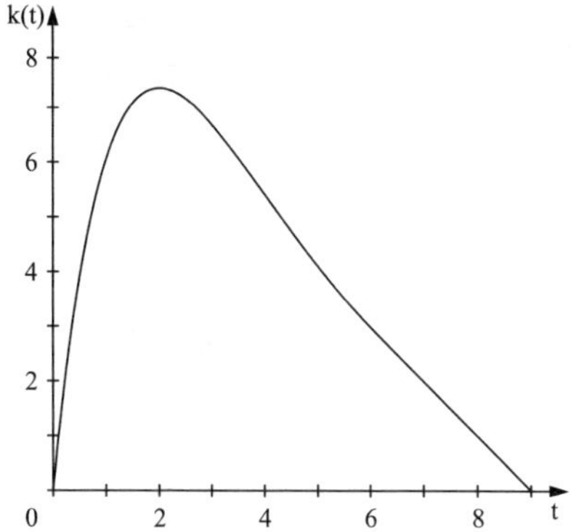

2.5 $g(t) = 10t \cdot e^{-0,5 \cdot t}$; maximale Konzentration (vgl. 2.1): $g(2) = 20 \cdot e^{-1}$

$$g(t) = \frac{1}{2} g(2) \quad \Leftrightarrow \quad g(t) = 10 \cdot e^{-1} \quad \Leftrightarrow \quad g(t) - 10e^{-1} = 0$$

Betrachtet wird der Term: $h(t) = g(t) - 10e^{-1}$

$$\dot{h}(t) = \dot{g}(t) = (10 - 5t) \cdot e^{-0,5 \cdot t}$$

Näherungsformel: $t_{i+1} = t_i - \frac{h(t_i)}{\dot{h}(t_i)}$ mit $i = 0, 1, 2, 3, \ldots$ und $t_0 = 5$

$$\underline{\underline{t}} \approx t_1 = t_0 - \frac{h(t_0)}{\dot{h}(t_0)} = 5 - \frac{h(5)}{\dot{h}(5)} = 5 - \frac{g(5) - 10e^{-1}}{\dot{g}(5)} =$$

$$= 5 - \frac{50 \cdot e^{-2,5} - 10 \cdot e^{-1}}{-15 \cdot e^{-2,5}} = 5 + \frac{10}{3} - \frac{2}{3} \cdot e^{1,5} \approx \underline{\underline{5,35}}$$

Bayern – FOS · BOS 12 – Fachabiturprüfung 2012
Mathematik (Ausbildungsrichtung Technik) – Analytische Geometrie B I

BE

1 Auf einem Spielplatz wird über dem Sandkasten ein dreieckiges Sonnensegel angebracht. Das Koordinatensystem ist so gewählt, dass die Punkte $A_1(0; 0; 0)$, $A_2(5; 0; 0)$, $A_3(5; 5; 0)$ und $A_4(0; 5; 0)$ die Ecken des Sandkastens beschreiben. Das Sonnensegel wird im Punkt A_3 fest an der Sandkastenecke und in den Punkten $B_k(4; 0; k)$ und $C_k(0; 4; k)$ jeweils an einer senkrechten Stütze befestigt. Dabei ist k ein reeller Parameter.
Für die Einheiten auf den Koordinatenachsen gilt jeweils 1 LE = 1 m, bei den Berechnungen kann auf die Verwendung der Einheiten verzichtet werden.

1.1 Bestimmen Sie k so, dass das Sonnensegel die Form eines gleichseitigen Dreiecks hat. 5

Setzen Sie für die folgenden Aufgaben $k = 2{,}5$.

1.2 Stellen Sie den Sandkasten und das Sonnensegel in einer Skizze im kartesischen Koordinatensystem dar. 2

1.3 Berechnen Sie den Flächeninhalt des Sonnensegels. 4

1.4 Bestimmen Sie den Winkel zwischen der Fläche des Sonnensegels und der x_1, x_2-Ebene auf zwei Nachkommastellen gerundet. 4

2 In einem kartesischen Koordinatensystem des $\mathbb{R}^3$ sind die Ebenen E_a und die Gerade g gegeben:

$$E_a: (1+a)\cdot x_1 + a\cdot x_2 - (a-2)\cdot x_3 - a = 0 \quad \text{mit } a \in \mathbb{R}$$

$$g: \vec{x} = \begin{pmatrix} 1 \\ 0 \\ -1 \end{pmatrix} + \lambda \cdot \begin{pmatrix} -1 \\ 1 \\ 1 \end{pmatrix} \quad \text{mit } \lambda \in \mathbb{R}$$

2.1 Geben Sie für $a = 0$ die besondere Lage der Ebene E_0 im Koordinatensystem an. 2

2.2 Untersuchen Sie die Lage der Geraden g zu den Ebenen E_a in Abhängigkeit von a. 5

2.3 Zeigen Sie, dass der Punkt $P(2; -2; -1)$ auf allen Ebenen E_a, aber nicht auf der Geraden g liegt. 3

2.4 Der Punkt P und die Gerade g legen eine Ebene F fest. Geben Sie eine Gleichung der Ebene F in Parameterform an und schließen Sie aus Ihren bisherigen Ergebnissen auf die Lage der Ebenen E_a zur Ebene F in Abhängigkeit von a.
Begründen Sie Ihre Aussagen ohne weitere Rechnungen. 5

30

Tipps und Hinweise zur Lösung von Aufgabe B I

Teilaufgabe 1.1

Beachten Sie: Jedes Dreieck $A_3C_kB_k$ ist gleichschenklig.

Teilaufgabe 1.2

Fertigen Sie eine Schrägbildskizze mit der x_1-Achse nach vorne.

Teilaufgabe 1.3

Verwenden Sie ein geeignetes Vektorprodukt.

Teilaufgabe 1.4

Nutzen Sie den Mittelpunkt der Strecke $\left[B_{2,5}C_{2,5}\right]$.

Teilaufgabe 2.1

Alle Punkte einer Achse erfüllen die Gleichung E_0.

Teilaufgabe 2.2

Setzen Sie g in E_a ein. Vereinfachen Sie die entstehende Gleichung und machen Sie eine geeignete Fallunterscheidung.

Teilaufgabe 2.3

Ein Punkt, dessen Koordinaten die Ebenengleichung erfüllt, liegt in der Ebene.

Teilaufgabe 2.4

Argumentieren Sie mit Ihren Erkenntnissen aus Teilaufgabe 2.2.

Lösung

1.1 Das Dreieck $A_3C_kB_k$ ist gleichschenklig mit $|\overrightarrow{A_3B_k}| = |\overrightarrow{A_3C_k}|$.

Das Dreieck $A_3C_kB_k$ ist gleichseitig, falls gilt:

$$|\overrightarrow{A_3B_k}| = |\overrightarrow{C_kB_k}| \Leftrightarrow \left|\begin{pmatrix}4-5\\0-5\\k-0\end{pmatrix}\right| = \left|\begin{pmatrix}4-0\\0-4\\k-k\end{pmatrix}\right| \Leftrightarrow \left|\begin{pmatrix}-1\\-5\\k\end{pmatrix}\right| = \left|\begin{pmatrix}4\\-4\\0\end{pmatrix}\right|$$

$$\Leftrightarrow \sqrt{1+25+k^2} = \sqrt{16+16} \Leftrightarrow \sqrt{26+k^2} = \sqrt{32}$$

$$\Leftrightarrow 26+k^2 = 32 \Leftrightarrow k^2 = 6$$

$$\Rightarrow \underline{\underline{k = \sqrt{6}}} \approx 2{,}45 \text{ (und } \underline{\underline{k = -\sqrt{6}}} \approx -2{,}45)$$

1.2

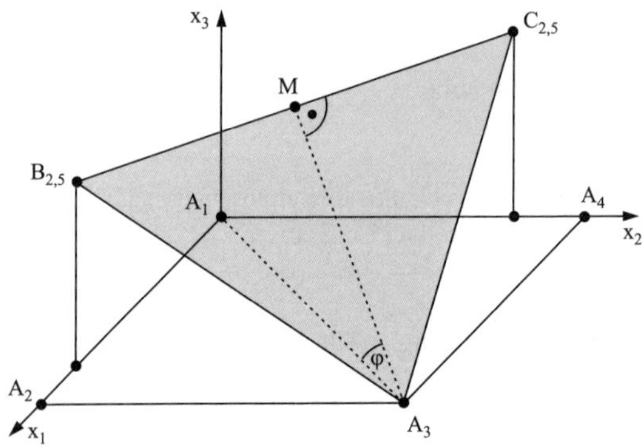

1.3 $$\underline{\underline{A_\Delta}} = \frac{1}{2}\cdot|\overrightarrow{A_3C_{2,5}} \times \overrightarrow{A_3B_{2,5}}| = \frac{1}{2}\cdot\left|\left(\begin{pmatrix}0-5\\4-5\\2{,}5-0\end{pmatrix}\right)\times\left(\begin{pmatrix}4-5\\0-5\\2{,}5-0\end{pmatrix}\right)\right| = \frac{1}{2}\cdot\left|\begin{pmatrix}-5\\-1\\2{,}5\end{pmatrix}\times\begin{pmatrix}-1\\-5\\2{,}5\end{pmatrix}\right| =$$

$$= \frac{1}{2}\cdot\left|\begin{pmatrix}-2{,}5+12{,}5\\-2{,}5+12{,}5\\25-1\end{pmatrix}\right| = \frac{1}{2}\cdot\left|\begin{pmatrix}10\\10\\24\end{pmatrix}\right| = \left|\begin{pmatrix}5\\5\\12\end{pmatrix}\right| = \sqrt{25+25+144} = \underline{\underline{\sqrt{194}}} \approx 13{,}9$$

1.4 M ist der Mittelpunkt der Strecke $[B_{2,5}C_{2,5}]$.

$$\overrightarrow{OM} = \frac{1}{2}\cdot\left(\overrightarrow{OB_{2,5}} + \overrightarrow{OC_{2,5}}\right) = \frac{1}{2}\cdot\begin{pmatrix}4+0\\0+4\\2{,}5+2{,}5\end{pmatrix} = \frac{1}{2}\cdot\begin{pmatrix}4\\4\\5\end{pmatrix} = \begin{pmatrix}2\\2\\2{,}5\end{pmatrix}$$

$$\overrightarrow{A_3M} = \begin{pmatrix}2-5\\2-5\\2{,}5-0\end{pmatrix} = \begin{pmatrix}-3\\-3\\2{,}5\end{pmatrix} = -\frac{1}{2}\cdot\begin{pmatrix}6\\6\\-5\end{pmatrix};\ \overrightarrow{A_3A_1} = \begin{pmatrix}0-5\\0-5\\0-0\end{pmatrix} = -5\cdot\begin{pmatrix}1\\1\\0\end{pmatrix}$$

$$\cos(\varphi) = \frac{\begin{pmatrix}6\\6\\-5\end{pmatrix}\circ\begin{pmatrix}1\\1\\0\end{pmatrix}}{\sqrt{36+36+25}\cdot\sqrt{1+1}} = \frac{6+6}{\sqrt{97\cdot 2}} = \frac{12}{\sqrt{194}} \Rightarrow \varphi = \arccos\left(\frac{12}{\sqrt{194}}\right) \approx \underline{\underline{30{,}51^\circ}}$$

2.1 E_0: $x_1 + 2x_3 = 0$

Die Ebene E_0 enthält die x_2-Achse des Koordinatensystems.

2.2 E_a: $(1+a) \cdot x_1 + a \cdot x_2 - (a-2) \cdot x_3 - a = 0;\ \ a \in \mathbb{R}$

$$g:\ \vec{x} = \begin{pmatrix} 1 \\ 0 \\ -1 \end{pmatrix} + \lambda \cdot \begin{pmatrix} -1 \\ 1 \\ 1 \end{pmatrix};\ \ \lambda \in \mathbb{R}$$

g in E_a:

$$\begin{aligned} & (1+a) \cdot (1-\lambda) + a \cdot \lambda - (a-2) \cdot (-1+\lambda) - a = 0 \\ \Leftrightarrow\ & (-1-a) \cdot (\lambda - 1) + a \cdot (\lambda - 1) - (a-2) \cdot (\lambda - 1) = 0 \\ \Leftrightarrow\ & (-1 - a + a - a + 2) \cdot (\lambda - 1) = 0 \\ \Leftrightarrow\ & (1-a) \cdot (\lambda - 1) = 0 \quad (*) \end{aligned}$$

Für $a = 1$ ist die Gleichung $(*)$ für alle $\lambda \in \mathbb{R}$ wahr.

$\Rightarrow$ Die Gerade g liegt in der Ebene E_1.

Für $a \neq 1$ ist die Gleichung $(*)$ genau dann wahr, wenn $\lambda = 1$ gilt.

Die Gerade g schneidet die Ebene E_a für $a \neq 1$ in genau einem Punkt S mit:

$$\overrightarrow{OS} = \begin{pmatrix} 1 \\ 0 \\ -1 \end{pmatrix} + 1 \cdot \begin{pmatrix} -1 \\ 1 \\ 1 \end{pmatrix} = \begin{pmatrix} 0 \\ 1 \\ 0 \end{pmatrix} \quad \Rightarrow \quad S(0; 1; 0)$$

2.3 $P(2; -2; -1)$ in E_a:

$$\begin{aligned} (1+a) \cdot 2 + a \cdot (-2) - (a-2) \cdot (-1) - a = 0 \quad & \Leftrightarrow \quad 2 + 2a - 2a + a - 2 - a = 0 \\ & \Leftrightarrow \quad 0 = 0 \text{ ist wahr für alle } a \in \mathbb{R} \end{aligned}$$

$\Rightarrow$ Der Punkt P liegt in allen Ebenen E_a.

Annahme:

$$\begin{pmatrix} 2 \\ -2 \\ -1 \end{pmatrix} = \begin{pmatrix} 1 \\ 0 \\ -1 \end{pmatrix} + \lambda \cdot \begin{pmatrix} -1 \\ 1 \\ 1 \end{pmatrix} \quad \begin{aligned} & \Leftrightarrow \quad 2 = 1 - \lambda \ \wedge\ -2 = \lambda \ \wedge\ -1 = -1 + \lambda \\ & \Leftrightarrow \quad \lambda = -1 \ \wedge\ \lambda = -2 \ \wedge\ \lambda = 0 \end{aligned}$$

$\Rightarrow$ Die Annahme ist falsch!

Also liegt der Punkt P nicht auf der Geraden g.

2.4
$$F:\ \vec{x} = \begin{pmatrix} 1 \\ 0 \\ -1 \end{pmatrix} + \lambda \cdot \begin{pmatrix} -1 \\ 1 \\ 1 \end{pmatrix} + \mu \cdot \begin{pmatrix} 1-2 \\ 0-(-2) \\ -1-(-1) \end{pmatrix}$$

$$\underline{\underline{F:\ \vec{x} = \begin{pmatrix} 1 \\ 0 \\ -1 \end{pmatrix} + \lambda \cdot \begin{pmatrix} -1 \\ 1 \\ 1 \end{pmatrix} + \mu \cdot \begin{pmatrix} -1 \\ 2 \\ 0 \end{pmatrix}}};\ \ \lambda, \mu \in \mathbb{R}$$

Aus 2.2 folgt: Die Gerade g liegt in E_1. Da auch P in E_1 liegt, ist die Ebene E_1 identisch mit der Ebene F.

Aus 2.2 folgt: Der Punkt $S(0; 1; 0) \in g$ liegt in jeder Ebene E_a, also liegen die Punkte P und S sowohl in der Ebene F als auch in der Ebene E_a.

$\Rightarrow$ Für $a \neq 1$ haben die Ebene F und die Ebene E_a die Schnittgerade s, die durch die Punkte P und S festgelegt ist.

Bayern – FOS · BOS 12 – Fachabiturprüfung 2012
Mathematik (Ausbildungsrichtung Technik) – Analytische Geometrie B II

BE

1 In einem kartesischen Koordinatensystem des $\mathbb{R}^3$ sind die Punkte $A_k(0;\ k;\ 2-2k)$ mit $k \in \mathbb{R}$ und $B(5;\ -3;\ 0)$ gegeben.

1.1 Bestimmen Sie eine Gleichung der Geraden g, auf der alle Punkte A_k liegen. 2

[Mögliches Ergebnis: g: $\vec{x} = \begin{pmatrix} 0 \\ 1 \\ 0 \end{pmatrix} + \lambda \cdot \begin{pmatrix} 0 \\ -1 \\ 2 \end{pmatrix},\ \lambda \in \mathbb{R}$]

1.2 Berechnen Sie den Parameterwert k so, dass der zugehörige Punkt A_k den kleinstmöglichen Abstand vom Koordinatenursprung hat. 3

1.3 Zeigen Sie, dass jeder Punkt A_k mit dem Punkt B eindeutig eine Gerade h_k festlegt, und stellen Sie eine Gleichung der Geraden h_k in Abhängigkeit von k auf. 3

1.4 Ermitteln Sie eine Gleichung in Normalenform für die Ebene E, die durch die Punkte A_0, A_1 und B festgelegt ist. 4
[Mögliches Ergebnis: E: $8x_1 + 10x_2 + 5x_3 - 10 = 0$]

1.5 Geben Sie eine Gleichung der Geraden r an, die in der Ebene E liegt, den Punkt B enthält und nicht zur Menge der Geraden h_k gehört. Begründen Sie Ihr Ergebnis mithilfe einer Skizze. 4

2 Die Abbildung zeigt ein Zelt mit der Form einer Pyramide mit quadratischer Grundfläche der Seitenlänge 2 m und der Spitze S in 2 m Höhe über dem Mittelpunkt der Grundfläche.
In der Vorderseite PQS befindet sich die trapezförmige Einstiegsöffnung ABCD. Dabei sind C und D die Mittelpunkte der Strecken [BS] bzw. [AS]. Die Strecken [PA] und [BQ] haben jeweils die Länge 0,5 m.
Maßstab des Koordinatensystems:
1 LE = 1 m

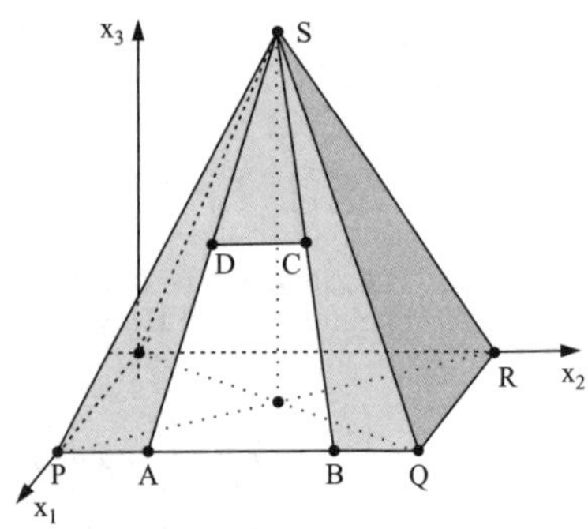

2.1 Bestimmen Sie die Koordinaten der Punkte A, B, C, D und S und berechnen Sie den Flächeninhalt der Einstiegsöffnung. 7
[Teilergebnis: D(1,5; 0,75; 1)]

2.2 Eine als punktförmig angesehene Lichtquelle, die 25 cm unter der Zeltspitze S hängt, erzeugt bei geöffneter Einstiegsöffnung auf dem horizontalen Boden vor dem Zelt einen viereckigen Lichtteppich ABC'D'. Berechnen Sie die Koordinaten der Punkte C' und D'. 7

30

Tipps und Hinweise zur Lösung von Aufgabe B II

Teilaufgabe 1.1

Schreiben Sie den Vektor $\overrightarrow{OA_k}$ als Summe $\vec{a} + k \cdot \vec{v}$.

Teilaufgabe 1.2

Verwenden Sie eine Hilfsebene H mit $H \perp g$ und $O \in H$.

Teilaufgabe 1.3

Prüfen Sie, ob der Punkt B auf der Geraden g liegt.

Teilaufgabe 1.4

Nutzen Sie die Gleichungen der Geraden h_0 und h_1 aus Teilaufgabe 1.3.

Teilaufgabe 1.5

Verwenden Sie Ihre Ergebnisse aus den Teilaufgaben 1.3 und 1.4.

Teilaufgabe 2.1

Verwenden Sie zur Berechnung des Flächeninhalts der Einstiegsöffnung geeignete Vektorprodukte.

Teilaufgabe 2.2

Berechnen Sie zuerst die Koordinaten der Lichtquelle L.

Lösung

1.1 $\overrightarrow{OA_k} = \begin{pmatrix} 0 \\ k \\ 2-2k \end{pmatrix} = \begin{pmatrix} 0 \\ 0 \\ 2 \end{pmatrix} + \begin{pmatrix} 0 \\ k \\ -2k \end{pmatrix} = \begin{pmatrix} 0 \\ 0 \\ 2 \end{pmatrix} + k \cdot \begin{pmatrix} 0 \\ 1 \\ -2 \end{pmatrix}$

$\Rightarrow \quad g\colon\ \underline{\underline{\vec{x} = \begin{pmatrix} 0 \\ 0 \\ 2 \end{pmatrix} + k \cdot \begin{pmatrix} 0 \\ 1 \\ -2 \end{pmatrix}}},\ k \in \mathbb{R}$

1.2 Hilfsebene H mit $H \perp g$ und $O \in H$

$H\colon \begin{pmatrix} 0 \\ 1 \\ -2 \end{pmatrix} \circ \begin{pmatrix} x_1 \\ x_2 \\ x_3 \end{pmatrix} = 0 \quad \Leftrightarrow \quad H\colon\ x_2 - 2x_3 = 0$

A_k in H: $k - 2 \cdot (2-2k) = 0 \quad \Leftrightarrow \quad 5k = 4 \quad \Leftrightarrow \quad \underline{\underline{k = \frac{4}{5}}}$

1.3 Annahme: $\overrightarrow{OB} = \overrightarrow{OA_k} \quad \Leftrightarrow \quad \begin{pmatrix} 5 \\ -3 \\ 0 \end{pmatrix} = \begin{pmatrix} 0 \\ k \\ 2-2k \end{pmatrix}$

Wegen $5 \neq 0$ ist die Annahme falsch, d. h., B liegt nicht auf g.
Also ist durch die Punkte B und A_k eindeutig eine Gerade festgelegt.

$h_k\colon\ \vec{x} = \overrightarrow{OB} + \mu \cdot \overrightarrow{BA_k};\ h_k\colon\ \underline{\underline{\vec{x} = \begin{pmatrix} 5 \\ -3 \\ 0 \end{pmatrix} + \mu \cdot \begin{pmatrix} -5 \\ k+3 \\ 2-2k \end{pmatrix}}},\ \mu, k \in \mathbb{R}$

1.4 $h_0\colon\ \vec{x} = \begin{pmatrix} 5 \\ -3 \\ 0 \end{pmatrix} + \mu \cdot \begin{pmatrix} -5 \\ 3 \\ 2 \end{pmatrix};\ h_1\colon\ \vec{x} = \begin{pmatrix} 5 \\ -3 \\ 0 \end{pmatrix} + \mu \cdot \begin{pmatrix} -5 \\ 4 \\ 0 \end{pmatrix}$

$E\colon\ \vec{x} = \begin{pmatrix} 5 \\ -3 \\ 0 \end{pmatrix} + \mu \cdot \begin{pmatrix} -5 \\ 3 \\ 2 \end{pmatrix} + \lambda \cdot \begin{pmatrix} -5 \\ 4 \\ 0 \end{pmatrix},\ \mu, \lambda \in \mathbb{R}$

$\begin{pmatrix} -5 \\ 3 \\ 2 \end{pmatrix} \times \begin{pmatrix} -5 \\ 4 \\ 0 \end{pmatrix} = \begin{pmatrix} 0-8 \\ -10-0 \\ -20+15 \end{pmatrix} = \begin{pmatrix} -8 \\ -10 \\ -5 \end{pmatrix} = -\begin{pmatrix} 8 \\ 10 \\ 5 \end{pmatrix}$

$E\colon \begin{pmatrix} 8 \\ 10 \\ 5 \end{pmatrix} \circ \begin{pmatrix} x_1-5 \\ x_2+3 \\ x_3-0 \end{pmatrix} = 0 \quad \Leftrightarrow \quad 8x_1 - 40 + 10x_2 + 30 + 5x_3 = 0$

$\Leftrightarrow \quad E\colon\ \underline{\underline{8x_1 + 10x_2 + 5x_3 - 10 = 0}}$

1.5 Die Gerade r ist echt parallel zur Geraden g mit $B \in r$.

$$r\colon\ \vec{x} = \overrightarrow{OB} + \sigma \cdot \overrightarrow{A_0A_1};\quad \underline{\underline{r: \vec{x} = \begin{pmatrix} 5 \\ -3 \\ 0 \end{pmatrix} + \sigma \cdot \begin{pmatrix} 0 \\ 1 \\ -2 \end{pmatrix}}},\ \sigma \in \mathbb{R}$$

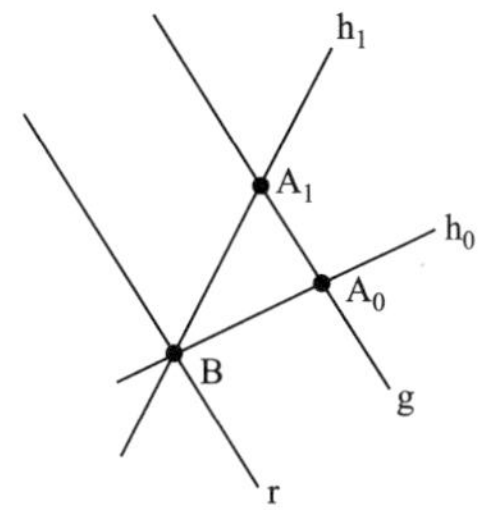

2.1 $P(2;0;0)$; $R(0;2;0)$; $Q(2;2;0)$; $\overrightarrow{PQ} = \overrightarrow{OR}$

$$\overrightarrow{OA} = \overrightarrow{OP} + \frac{1}{4} \cdot \overrightarrow{PQ} = \begin{pmatrix} 2 \\ 0 \\ 0 \end{pmatrix} + \frac{1}{4} \cdot \begin{pmatrix} 0 \\ 2 \\ 0 \end{pmatrix} = \begin{pmatrix} 2 \\ 0,5 \\ 0 \end{pmatrix};$$

$\underline{\underline{A(2;0,5;0)}}$

$$\overrightarrow{OB} = \overrightarrow{OP} + \frac{3}{4} \cdot \overrightarrow{PQ} = \begin{pmatrix} 2 \\ 0 \\ 0 \end{pmatrix} + \frac{3}{4} \cdot \begin{pmatrix} 0 \\ 2 \\ 0 \end{pmatrix} = \begin{pmatrix} 2 \\ 1,5 \\ 0 \end{pmatrix};$$

$\underline{\underline{B(2;1,5;0)}}$

$$\overrightarrow{OS} = \frac{1}{2} \cdot \overrightarrow{OQ} + 2 \cdot \begin{pmatrix} 0 \\ 0 \\ 1 \end{pmatrix} = \begin{pmatrix} 1 \\ 1 \\ 0 \end{pmatrix} + \begin{pmatrix} 0 \\ 0 \\ 2 \end{pmatrix} = \begin{pmatrix} 1 \\ 1 \\ 2 \end{pmatrix};$$

$\underline{\underline{S(1;1;2)}}$

$$\overrightarrow{OC} = \overrightarrow{OS} + \frac{1}{2} \cdot \overrightarrow{SB} = \begin{pmatrix} 1 \\ 1 \\ 2 \end{pmatrix} + \frac{1}{2} \cdot \begin{pmatrix} 2-1 \\ 1,5-1 \\ 0-2 \end{pmatrix} = \begin{pmatrix} 1 \\ 1 \\ 2 \end{pmatrix} + \begin{pmatrix} 0,5 \\ 0,25 \\ -1 \end{pmatrix} = \begin{pmatrix} 1,5 \\ 1,25 \\ 1 \end{pmatrix};$$

$\underline{\underline{C(1,5;1,25;1)}}$

$$\overrightarrow{OD} = \overrightarrow{OS} + \frac{1}{2} \cdot \overrightarrow{SA} = \begin{pmatrix} 1 \\ 1 \\ 2 \end{pmatrix} + \frac{1}{2} \cdot \begin{pmatrix} 2-1 \\ 0,5-1 \\ 0-2 \end{pmatrix} = \begin{pmatrix} 1 \\ 1 \\ 2 \end{pmatrix} + \begin{pmatrix} 0,5 \\ -0,25 \\ -1 \end{pmatrix} = \begin{pmatrix} 1,5 \\ 0,75 \\ 1 \end{pmatrix};$$

$\underline{\underline{D(1,5;0,75;1)}}$

Flächeninhalt A_{ABCD} der Einstiegsöffnung:

$$\underline{\underline{A_{ABCD}}} = \frac{1}{2} \cdot \left| \overrightarrow{SA} \times \overrightarrow{SB} \right| - \frac{1}{2} \cdot \left| \overrightarrow{SD} \times \overrightarrow{SC} \right| = \frac{1}{2} \cdot \left(\left| \overrightarrow{SA} \times \overrightarrow{SB} \right| - \left| \left(\frac{1}{2} \cdot \overrightarrow{SA} \right) \times \left(\frac{1}{2} \cdot \overrightarrow{SB} \right) \right| \right) =$$

$$= \frac{1}{2} \cdot \left(1 - \frac{1}{4} \right) \cdot \left| \overrightarrow{SA} \times \overrightarrow{SB} \right| = \frac{3}{8} \cdot \left| \begin{pmatrix} 1 \\ -0,5 \\ -2 \end{pmatrix} \times \begin{pmatrix} 1 \\ 0,5 \\ -2 \end{pmatrix} \right| = \frac{3}{8} \cdot \left| \begin{pmatrix} 1+1 \\ -2+2 \\ 0,5+0,5 \end{pmatrix} \right| =$$

$$= \frac{3}{8} \cdot \left| \begin{pmatrix} 2 \\ 0 \\ 1 \end{pmatrix} \right| = \frac{3}{8} \cdot \sqrt{4+0+1} = \underline{\underline{\frac{3}{8} \cdot \sqrt{5}}}$$

2.2 Ort L der Lichtquelle: L(1; 1; 1,75)
Gerade durch L und D:

$$\ell_D\colon\ \vec{x} = \overrightarrow{OL} + \lambda \cdot \overrightarrow{LD};\ \ \ell_D\colon\ \vec{x} = \begin{pmatrix} 1 \\ 1 \\ 1,75 \end{pmatrix} + \lambda \cdot \begin{pmatrix} 1,5-1 \\ 0,75-1 \\ 1-1,75 \end{pmatrix};\ \ \ell_D\colon\ \vec{x} = \begin{pmatrix} 1 \\ 1 \\ 1,75 \end{pmatrix} + \lambda \cdot \begin{pmatrix} 0,5 \\ -0,25 \\ -0,75 \end{pmatrix}$$

D' liegt in der x_1, x_2-Ebene, also gilt:

$$1,75 + \lambda \cdot (-0,75) = 0 \quad \Leftrightarrow \quad \lambda = \frac{1,75}{0,75} = \frac{7}{3}$$

$$\overrightarrow{OD'} = \begin{pmatrix} 1 \\ 1 \\ 1,75 \end{pmatrix} + \frac{7}{3} \cdot \begin{pmatrix} 0,5 \\ -0,25 \\ -0,75 \end{pmatrix} \quad \Rightarrow \quad \underline{\underline{D'\left(\frac{13}{6}; \frac{5}{12}; 0\right)}}$$

Analog für C':

$$\overrightarrow{OC'} = \overrightarrow{OL} + \frac{7}{3} \cdot \overrightarrow{LC} = \begin{pmatrix} 1 \\ 1 \\ 1,75 \end{pmatrix} + \frac{7}{3} \cdot \begin{pmatrix} 0,5 \\ 0,25 \\ -0,75 \end{pmatrix} \quad \Rightarrow \quad \underline{\underline{C'\left(\frac{13}{6}; \frac{19}{12}; 0\right)}}$$

BE

1 Gegeben sind die reellen Funktionen $f_a: x \mapsto \frac{ax^2+2x-1}{x+1}$ in der vom Parameter $a \in \mathbb{R}\setminus\{0\}$ unabhängigen Definitionsmenge $D = \mathbb{R}\setminus\{-1\}$.
Der Graph einer solchen Funktion wird mit G_a bezeichnet.

1.1 Bestimmen Sie den Parameterwert a so, dass die zugehörige Funktion f_a eine stetig behebbare Definitionslücke besitzt. Stellen Sie für diesen Fall die Funktionsgleichung in vereinfachter Form dar und zeichnen Sie den zugehörigen Graphen. 5

1.2 Ermitteln Sie Anzahl und Lage der Nullstellen von f_a in Abhängigkeit von a. 6

1.3 Berechnen Sie die Parameterwerte a so, dass der Graph G_a genau zwei Punkte mit waagrechter Tangente besitzt. 7
[Mögliches Teilergebnis: $f_a'(x) = \frac{ax^2+2ax+3}{(x+1)^2}$]

1.4 Geben Sie den Grenzwert der Ableitungsfunktion für $x \to \pm\infty$ an. Lösen Sie außerdem die Gleichung $f_a'(x) = a$ in Abhängigkeit von a und interpretieren Sie jeweils das Ergebnis. 5

1.5 Für die folgenden Teilaufgaben hat a den Wert 1,25.

1.5.1 Ermitteln Sie die Gleichungen aller Asymptoten des Graphen $G_{1,25}$ und stellen Sie eine Gleichung der Tangente t an den Graphen $G_{1,25}$ an der Stelle $x=-2$ auf. 6

1.5.2 Untersuchen Sie das Steigungs- und Krümmungsverhalten des Graphen $G_{1,25}$. 9

1.5.3 Geben Sie die Nullstellen von $f_{1,25}$ an und zeichnen Sie für $-4 \le x \le 2$ den Graphen $G_{1,25}$ mit seinen Asymptoten und der Tangente t in ein kartesisches Koordinatensystem (Maßstab: 1 LE = 1 cm). 6

1.5.4 Der Graph $G_{1,25}$ begrenzt mit den beiden Koordinatenachsen ein endliches Flächenstück im IV. Quadranten. Kennzeichnen Sie dieses Flächenstück im Schaubild der Aufgabe 1.5.3 und berechnen Sie die Maßzahl seines Flächeninhalts. 6

2 Für den Flächeninhalt A (in m^2) der Fläche, die Algen an der Oberfläche eines 50 m^2 großen Klärbeckens bedecken, gilt in Abhängigkeit von der Zeit t (in Wochen) näherungsweise die Formel

$$A(t) = \frac{50}{1+24\cdot e^{-c\cdot t}} \quad \text{mit } t \ge 0 \text{ und } c \in \mathbb{R} \wedge c > 0.$$

Auf das Mitführen der Einheiten bei den Berechnungen kann verzichtet werden.

2.1 Berechnen Sie den Wert von c auf eine Nachkommastelle gerundet, wenn nach 10 Wochen die Algen eine Fläche von 5 m^2 bedecken. 4

2.2 Für die folgenden Teilaufgaben hat c den Wert 0,1.

2.2.1 Bestimmen Sie den Flächeninhalt des Algenteppichs zur Zeit $t = 0$ und für $t \to \infty$. 2

2.2.2 Zeigen Sie, dass der Flächeninhalt A(t) streng monoton zunimmt. 3

[Mögliches Teilergebnis: $\dot{A}(t) = \dfrac{120 \cdot e^{-0,1 \cdot t}}{(1 + 24 \cdot e^{-0,1 \cdot t})^2}$]

2.2.3 Berechnen Sie den Flächeninhalt des Algenteppichs zu dem Zeitpunkt, zu dem das Algenwachstum am größten ist. Runden Sie das Ergebnis auf eine Nachkommastelle. 7

2.2.4 Stellen Sie den Flächeninhalt A(t) für $0 \leq t \leq 60$ grafisch dar. Tragen Sie auch die Asymptote des Graphen ein.

Maßstab auf der t-Achse: $1 \text{ cm} \mathrel{\hat{=}} 10$ Wochen

Maßstab auf der A-Achse: $1 \text{ cm} \mathrel{\hat{=}} 10 \text{ m}^2$ 4

70

Tipps und Hinweise zur Lösung von Aufgabe A I

Teilaufgabe 1.1

Zähler und Nenner des Funktionsterms müssen hier an der Definitionslücke null werden.

Teilaufgabe 1.2

Machen Sie eine geeignete Fallunterscheidung mithilfe einer Diskriminantenuntersuchung.

Teilaufgabe 1.3

Ermitteln Sie die Anzahl der Lösungen der Gleichung $f_a'(x) = 0$ in Abhängigkeit von a.

Teilaufgabe 1.4

Denken Sie bei der Interpretation an die Steigung der schiefen Asymptote und beachten Sie Ihr Ergebnis aus Aufgabe 1.1.

Teilaufgabe 1.5.1

Führen Sie eine geeignete Polynomdivision durch.

Für die Gleichung der Tangente benötigen Sie deren Steigung: $f_{1,25}'(-2)$

Teilaufgabe 1.5.2

Untersuchen Sie das Vorzeichen der Werte $f_{1,25}'(x)$ und $f_{1,25}''(x)$ in Abhängigkeit von x.

Teilaufgabe 1.5.3

Erstellen Sie eine Wertetabelle und nutzen Sie alle bisherigen Ergebnisse.

Teilaufgabe 1.5.4

Verwenden Sie für die Ermittlung einer Stammfunktion den Summenterm von $f_{1,25}(x)$ aus Aufgabe 1.5.1.

Teilaufgabe 2.1

Lösen Sie die Gleichung $A(10) = 5$ durch geeignete Äquivalenzumformungen.

Teilaufgabe 2.2.1

Verwenden Sie die Eigenschaften von e^{-u} für $u = 0$ und für $u \to \infty$.

Teilaufgabe 2.2.2

Verwenden Sie die Quotienten- und die Kettenregel und untersuchen Sie das Vorzeichen von $\dot{A}(t)$.

Teilaufgabe 2.2.3

Berechnen Sie $\ddot{A}(t)$ und betrachten Sie die Gleichung $\ddot{A}(t) = 0$.

Teilaufgabe 2.2.4

Verwenden Sie eine geeignete Wertetabelle.

Lösung

1 $f_a: x \mapsto \dfrac{ax^2+2x-1}{x+1};\ a \in \mathbb{R}\setminus\{0\};\ D = \mathbb{R}\setminus\{-1\}$

1.1 Ist $x = -1$ eine stetig behebbare Definitionslücke von f_a, so lässt sich der Term $f_a(x)$ in der Form

$$f_a(x) = \frac{(x+1)\cdot(ax+b)}{x+1}$$

darstellen.

Zähler: $Z(x) = ax^2 + 2x - 1$

$Z(-1) = 0 \iff a - 2 - 1 = 0 \iff \underline{\underline{a = 3}}$

$$f_3(x) = \frac{3x^2+2x-1}{x+1} = \frac{(x+1)\cdot(3x-1)}{x+1} = 3x - 1$$

$\underline{\underline{f_3(x) = 3x - 1}}$

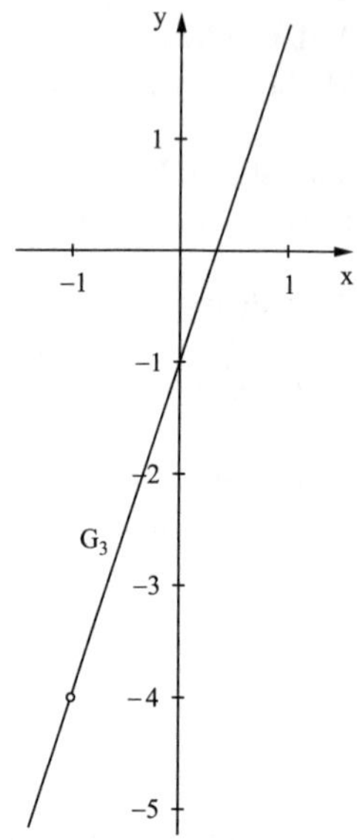

1.2 $f_a(x) = 0 \iff ax^2 + 2x - 1 = 0 \wedge x \neq -1$

Mögliche Nullstellen: $x_{1;2} = \dfrac{-2 \pm \sqrt{4+4a}}{2a} = \dfrac{-2 \pm 2\cdot\sqrt{1+a}}{2a} = \dfrac{-1 \pm \sqrt{1+a}}{a}$

$1 + a < 0 \iff a < -1$

Für $\underline{\underline{a < -1}}$ besitzt f_a **keine** Nullstelle.

Für $\underline{\underline{a = -1}}$ besitzt f_{-1} genau **eine** Nullstelle: $\underline{\underline{x = 1}}$

Für $\underline{\underline{a = 3}}$ besitzt f_3 genau **eine** Nullstelle: $\underline{\underline{x = \frac{1}{3}}}$ (siehe 1.1)

Für $\underline{\underline{a > -1 \wedge a \neq 3}}$ $(\wedge\ a \neq 0)$ besitzt f_a genau **zwei** Nullstellen: $\underline{\underline{x_{1;2} = \dfrac{-1 \pm \sqrt{1+a}}{a}}}$

1.3 $f_a(x) = \dfrac{ax^2+2x-1}{x+1}$

$$f_a'(x) = \frac{(2ax+2)\cdot(x+1) - (ax^2+2x-1)\cdot 1}{(x+1)^2} = \frac{2ax^2+2ax+2x+2-ax^2-2x+1}{(x+1)^2} =$$

$$= \frac{ax^2+2ax+3}{(x+1)^2};\ D_{f_a'} = D$$

$f_a'(x)=0 \quad \Leftrightarrow \quad ax^2+2ax+3=0 \;\wedge\; x\neq -1$

Mögliche Lösungen:

$$x_{1;2}=\frac{-2a\pm\sqrt{4a^2-12a}}{2a}=\frac{-2a\pm 2\cdot\sqrt{a^2-3a}}{2a}=-1\pm\frac{1}{a}\cdot\sqrt{a^2-3a}$$

$f_a'(x)=0$ besitzt genau zwei Lösungen mit $x\neq -1$, falls $a^2-3a>0$.

$a^2-3a>0 \quad \Leftrightarrow \quad a\cdot(a-3)>0 \quad \Leftrightarrow \quad \underline{\underline{a\in\,]-\infty;0[\,\cup\,]3;+\infty[}}$

1.4 $\quad \underline{\underline{\lim\limits_{x\to\pm\infty} f_a'(x)}}=\lim\limits_{x\to\pm\infty}\frac{ax^2+2ax+3}{x^2+2x+1}=\underline{\underline{a}}$

$$f_a'(x)=a \quad \Leftrightarrow \quad \frac{ax^2+2ax+3}{x^2+2x+1}=a \quad \Leftrightarrow \quad ax^2+2ax+3=ax^2+2ax+a \quad \Leftrightarrow \quad a=3$$

Für $\underline{\underline{a=3}}$ ist die Gleichung $f_a'(x)=a$ für alle $x\in D=\mathbb{R}\setminus\{-1\}$ erfüllt.

Für $\underline{\underline{a\neq 3}}$ besitzt die Gleichung $f_a'(x)=a$ keine Lösungen.

Interpretation:

Für $\underline{\underline{a=3}}$ gilt für alle $x\in D$: $f_3'(x)=3$ (Graph siehe Zeichnung in 1.1).

Für $\underline{\underline{a\neq 3}}$ besitzt der Graph von f_a eine schiefe Asymptote mit der Steigung a.

Keine Tangente an den Graphen von f_a besitzt die Steigung a.

1.5.1 $\quad f_{1,25}(x)=\frac{1,25\cdot x^2+2x-1}{x+1};\; f_{1,25}'(x)=\frac{1,25\cdot x^2+2,5\cdot x+3}{(x+1)^2};\; D=\mathbb{R}\setminus\{-1\}$

$f_{1,25}$ ist eine unecht gebrochen-rationale Funktion (Zählergrad $\geq$ Nennergrad).

Nebenrechnung:

$$\begin{aligned}&(1,25\cdot x^2+2x-1):(x+1)=1,25\cdot x+0,75-\frac{1,75}{x+1}\quad\Rightarrow\quad f_{1,25}(x)=\frac{5}{4}x+\frac{3}{4}-\frac{7}{4}\cdot\frac{1}{x+1}\\&\underline{-(1,25\cdot x^2+1,25x)}\\&\qquad 0,75x\\&\qquad \underline{-(0,75x+0,75)}\\&\qquad\qquad -1,75\end{aligned}$$

$G_{1,25}$ besitzt eine schiefe Asymptote mit der Gleichung $\underline{\underline{y=\frac{5}{4}x+\frac{3}{4}}}$ und eine vertikale Asymptote mit der Gleichung $\underline{\underline{x=-1}}$.

$$f_{1,25}(-2)=\frac{1,25\cdot 4-4-1}{-2+1}=0;\; f_{1,25}'(-2)=\frac{1,25\cdot 4-5+3}{(-2+1)^2}=3$$

$\Rightarrow$ Tangente t: $\underline{\underline{y=3\cdot(x+2)}}$ bzw. $\underline{\underline{y=3x+6}}$

1.5.2 $f'_{1,25}(x) = \frac{1,25 \cdot x^2 + 2,5 \cdot x + 3}{(x+1)^2}$; $D = \mathbb{R} \setminus \{-1\}$

Für die Diskriminante des quadratischen Terms $p(x) = 1,25 \cdot x^2 + 2,5 \cdot x + 3$ gilt:
$\text{Disk} = 2,5^2 - 4 \cdot 1,25 \cdot 3 = 6,25 - 15 = -8,75$

Wegen Disk < 0 gilt: $1,25 \cdot x^2 + 2,5 \cdot x + 3 > 0 \;\wedge\; (x+1)^2 > 0$ für alle $x \in D$
$\Rightarrow\; f'_{1,25}(x) > 0$ für alle $x \in D$

$\Rightarrow\; G_{1,25}$ ist streng monoton steigend im Intervall $]-\infty; -1[$ und streng monoton steigend im Intervall $]-1; +\infty[$.

$$f''_{1,25}(x) = \frac{(2,5 \cdot x + 2,5) \cdot (x+1)^2 - (1,25 \cdot x^2 + 2,5 \cdot x + 3) \cdot 2 \cdot (x+1)}{(x+1)^4} =$$

$$= \frac{(2,5 \cdot x + 2,5) \cdot (x+1) - (1,25 \cdot x^2 + 2,5 \cdot x + 3) \cdot 2}{(x+1)^3} =$$

$$= \frac{2,5x^2 + 2,5x + 2,5x + 2,5 - 2,5x^2 - 5x - 6}{(x+1)^3} = \frac{-3,5}{(x+1)^3}$$

$f''_{1,25}(x) > 0 \;\Leftrightarrow\; (x+1)^3 < 0 \;\Leftrightarrow\; x < -1;$

$f''_{1,25}(x) < 0 \;\Leftrightarrow\; (x+1)^3 > 0 \;\Leftrightarrow\; x > -1$

$\Rightarrow\; G_{1,25}$ ist linksgekrümmt im Intervall $]-\infty; -1[$ und rechtsgekrümmt in $]-1; +\infty[$.

1.5.3 Mit $a = 1,25$ und

$$x_{1;\,2} = \frac{-1 \pm \sqrt{1+a}}{a}$$

gilt für die Nullstellen:
$\underline{\underline{x_1 = 0,4}}$; $\underline{\underline{x_2 = -2}}$

Wertetabelle:

x	≈ f(x)
−4	−3,67
−3	−2,13
−2	0
−1,5	2,38
−1	n. def.
−0,5	−3,38
0	−1
1	1,13
2	2,67

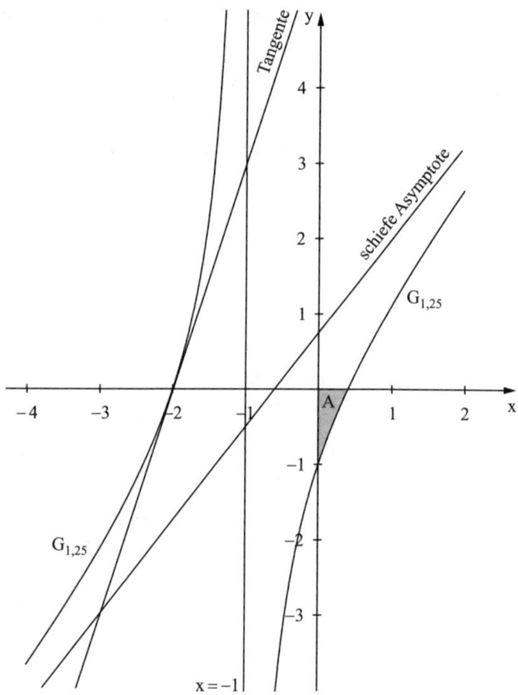

1.5.4 Kennzeichnung des Flächenstücks: Siehe Schaubild in Aufgabe 1.5.3.

$$f_{1,25}(x)=\frac{5}{4}x+\frac{3}{4}-\frac{7}{4}\cdot\frac{1}{x+1}$$

$$\Rightarrow \quad F(x)=\frac{5}{8}x^2+\frac{3}{4}x-\frac{7}{4}\cdot\ln|x+1|+C$$

$$A=-\int_0^{0,4} f_{1,25}(x)\,dx=-\big(F(0,4)-F(0)\big)=F(0)-F(0,4)=0-\left(\frac{1}{10}+\frac{3}{10}-\frac{7}{4}\cdot\ln(1,4)\right)=$$

$$=\underline{\underline{-0,4+1,75\cdot\ln(1,4)}}\approx 0,189$$

2 $A(t)=\dfrac{50}{1+24\cdot e^{-c\cdot t}}$ mit $t\geq 0$ und $c\in\mathbb{R}\wedge c>0$

2.1 $A(10)=5 \;\Leftrightarrow\; \dfrac{50}{1+24\cdot e^{-10c}}=5 \;\Leftrightarrow\; 1+24\cdot e^{-10c}=10 \;\Leftrightarrow\; e^{-10c}=\dfrac{9}{24}$

$$\Leftrightarrow \quad -10c=\ln\left(\frac{9}{24}\right) \quad\Leftrightarrow\quad c=\frac{1}{10}\cdot\ln\left(\frac{24}{9}\right);\quad \underline{\underline{c\approx 0,1}}$$

2.2.1 $\underline{\underline{A(0)}}=\dfrac{50}{1+24\cdot e^0}=\dfrac{50}{1+24}=\underline{\underline{2}};\quad \underline{\underline{\lim_{t\to\infty}A(t)}}=\lim_{t\to\infty}\dfrac{50}{1+\underbrace{24\cdot e^{-0,1\cdot t}}_{\to 0}}=\dfrac{50}{1}=\underline{\underline{50}}$

2.2.2 $A(t)=\dfrac{50}{1+24\cdot e^{-0,1\cdot t}}$

$$\dot{A}(t)=\frac{dA}{dt}=\frac{0-50\cdot 24\cdot e^{-0,1\cdot t}\cdot(-0,1)}{(1+24\cdot e^{-0,1\cdot t})^2}=\frac{120\cdot e^{-0,1\cdot t}}{(1+24\cdot e^{-0,1\cdot t})^2}$$

Wegen $120\cdot e^{-0,1\cdot t}>0 \;\wedge\; (1+24\cdot e^{-0,1\cdot t})^2>0 \;\Rightarrow\; \dfrac{dA}{dt}>0$ für alle $t\geq 0$

Also nimmt A(t) im Intervall $[0;+\infty[$ streng monoton zu.

2.2.3 $\dot{A}(t)=120\cdot\dfrac{e^{-0,1\cdot t}}{(1+24\cdot e^{-0,1\cdot t})^2}$

$\ddot{A}(t)=$

$$=120\cdot\frac{e^{-0,1\cdot t}\cdot(-0,1)\cdot(1+24\cdot e^{-0,1\cdot t})^2-e^{-0,1\cdot t}\cdot 2\cdot(1+24\cdot e^{-0,1\cdot t})\cdot 24\cdot e^{-0,1\cdot t}\cdot(-0,1)}{(1+24\cdot e^{-0,1\cdot t})^4}=$$

$$=120\cdot\frac{-0,1\cdot e^{-0,1\cdot t}\cdot(1+24\cdot e^{-0,1\cdot t})+e^{-0,1\cdot t}\cdot 48\cdot e^{-0,1\cdot t}\cdot 0,1}{(1+24\cdot e^{-0,1\cdot t})^3}=$$

$$=12\cdot\frac{-e^{-0,1\cdot t}\cdot(1+24\cdot e^{-0,1\cdot t}-48\cdot e^{-0,1\cdot t})}{(1+24\cdot e^{-0,1\cdot t})^3}=12\cdot\frac{-e^{-0,1\cdot t}\cdot(1-24\cdot e^{-0,1\cdot t})}{(1+24\cdot e^{-0,1\cdot t})^3}$$

$$\ddot{A}(t) = 0 \iff 1 - 24 \cdot e^{-0,1 \cdot t} = 0 \iff e^{-0,1 \cdot t} = \frac{1}{24} \iff -0,1 \cdot t = \ln\left(\frac{1}{24}\right)$$

$$\iff t = -10 \cdot \ln\left(\frac{1}{24}\right) \iff t = 10 \cdot \ln(24); \quad t \approx 31,78$$

$$A(10 \cdot \ln(24)) = \frac{50}{1 + 24 \cdot e^{-\ln(24)}} = \frac{50}{1 + 24 \cdot e^{\ln(\frac{1}{24})}} = \frac{50}{1 + 24 \cdot \frac{1}{24}} = \underline{\underline{25}}$$

Zu dem Zeitpunkt, an dem das Algenwachstum am größten ist, bedecken die Algen die halbe Oberfläche des Klärbeckens.

2.2.4 Wertetabelle:

t	≈ A(t)
0	2,0
10	5,1
20	11,8
30	22,8
31,8	25,0
40	34,7
50	43,0
60	47,2

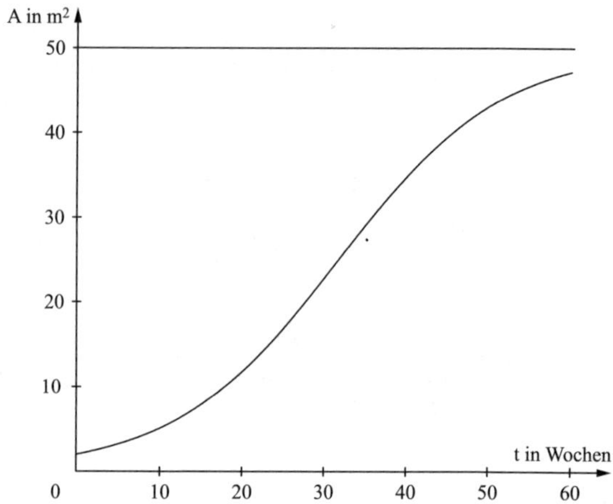

Bayern – FOS · BOS 12 – Fachabiturprüfung 2013
Mathematik (Ausbildungsrichtung Technik) – Analysis A II

BE

1 Gegeben ist die reelle Funktion $f\colon x \mapsto x^2 \cdot \ln(0{,}25 \cdot x)$ mit der Definitionsmenge $D_f =]0; \infty[$.

1.1 Berechnen Sie die Nullstelle von f und untersuchen Sie das Verhalten der Funktionswerte f(x) an den Rändern der Definitionsmenge. 6

1.2 Berechnen Sie die Art und die exakten Koordinaten des Extrempunktes des Graphen von f. 6
[Mögliches Teilergebnis: $f'(x) = x \cdot [1 + 2 \cdot \ln(0{,}25 \cdot x)]$]

1.3 Untersuchen Sie das Krümmungsverhalten des Graphen von f und berechnen Sie die exakten Koordinaten des Wendepunktes. 7

1.4 Lösen Sie die Gleichung $f(x) = 2{,}5$ mithilfe des Newton'schen Verfahrens, benutzen Sie $x_0 = 4{,}5$ als Startwert, führen Sie einen Näherungsschritt durch und runden Sie das Ergebnis auf zwei Nachkommastellen. 4

1.5 Berechnen Sie den rechtsseitigen Grenzwert der Ableitungsfunktion f' an der Stelle $x = 0$ und beschreiben Sie die Bedeutung des Ergebnisses für den Verlauf des Graphen von f. 4

1.6 Zeichnen Sie mithilfe bisheriger Ergebnisse und geeigneter Funktionswerte den Graphen von f für $0 < x \leq 5$ in ein kartesisches Koordinatensystem (Maßstab: 1 LE = 1 cm). 6

1.7 Gegeben ist nun die Funktion $F\colon x \mapsto \frac{1}{3}x^3 \cdot \left[\ln(0{,}25 \cdot x) - \frac{1}{3}\right]$ mit der Definitionsmenge $D_F = D_f$. Zeigen Sie, dass F eine Stammfunktion von f ist. 2

1.8 Der Graph von f, die x-Achse und die Gerade mit der Gleichung $x = 0{,}1$ schließen rechts der Geraden ein Flächenstück A ein. Kennzeichnen Sie dieses Flächenstück im Schaubild aus Aufgabe 1.6 und berechnen Sie die Maßzahl seines Flächeninhalts. Runden Sie das Ergebnis auf zwei Nachkommastellen. 5

2 Die Geschwindigkeit v (in $\frac{m}{s}$) eines Fallschirmspringers bei ungeöffnetem Fallschirm kann näherungsweise durch die Funktion $v\colon t \mapsto 60 \cdot \frac{e^{\frac{t}{3}} - 1}{e^{\frac{t}{3}} + 1}$ mit $t \geq 0$ beschrieben werden. Dabei bezeichnet t die Zeit (in Sekunden) nach dem Absprung. Auf das Mitführen der Einheiten bei den Berechnungen kann verzichtet werden. Ergebnisse sind gegebenenfalls auf eine Nachkommastelle zu runden.

2.1 Berechnen Sie, welche Geschwindigkeit der Fallschirmspringer nach 5 Sekunden besitzt und nach welcher Zeit er die Geschwindigkeit 55 $\frac{m}{s}$ erreicht. 5
[Hinweis: Benutzen Sie die Substitution $u = e^{\frac{t}{3}}$.]

2.2 Weisen Sie nach, dass die Geschwindigkeit v streng monoton zunimmt. Berechnen Sie außerdem den Grenzwert $\lim\limits_{t \to \infty} v(t)$ und erläutern Sie seine Bedeutung für den Fallschirmspringer. 6

[Mögliches Teilergebnis: $\dot{v}(t) = 40 \cdot \dfrac{e^{\frac{t}{3}}}{(e^{\frac{t}{3}}+1)^2}$]

2.3 Während des gesamten Sprungs mit ungeöffnetem Fallschirm gilt: $\ddot{v}(t) < 0$ (Nachweis nicht erforderlich). Begründen Sie, dass die Ableitungsfunktion $\dot{v}$ die Wertemenge $W =]0; 10]$ besitzt. 4

2.4 Stellen Sie die Funktion v für $0 \leq t \leq 16$ grafisch dar. Wählen Sie dazu selbst einen geeigneten Maßstab. 3

2.5 Zeigen Sie, dass die Funktion $s\colon t \mapsto 360 \cdot \ln\left(\dfrac{e^{\frac{t}{6}} + e^{-\frac{t}{6}}}{2}\right)$ mit $t \geq 0$ eine Stammfunktion von v ist, die $s(0) = 0$ erfüllt. Berechnen Sie s(10), geben Sie die Bedeutung dieses Wertes für den Fallschirmspringer an und kennzeichnen Sie den Wert im Schaubild der Aufgabe 2.4. 7

2.6 Der Fallschirmspringer ist in 4000 Meter Höhe abgesprungen. In 1000 Meter Höhe öffnet er den Fallschirm. Berechnen Sie näherungsweise die Zeit zwischen Absprung und Fallschirmöffnung. Ersetzen Sie dazu zunächst in s(t) aus 2.5 den Term $e^{-\frac{t}{6}}$ durch 0 und begründen Sie danach, warum das hier zulässig ist. 5

70

Tipps und Hinweise zur Lösung von Aufgabe A II

Teilaufgabe 1.1
Verwenden Sie zur Berechnung eines Grenzwertes einen Satz von L'Hospital.

Teilaufgabe 1.2
Verwenden Sie zur Berechnung von $f'(x)$ die Produkt- und die Kettenregel.

Teilaufgabe 1.3
Untersuchen Sie das Vorzeichen von $f''(x)$ in Abhängigkeit von x.

Teilaufgabe 1.4
Nutzen Sie den Differenzterm $d(x) = f(x) - 2{,}5$.

Teilaufgabe 1.5
Verwenden Sie einen Satz von L'Hospital.

Teilaufgabe 1.6
Erstellen Sie eine geeignete Wertetabelle.

Teilaufgabe 1.7
Zeigen Sie, dass gilt: $F'(x) = f(x)$

Teilaufgabe 1.8
Verwenden Sie den Hauptsatz der Integralrechnung und beachten Sie, dass eine Flächenmaßzahl stets positiv ist.

Teilaufgabe 2.1
Machen Sie bei der Lösung der Gleichung $v(t) = 55$ geeignete Äquivalenzumformungen.

Teilaufgabe 2.2
Verwenden Sie die Quotienten- und die Kettenregel sowie einen Satz von L'Hospital.

Teilaufgabe 2.3
Argumentieren Sie mit dem Monotonieverhalten von $\dot{v}(t)$.

Teilaufgabe 2.4
Erstellen Sie eine geeignete Wertetabelle.

Teilaufgabe 2.5
Zeigen Sie, dass gilt: $\dot{s}(t) = v(t)$. Verwenden Sie bei der Rechnung die Kettenregel.

Teilaufgabe 2.6
Beachten Sie, dass für große Werte t gilt: $e^{-\frac{t}{6}} \approx 0$

Lösung

1 $f(x) = x^2 \cdot \ln(0{,}25 \cdot x);\ D_f =]0; \infty[$

1.1 $f(x) = 0 \ \Leftrightarrow\ x^2 \cdot \ln(0{,}25 \cdot x) = 0$ mit $x \in]0; \infty[$

$\Leftrightarrow\ \ln(0{,}25 \cdot x) = 0 \ \Leftrightarrow\ 0{,}25 \cdot x = 1 \ \Leftrightarrow\ \underline{\underline{x = 4}}$ (Nullstelle von f)

$$\underline{\underline{\lim_{x \to \infty} f(x)}} = \lim_{x \to \infty} (\underbrace{x^2}_{x \to +\infty} \cdot \underbrace{\ln(0{,}25 \cdot x)}_{x \to +\infty}) = \underline{\underline{+\infty}}$$ (Ein Grenzwert existiert nicht!)

$$\underline{\underline{\lim_{x \overset{>}{\to} 0} f(x)}} = \lim_{x \overset{>}{\to} 0} (\underbrace{x^2}_{\to 0} \cdot \underbrace{\ln(0{,}25 \cdot x)}_{\to -\infty}) = \lim_{x \overset{>}{\to} 0} \frac{\overbrace{\ln(0{,}25 \cdot x)}^{\to -\infty}}{\underbrace{\frac{1}{x^2}}_{\to +\infty}} \overset{\text{L'H}}{=} \lim_{x \overset{>}{\to} 0} \frac{\frac{1}{0{,}25 \cdot x} \cdot 0{,}25}{-\frac{2}{x^3}} =$$

$$= \lim_{x \overset{>}{\to} 0} \frac{-x^2}{2} = \underline{\underline{0}}$$

1.2 $f'(x) = 2x \cdot \ln(0{,}25 \cdot x) + x^2 \cdot \dfrac{1}{0{,}25 \cdot x} \cdot 0{,}25 = 2x \cdot \ln(0{,}25 \cdot x) + x =$

$= x \cdot (1 + 2 \cdot \ln(0{,}25 \cdot x));\ D_{f'} = D_f$

$f'(x) = 0 \ \Leftrightarrow\ 1 + 2 \cdot \ln(0{,}25 \cdot x) = 0 \ \Leftrightarrow\ \ln(0{,}25 \cdot x) = -0{,}5$

$\Leftrightarrow\ 0{,}25 \cdot x = e^{-0{,}5} \ \Leftrightarrow\ x = 4 \cdot e^{-0{,}5};\ x \approx 2{,}43$

$f'(2) = 2 \cdot (1 + 2 \cdot \ln(0{,}5)) \approx -0{,}77 < 0;\ \ f'(4) = 4 \cdot (1 + 0) = 4 > 0$

$\Rightarrow$ Der Graph von f besitzt einen Tiefpunkt T mit der Abszisse $x = 4 \cdot e^{-0{,}5}$.

$f(4 \cdot e^{-0{,}5}) = 16 \cdot (e^{-0{,}5})^2 \cdot \ln(0{,}25 \cdot 4 \cdot e^{-0{,}5}) = 16 \cdot e^{-1} \cdot \ln(e^{-0{,}5}) = -8 \cdot e^{-1}$

Tiefpunkt: $\underline{\underline{T(4e^{-0{,}5}; -8e^{-1})}}$

1.3 $f'(x) = x \cdot (1 + 2\ln(0{,}25 \cdot x))$

$f''(x) = 1 \cdot (1 + 2\ln(0{,}25 \cdot x)) + x \cdot 2 \cdot \dfrac{1}{0{,}25 \cdot x} \cdot 0{,}25 = 3 + 2\ln(0{,}25 \cdot x);\ D_{f''} = D_f$

$f''(x) = 0 \ \Leftrightarrow\ 3 + 2\ln(0{,}25 \cdot x) = 0 \ \Leftrightarrow\ \ln(0{,}25 \cdot x) = -1{,}5$

$\Leftrightarrow\ 0{,}25 \cdot x = e^{-1{,}5} \ \Leftrightarrow\ x = 4 \cdot e^{-1{,}5};\ x \approx 0{,}89$

$f''(0{,}8) = 3 + 2 \cdot \ln(0{,}2) \approx -0{,}22 < 0;\ \ f''(1) = 3 + 2 \cdot \ln(0{,}25) \approx 0{,}23 > 0$

Wegen der Stetigkeit von f'' gilt:
$f''(x) < 0$ für alle $x \in]0; 4e^{-1{,}5}[$; $f''(x) > 0$ für alle $x \in]4e^{-1{,}5}; +\infty[$

Also ist der Graph von f rechtsgekrümmt im Intervall $]0; 4e^{-1{,}5}]$ und linksgekrümmt im Intervall $[4e^{-1{,}5}; +\infty[$.

$\Rightarrow$ Der Graph von f besitzt einen Wendepunkt W mit der Abszisse $x = 4 \cdot e^{-1{,}5}$.

$f(4\cdot e^{-1,5}) = 16\cdot (e^{-1,5})^2 \cdot \ln(0,25\cdot 4\cdot e^{-1,5}) = 16\cdot e^{-3}\cdot \ln(e^{-1,5}) = -24\cdot e^{-3}$

Wendepunkt: $\underline{\underline{W(4e^{-1,5}; -24e^{-3})}}$

1.4 $f(x) = 2,5 \;\Leftrightarrow\; f(x) - 2,5 = 0;\;\; d(x) = f(x) - 2,5;\;\; d'(x) = f'(x)$

$$x_1 = x_0 - \frac{d(x_0)}{d'(x_0)} = x_0 - \frac{f(x_0) - 2,5}{f'(x_0)} = 4,5 - \frac{4,5^2\cdot \ln(0,25\cdot 4,5) - 2,5}{4,5\cdot (1 + 2\cdot \ln(0,25\cdot 4,5))} \approx \underline{\underline{4,52}}$$

1.5 $$\lim_{x \overset{>}{\to} 0} f'(x) = \lim_{x \overset{>}{\to} 0} (\underbrace{x}_{\to 0} \cdot \overbrace{(1 + 2\cdot \underbrace{\ln(0,25\cdot x)}_{\to -\infty})}^{\to -\infty}) = \lim_{x \overset{>}{\to} 0} \frac{\overbrace{1 + 2\cdot \ln(0,25\cdot x)}^{\to -\infty}}{\underbrace{\frac{1}{x}}_{\to +\infty}} \overset{L'H}{=}$$

$$\overset{L'H}{=} \lim_{x \overset{>}{\to} 0} \frac{2\cdot \frac{1}{0,25\cdot x}\cdot 0,25}{-\frac{1}{x^2}} = \lim_{x \overset{>}{\to} 0} \frac{-x^2\cdot 2}{x} = \lim_{x \overset{>}{\to} 0} (-2x) = \underline{\underline{0}}$$

Nähert man sich von rechts dem Wert $x = 0$, so nähert sich der Wert der Tangentensteigung dem Wert 0.

1.6 Wertetabelle:

x	≈ f(x)	
0,1	–0,04	
0,89	–1,19	W
1	–1,39	
2	–2,77	
2,43	–2,94	T
3	–2,59	
4	0	
4,52	2,5	
5	5,58	

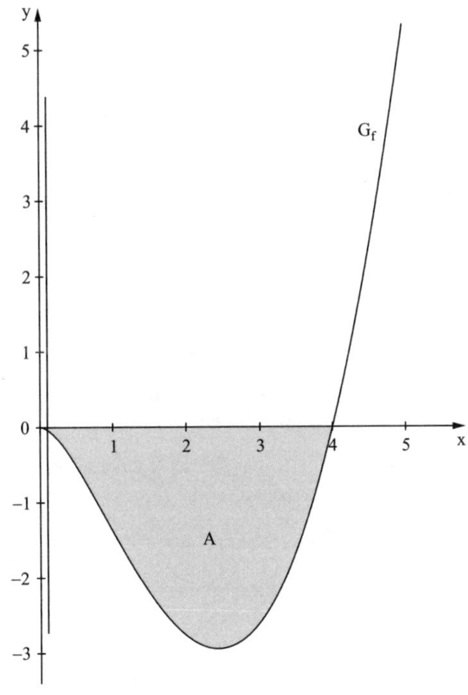

1.7 $F(x)=\frac{1}{3}x^3\cdot\left(\ln(0{,}25\cdot x)-\frac{1}{3}\right)$; zu zeigen ist: $F'(x)=f(x)$

$$\underline{\underline{F'(x)}}=x^2\cdot\left(\ln(0{,}25\cdot x)-\frac{1}{3}\right)+\frac{1}{3}x^3\cdot\frac{1}{0{,}25\cdot x}\cdot 0{,}25=x^2\cdot\ln(0{,}25\cdot x)-\frac{1}{3}x^2+\frac{1}{3}x^2=$$

$$=x^2\cdot\ln(0{,}25\cdot x)=\underline{\underline{f(x)}}$$

1.8 Markierung: Siehe Zeichnung in 1.6.

$$\underline{\underline{A}}=-\int_{0,1}^{4}f(x)\,dx=-\left(F(4)-F(0{,}1)\right)=F(0{,}1)-F(4)=$$

$$=\frac{1}{3}\cdot 0{,}001\cdot\left(\ln(0{,}025)-\frac{1}{3}\right)-\frac{64}{3}\cdot\left(0-\frac{1}{3}\right)\approx\underline{\underline{7{,}11}}$$

2.1 $v(t)=60\cdot\frac{e^{\frac{t}{3}}-1}{e^{\frac{t}{3}}+1}$; $\underline{\underline{v(5)}}=60\cdot\frac{e^{\frac{5}{3}}-1}{e^{\frac{5}{3}}+1}\approx\underline{\underline{40{,}9}}$

$$v(t)=55\quad\Leftrightarrow\quad 60\cdot\frac{e^{\frac{t}{3}}-1}{e^{\frac{t}{3}}+1}=55;\ \text{Substitution: } u=e^{\frac{t}{3}}$$

$$\Leftrightarrow\quad 60\cdot\frac{u-1}{u+1}=55\quad\Leftrightarrow\quad 60u-60=55u+55\quad\Leftrightarrow\quad 5u=115\quad\Leftrightarrow\quad u=23$$

$$\Leftrightarrow\quad e^{\frac{t}{3}}=23\quad\Leftrightarrow\quad\frac{t}{3}=\ln(23)\quad\Leftrightarrow\quad t=3\cdot\ln(23);\ \underline{\underline{t\approx 9{,}4}}$$

2.2 $v(t)=60\cdot\frac{e^{\frac{1}{3}\cdot t}-1}{e^{\frac{1}{3}\cdot t}+1}$

$$\Rightarrow\quad\dot{v}(t)=60\cdot\frac{e^{\frac{1}{3}\cdot t}\cdot\frac{1}{3}\cdot(e^{\frac{1}{3}\cdot t}+1)-(e^{\frac{1}{3}\cdot t}-1)\cdot e^{\frac{1}{3}\cdot t}\cdot\frac{1}{3}}{(e^{\frac{1}{3}\cdot t}+1)^2}=20\cdot\frac{e^{\frac{1}{3}\cdot t}\cdot(e^{\frac{1}{3}\cdot t}+1-e^{\frac{1}{3}\cdot t}+1)}{(e^{\frac{1}{3}\cdot t}+1)^2}=$$

$$=20\cdot\frac{e^{\frac{1}{3}\cdot t}\cdot 2}{(e^{\frac{1}{3}\cdot t}+1)^2}=40\cdot\frac{e^{\frac{1}{3}\cdot t}}{(e^{\frac{1}{3}\cdot t}+1)^2}$$

Wegen $e^{\frac{1}{3}\cdot t}>0\ \wedge\ (e^{\frac{1}{3}\cdot t}+1)^2>0$ für alle $t\in[0;+\infty[$ ist $v(t)$ streng monoton zunehmend im Intervall $[0;+\infty[$.

$$\lim_{t\to\infty}v(t)=60\cdot\lim_{t\to\infty}\frac{\overbrace{e^{\frac{1}{3}\cdot t}-1}^{\to+\infty}}{\underbrace{e^{\frac{1}{3}\cdot t}+1}_{\to+\infty}}\overset{L'H}{=}60\cdot\lim_{t\to\infty}\frac{e^{\frac{1}{3}\cdot t}\cdot\frac{1}{3}}{e^{\frac{1}{3}\cdot t}\cdot\frac{1}{3}}=60\cdot\lim_{t\to\infty}1=\underline{\underline{60}}$$

Die Geschwindigkeit des Fallschirmspringers nähert sich mit zunehmender Zeit dem Wert $60\,\frac{m}{s}$.

2.3 $\ddot{v}(t) < 0$ für $t \geq 0 \;\Rightarrow\; \dot{v}(t)$ nimmt in $[0; +\infty[$ streng monoton ab.

$$\lim_{t \to \infty} \dot{v}(t) = 40 \cdot \lim_{t \to \infty} \frac{\overbrace{e^{\frac{1}{3} \cdot t}}^{\to +\infty}}{\underbrace{(e^{\frac{1}{3} \cdot t} + 1)^2}_{\to +\infty}} \overset{\text{L'H}}{=} 40 \cdot \lim_{t \to \infty} \frac{e^{\frac{1}{3} \cdot t} \cdot \frac{1}{3}}{2 \cdot (e^{\frac{1}{3} \cdot t} + 1) \cdot e^{\frac{1}{3} \cdot t} \cdot \frac{1}{3}} =$$

$$= 40 \cdot \lim_{t \to \infty} \frac{1}{\underbrace{2 \cdot (e^{\frac{1}{3} \cdot t} + 1)}_{\to +\infty}} = 40 \cdot 0 = 0; \quad \dot{v}(0) = 40 \cdot \frac{1}{4} = 10$$

$\Rightarrow\; \dot{v}(t)$ besitzt die Wertemenge $W =]0; 10]$.

2.4 Wertetabelle:

t	v(t)
0	0
2	19,3
4	35,0
6	45,7
8	52,2
10	55,9
12	57,8
14	58,9
16	59,4

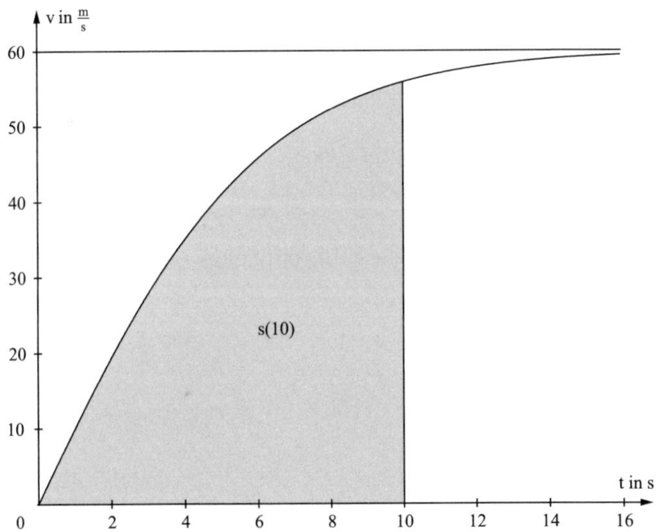

2.5 $s(t) = 360 \cdot \ln\left(\dfrac{e^{\frac{1}{6} \cdot t} + e^{-\frac{1}{6} \cdot t}}{2}\right)$ mit $t \geq 0$

$$\underline{\underline{\dot{s}(t)}} = 360 \cdot \frac{2}{e^{\frac{1}{6} \cdot t} + e^{-\frac{1}{6} \cdot t}} \cdot \frac{1}{2} \cdot \left(e^{\frac{1}{6} \cdot t} \cdot \frac{1}{6} - e^{-\frac{1}{6} \cdot t} \cdot \frac{1}{6}\right) = 60 \cdot \frac{e^{\frac{1}{6} \cdot t} - e^{-\frac{1}{6} \cdot t}}{e^{\frac{1}{6} \cdot t} + e^{-\frac{1}{6} \cdot t}} =$$

$$= 60 \cdot \frac{e^{\frac{1}{6} \cdot t} - e^{-\frac{1}{6} \cdot t}}{e^{\frac{1}{6} \cdot t} + e^{-\frac{1}{6} \cdot t}} \cdot \frac{e^{\frac{1}{6} \cdot t}}{e^{\frac{1}{6} \cdot t}} = 60 \cdot \frac{e^{\frac{2}{6} \cdot t} - e^0}{e^{\frac{2}{6} \cdot t} + e^0} = 60 \cdot \frac{e^{\frac{1}{3} \cdot t} - 1}{e^{\frac{1}{3} \cdot t} + 1} = \underline{\underline{v(t)}}$$

$\Rightarrow$ s ist eine Stammfunktion von v.

$$s(0) = 360 \cdot \ln\left(\frac{1+1}{2}\right) = 360 \cdot 0 = 0; \quad s(10) = 360 \cdot \ln\left(\frac{e^{\frac{5}{3}} + e^{-\frac{5}{3}}}{2}\right) \approx 363{,}1$$

$$\int_0^{10} v(t)\,dt = s(10) - s(0) = s(10)$$

Das heißt: In den ersten 10 Sekunden hat der Fallschirmspringer einen Höhenunterschied von 363 m durchfallen.

Kennzeichnung: Siehe 2.4.

2.6 Für große Werte t gilt $e^{-\frac{t}{6}} \approx 0$, also gilt für große Werte t:

$$s(t) \approx 360 \cdot \ln\left(\frac{e^{\frac{1}{6} \cdot t}}{2}\right) = 360 \cdot \left(\frac{1}{6} \cdot t - \ln(2)\right)$$

Gesucht ist t mit:
$s(t) = 4000 - 1000 = 3000$

$$\Rightarrow \quad 360 \cdot \left(\frac{1}{6} \cdot t - \ln(2)\right) = 3000 \quad \Leftrightarrow \quad \frac{1}{6} \cdot t - \ln(2) = \frac{25}{3} \quad \Leftrightarrow \quad \frac{1}{6} \cdot t = \frac{25}{3} + \ln(2)$$

$$\Leftrightarrow \quad t = 50 + 6 \cdot \ln(2) \approx \underline{\underline{54{,}2}}$$

Für $t = 54$ gilt $e^{-\frac{54}{6}} = e^{-9} \approx 0{,}00012$, also war es bei der Rechnung zulässig, $e^{-\frac{t}{6}}$ durch 0 zu ersetzen.

Bayern – FOS · BOS 12 – Fachabiturprüfung 2013
Mathematik (Ausbildungsrichtung Technik) – Analytische Geometrie B I

BE

1 In einem kartesischen Koordinatensystem des $\mathbb{R}^3$ ist die Menge der Ebenen

$E_a: \vec{x} = \begin{pmatrix} 2 \\ 0 \\ 1 \end{pmatrix} + \lambda \cdot \begin{pmatrix} -1 \\ 1 \\ 0 \end{pmatrix} + \mu \cdot \begin{pmatrix} a \\ a \\ a+1 \end{pmatrix}$ mit $\lambda, \mu, a \in \mathbb{R}$ gegeben, außerdem die Menge der Punkte $C_{k,m}(2k-3m-1;\ m-3;\ -k+m+4)$ mit $k, m \in \mathbb{R}$.

1.1 Bestimmen Sie eine Gleichung der Ebene F in Koordinatenform, auf der alle Punkte $C_{k,m}$ liegen. 3
[Mögliches Ergebnis: F: $x_1 + x_2 + 2x_3 - 4 = 0$]

1.2 Zeigen Sie, dass die Ebene F auch in der Menge der Ebenen E_a enthalten ist. 3

1.3 Die Ebene F schneidet die x_1-Achse im Punkt S_1 und die x_2-Achse im Punkt S_2. Diese Punkte bilden mit dem Koordinatenursprung und dem Punkt P(1; 1; 1) eine dreiseitige Pyramide. Berechnen Sie die Volumenmaßzahl dieser Pyramide. 3

1.4 Es gibt zwei verschiedene Ebenen E_{a_1} und E_{a_2}, die mit der Ebene F jeweils einen Winkel von 45° einschließen. Bestimmen Sie die zugehörigen Werte a_1 und a_2 auf zwei Nachkommastellen gerundet. 7

1.5 Zeigen Sie, dass die Gerade g mit der Gleichung $\vec{x} = \begin{pmatrix} -1 \\ 3 \\ 1 \end{pmatrix} + \nu \cdot \begin{pmatrix} 1 \\ -1 \\ 0 \end{pmatrix}$, mit $\nu \in \mathbb{R}$, in allen Ebenen E_a enthalten ist, und berechnen Sie den Abstand des Koordinatenursprungs von dieser Geraden g mithilfe des Lotfußpunktes L. 7

2 In einem kartesischen Koordinatensystem des $\mathbb{R}^3$ sind in Abhängigkeit von $r \in \mathbb{R}$ die Ebenen G_r, H_r und K_r gegeben:

G_r: $x_1 + 17 \cdot x_2 - r \cdot x_3 + 19 = 0$

H_r: $x_1 + (r-6) \cdot x_2 - 2 \cdot x_3 + 7 = 0$

K_r: $-2 \cdot x_1 - 14 \cdot x_2 + r \cdot x_3 - 22 = 0$

Ermitteln Sie die Werte für r, für welche die Ebenen G_r, H_r und K_r keinen Schnittpunkt, genau einen Schnittpunkt bzw. unendlich viele Schnittpunkte haben. 7

30

Tipps und Hinweise zur Lösung von Aufgabe B I

Teilaufgabe 1.1

Erstellen Sie zuerst eine Gleichung der Ebene F in Parameterform und berechnen Sie dann den Normalenvektor der Ebene F mit einem geeigneten Vektorprodukt (Kreuzprodukt).

Teilaufgabe 1.2

Untersuchen Sie die Schnittmenge $E_a \cap F$ in Abhängigkeit von a.

Teilaufgabe 1.3

Ermitteln Sie zuerst die Koordinaten der Punkte S_1 und S_2.

Die gesuchte Volumenmaßzahl berechnen Sie dann mit einem geeigneten Spatprodukt.

Teilaufgabe 1.4

Berechnen Sie zuerst einen Normalenvektor der Ebene E_a in Abhängigkeit von a.

Mit $\cos(45°) = \frac{1}{2}\sqrt{2}$ erhalten Sie eine Betragsgleichung mit der Variablen a, deren Lösungen dann berechnet werden müssen.

Teilaufgabe 1.5

Untersuchen Sie die Schnittmenge $g \cap E_a$, indem Sie g in E_a einsetzen.

Zur Berechnung des Lotfußpunktes erstellen Sie eine Hilfsebene, die senkrecht auf g steht und den Ursprung enthält.

Teilaufgabe 2

Verwenden Sie zur Vereinfachung des Gleichungssystems das Gauß'sche Eliminationsverfahren.

Lösung

1.1 $\overrightarrow{OC_{k,m}} = \begin{pmatrix} 2k-3m-1 \\ m-3 \\ -k+m+4 \end{pmatrix} = \begin{pmatrix} -1 \\ -3 \\ 4 \end{pmatrix} + \begin{pmatrix} 2k \\ 0 \\ -k \end{pmatrix} + \begin{pmatrix} -3m \\ m \\ m \end{pmatrix} = \begin{pmatrix} -1 \\ -3 \\ 4 \end{pmatrix} + k \cdot \begin{pmatrix} 2 \\ 0 \\ -1 \end{pmatrix} + m \cdot \begin{pmatrix} -3 \\ 1 \\ 1 \end{pmatrix}$

$$\Rightarrow \text{ F: } \vec{x} = \begin{pmatrix} -1 \\ -3 \\ 4 \end{pmatrix} + k \cdot \begin{pmatrix} 2 \\ 0 \\ -1 \end{pmatrix} + m \cdot \begin{pmatrix} -3 \\ 1 \\ 1 \end{pmatrix}, \quad k, m \in \mathbb{R}$$

$$\begin{pmatrix} 2 \\ 0 \\ -1 \end{pmatrix} \times \begin{pmatrix} -3 \\ 1 \\ 1 \end{pmatrix} = \begin{pmatrix} 0+1 \\ 3-2 \\ 2-0 \end{pmatrix} = \begin{pmatrix} 1 \\ 1 \\ 2 \end{pmatrix}$$

$$\text{F: } \begin{pmatrix} 1 \\ 1 \\ 2 \end{pmatrix} \circ \begin{pmatrix} x_1+1 \\ x_2+3 \\ x_3-4 \end{pmatrix} = 0 \quad \Leftrightarrow \quad x_1+1+x_2+3+2x_3-8=0 \quad \Leftrightarrow \quad \text{F: } \underline{\underline{x_1+x_2+2x_3-4=0}}$$

1.2 $E_a \cap F$ (E_a in F):

$$2-\lambda+a\mu+\lambda+a\mu+2+2\mu\cdot(a+1)-4=0 \;\Leftrightarrow\; 2a\mu+2a\mu+2\mu=0$$
$$\Leftrightarrow\; 4a\mu+2\mu=0$$
$$\Leftrightarrow\; 4\mu\cdot(a+0{,}5)=0 \quad (*)$$

Für $a=-0{,}5$ ist die Gleichung (*) wahr für alle $\lambda, \mu \in \mathbb{R}$.

$\Rightarrow$ Die Ebene F ist identisch mit der Ebene $E_{-0,5}$.

1.3 $S_1(4; 0; 0)$; $S_2(0; 4; 0)$

$$\underline{\underline{V}}=\frac{1}{6}\cdot|(\overrightarrow{OS_1}\times\overrightarrow{OS_2})\circ\overrightarrow{OP}|=\frac{1}{6}\cdot\left|\left(\begin{pmatrix}4\\0\\0\end{pmatrix}\times\begin{pmatrix}0\\4\\0\end{pmatrix}\right)\circ\begin{pmatrix}1\\1\\1\end{pmatrix}\right|=\frac{1}{6}\cdot\left|\begin{pmatrix}0\\0\\16\end{pmatrix}\circ\begin{pmatrix}1\\1\\1\end{pmatrix}\right|=$$
$$=\frac{1}{6}\cdot|0+0+16|=\frac{16}{6}=\underline{\underline{\frac{8}{3}}}$$

1.4 Normalenvektor $\vec{n}_{E_a}$ einer Ebene E_a:

$$\vec{n}_{E_a}=\begin{pmatrix}-1\\1\\0\end{pmatrix}\times\begin{pmatrix}a\\a\\a+1\end{pmatrix}=\begin{pmatrix}a+1-0\\0+a+1\\-a-a\end{pmatrix}=\begin{pmatrix}a+1\\a+1\\-2a\end{pmatrix}$$

$$\cos(45°)=\frac{|\vec{n}_{E_a}\circ\vec{n}_F|}{|\vec{n}_{E_a}|\cdot|\vec{n}_F|} \;\Leftrightarrow\; \frac{1}{2}\sqrt{2}=\frac{\left|\begin{pmatrix}a+1\\a+1\\-2a\end{pmatrix}\circ\begin{pmatrix}1\\1\\2\end{pmatrix}\right|}{\sqrt{(a+1)^2+(a+1)^2+4a^2}\cdot\sqrt{1+1+4}}$$
$$\Leftrightarrow\; \frac{1}{2}\sqrt{2}=\frac{|a+1+a+1-4a|}{\sqrt{2\cdot(a+1)^2+4a^2}\cdot\sqrt{6}}$$
$$\Leftrightarrow\; \frac{1}{2}\sqrt{2}=\frac{|2-2a|}{\sqrt{2\cdot(a+1)^2+4a^2}\cdot\sqrt{6}}$$

Durch Quadrieren beider Seiten erhält man:

$$\Leftrightarrow\quad \frac{1}{2}=\frac{4\cdot(1-a)^2}{(2\cdot(a+1)^2+4a^2)\cdot 6}$$
$$\Leftrightarrow\quad (2\cdot(a+1)^2+4a^2)\cdot 6=2\cdot 4\cdot(a-1)^2$$
$$\Leftrightarrow\quad 12a^2+24a+12+24a^2=8a^2-16a+8$$
$$\Leftrightarrow\quad 28a^2+40a+4=0$$
$$\Leftrightarrow\quad 7a^2+10a+1=0$$

$$\Rightarrow\quad a_{1;2}=\frac{-10\pm\sqrt{100-28}}{14}=\frac{-10\pm 6\sqrt{2}}{14}=\frac{-5\pm 3\sqrt{2}}{7}$$

$\underline{\underline{a_1\approx -0{,}11}}$; $\underline{\underline{a_2\approx -1{,}32}}$

1.5 $E_a: \begin{pmatrix} a+1 \\ a+1 \\ -2a \end{pmatrix} \circ \begin{pmatrix} x_1-2 \\ x_2-0 \\ x_3-1 \end{pmatrix} = 0 \iff (a+1)\cdot x_1 - 2\cdot(a+1) + (a+1)\cdot x_2 - 2ax_3 + 2a = 0$

$E_a: (a+1)\cdot x_1 + (a+1)\cdot x_2 - 2ax_3 - 2 = 0$

$g \cap E_a$ (g in E_a): $(a+1)\cdot(-1+\nu) + (a+1)\cdot(3-\nu) - 2a\cdot 1 - 2 = 0$

$\iff -a + a\nu - 1 + \nu + 3a - a\nu + 3 - \nu - 2a - 2 = 0 \iff 0 = 0 \;(*)$

Die Gleichung (*) ist wahr für alle $\nu \in \mathbb{R}$.

$\Rightarrow$ Die Gerade g ist in allen Ebenen E_a enthalten.

Die Ebene H enthält den Koordinatenursprung und steht senkrecht auf g.

$H: \begin{pmatrix} 1 \\ -1 \\ 0 \end{pmatrix} \circ \begin{pmatrix} x_1-0 \\ x_2-0 \\ x_3-0 \end{pmatrix} = 0 \iff x_1 - x_2 = 0$

$g \cap H$ (g in H): $-1 + \nu - (3-\nu) = 0 \iff 2\nu - 4 = 0 \iff \nu = 2$

$\overrightarrow{OL} = \begin{pmatrix} -1 \\ 3 \\ 1 \end{pmatrix} + 2\cdot\begin{pmatrix} 1 \\ -1 \\ 0 \end{pmatrix} = \begin{pmatrix} -1+2 \\ 3-2 \\ 1+0 \end{pmatrix} = \begin{pmatrix} 1 \\ 1 \\ 1 \end{pmatrix}$; Lotfußpunkt L(1; 1; 1)

Abstand: $\underline{\underline{d}} = |\overrightarrow{OL}| = \left|\begin{pmatrix} 1 \\ 1 \\ 1 \end{pmatrix}\right| = \sqrt{1+1+1} = \underline{\underline{\sqrt{3}}}$

2 $\left(\begin{array}{ccc|c} 1 & 17 & -r & -19 \\ 1 & r-6 & -2 & -7 \\ -2 & -14 & r & 22 \end{array}\right) \xrightarrow[2\cdot I + III]{I - II} \left(\begin{array}{ccc|c} 1 & 17 & -r & -19 \\ 0 & 23-r & 2-r & -12 \\ 0 & 20 & -r & -16 \end{array}\right)$

$\xrightarrow[(23-r)\cdot III]{20\cdot II} \left(\begin{array}{ccc|c} 1 & 17 & -r & -19 \\ 0 & 20\cdot(23-r) & 20\cdot(2-r) & -240 \\ 0 & 20\cdot(23-r) & -r\cdot(23-r) & -16\cdot(23-r) \end{array}\right)$

$\xrightarrow[II - III]{} \left(\begin{array}{ccc|c} 1 & 17 & -r & -19 \\ 0 & 23-r & 2-r & -12 \\ 0 & 0 & 40+3r-r^2 & 128-16r \end{array}\right)$

$\Rightarrow (40+3r-r^2)\cdot x_3 = 128 - 16r \iff (r^2 - 3r - 40)\cdot x_3 = 16\cdot(r-8)$

$\iff (r-8)\cdot(r+5)\cdot x_3 = 16\cdot(r-8) \;(*)$

Für $r = 8$ hat die Gleichung (*) $0\cdot x_3 = 0 \iff 0 = 0$ unendlich viele Lösungen.
Also haben die 3 Ebenen für $\underline{\underline{r = 8}}$ **unendlich viele** gemeinsame Punkte.

Für $r = -5$ hat die Gleichung (*) $0\cdot x_3 = 16\cdot(-13) \iff 0 = -208$ keine Lösung.
Also haben die 3 Ebenen für $\underline{\underline{r = -5}}$ **keinen** gemeinsamen Punkt.

Für $r \neq 8 \wedge r \neq -5$ hat die Gleichung (*) $(r+5)\cdot x_3 = 16 \iff x_3 = \frac{16}{r+5}$ genau eine Lösung.

Also haben die 3 Ebenen für alle Werte r mit $\underline{\underline{r \neq 8 \wedge r \neq -5}}$ **genau einen** gemeinsamen Punkt.

Bayern – FOS · BOS 12 – Fachabiturprüfung 2013
Mathematik (Ausbildungsrichtung Technik) – Analytische Geometrie B II

BE

1 Die folgenden Informationen beziehen sich auf ein kartesisches Koordinatensystem des $\mathbb{R}^3$. Für die Einheiten auf den Koordinatenachsen gilt jeweils 1 LE = 1 m. Auf das Mitführen der Einheiten bei den Berechnungen kann verzichtet werden. Ergebnisse sind gegebenenfalls auf eine Nachkommastelle zu runden.

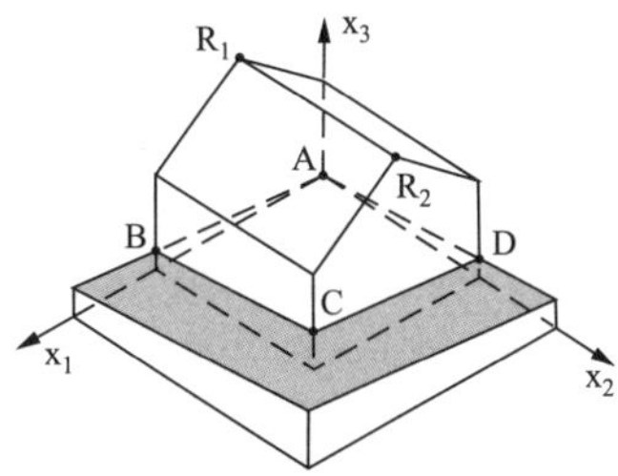

An einem Hang soll eine Scheune errichtet werden mit den Eckpunkten A(0; 0; 0), B(8; 0; 0,4), C(8; 8; 0,8) und D(0; 8; 0,4), die in einer Ebene liegen. Die vier Seitenwände der Scheune verlaufen senkrecht zur x_1x_2-Ebene. Die Scheune soll in dem Viereck ABCD in den Hang hineinragen und ihr Boden soll in der x_1x_2-Ebene verlaufen, weshalb ein Teil des Hangs abgetragen werden muss.

1.1 Zeigen Sie, dass das Viereck ABCD ein Parallelogramm, aber kein Rechteck ist, und berechnen Sie dessen Flächeninhalt. Berechnen Sie außerdem das Volumen der Erde, die vom Hang abgetragen werden muss. 7

1.2 Die eine Dachfläche liegt in der Ebene E: $-3x_1 + 4x_3 = 16$. In der anderen Dachfläche liegen die Punkte U(6; 1; 5,5), V(4; 4; 7) und W(8; 6; 4), durch welche auch die Ebene F festgelegt wird. Die beiden Dachflächen treffen im Dachfirst aufeinander und werden durch die Seitenwände der Scheune begrenzt.

1.2.1 Beschreiben Sie die Lage der Ebene E im Koordinatensystem und ermitteln Sie eine Gleichung der Ebene E in Parameterform. Stellen Sie außerdem die Gleichung der Ebene F in parameterfreier Form auf. 8
[Mögliches Teilergebnis: F: $1{,}5x_1 + 2x_3 = 20$]

1.2.2 Berechnen Sie die Neigungswinkel β_E und β_F der beiden Dachflächen bzgl. der x_1x_2-Ebene und den Winkel γ, unter dem beide Dachflächen aufeinandertreffen. 5

1.2.3 Bestimmen Sie die Koordinaten der beiden Endpunkte R_1 und R_2 des Dachfirsts. 5

1.2.4 Die Dachflächen sollen nun über die Scheunenwände hinaus verlängert werden. Zur Stabilisierung werden Stützbalken zwischen den Seitenwänden und den verlängerten Dachflächen angebracht. Eine dieser Stützen soll an einer Seitenwand im Punkt P(0; 4; 3) angebracht werden. Berechnen Sie die Mindestlänge dieser Stütze und bestimmen Sie den anderen Endpunkt L dieser Stütze. 5

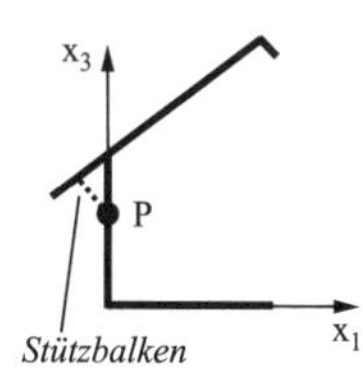

30

Tipps und Hinweise zur Lösung von Aufgabe B II

Teilaufgabe 1.1

- Zeigen Sie, dass $\overrightarrow{AD} = \overrightarrow{BC}$ gilt und dass die Vektoren $\overrightarrow{AB}$ und $\overrightarrow{AD}$ nicht senkrecht zueinander stehen.
- Zur Berechnung der Flächenmaßzahl verwenden Sie ein geeignetes Vektorprodukt, zur Berechnung der Volumenmaßzahl benötigen Sie die Koordinaten des Punktes C.

Teilaufgabe 1.2.1

- Wählen Sie sich zwei geeignete Punkte der Ebene E und verwenden Sie den Verbindungsvektor dieser Punkte als einen Richtungsvektor der Ebene E.
- Einen Normalenvektor der Ebene F erhält man mithilfe des Produkts $\overrightarrow{UV} \times \overrightarrow{UW}$.

Teilaufgabe 1.2.2

- Zur Berechnung der beiden Neigungswinkel verwendet man die Normalenvektoren der Ebenen E und F.
- Den Winkel γ erhält man dann durch Betrachtung der Winkelsumme in einem Dreieck.

Teilaufgabe 1.2.3

- Beachten Sie, dass der Punkt R_1 sowohl in der x_1-x_3-Ebene als auch in den Ebenen E und F liegt.
- Der Punkt R_2 unterscheidet sich vom Punkt R_1 nur in einer einzigen Koordinate.

Teilaufgabe 1.2.4

- Entscheiden Sie, welche der beiden Dachflächen durch den Balken abgestützt werden soll.
- Erstellen Sie eine Gleichung der Lotgeraden ℓ, die senkrecht zur Ebene E steht und durch den Punkt P verläuft.
- Berechnen Sie dann zuerst die Koordinaten des Lotfußpunktes L als Schnittpunkt der Geraden ℓ mit der Ebene E und berechnen Sie erst dann die gesuchte Mindestlänge des Balkens als Abstand der Punkte P und L.

Lösung

1.1 $\overrightarrow{AB} = \begin{pmatrix} 8 \\ 0 \\ 0,4 \end{pmatrix}$; $\overrightarrow{AD} = \begin{pmatrix} 0 \\ 8 \\ 0,4 \end{pmatrix}$; $\overrightarrow{BC} = \begin{pmatrix} 8-8 \\ 8-0 \\ 0,8-0,4 \end{pmatrix} = \begin{pmatrix} 0 \\ 8 \\ 0,4 \end{pmatrix}$

$\overrightarrow{AD} = \overrightarrow{BC} \Rightarrow$ Das Viereck ABCD ist ein Parallelogramm.

$$\overrightarrow{AB} \circ \overrightarrow{AD} = \begin{pmatrix} 8 \\ 0 \\ 0,4 \end{pmatrix} \circ \begin{pmatrix} 0 \\ 8 \\ 0,4 \end{pmatrix} = 0 + 0 + 0,16 = 0,16 \neq 0$$

$\Rightarrow$ Das Viereck ABCD ist kein Rechteck.

$$F_{ABCD} = |\overrightarrow{AB} \times \overrightarrow{AD}| = \left| \begin{pmatrix} 8 \\ 0 \\ 0,4 \end{pmatrix} \times \begin{pmatrix} 0 \\ 8 \\ 0,4 \end{pmatrix} \right| = \left| \begin{pmatrix} 0-3,2 \\ 0-3,2 \\ 64-0 \end{pmatrix} \right| = \left| \begin{pmatrix} -3,2 \\ -3,2 \\ 64 \end{pmatrix} \right| = \frac{1}{5} \cdot \left| \begin{pmatrix} -16 \\ -16 \\ 320 \end{pmatrix} \right| =$$

$$= \frac{16}{5} \cdot \left| \begin{pmatrix} -1 \\ -1 \\ 20 \end{pmatrix} \right| = \frac{16}{5} \cdot \sqrt{1+1+400} = \frac{16}{5} \cdot \sqrt{402} \approx \underline{\underline{64,2}}\ (\text{m}^2)$$

Aus C(8; 8; 0,8) folgt:

$$V = \frac{1}{2} \cdot 8 \cdot 8 \cdot 0,8 = \underline{\underline{25,6}}\ (\text{m}^3)$$

1.2.1 E: $-3x_1 + 4x_3 = 16$

Die Ebene E liegt echt parallel zur x_2-Achse.

$$S_3(0; 0; 4) \in E;\ P(-4; 0; 1) \in E;\ \overrightarrow{PS_3} = \begin{pmatrix} 0+4 \\ 0-0 \\ 4-1 \end{pmatrix} = \begin{pmatrix} 4 \\ 0 \\ 3 \end{pmatrix}$$

$$\Rightarrow \underline{\underline{E: \vec{x} = \begin{pmatrix} 0 \\ 0 \\ 4 \end{pmatrix} + \mu \cdot \begin{pmatrix} 4 \\ 0 \\ 3 \end{pmatrix} + \lambda \cdot \begin{pmatrix} 0 \\ 1 \\ 0 \end{pmatrix}}},\ \mu, \lambda \in \mathbb{R}$$

$$\overrightarrow{UV} \times \overrightarrow{UW} = \begin{pmatrix} 4-6 \\ 4-1 \\ 7-5,5 \end{pmatrix} \times \begin{pmatrix} 8-6 \\ 6-1 \\ 4-5,5 \end{pmatrix} = \begin{pmatrix} -2 \\ 3 \\ 1,5 \end{pmatrix} \times \begin{pmatrix} 2 \\ 5 \\ -1,5 \end{pmatrix} = \begin{pmatrix} -4,5-7,5 \\ 3-3 \\ -10-6 \end{pmatrix} = \begin{pmatrix} -12 \\ 0 \\ -16 \end{pmatrix} = -4 \cdot \begin{pmatrix} 3 \\ 0 \\ 4 \end{pmatrix}$$

$$\Rightarrow \vec{n}_F = \begin{pmatrix} 3 \\ 0 \\ 4 \end{pmatrix}$$

$$F: \begin{pmatrix} 3 \\ 0 \\ 4 \end{pmatrix} \circ \begin{pmatrix} x_1-4 \\ x_2-4 \\ x_3-7 \end{pmatrix} = 0 \iff 3x_1 - 12 + 4x_3 - 28 = 0$$

$$\Rightarrow F: \underline{\underline{3x_1 + 4x_3 - 40 = 0}}$$

1.2.2 $\cos(\beta_E) = \frac{\left|\begin{pmatrix}-3\\0\\4\end{pmatrix}\circ\begin{pmatrix}0\\0\\1\end{pmatrix}\right|}{\sqrt{9+16}\cdot 1} = \frac{0+0+4}{\sqrt{25}} = \frac{4}{5} \Rightarrow \underline{\underline{\beta_E \approx 36{,}9^\circ}}$

$$\cos(\beta_F) = \frac{\left|\begin{pmatrix}3\\0\\4\end{pmatrix}\circ\begin{pmatrix}0\\0\\1\end{pmatrix}\right|}{\sqrt{9+16}\cdot 1} = \frac{0+0+4}{\sqrt{25}} = \frac{4}{5} \Rightarrow \underline{\underline{\beta_F \approx 36{,}9^\circ}}$$

$\beta_E + \beta_F + \gamma = 180^\circ \Leftrightarrow \gamma = 180^\circ - \beta_E - \beta_F$

$\gamma \approx 180^\circ - 2\cdot 36{,}9^\circ = \underline{\underline{106{,}2^\circ}}$

1.2.3 Der Punkt R_1 liegt in der x_1x_3-Ebene. $\Rightarrow$ $x_2 = 0$; d. h.: $R_1(x_1; 0; x_3)$

R_1 liegt auch in der Ebene E: I) $-3x_1 + 4x_3 = 16$

R_1 liegt auch in der Ebene F: II) $3x_1 + 4x_3 = 40$

I + II: $8x_3 = 56 \Leftrightarrow x_3 = 7$

mit II folgt: $3x_1 + 4\cdot 7 = 40 \Leftrightarrow 3x_1 = 12 \Leftrightarrow x_1 = 4$

$\Rightarrow \underline{\underline{R_1(4; 0; 7)}}$

Da der Dachfirst parallel zur x_2-Achse verläuft und der Punkt R_2 in der zur x_1x_3-Ebene parallelen Ebene mit der Gleichung $x_2 = 8$ liegt, folgt: $\underline{\underline{R_2(4; 8; 7)}}$

1.2.4 Die abzustützende Dachfläche liegt in der Ebene E, da die x_3-Koordinate ihres Schnittpunkts mit der x_3-Achse kleiner ist als die x_3-Koordinate des Schnittpunkts der Ebene F mit der x_3-Achse.

Die Lotgerade ℓ zur Ebene E durch P hat die Gleichung:

$$\vec{x} = \begin{pmatrix}0\\4\\3\end{pmatrix} + \lambda\cdot\begin{pmatrix}-3\\0\\4\end{pmatrix},\ \lambda\in\mathbb{R}$$

$\ell \cap E = \{L\}$ (ℓ in E): $-3\cdot(-3\lambda) + 4\cdot(3+4\lambda) = 16 \Leftrightarrow 25\lambda = 4 \Leftrightarrow \lambda = \frac{4}{25}$

$\overrightarrow{OL} = \begin{pmatrix}0\\4\\3\end{pmatrix} + \frac{4}{25}\cdot\begin{pmatrix}-3\\0\\4\end{pmatrix} \Rightarrow$ Lotfußpunkt $\underline{\underline{L\left(-\frac{12}{25}; 4; \frac{91}{25}\right)}}$ bzw. $\underline{\underline{L(-0{,}48; 4; 3{,}64)}}$

Abstand:

$$\underline{\underline{d}} = |\overrightarrow{PL}| = \left|\begin{pmatrix}-0{,}48-0\\4-4\\3{,}64-3\end{pmatrix}\right| = \left|\begin{pmatrix}-0{,}48\\0\\0{,}64\end{pmatrix}\right| = \frac{16}{100}\cdot\left|\begin{pmatrix}-3\\0\\4\end{pmatrix}\right| = \frac{4}{25}\cdot\sqrt{9+16} = \underline{\underline{\frac{4}{5}}} = 0{,}8\ (\text{m})$$

Bayern – FOS · BOS 12 – Fachabiturprüfung 2014
Mathematik (Ausbildungsrichtung Technik) – Analysis A I

BE

1 Gegeben ist die reelle Funktion $f\colon x \mapsto \frac{1}{4}\ln\left(\frac{x^2-4x+4}{x^2+4x+4}\right)$ mit der maximalen Definitionsmenge D_f. Der Graph von f wird mit G_f bezeichnet.

1.1 Zeigen Sie, dass gilt: $D_f = \mathbb{R} \setminus \{-2; 2\}$. 4

1.2 Berechnen Sie die Nullstelle von f. 3

1.3 Zeigen Sie, dass G_f punktsymmetrisch zum Ursprung verläuft. 4

1.4 Bestimmen Sie das Verhalten von f(x) bei Annäherung von x an die Definitionslücken sowie für $|x| \to \infty$ und geben Sie die Gleichungen aller Asymptoten von G_f an. 7

1.5 Bestimmen Sie die maximalen Monotonieintervalle von f. 9
[Mögliches Teilergebnis: $f'(x) = \frac{2}{x^2-4}$]

1.6 Bestimmen Sie die maximalen Krümmungsintervalle von f und die Koordinaten des Wendepunktes von G_f. 6

1.7 Zeichnen Sie unter Verwendung der bisherigen Ergebnisse und weiterer geeigneter Funktionswerte den Graphen von f zusammen mit seinen Asymptoten für $-5 \leq x \leq 5$ in ein kartesisches Koordinatensystem. Maßstab: 1 LE = 1 cm. 6

1.8.0 Im vierten Quadranten schließt G_f zusammen mit der x-Achse und der senkrechten Geraden g mit der Gleichung $x = 1$ ein endliches Flächenstück ein.

1.8.1 Ergänzen Sie in der Zeichnung aus 1.7 die Gerade g und markieren Sie das beschriebene Flächenstück. 2

1.8.2 Gegeben ist die Funktion $F\colon x \mapsto -\ln(2-x) - \ln(2+x) + x \cdot \frac{1}{4}\ln\left(\frac{x^2-4x+4}{x^2+4x+4}\right)$ mit $D_F = [0; 2[$. Zeigen Sie, dass F für $x \in D_F$ eine Stammfunktion von f ist. 6

1.8.3 Berechnen Sie die Flächenmaßzahl A des Flächenstücks aus 1.8.0 und geben Sie das Ergebnis auf drei Nachkommastellen gerundet an. 4

2 In einem Fluss nimmt das Wasser beim Fließen Sauerstoff aus der Luft auf. Außerdem wird im Wasser Sauerstoff durch bestimmte Arten von Algen in Abhängigkeit von der Sonnenlichteinstrahlung produziert. Gleichzeitig wird während des ganzen Tages Sauerstoff von allen Organismen im Wasser verbraucht.
An einer bestimmten Messstelle ändert sich die Sauerstoffkonzentration k(t) in $\frac{\text{mg}}{\ell}$ des Flusswassers im Verlauf eines Tages sinusförmig mit der Periodendauer $T = 24$ h. Der Verlauf kann näherungsweise durch $k(t) = a \cdot \sin(bt + c) + d$ beschrieben werden, wobei t mit $0 \leq t \leq 24$ die seit 0 Uhr verstrichene Zeit in Stunden beschreibt.

Kontinuierliche Messungen über den ganzen Tag hinweg ergaben das Minimum der Sauerstoffkonzentration im Wasser von $4,20\,\frac{mg}{\ell}$ um 4.00 Uhr morgens und das Maximum von $11,8\,\frac{mg}{\ell}$ um 16.00 Uhr am Nachmittag.
Auf das Mitführen der Einheiten kann bei den Berechnungen verzichtet werden.

2.1 Geben Sie mit Begründung einen geeigneten Funktionsterm k(t) an und zeichnen Sie das Schaubild dazu. 7

[Mögliches Teilergebnis: $k(t) = 3{,}8 \cdot \sin\left(\frac{\pi}{12}t - \frac{5\pi}{6}\right) + 8$]

2.2 Bestimmen Sie die Uhrzeit, zu der die Abnahme der Sauerstoffkonzentration am größten war. Auf eine Untersuchung an den Rändern des Beobachtungszeitraums kann dabei verzichtet werden. 7

2.3 Berechnen Sie mittels Integration die mittlere Sauerstoffkonzentration des Flusswassers für den Zeitraum von 0.00 Uhr bis 10.00 Uhr auf eine Nachkommastelle genau. 5

70

Tipps und Hinweise zur Lösung von Aufgabe A I

Teilaufgabe 1.1

Das Argument des Logarithmus muss positiv sein. Nutzen Sie binomische Formeln.

Teilaufgabe 1.2

Das Argument des Logarithmus muss 1 sein. Lösen Sie die entsprechende Gleichung.

Teilaufgabe 1.3

Zeigen Sie, dass gilt: $f(-x) = -f(x)$. Verwenden Sie dabei auch ein Logarithmusgesetz.

Teilaufgabe 1.4

Untersuchen Sie das Verhalten des Arguments der Logarithmusfunktion und schließen Sie daraus auf das Verhalten der Logarithmusfunktion.

Teilaufgabe 1.5

Verwenden Sie Ketten- und Quotientenregel und untersuchen Sie das Vorzeichen von $f'(x)$.

Teilaufgabe 1.6

Untersuchen Sie das Vorzeichen der zweiten Ableitung.

Teilaufgabe 1.7

Berechnen Sie Funktionswerte auch in der Nähe der Definitionslücken.

Teilaufgabe 1.8.2

Zeigen Sie, dass gilt: $F'(x) = f(x)$

Teilaufgabe 1.8.3

Verwenden Sie den Hauptsatz der Integralrechnung. Beachten Sie, dass die markierte Fläche unterhalb der x-Achse liegt.

Teilaufgabe 2.1

Denken Sie an eine harmonische Schwingung, die um den Mittelwert von Maximum und Minimum pendelt.

Teilaufgabe 2.2

Ermitteln Sie das Minimum der ersten Ableitung von $k(t)$ mithilfe der zweiten Ableitung von $k(t)$.

Teilaufgabe 2.3

Die Rechtecksfläche mit den Seitenlängen 10 (Stunden) und „mittlere Sauerstoffkonzentration“ muss genauso groß sein wie die Fläche zwischen dem Graphen und der Zeitachse im Zeitintervall [0; 10].

Lösung

1.1 $f(x) = \frac{1}{4}\ln\left(\frac{x^2-4x+4}{x^2+4x+4}\right) = \frac{1}{4}\ln\left(\frac{(x-2)^2}{(x+2)^2}\right) = \frac{1}{4}\ln\left(\left(\frac{x-2}{x+2}\right)^2\right)$

$\left(\frac{x-2}{x+2}\right)^2 > 0 \quad \Leftrightarrow \quad x \neq 2 \wedge x \neq -2 \quad \Rightarrow \quad \underline{\underline{D_f = \mathbb{R}\setminus\{-2; 2\}}}$

1.2 $f(x) = 0 \quad \Leftrightarrow \quad \frac{x^2-4x+4}{x^2+4x+4} = 1 \quad \Leftrightarrow \quad x^2-4x+4 = x^2+4x+4 \quad \Leftrightarrow \quad -4x = 4x$

$\Leftrightarrow \quad 8x = 0 \quad \Leftrightarrow \quad \underline{\underline{x = 0}}$

Alternativ:

$f(x) = 0 \quad \Leftrightarrow \quad \left(\frac{x-2}{x+2}\right)^2 = 1 \quad \Leftrightarrow \quad \frac{x-2}{x+2} = \pm 1 \quad \Leftrightarrow \quad x-2 = x+2 \vee x-2 = -x-2$

$\Leftrightarrow \quad -2 = 2 \text{ (falsche Aussage)} \vee 2x = 0 \quad \Leftrightarrow \quad \underline{\underline{x = 0}}$

1.3 $f(x) = \frac{1}{4}\ln\left(\frac{(x-2)^2}{(x+2)^2}\right) = \frac{1}{4}\ln\left(\left(\frac{x-2}{x+2}\right)^2\right)$

$\underline{\underline{f(-x)}} = \frac{1}{4}\ln\left(\frac{(-x-2)^2}{(-x+2)^2}\right) = \frac{1}{4}\ln\left(\frac{(x+2)^2}{(x-2)^2}\right) = \frac{1}{4}\ln\left(\left(\frac{x+2}{x-2}\right)^2\right) = \frac{1}{4}\ln\left(\left(\frac{x-2}{x+2}\right)^{-2}\right) =$

$= -\frac{1}{4}\ln\left(\left(\frac{x-2}{x+2}\right)^2\right) = \underline{\underline{-f(x)}}$ für alle $x \in D_f$

$f(-x) = -f(x)$ gilt für alle Zahlen x der zu $x = 0$ symmetrischen Definitionsmenge $D_f = \mathbb{R}\setminus\{-2; 2\}$.

$\Rightarrow$ G_f ist symmetrisch zum Ursprung.

1.4 $x \underset{>}{\overset{<}{\rightarrow}} 2 \quad \Rightarrow \quad \left(\frac{x-2}{x+2}\right)^2 \overset{>}{\rightarrow} 0 \quad \Rightarrow \quad f(x) = \underbrace{\frac{1}{4}\ln\left(\left(\frac{x-2}{x+2}\right)^2\right)}_{\rightarrow -\infty} \rightarrow -\infty$

Wegen der Symmetrie von G_f folgt: $x \underset{>}{\overset{<}{\rightarrow}} -2 \quad \Rightarrow \quad f(x) \rightarrow +\infty$

$x \rightarrow \pm\infty \quad \Rightarrow \quad \frac{x^2-4x+4}{x^2+4x+4} \xrightarrow{ZG = NG} 1 \quad \Rightarrow \quad f(x) = \frac{1}{4}\underbrace{\ln\left(\frac{x^2-4x+4}{x^2+4x+4}\right)}_{\rightarrow 0} \rightarrow 0$

vertikale Asymptoten: a_1: $\underline{\underline{x = 2}}$; a_2: $\underline{\underline{x = -2}}$

horizontale Asymptote: a_3: $\underline{\underline{y = 0}}$

1.5 $f(x)=\frac{1}{4}\ln\left(\frac{x^2-4x+4}{x^2+4x+4}\right)=\frac{1}{4}\ln\left(\frac{(x-2)^2}{(x+2)^2}\right)$

$$f'(x)=\frac{1}{4}\cdot\frac{(x+2)^2}{(x-2)^2}\cdot\frac{2\cdot(x-2)\cdot 1\cdot(x+2)^2-(x-2)^2\cdot 2\cdot(x+2)\cdot 1}{(x+2)^4}=$$

$$=\frac{1}{4}\cdot\frac{2\cdot(x-2)\cdot(x+2)\cdot(x+2-(x-2))}{(x-2)^2\cdot(x+2)^2}=\frac{1}{4}\cdot\frac{2\cdot 4}{(x-2)\cdot(x+2)}=$$

$$=\frac{2}{x^2-4}\quad \text{mit } D_{f'}=D_f$$

$f'(x)<0 \;\Leftrightarrow\; x^2-4<0 \;\Leftrightarrow\; x^2<4 \;\Leftrightarrow\; -2<x<2$

$f'(x)>0 \;\Leftrightarrow\; x^2-4>0 \;\Leftrightarrow\; x^2>4 \;\Leftrightarrow\; x<-2 \lor x>2$

$\Rightarrow$ f ist streng monoton zunehmend im Intervall $]-\infty; -2[$, streng monoton abnehmend in $]-2; 2[$ und streng monoton zunehmend in $]2; +\infty[$.

1.6 $f'(x)=\frac{2}{x^2-4}$

$$f''(x)=\frac{0-2\cdot 2x}{(x^2-4)^2}=\frac{-4x}{(x^2-4)^2}\quad \text{mit } D_{f''}=D_f=\mathbb{R}\setminus\{-2; 2\}$$

$f''(x)>0 \;\Leftrightarrow\; x<0$ mit $x\in D_f$; $f''(x)<0 \;\Leftrightarrow\; x>0$ mit $x\in D_f$

$\Rightarrow$ G_f ist linksgekrümmt im Intervall $]-\infty; -2[$, linksgekrümmt in $]-2; 0]$, rechtsgekrümmt in $[0; 2[$ und rechtsgekrümmt in $]2; +\infty[$.

$\Rightarrow$ G_f besitzt einen Wendepunkt W mit $x_w=0$. $f(0)=\frac{1}{4}\ln(1)=0$; $\underline{\underline{W(0\,|\,0)}}$

1.7 Wertetabelle

x	0	1	1,5	1,95	2	2,05	2,5	3	4	5
≈ f(x)	0	−0,55	−0,97	−2,18	n. def.	−2,20	−1,10	−0,80	−0,55	−0,42

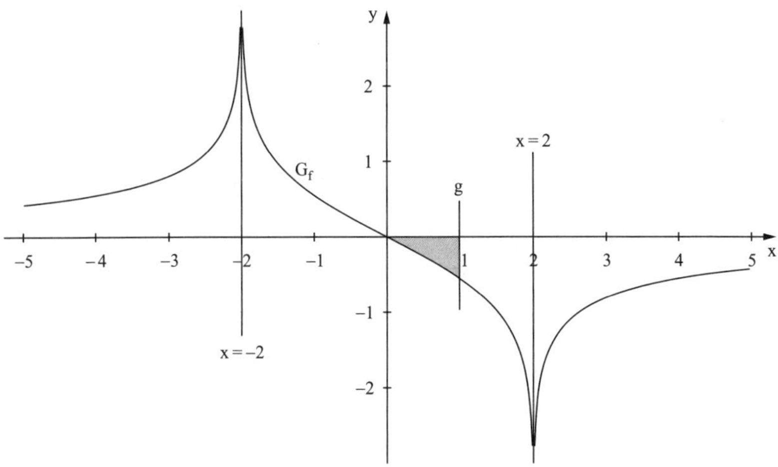

1.8.1 Kennzeichnung des Flächenstücks: siehe Schaubild in Aufgabe 1.7

1.8.2 $F(x) = -\ln(2-x) - \ln(2+x) + x \cdot f(x)$

$$\underline{\underline{F'(x)}} = -\frac{-1}{2-x} - \frac{1}{2+x} + 1 \cdot f(x) + x \cdot f'(x) = \frac{2+x-(2-x)}{(2-x)\cdot(2+x)} + f(x) + x \cdot \frac{2}{x^2-4} =$$

$$= \frac{2x}{4-x^2} + f(x) + \frac{2x}{x^2-4} = -\frac{2x}{x^2-4} + f(x) + \frac{2x}{x^2-4} = \underline{\underline{f(x)}}$$

$\Rightarrow$ F ist für $x \in [0; 2[$ eine Stammfunktion von f.

1.8.3 $$A = -\int_0^1 f(x)\,dx = -\left(F(1) - F(0)\right) = F(0) - F(1) =$$

$$= -\ln(2) - \ln(2) + 0 \cdot f(0) - \left(-\ln(1) - \ln(3) + 1 \cdot f(1)\right) =$$

$$= -2 \cdot \ln(2) + \ln(3) - f(1) = -2 \cdot \ln(2) + \ln(3) - \frac{1}{4}\ln\left(\frac{1}{9}\right) =$$

$$= -2 \cdot \ln(2) + \ln(3) + \frac{1}{4}\ln(9) = -2 \cdot \ln(2) + \ln(3) + \frac{1}{2}\ln(3) =$$

$$= \frac{3}{2} \cdot \ln(3) - 2 \cdot \ln(2) \approx \underline{\underline{0{,}262}}$$

2.0 $k(t) = a \cdot \sin(bt + c) + d$ mit $0 \le t \le 24$

2.1 $$\underline{\underline{b}} = \frac{2\pi}{T} = \frac{2\pi}{24} = \underline{\underline{\frac{\pi}{12}}}$$

$$\underline{\underline{a}} = \frac{k_{max} - k_{min}}{2} = \frac{11{,}8 - 4{,}2}{2} = \frac{7{,}6}{2} = \underline{\underline{3{,}8}}$$

$$\underline{\underline{d}} = k_{max} - a = 11{,}8 - 3{,}8 = \underline{\underline{8}}$$

$$\Rightarrow \quad k(t) = 3{,}8 \cdot \sin\left(\frac{\pi}{12} \cdot t + c\right) + 8$$

$$k(16) = 11{,}8 \quad \Rightarrow \quad 3{,}8 \cdot \sin\left(\frac{4}{3}\pi + c\right) + 8 = 11{,}8 \quad \Leftrightarrow \quad \sin\left(\frac{4}{3}\pi + c\right) = 1$$

$$\frac{4}{3}\pi + c = \frac{\pi}{2} \quad \Leftrightarrow \quad c = \frac{\pi}{2} - \frac{4}{3}\pi \quad \Leftrightarrow \quad c = \frac{3\pi - 8\pi}{6} \quad \Leftrightarrow \quad \underline{\underline{c = -\frac{5\pi}{6}}}$$

$$\Rightarrow \quad \underline{\underline{k(t) = 3{,}8 \cdot \sin\left(\frac{\pi}{12} \cdot t - \frac{5\pi}{6}\right) + 8}}$$

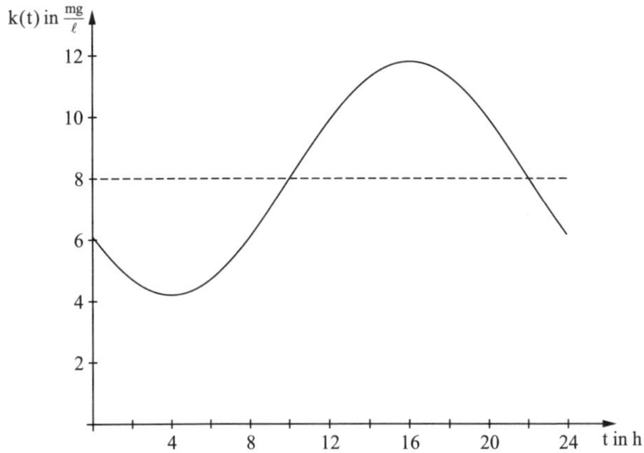

2.2 $k(t) = 3{,}8 \cdot \sin\left(\frac{\pi}{12} \cdot t - \frac{5\pi}{6}\right) + 8 \quad \text{mit } 0 \le t \le 24$

$$\dot{k}(t) = 3{,}8 \cdot \cos\left(\frac{\pi}{12} \cdot t - \frac{5\pi}{6}\right) \cdot \frac{\pi}{12} = \frac{3{,}8\pi}{12} \cdot \cos\left(\frac{\pi}{12} \cdot t - \frac{5\pi}{6}\right)$$

$$\ddot{k}(t) = -\frac{3{,}8\pi}{12} \cdot \sin\left(\frac{\pi}{12} \cdot t - \frac{5\pi}{6}\right) \cdot \frac{\pi}{12}$$

$$\ddot{k}(t) = 0 \quad \Leftrightarrow \quad \frac{\pi}{12} \cdot t - \frac{5\pi}{6} = z \cdot \pi \quad \Leftrightarrow \quad \frac{1}{12} \cdot t = \frac{5}{6} + z \quad \Leftrightarrow \quad t = 10 + 12 \cdot z \quad \text{mit } z \in \{0; 1\}$$

$t_0 = 10;\ t_1 = 22$

$$\dot{k}(10) = \frac{3{,}8\pi}{12} \cdot \cos(0) = \frac{3{,}8\pi}{12} > 0; \quad \dot{k}(22) = \frac{3{,}8\pi}{12} \cdot \cos(\pi) = -\frac{3{,}8\pi}{12} < 0$$

$\Rightarrow$ Um **22.00 Uhr** war die Abnahme der Sauerstoffkonzentration am größten.

2.3 $\bar{k} \cdot 10 = \int_0^{10} k(t)\, dt$

$$\underline{\underline{\bar{k}}} = \frac{1}{10} \cdot \int_0^{10} k(t)\, dt = \frac{1}{10} \cdot \int_0^{10} \left(3{,}8 \cdot \sin\left(\frac{\pi}{12} \cdot t - \frac{5\pi}{6}\right) + 8\right) dt =$$

$$= \frac{1}{10} \cdot \left[-3{,}8 \cdot \frac{12}{\pi} \cdot \cos\left(\frac{\pi}{12} \cdot t - \frac{5\pi}{6}\right) + 8t\right]_0^{10} =$$

$$= \frac{1}{10} \cdot \left(-3{,}8 \cdot \frac{12}{\pi} \cdot 1 + 80 - \left(-3{,}8 \cdot \frac{12}{\pi} \cdot \cos\left(-\frac{5\pi}{6}\right)\right)\right) =$$

$$= 8 + \frac{3{,}8 \cdot 1{,}2}{\pi} \cdot \left(-1 + \cos\left(\frac{5\pi}{6}\right)\right) \approx \underline{\underline{5{,}3}} \left[\frac{mg}{\ell}\right]$$

BE

1 Gegeben sind mit $a \in \mathbb{R}$ die reellen Funktionen $f_a: x \mapsto 1 - \frac{(1-a) \cdot x + a^2}{x^2 + (1-a) \cdot x}$ in der jeweils größtmöglichen Definitionsmenge $D_{f_a} = \mathbb{R} \setminus \{0; a-1\}$.

1.1 Zeigen Sie, dass gilt: $f_a(x) = \frac{(x+a) \cdot (x-a)}{x \cdot (x+1-a)}$ 3

1.2 Begründen Sie, warum der Graph von f_a für $a \in \mathbb{R} \setminus \{1\}$ nicht symmetrisch zum Koordinatensystem sein kann, und untersuchen Sie für $a = 1$ den Graphen von f_1 auf Symmetrie zum Koordinatensystem. 4

1.3 Bestimmen Sie Lage und Art der Definitionslücken von f_a in Abhängigkeit von a. 8

1.4.0 Für $a = 3$ erhält man die Funktion f_3, die im Folgenden mit f bezeichnet wird, d. h. $f(x) = f_3(x) = \frac{x^2 - 9}{x^2 - 2x}$.

1.4.1 Bestimmen Sie das Verhalten der Funktionswerte f(x) für $|x| \to \infty$ und in der Nähe der Definitionslücken von f. Geben Sie auch die Gleichungen der Asymptoten des Graphen von f an. 8

1.4.2 Untersuchen Sie das Monotonieverhalten der Funktion f und ermitteln Sie damit Art und Lage der Extrempunkte des Graphen von f. Runden Sie dabei die Ergebnisse auf zwei Nachkommastellen. 10
[mögliches Teilergebnis: $f'(x) = \frac{-2x^2 + 18x - 18}{(x^2 - 2x)^2}$]

1.4.3 Geben Sie die Nullstellen von f an und zeichnen Sie mithilfe Ihrer bisherigen Ergebnisse und geeigneter, zusätzlich berechneter Funktionswerte den Graphen der Funktion f mit seinen Asymptoten für $-5 \le x \le 10$ in ein kartesisches Koordinatensystem. Maßstab: 1 LE = 1 cm 6

1.4.4 Zeigen Sie, dass für $x < 0$ die Funktion $F: x \mapsto x - 2{,}5 \cdot \ln(2-x) + 4{,}5 \cdot \ln(-x)$ mit $D_F =]-\infty; 0[$ eine Stammfunktion der Funktion f ist. 4

1.4.5 Der Graph von f schneidet die Winkelhalbierende des I. und III. Quadranten im Punkt P. Bestimmen Sie mithilfe des Newton-Verfahrens näherungsweise die Koordinaten des Punktes P. Beginnen Sie mit dem Startwert $x_0 = -1{,}5$ und führen Sie zwei Näherungsschritte durch. Runden Sie das Ergebnis auf drei Nachkommastellen. 5
[Ergebnis: $P(-1{,}426 \,|\, -1{,}426)$]

1.4.6 Der Graph der Funktion f, die Winkelhalbierende des I. und III. Quadranten und die x-Achse schließen ein endliches Flächenstück ein. Markieren Sie dieses Flächenstück im Schaubild der Aufgabe 1.4.3 und berechnen Sie seine auf zwei Nachkommastellen gerundete Flächenmaßzahl mithilfe des Ergebnisses aus Aufgabe 1.4.5. 6

2 Der Verlauf einer Hochspannungsleitung zwischen den Punkten Q und R wird für $x \in [-110; 110]$ näherungsweise durch die Gleichung

$$y = 333 \cdot (e^{\frac{x-50}{666}} + e^{-\frac{x-50}{666}}) - 658$$

beschrieben (siehe Skizze rechts).
Der Hang wird in der Skizze durch die Gerade OE mit der Gleichung $y = -0{,}1x$ begrenzt.
Auf das Mitführen der Einheit Meter kann bei den Berechnungen verzichtet werden. Alle Ergebnisse sind auf eine Nachkommastelle zu runden.

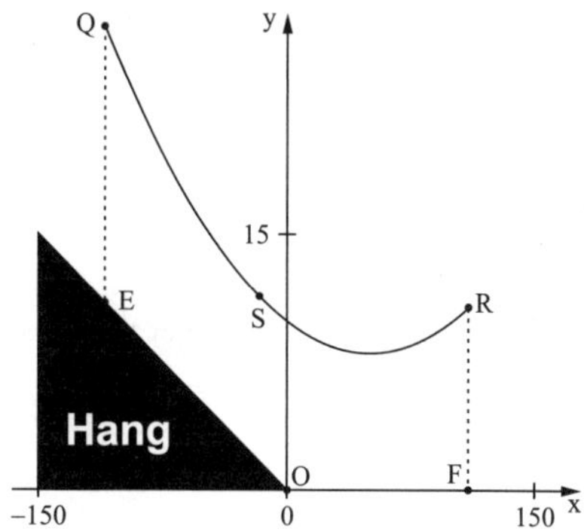

2.1 Berechnen Sie die Masthöhen $\overline{EQ}$ und $\overline{FR}$. 4

2.2 Berechnen Sie die Größe des Winkels φ, den die Hochspannungsleitung mit dem Mast im Punkt Q einschließt. 5

[mögliches Teilergebnis: $y'(x) = \frac{1}{2} \cdot e^{\frac{x-50}{666}} - \frac{1}{2} \cdot e^{-\frac{x-50}{666}}$]

2.3 Der Punkt S ist derjenige Punkt der Leitung, der die geringste Entfernung vom Hang hat. Die Leitung hat dort die gleiche Steigung wie der Hang (Nachweis nicht erforderlich). Berechnen Sie die x-Koordinate von S. Runden Sie das Ergebnis auf eine Nachkommastelle.

[Hinweis: Benutzen Sie die Substitution $u = e^{\frac{x-50}{666}}$.] 7

70

Tipps und Hinweise zur Lösung von Aufgabe A II

Teilaufgabe 1.1

- Verwandeln Sie die gegebene Differenz in einen Bruch. Verwandeln Sie dann jeweils die Zähler- und Nennersumme in ein Produkt.

Teilaufgabe 1.2

- Argumentieren Sie mithilfe der Lage der Definitionslücken auf der x-Achse.

Teilaufgabe 1.3

- Prüfen Sie auch, für welchen Wert a sich der Bruchterm kürzen lässt.

Teilaufgabe 1.4.1

- Benutzen Sie auch die Darstellung des Funktionsterms aus der Angabe 1.

Teilaufgabe 1.4.2

- Untersuchen Sie das Vorzeichen von $f'(x)$. Achten Sie dabei auf die Lage der Definitionslücken.

Teilaufgabe 1.4.3

- Erstellen Sie eine geeignete Wertetabelle.

Teilaufgabe 1.4.4

- Zeigen Sie, dass gilt: $F'(x) = f(x)$

Teilaufgabe 1.4.5

- Nutzen Sie den Differenzterm $d(x) = f(x) - x$.

Teilaufgabe 1.4.6

- Teilen Sie die von Ihnen markierte Fläche in zwei Teilflächen.
- Verwenden Sie den Hauptsatz der Integralrechnung.
- Beachten Sie, dass die markierte Fläche unterhalb der x-Achse liegt.

Teilaufgabe 2.1

- Berechnen Sie geeignete Funktionswerte.

Teilaufgabe 2.2

- Der Winkel zwischen der Tangente im Punkt Q und der x-Achse lässt sich mithilfe des Tangens berechnen.
- Nutzen Sie zur Berechnung der Tangentensteigung die Kettenregel.

Teilaufgabe 2.3

- Beachten Sie, dass für jeden Wert x gilt: $u = e^{\frac{x-50}{666}} > 0$

Lösung

1 $f_a(x)=1-\dfrac{(1-a)\cdot x+a^2}{x^2+(1-a)\cdot x};\ D_{f_a}=\mathbb{R}\setminus\{0;\,a-1\}$

1.1 $$f_a(x)=1-\frac{(1-a)\cdot x+a^2}{x^2+(1-a)\cdot x}=\frac{x^2+(1-a)\cdot x-\left((1-a)\cdot x+a^2\right)}{x^2+(1-a)\cdot x}=$$
$$=\frac{x^2+x-ax-x+ax-a^2}{x\cdot(x+1-a)}=\frac{x^2-a^2}{x\cdot(x+1-a)}=\underline{\underline{\frac{(x+a)\cdot(x-a)}{x\cdot(x+1-a)}}}$$

1.2 Für $a\in\mathbb{R}\setminus\{1\}$ besitzt die Funktion **zwei** Definitionslücken $x_1=0$ und $x_2=a-1$. Da die beiden Definitionslücken nicht symmetrisch zu $x=0$ sind, kann der Graph von f_a (mit $a\neq 1$) weder symmetrisch zur y-Achse noch symmetrisch zum Ursprung des Koordinatensystems sein.

Für $a=1$ gilt:

$f_1(x)=\dfrac{x^2-1}{x^2}$ mit $D_{f_1}=\mathbb{R}\setminus\{0\}$

$f_1(-x)=\dfrac{(-x)^2-1}{(-x)^2}=\dfrac{x^2-1}{x^2}=f_1(x)$ für alle $x\in D_{f_1}$

$\Rightarrow$ Der Graph von f_1 ist symmetrisch zur y-Achse des Koordinatensystems.

1.3 Für $\underline{\underline{a=1}}$ gilt: $f_1(x)=\dfrac{x^2-1}{x^2}$ mit $D_{f_1}=\mathbb{R}\setminus\{0\}$

$\Rightarrow$ $x=0$ ist eine Polstelle 2. Ordnung.

$Z_a(0)=0 \Leftrightarrow -a^2=0 \Leftrightarrow a=0$

Für $\underline{\underline{a=0}}$ gilt: $f_0(x)=\dfrac{x^2}{x\cdot(x+1)}=\dfrac{x}{x+1}$ mit $D_{f_0}=\mathbb{R}\setminus\{0;-1\}$

$\Rightarrow$ $x=0$ ist eine stetig behebbare Definitionslücke, $x=-1$ ist eine Polstelle 1. Ordnung.

$Z_a(a-1)=0 \Leftrightarrow (a-1+a)\cdot(a-1-a)=0 \Leftrightarrow (2a-1)\cdot(-1)=0 \Leftrightarrow a=0{,}5$

Für $\underline{\underline{a=0{,}5}}$ gilt: $f_{0,5}(x)=\dfrac{(x+0{,}5)\cdot(x-0{,}5)}{x\cdot(x+0{,}5)}=\dfrac{x-0{,}5}{x}$ mit $D_{f_{0,5}}=\mathbb{R}\setminus\{0;-0{,}5\}$

$\Rightarrow$ $x=0$ ist eine Polstelle 1. Ordnung, $x=-0{,}5$ ist eine stetig behebbare Definitionslücke.

Für $\underline{\underline{a\in\mathbb{R}\setminus\{0;0{,}5;1\}}}$ gilt: $x=0$ ist eine Polstelle 1. Ordnung, $x=a-1$ ist eine Polstelle 1. Ordnung.

1.4.0 $f_3(x) = f(x) = \dfrac{x^2-9}{x^2-2x}$; $D_f = \mathbb{R} \setminus \{0; 2\}$

1.4.1 $f(x) = \dfrac{x^2-9}{x^2-2x} = 1 - \dfrac{-2x+9}{x^2-2x} = 1 + \dfrac{2x-9}{x^2-2x}$

$$\lim_{x \to \pm\infty} f(x) = 1 + \lim_{x \to \pm\infty} \left(\frac{2x-9}{x^2-2x} \right) = 1 + 0 = 1$$

$\Rightarrow$ Der Graph von f besitzt die horizontale Asymptote h: $\underline{\underline{y = 1}}$.

$$x \overset{<}{\to} 0 \;\Rightarrow\; f(x) = \frac{\overbrace{x^2-9}^{\to -9}}{\underbrace{x^2-2x}_{\underset{>}{\to} 0}} \to -\infty; \quad x \overset{>}{\to} 0 \;\Rightarrow\; f(x) = \frac{\overbrace{x^2-9}^{\to -9}}{\underbrace{x^2-2x}_{\underset{<}{\to} 0}} \to +\infty$$

$$x \overset{<}{\to} 2 \;\Rightarrow\; f(x) = \frac{\overbrace{x^2-9}^{\to -5}}{\underbrace{x^2-2x}_{\underset{<}{\to} 0}} \to +\infty; \quad x \overset{>}{\to} 2 \;\Rightarrow\; f(x) = \frac{\overbrace{x^2-9}^{\to -5}}{\underbrace{x^2-2x}_{\underset{>}{\to} 0}} \to -\infty$$

$\Rightarrow$ Der Graph von f besitzt die vertikalen Asymptoten v_1: $\underline{\underline{x = 0}}$; v_2: $\underline{\underline{x = 2}}$.

1.4.2 $f(x) = \dfrac{x^2-9}{x^2-2x}$

$$f'(x) = \frac{2x \cdot (x^2-2x) - (x^2-9) \cdot (2x-2)}{(x^2-2x)^2} = \frac{2x^3 - 4x^2 - 2x^3 + 2x^2 + 18x - 18}{(x^2-2x)^2} =$$

$$= \frac{-2x^2 + 18x - 18}{(x^2-2x)^2} = \frac{-2 \cdot (x^2 - 9x + 9)}{(x^2-2x)^2}; \quad D_{f'} = D_f$$

$f'(x) = 0 \;\Leftrightarrow\; x^2 - 9x + 9 = 0$

$$x_{1;2} = \frac{9 \pm \sqrt{81-36}}{2} = \frac{9 \pm \sqrt{45}}{2} = \frac{9 \pm 3\sqrt{5}}{2}; \quad x_1 \approx 1{,}15; \quad x_2 \approx 7{,}85$$

Wegen $(x^2-2x)^2 > 0$ für alle $x \in D_f$ gilt:

$f'(x) < 0 \;\Leftrightarrow\; -2x^2 + 18x - 18 < 0 \;\Leftrightarrow\; x < x_1 \vee x > x_2 \;(\wedge\; x \in D_f)$

$f'(x) > 0 \;\Leftrightarrow\; -2x^2 + 18x - 18 > 0 \;\Leftrightarrow\; x_1 < x < x_2 \;(\wedge\; x \in D_f)$

Also ist f streng monoton abnehmend im Intervall $]-\infty; 0[$, streng monoton abnehmend in $]0; 1{,}15]$, streng monoton zunehmend in $[1{,}15; 2[$, streng monoton zunehmend in $]2; 7{,}85]$ und streng monoton abnehmend in $[7{,}85; +\infty[$.

Aus dem Monotonieverhalten von f folgt:
Der Graph von f besitzt einen Tiefpunkt T mit der Abszisse $x \approx 1{,}15$ und einen Hochpunkt H mit der Abszisse $x \approx 7{,}85$.

$f\left(\frac{9-3\sqrt{5}}{2}\right) \approx 7{,}85,\ \underline{\underline{T(1{,}15\,|\,7{,}85)}};\quad f\left(\frac{9+3\sqrt{5}}{2}\right) \approx 1{,}15,\ \underline{\underline{H(7{,}85\,|\,1{,}15)}}$

1.4.3 $f(x) = \frac{x^2-9}{x^2-2x} = \frac{(x-3)\cdot(x+3)}{x^2-2x}$; Nullstellen von f: $\underline{\underline{x_1 = -3}}$; $\underline{\underline{x_2 = 3}}$

Wertetabelle:

≈ x	≈ f(x)	
–5	0,46	
–3	0	
–1	–2,67	
0,5	11,67	
1,15	7,85	T
1,5	9	
2,5	–2,2	
3	0	
4	0,88	
4,5	1	
5	1,07	
7	1,14	
7,85	1,15	H
10	1,14	

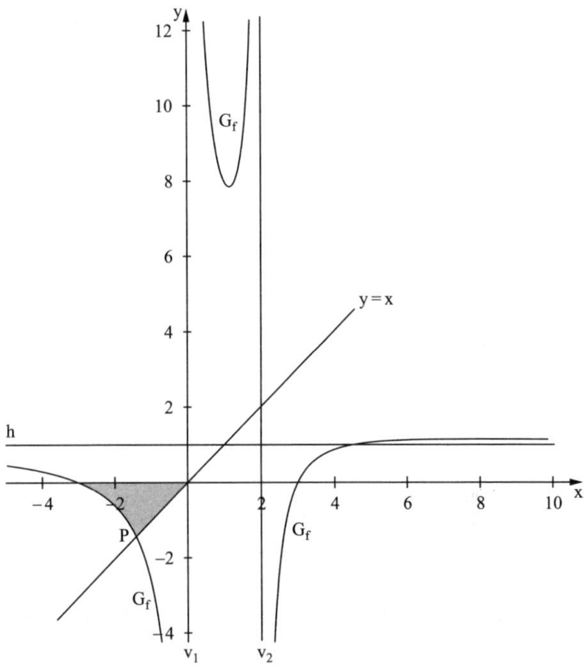

1.4.4 $F(x) = x - 2{,}5 \cdot \ln(2-x) + 4{,}5 \cdot \ln(-x)$ mit $D_F =]-\infty; 0[$

$\underline{\underline{F'(x)}} = 1 - 2{,}5 \cdot \frac{1}{2-x} \cdot (-1) + 4{,}5 \cdot \frac{1}{-x} \cdot (-1) = 1 - \frac{2{,}5}{x-2} + \frac{4{,}5}{x} =$

$= \frac{(x-2)\cdot x - 2{,}5 \cdot x + 4{,}5 \cdot (x-2)}{(x-2)\cdot x} = \frac{x^2 - 2x - 2{,}5x + 4{,}5x - 9}{(x-2)\cdot x} = \frac{x^2-9}{x^2-2x} = \underline{\underline{f(x)}}$

1.4.5 $f(x) = x \iff f(x) - x = 0;\quad d(x) = f(x) - x;\quad d'(x) = f'(x) - 1$

$x_0 = -1{,}5$

$x_1 = x_0 - \frac{d(x_0)}{d'(x_0)} = -1{,}5 - \frac{f(-1{,}5)+1{,}5}{f'(-1{,}5)-1} \approx -1{,}5 - \frac{-1{,}2857+1{,}5}{-1{,}7959-1} \approx -1{,}4234$

$$x_2 = x_1 - \frac{d(x_1)}{d'(x_1)} \approx -1{,}4234 - \frac{f(-1{,}4234)+1{,}4234}{f'(-1{,}4234)-1} \approx -1{,}4234 - \frac{-1{,}4312+1{,}4234}{-2{,}0077-1} \approx$$

$$\approx -1{,}426$$

Da P auf der Winkelhalbierenden des I. und III. Quadranten liegt $(y = x)$, gilt:
$\underline{\underline{P(-1{,}426 \mid -1{,}426)}}$

1.4.6 Kennzeichnung des Flächenstücks: siehe Schaubild in Aufgabe 1.4.3

$$A = -\int_{-3}^{x_P} f(x)\,dx + \frac{1}{2}x_P^2 = -\left(F(x_P) - F(-3)\right) + \frac{1}{2}x_P^2 = F(-3) - F(x_P) + \frac{1}{2}x_P^2 \approx$$

$$\approx -3 - 2{,}5\cdot\ln(5) + 4{,}5\cdot\ln(3) + 1{,}426 + 2{,}5\cdot\ln(3{,}426) - 4{,}5\cdot\ln(1{,}426) + \frac{1}{2}\cdot 1{,}426^2 \approx$$

$$\approx \underline{\underline{1{,}84}}$$

2 $h(x) = 333\cdot(e^{\frac{x-50}{666}} + e^{-\frac{x-50}{666}}) - 658$ mit $x \in [-110; 110]$;

$g(x) = -0{,}1\cdot x$ mit $x \in [-110; 0]$

2.1 $\underline{\underline{\overline{FR}}} = h(110) = 333\cdot(e^{\frac{60}{666}} + e^{-\frac{60}{666}}) - 658 \approx \underline{\underline{10{,}7}}$

$\underline{\underline{\overline{EQ}}} = h(-110) - g(-110) = 333\cdot(e^{-\frac{160}{666}} + e^{\frac{160}{666}}) - 658 - 0{,}1\cdot 110 \approx \underline{\underline{16{,}3}}$

2.2 $h'(x) = 333\cdot\left(e^{\frac{x-50}{666}}\cdot\frac{1}{666} + e^{-\frac{x-50}{666}}\cdot\left(-\frac{1}{666}\right)\right) = \frac{1}{2}\cdot(e^{\frac{x-50}{666}} - e^{-\frac{x-50}{666}})$

$\tan(\alpha) = h'(-110) = \frac{1}{2}\cdot(e^{-\frac{160}{666}} - e^{\frac{160}{666}}) \approx -0{,}2426$

$\alpha \approx \arctan(-0{,}2426) \approx -13{,}6° \quad\Rightarrow\quad \underline{\underline{\varphi}} = 90° + \alpha \approx 90° - 13{,}6° = \underline{\underline{76{,}4°}}$

2.3 $h'(x) = -0{,}1 \quad\Leftrightarrow\quad \frac{1}{2}\cdot(e^{\frac{x-50}{666}} - e^{-\frac{x-50}{666}}) = -0{,}1 \quad\Leftrightarrow\quad e^{\frac{x-50}{666}} - e^{-\frac{x-50}{666}} = -0{,}2$

Substitution: $u = e^{\frac{x-50}{666}} > 0$

$u - \frac{1}{u} = -0{,}2 \quad\Leftrightarrow\quad u^2 - 1 = -0{,}2u \quad\Leftrightarrow\quad u^2 + 0{,}2u - 1 = 0$

Wegen $u > 0$ gilt: $u = \frac{-0{,}2 + \sqrt{0{,}04+4}}{2} = -0{,}1 + \sqrt{1{,}01}$

$e^{\frac{x-50}{666}} = -0{,}1 + \sqrt{1{,}01} \quad\Leftrightarrow\quad \frac{x-50}{666} = \ln(-0{,}1 + \sqrt{1{,}01})$

$\Leftrightarrow\quad x = 50 + 666\cdot\ln(-0{,}1 + \sqrt{1{,}01}) \quad\Rightarrow\quad \underline{\underline{x_S \approx -16{,}5}}$

Bayern – FOS · BOS 12 – Fachabiturprüfung 2014
Mathematik (Ausbildungsrichtung Technik) – Analytische Geometrie B I

BE

1 In einem kartesischen Koordinatensystem des $\mathbb{R}^3$ mit dem Ursprung O sind der Punkt $P(7\,|\,-2\,|\,8)$ und die Ebenen E, F und G_k mit $k \in \mathbb{R}$ gegeben:
$E\colon -4x_1 - x_2 + x_3 + 18 = 0$; $F\colon 2x_1 + x_2 - 12 = 0$; $G_k\colon x_2 + x_3 + k = 0$

1.1 Ermitteln Sie eine Gleichung der Schnittgeraden s der Ebenen E und F. 4

[Mögliches Ergebnis: $s\colon \vec{x} = \begin{pmatrix} 3 \\ 6 \\ 0 \end{pmatrix} + \lambda \cdot \begin{pmatrix} 0{,}5 \\ -1 \\ 1 \end{pmatrix},\ \lambda \in \mathbb{R}$]

1.2 Bestimmen Sie die Koordinaten des Punktes R, der durch Spiegelung des Ursprungs O an der Geraden s hervorgeht. 5

1.3 Bestimmen Sie alle Werte von k, für die die drei Ebenen E, F und G_k jeweils keinen gemeinsamen Punkt haben. 4

1.4 Zusätzlich sind die Gerade $h\colon \vec{x} = \begin{pmatrix} 3 \\ -3 \\ 9 \end{pmatrix} + \mu \cdot \begin{pmatrix} 4 \\ 1 \\ -1 \end{pmatrix}$ mit $\mu \in \mathbb{R}$ und der Punkt $Q(4\,|\,4\,|\,2)$ gegeben. Bestimmen Sie die Koordinaten der Punkte S_1 und S_2 auf der Geraden h so, dass das Volumen der jeweiligen Pyramide $OPQS_1$ bzw. $OPQS_2$ die Maßzahl 27 hat. 6

2 Ein Fluglotse beobachtet zwei Flugzeuge gleichzeitig, deren jeweilige Positionen F_1 bzw. F_2 sich in einem geeignet gewählten kartesischen Koordinatensystem des $\mathbb{R}^3$ in einem bestimmten Zeitraum durch folgende Gleichungen beschreiben lassen:

$$\overrightarrow{OF_1} = \begin{pmatrix} -5{,}6 \\ -5{,}8 \\ 1{,}8 \end{pmatrix} + t_1 \cdot \begin{pmatrix} 0{,}6 \\ 0{,}8 \\ 0{,}2 \end{pmatrix},\ t_1 \in [0;30];\quad \overrightarrow{OF_2} = \begin{pmatrix} -7{,}8 \\ 0{,}8 \\ 4{,}0 \end{pmatrix} + t_2 \cdot \begin{pmatrix} 0{,}4 \\ 0{,}1 \\ 0 \end{pmatrix},\ t_2 \in [0;30]$$

Die Koordinaten von $\overrightarrow{OF_1}$ und $\overrightarrow{OF_2}$ haben die Einheit km, die Parameter t_1 und t_2 beschreiben jeweils die nach dem gleichzeitigen Beobachtungsbeginn verstrichene Zeit in Minuten. Auf das Mitführen der Einheiten bei den Berechnungen kann verzichtet werden.

2.1 Zeigen Sie, dass sich die Flugbahnen schneiden, es aber zu keiner Kollision kommt. 5

2.2 Weisen Sie nach, dass zum Zeitpunkt t ab Beobachtungsbeginn für den Abstand d(t) zwischen beiden Flugzeugen gilt: $d(t) = \sqrt{0{,}57t^2 - 9{,}24t + 53{,}24}$.
Bestimmen Sie außerdem den Zeitpunkt t_{min} (gerundet auf eine Nachkommastelle), zu dem der quadrierte Abstand (also $d(t)^2$) am geringsten ist. 6

30

Tipps und Hinweise zur Lösung von Aufgabe B I

Teilaufgabe 1.1

Einen Richtungsvektor der Schnittgeraden erhält man mit dem Vektorprodukt der Normalenvektoren der beiden Ebenen.

Teilaufgabe 1.2

Erstellen Sie zuerst die Gleichung einer Hilfsebene H mit $H \perp s \;\wedge\; O \in H$.

Teilaufgabe 1.3

Untersuchen Sie zuerst, für welche Werte von k die drei Ebenen gemeinsame Punkte besitzen.

Teilaufgabe 1.4

Berechnen Sie zuerst das Spatprodukt $(\overrightarrow{OP} \times \overrightarrow{OQ}) \circ \overrightarrow{OS}$.

Teilaufgabe 2.1

Fassen Sie $\overrightarrow{OF_1}$ und $\overrightarrow{OF_2}$ als Geradengleichungen auf und berechnen Sie den Schnittpunkt S der zugehörigen Geraden.

Zeigen Sie dann, dass für die Koordinaten des Schnittpunktes S gilt: $t_1, t_2 \in [0; 30] \;\wedge\; t_1 \neq t_2$

Teilaufgabe 2.2

Berechnen Sie $d(t) = |\overrightarrow{F_2F_1}|$ und interpretieren Sie den Radikanden des Wurzelterms als Term einer nach oben geöffneten Parabel.

Lösung

1.1 E: $-4x_1 - x_2 + x_3 + 18 = 0$; F: $2x_1 + x_2 - 12 = 0$

$$\vec{n}_E \times \vec{n}_F = \begin{pmatrix} -4 \\ -1 \\ 1 \end{pmatrix} \times \begin{pmatrix} 2 \\ 1 \\ 0 \end{pmatrix} = \begin{pmatrix} 0-1 \\ 2-0 \\ -4+2 \end{pmatrix} = \begin{pmatrix} -1 \\ 2 \\ -2 \end{pmatrix} = -\begin{pmatrix} 1 \\ -2 \\ 2 \end{pmatrix}$$

Gemeinsamer Punkt: $T(0 \mid x_2 \mid x_3)$

Mit F folgt: $x_2 = 12$; mit E folgt: $0 - 12 + x_3 + 18 = 0 \Leftrightarrow x_3 = -6$

Schnittgerade s: $\vec{x} = \begin{pmatrix} 0 \\ 12 \\ -6 \end{pmatrix} + \lambda \cdot \begin{pmatrix} 1 \\ -2 \\ 2 \end{pmatrix}, \ \lambda \in \mathbb{R}$

1.2 Hilfsebene H mit $H \perp s \wedge O \in H$: $x_1 - 2x_2 + 2x_3 = 0$

$H \cap s$: $\lambda - 2 \cdot (12 - 2\lambda) + 2 \cdot (-6 + 2\lambda) = 0 \Leftrightarrow 9\lambda - 36 = 0 \Leftrightarrow \lambda = 4$

$$\overrightarrow{OR} = 2 \cdot \left(\begin{pmatrix} 0 \\ 12 \\ -6 \end{pmatrix} + 4 \cdot \begin{pmatrix} 1 \\ -2 \\ 2 \end{pmatrix} \right) = 2 \cdot \begin{pmatrix} 4 \\ 4 \\ 2 \end{pmatrix} = \begin{pmatrix} 8 \\ 8 \\ 4 \end{pmatrix}; \ R(8 \mid 8 \mid 4)$$

1.3 G_k: $x_2 + x_3 + k = 0, \ k \in \mathbb{R}$

$G_k \cap s$: $12 - 2\lambda - 6 + 2\lambda + k = 0 \Leftrightarrow 6 + k = 0 \Leftrightarrow k = -6$

Für $k = -6$ sind alle Punkte der Geraden s gemeinsame Punkte der drei Ebenen.
Für $k \in \mathbb{R} \setminus \{-6\}$ haben die drei Ebenen E, F und G_k keinen gemeinsamen Punkt.

1.4 $$(\overrightarrow{OP} \times \overrightarrow{OQ}) \circ \overrightarrow{OS} = \left(\begin{pmatrix} 7 \\ -2 \\ 8 \end{pmatrix} \times \begin{pmatrix} 4 \\ 4 \\ 2 \end{pmatrix} \right) \circ \begin{pmatrix} 3+4\mu \\ -3+\mu \\ 9-\mu \end{pmatrix} = \begin{pmatrix} -4-32 \\ 32-14 \\ 28+8 \end{pmatrix} \circ \begin{pmatrix} 3+4\mu \\ -3+\mu \\ 9-\mu \end{pmatrix} =$$

$$= \begin{pmatrix} -36 \\ 18 \\ 36 \end{pmatrix} \circ \begin{pmatrix} 3+4\mu \\ -3+\mu \\ 9-\mu \end{pmatrix} = 18 \cdot \left(\begin{pmatrix} -2 \\ 1 \\ 2 \end{pmatrix} \circ \begin{pmatrix} 3+4\mu \\ -3+\mu \\ 9-\mu \end{pmatrix} \right) =$$

$$= 18 \cdot (-6 - 8\mu - 3 + \mu + 18 - 2\mu) = 18 \cdot (9 - 9\mu) = 18 \cdot 9 \cdot (1 - \mu)$$

$$V = 27 \Leftrightarrow \frac{1}{6} \cdot \left| (\overrightarrow{OP} \times \overrightarrow{OQ}) \circ \overrightarrow{OS} \right| = 27 \Leftrightarrow \frac{1}{6} \cdot 18 \cdot 9 \cdot |1 - \mu| = 27 \Leftrightarrow |1 - \mu| = 1$$

$$\Leftrightarrow 1 - \mu = \pm 1 \Leftrightarrow \mu = 0 \vee \mu = 2$$

$$\overrightarrow{OS_1} = \begin{pmatrix} 3+0 \\ -3+0 \\ 9-0 \end{pmatrix} = \begin{pmatrix} 3 \\ -3 \\ 9 \end{pmatrix}; \ S_1(3 \mid -3 \mid 9); \quad \overrightarrow{OS_2} = \begin{pmatrix} 3+8 \\ -3+2 \\ 9-2 \end{pmatrix} = \begin{pmatrix} 11 \\ -1 \\ 7 \end{pmatrix}; \ S_2(11 \mid -1 \mid 7)$$

2.1 $\overrightarrow{OF_1} = \begin{pmatrix} -5,6 \\ -5,8 \\ 1,8 \end{pmatrix} + t_1 \cdot \begin{pmatrix} 0,6 \\ 0,8 \\ 0,2 \end{pmatrix}; \ \overrightarrow{OF_2} = \begin{pmatrix} -7,8 \\ 0,8 \\ 4,0 \end{pmatrix} + t_2 \cdot \begin{pmatrix} 0,4 \\ 0,1 \\ 0 \end{pmatrix}, \ t_1, t_2 \in [0; 30]$

$$\begin{pmatrix} -5,6 \\ -5,8 \\ 1,8 \end{pmatrix} + t_1 \cdot \begin{pmatrix} 0,6 \\ 0,8 \\ 0,2 \end{pmatrix} = \begin{pmatrix} -7,8 \\ 0,8 \\ 4,0 \end{pmatrix} + t_2 \cdot \begin{pmatrix} 0,4 \\ 0,1 \\ 0 \end{pmatrix} \Leftrightarrow \begin{pmatrix} 0,6t_1 - 0,4t_2 \\ 0,8t_1 - 0,1t_2 \\ 0,2t_1 \end{pmatrix} = \begin{pmatrix} -2,2 \\ 6,6 \\ 2,2 \end{pmatrix}$$

III) $0,2t_1 = 2,2 \Leftrightarrow t_1 = 11$

II) $0,8 \cdot 11 - 0,1t_2 = 6,6 \Leftrightarrow t_2 = 22$

I) $0,6 \cdot 11 - 0,4 \cdot 22 = -2,2$ ist wahr.

$$\overrightarrow{OS} = \begin{pmatrix} -5,6 \\ -5,8 \\ 1,8 \end{pmatrix} + 11 \cdot \begin{pmatrix} 0,6 \\ 0,8 \\ 0,2 \end{pmatrix} = \begin{pmatrix} -5,6+6,6 \\ -5,8+8,8 \\ 1,8+2,2 \end{pmatrix} = \begin{pmatrix} 1,0 \\ 3,0 \\ 4,0 \end{pmatrix}$$

$\Rightarrow$ Die Flugbahnen schneiden sich am Ort $S(1,0 \mid 3,0 \mid 4,0)$.

Es kommt aber zu keiner Kollision, da das Flugzeug auf der Flugbahn 2 den Ort S 11 Minuten nach dem Flugzeug auf der Flugbahn 1 erreicht.

2.2 $d(t) = |\overrightarrow{F_2F_1}| = \left| \begin{pmatrix} -5,6 \\ -5,8 \\ 1,8 \end{pmatrix} + t \cdot \begin{pmatrix} 0,6 \\ 0,8 \\ 0,2 \end{pmatrix} - \begin{pmatrix} -7,8 \\ 0,8 \\ 4,0 \end{pmatrix} - t \cdot \begin{pmatrix} 0,4 \\ 0,1 \\ 0 \end{pmatrix} \right| = \left| \begin{pmatrix} 0,2t + 2,2 \\ 0,7t - 6,6 \\ 0,2t - 2,2 \end{pmatrix} \right| =$

$$= \sqrt{(0,2t+2,2)^2 + (0,7t-6,6)^2 + (0,2t-2,2)^2} =$$

$$= \sqrt{0,04t^2 + 0,88t + 4,84 + 0,49t^2 - 9,24t + 43,56 + 0,04t^2 - 0,88t + 4,84} =$$

$$= \underline{\underline{\sqrt{0,57t^2 - 9,24t + 53,24}}}$$

$(d(t))^2 = 0,57t^2 - 9,24t + 53,24$

Für die Abszisse des Scheitels einer (nach oben geöffneten) Parabel gilt:

$$\underline{\underline{t_{min}}} = \frac{-b}{2a} = \frac{9,24}{2 \cdot 0,57} \approx \underline{\underline{8,1}}$$

Bayern – FOS · BOS 12 – Fachabiturprüfung 2014
Mathematik (Ausbildungsrichtung Technik) – Analytische Geometrie B II

		BE
1	In einem kartesischen Koordinatensystem des $\mathbb{R}^3$ mit dem Ursprung O sind die Punkte $A(1\,|\,3\,|\,-2)$, $B_k(k\,|\,0\,|\,1)$ mit $k \in \mathbb{R}$ und $C(-1\,|\,6\,|\,0)$ sowie die Ebene $E\colon 5x_1 + 2x_2 + 2x_3 = 4$ gegeben.	
1.1	Die Ebene E schneidet die Koordinatenachsen in den Punkten X, Y und Z. Bestimmen Sie das Volumen der Pyramide OXYZ.	4
1.2	Bestimmen Sie den Wert für k so, dass die Vektoren $\overrightarrow{AB_k}$ und $\overrightarrow{AC}$ orthogonal zueinander sind.	3
1.3	Berechnen Sie den Wert des Parameters k so, dass der Flächeninhalt F(k) des Dreiecks AB_kC minimal wird. Hinweis: Es genügt, den Term unter der Wurzel zu betrachten. [Mögliches Teilergebnis: $F(k) = \frac{1}{2}\sqrt{13k^2 - 38k + 322}$]	6
1.4	Die Ebene H_k enthält das Dreieck AB_kC und wird beschrieben durch die Gleichung $H_k\colon -15x_1 - (2k+4)x_2 + (3k-9)x_3 = -12k - 9$ (Nachweis nicht erforderlich).	
1.4.1	Untersuchen Sie, für welche Werte von k sich die Ebenen E und H_k in einer gemeinsamen Geraden schneiden.	4
1.4.2	Berechnen Sie für $k = 3$ eine Gleichung der Schnittgeraden von E und H_3 sowie den Schnittwinkel zwischen E und H_3 auf eine Nachkommastelle gerundet.	8
1.4.3	Bestimmen Sie den Wert für k so, dass H_k den Ursprung enthält. Untersuchen Sie anschließend, ob in diesem Fall der Ursprung O im Inneren des Dreiecks AB_kC liegt. [Teilergebnis: $k = -0{,}75$]	5
		30

Tipps und Hinweise zur Lösung von Aufgabe B II

Teilaufgabe 1.1

- Beachten Sie, dass jeweils zwei Koordinaten der Punkte X, Y und Z den Wert 0 haben.

Teilaufgabe 1.2

- Verwenden Sie das Skalarprodukt $\overrightarrow{AB_k} \circ \overrightarrow{AC} = 0$.

Teilaufgabe 1.3

- Verwenden Sie zur Berechnung des Flächeninhalts das Vektorprodukt $\overrightarrow{AB_k} \times \overrightarrow{AC}$.
- Interpretieren Sie den Radikanden des Wurzelterms F(k) als Term einer nach oben geöffneten Parabel.

Teilaufgabe 1.4.1

- Untersuchen Sie zuerst, für welchen Wert von k die beiden Ebenen sich nicht in einer gemeinsamen Geraden schneiden. Betrachten Sie dazu die Normalenvektoren der Ebenen.

Teilaufgabe 1.4.2

- Einen Richtungsvektor der Schnittgeraden erhält man mit dem Vektorprodukt der Normalenvektoren der beiden Ebenen.
- Zur Berechnung des Schnittwinkels verwendet man die Normalenvektoren der beiden Ebenen.

Teilaufgabe 1.4.3

- Setzen Sie die Koordinaten von O in die Koordinatengleichung der Ebene H_k ein.
- Verwenden Sie für Ihre Untersuchung die Parameterform der entsprechenden Ebene H_k.

Lösung

1.1 E: $5x_1+2x_2+2x_3=4$

$E\cap x_1$-Achse: $5x_1=4 \Leftrightarrow x_1=0{,}8$; $X(0{,}8|0|0)$

$E\cap x_2$-Achse: $2x_2=4 \Leftrightarrow x_2=2$; $Y(0|2|0)$

$E\cap x_3$-Achse: $2x_3=4 \Leftrightarrow x_3=2$; $Z(0|0|2)$

$$\underline{\underline{V}}=\frac{1}{6}\cdot 0{,}8\cdot 2\cdot 2=\frac{1}{6}\cdot\frac{4}{5}\cdot 4=\underline{\underline{\frac{8}{15}}}$$

1.2 $$\overrightarrow{AB_k}=\begin{pmatrix}k-1\\0-3\\1+2\end{pmatrix}=\begin{pmatrix}k-1\\-3\\3\end{pmatrix};\ \overrightarrow{AC}=\begin{pmatrix}-1-1\\6-3\\0+2\end{pmatrix}=\begin{pmatrix}-2\\3\\2\end{pmatrix}$$

$$\overrightarrow{AB_k}\circ\overrightarrow{AC}=0 \Leftrightarrow \begin{pmatrix}k-1\\-3\\3\end{pmatrix}\circ\begin{pmatrix}-2\\3\\2\end{pmatrix}=0 \Leftrightarrow -2k+2-9+6=0 \Leftrightarrow \underline{\underline{k=-\frac{1}{2}}}$$

1.3 $$F(k)=\frac{1}{2}\cdot|\overrightarrow{AB_k}\times\overrightarrow{AC}|=\frac{1}{2}\cdot\left|\begin{pmatrix}k-1\\-3\\3\end{pmatrix}\times\begin{pmatrix}-2\\3\\2\end{pmatrix}\right|=\frac{1}{2}\cdot\left|\begin{pmatrix}-6-9\\-6-2\cdot(k-1)\\3\cdot(k-1)-6\end{pmatrix}\right|=$$

$$=\frac{1}{2}\cdot\left|\begin{pmatrix}-15\\-4-2k\\3k-9\end{pmatrix}\right|=\frac{1}{2}\cdot\sqrt{15^2+(2k+4)^2+(3k-9)^2}=$$

$$=\frac{1}{2}\cdot\sqrt{225+4k^2+16k+16+9k^2-54k+81}=\frac{1}{2}\cdot\sqrt{13k^2-38k+322}$$

F(k) wird minimal, falls $p(k)=13k^2-38k+322$ minimal wird.

Für die Abszisse des Scheitels einer (nach oben geöffneten) Parabel gilt:

$$\underline{\underline{k_{min}}}=\frac{-b}{2a}=\frac{38}{2\cdot 13}=\underline{\underline{\frac{19}{13}}}$$

1.4.1 H_k: $-15x_1-(2k+4)x_2+(3k-9)x_3=-12k-9$; E: $5x_1+2x_2+2x_3=4$

Die Ebenen H_k und E schneiden sich nicht in einer gemeinsamen Geraden, falls:

$$\begin{pmatrix}-15\\-2k-4\\3k-9\end{pmatrix}=\lambda\cdot\begin{pmatrix}5\\2\\2\end{pmatrix} \quad \Rightarrow \lambda=-3 \quad \Rightarrow -2k-4=-3\cdot 2 \Leftrightarrow k=1 \quad \Rightarrow -6=-6 \text{ (ist wahr)}$$

Also schneiden sich die Ebenen H_k und E in einer gemeinsamen Geraden für alle Werte $\underline{\underline{k\in\mathbb{R}\setminus\{1\}}}$.

1.4.2 $H_3\colon -15x_1 - 10x_2 = -45 \quad |:(-5)$

$H_3\colon 3x_1 + 2x_2 = 9$; E: $5x_1 + 2x_2 + 2x_3 = 4$

$$\vec{n}_{H_3} \times \vec{n}_E = \begin{pmatrix} 3 \\ 2 \\ 0 \end{pmatrix} \times \begin{pmatrix} 5 \\ 2 \\ 2 \end{pmatrix} = \begin{pmatrix} 4-0 \\ 0-6 \\ 6-10 \end{pmatrix} = \begin{pmatrix} 4 \\ -6 \\ -4 \end{pmatrix} = 2 \cdot \begin{pmatrix} 2 \\ -3 \\ -2 \end{pmatrix}$$

Gemeinsamer Punkt: $T(x_1 | 0 | x_3)$

Mit H_3 folgt: $x_1 = 3$; mit E folgt: $5 \cdot 3 + 0 + 2x_3 = 4 \;\Leftrightarrow\; 2x_3 = -11 \;\Leftrightarrow\; x_3 = -5{,}5$

Schnittgerade s: $\underline{\underline{\vec{x} = \begin{pmatrix} 3 \\ 0 \\ -5{,}5 \end{pmatrix} + \lambda \cdot \begin{pmatrix} 2 \\ -3 \\ -2 \end{pmatrix}}}, \; \lambda \in \mathbb{R}$

$$\cos(\varphi) = \frac{|\vec{n}_{H_3} \circ \vec{n}_E|}{|\vec{n}_{H_3}| \cdot |\vec{n}_E|} = \frac{\left| \begin{pmatrix} 3 \\ 2 \\ 0 \end{pmatrix} \circ \begin{pmatrix} 5 \\ 2 \\ 2 \end{pmatrix} \right|}{\sqrt{9+4} \cdot \sqrt{25+4+4}} = \frac{15+4}{\sqrt{13} \cdot \sqrt{33}} = \frac{19}{\sqrt{13 \cdot 33}} \;\Rightarrow\; \underline{\underline{\varphi \approx 23{,}5^\circ}}$$

1.4.3 $H_k\colon -15x_1 - (2k+4)x_2 + (3k-9)x_3 = -12k - 9$

$O(0|0|0) \in H_k \;\Rightarrow\; 0 = -12k - 9 \;\Leftrightarrow\; k = -\frac{9}{12} \;\Leftrightarrow\; \underline{\underline{k = -\frac{3}{4}}} = -0{,}75$

$$\overrightarrow{AO} = \lambda \cdot \overrightarrow{AB_{-0,75}} + \mu \cdot \overrightarrow{AC} \;\Rightarrow\; \begin{pmatrix} -1 \\ -3 \\ 2 \end{pmatrix} = \lambda \cdot \begin{pmatrix} -1{,}75 \\ -3 \\ 3 \end{pmatrix} + \mu \cdot \begin{pmatrix} -2 \\ 3 \\ 2 \end{pmatrix}$$

III) + II) $-1 = 5\mu \;\Leftrightarrow\; \mu = -\frac{1}{5}$

Wegen $\mu = -\frac{1}{5} < 0$ liegt der Ursprung O **nicht** im Dreieck AB_kC mit $k = -0{,}75$.

Bayern – FOS · BOS 12 – Fachabiturprüfung 2014
Mathematik CAS (Ausbildungsrichtung Technik) – Analysis A I

BE

1 Gegeben ist die reelle Funktion $f\colon x \mapsto \frac{1}{4}\ln\left(\frac{x^2-4x+4}{x^2+4x+4}\right)$ mit der maximalen Definitionsmenge D_f. Der Graph von f wird mit G_f bezeichnet.

1.1 Bestimmen Sie die maximale Definitionsmenge D_f. 3

1.2 Berechnen Sie **ohne CAS** die Nullstelle von f. 3

1.3 Zeigen Sie **ohne CAS**, dass G_f punktsymmetrisch zum Ursprung verläuft. 4

1.4 Bestimmen Sie das Verhalten von f(x) bei Annäherung von x an die Definitionslücken. 2

1.5 Bestimmen Sie **ohne CAS** das Verhalten von f(x) für $|x| \to \infty$. 3

1.6 Bestimmen Sie die maximalen Monotonieintervalle von f. 5
[Mögliches Teilergebnis: $f'(x) = \frac{2}{x^2-4}$]

1.7 Bestimmen Sie **ohne CAS** die maximalen Krümmungsintervalle von f und die Koordinaten des Wendepunktes von G_f. 6

1.8 Geben Sie die Gleichungen aller Asymptoten von G_f an und zeichnen Sie unter Verwendung der bisherigen Ergebnisse und weiterer geeigneter Funktionswerte den Graphen von f zusammen mit seinen Asymptoten für $-5 \le x \le 5$ in ein kartesisches Koordinatensystem. Maßstab: 1 LE = 1 cm. 8

1.9.0 Im vierten Quadranten schließt G_f zusammen mit der x-Achse und der senkrechten Geraden g mit der Gleichung $x = u$ mit $0 < u < 2$ ein Flächenstück ein.

1.9.1 Ergänzen Sie in der Zeichnung aus 1.8 die Gerade g für $u = 1$ und markieren Sie das beschriebene Flächenstück. 2

1.9.2 Gegeben ist die Funktion $F\colon x \mapsto -\ln(2-x) - \ln(2+x) + x \cdot \frac{1}{4}\ln\left(\frac{x^2-4x+4}{x^2+4x+4}\right)$ mit $D_F = [0; 2[$. Zeigen Sie **ohne CAS**, dass F für $x \in D_F$ eine Stammfunktion von f ist. 6

1.9.3 Ermitteln Sie unter Verwendung der Funktion F die Flächenmaßzahl A(u) des Flächenstücks aus 1.9.0 in Abhängigkeit von u und bestimmen Sie auf zwei Nachkommastellen gerundet den Wert des Parameters u so, dass $A(u) = 1$ ist. 5

2 In einem Fluss nimmt das Wasser beim Fließen Sauerstoff aus der Luft auf. Außerdem wird im Wasser Sauerstoff durch bestimmte Arten von Algen in Abhängigkeit von der Sonnenlichteinstrahlung produziert. Gleichzeitig wird während des ganzen Tages Sauerstoff von allen Organismen im Wasser verbraucht.

An einer bestimmten Messstelle ändert sich die Sauerstoffkonzentration k(t) in $\frac{\text{mg}}{\ell}$ des Flusswassers im Verlauf eines Tages sinusförmig mit der Periodendauer $T = 24\ \text{h}$. Der Verlauf kann näherungsweise durch $k(t) = a \cdot \sin(bt + c) + d$ beschrieben werden, wobei t mit $0 \leq t \leq 24$ die seit 0 Uhr verstrichene Zeit in Stunden beschreibt.

Kontinuierliche Messungen über den ganzen Tag hinweg ergaben das Minimum der Sauerstoffkonzentration im Wasser von $4{,}20\,\frac{\text{mg}}{\ell}$ um 4.00 Uhr morgens und das Maximum von $11{,}8\,\frac{\text{mg}}{\ell}$ um 16.00 Uhr am Nachmittag.

Auf das Mitführen der Einheiten kann bei den Berechnungen verzichtet werden.

2.1 Geben Sie mit Begründung einen geeigneten Funktionsterm k(t) an und zeichnen Sie das Schaubild dazu. 7

[Mögliches Teilergebnis: $k(t) = 3{,}8 \cdot \sin\left(\frac{\pi}{12}t - \frac{5\pi}{6}\right) + 8$]

2.2 Bestimmen Sie die Uhrzeit, zu der die Abnahme der Sauerstoffkonzentration am größten war. Auf eine Untersuchung an den Rändern des Beobachtungszeitraums kann dabei verzichtet werden. 5

2.3 Berechnen Sie **ohne CAS** mittels Integration die mittlere Sauerstoffkonzentration des Flusswassers für den Zeitraum von 0.00 Uhr bis 10.00 Uhr auf eine Nachkommastelle genau. 5

2.4 Mithilfe des Newton-Verfahrens soll näherungsweise der Zeitpunkt bestimmt werden, zu dem die Sauerstoffkonzentration erstmals $10{,}0\,\frac{\text{mg}}{\ell}$ erreicht. Benutnutzen Sie als Startwert $t = 10$, führen Sie zwei Näherungsschritte durch und geben Sie das Ergebnis mit 5 Nachkommastellen an. 4

2.5 Berechnen Sie nun den exakten Zeitpunkt, zu dem die Sauerstoffkonzentration erstmals $10{,}0\,\frac{\text{mg}}{\ell}$ erreicht. Geben Sie außerdem den Unterschied zwischen der Näherungslösung aus 2.4 und dem exakten Wert mit 5 Nachkommastellen an. 2

70

Tipps und Hinweise zur Lösung von Aufgabe A I mit CAS

Teilaufgabe 1.1

- Das Argument des Logarithmus muss positiv sein.
- Nutzen Sie mithilfe des CAS die faktorisierte Form und überprüfen Sie mit dem CAS-Befehl „domain".
- Der Nenner muss ungleich null sein.

Teilaufgabe 1.2

- Die Logarithmusfunktion hat eine Nullstelle, wenn das Argument der Funktion genau 1 ist.

Teilaufgabe 1.3

- Zeigen Sie, dass gilt: $f(-x) = -f(x)$. Verwenden Sie dabei auch ein Logarithmusgesetz.

Teilaufgabe 1.4

- Die Funktion besitzt zwei Definitionslücken, welche jeweils von rechts und links untersucht werden müssen.
- Die Aufgabe kann direkt mit dem CAS durchgeführt werden. Prüfen Sie Ihr Ergebnis mithilfe des Graphen auf Plausibilität.

Teilaufgabe 1.5

- Untersuchen Sie das Verhalten des Arguments der Logarithmusfunktion und schließen Sie daraus auf das Verhalten der Logarithmusfunktion. Sie können entweder den Zähler- und den Nennergrad betrachten oder die höchste Potenz ausklammen und kürzen.

Teilaufgabe 1.6

- Das Monotonieverhalten einer Funktion f kann über die 1. Ableitung f' bestimmt werden:
  Wenn $f'(x) > 0$ auf einem Intervall I ist, dann ist f auf I streng monoton steigend.
  Wenn $f'(x) < 0$ auf einem Intervall I ist, dann ist f auf I streng monoton fallend.
- Untersuchen Sie mithilfe des CAS das Vorzeichen von $f'(x)$ und schließen Sie daraus auf die Monotonieintervalle von f.

Teilaufgabe 1.7

- Eine Funktion f besitzt Wendepunkte an den Stellen, an denen ihre 1. Ableitung f' ein lokales Extremum hat.
- Bestimmen Sie die Nullstelle der zweiten Ableitung und untersuchen Sie das Vorzeichen der zweiten Ableitung.

Teilaufgabe 1.8

- Geben Sie alle drei Asymptoten an und erstellen Sie mit dem CAS eine Wertetabelle. Achten Sie dabei auf eine kleine Schrittweite in der Nähe der Definitionslücken.

Teilaufgabe 1.9.2

- Unter einer Stammfunktion einer reellen Funktion f versteht man eine differenzierbare Funktion F, deren Ableitungsfunktion F' mit f übereinstimmt.

- Zeigen Sie, dass gilt: $F'(x) = f(x)$. Eine Kontrolle mit dem CAS ist möglich.

Teilaufgabe 1.9.3

- Bestimmte Integrale in einem Intervall [a; b] sind positiv, wenn der Graph von f in diesem Intervall oberhalb der x-Achse verläuft. Sie sind negativ, wenn $f(x) < 0$ für alle $x \in [a; b]$.
- Beachten Sie, dass die markierte Fläche unterhalb der x-Achse liegt.
- Es ist sinnvoll, im CAS den Wertebereich für u einzuschränken.

Teilaufgabe 2.1

- Verschieben Sie gedanklich die Funktion in y-Richtung um 8 nach unten.
- Denken Sie an eine harmonische Schwingung, die um den Mittelwert von Maximum und Minimum pendelt.

Teilaufgabe 2.2

- Für den Zeitpunkt, an dem die Abnahme der Sauerstoffkonzentration am größten ist, müssen Sie das Änderungsverhalten der Ableitungsfunktion k' von k untersuchen.
- Es ist die Stelle für das Minimum von k' zu berechnen. Lassen Sie sich den Graphen von k' zur Kontrolle anzeigen und berechnen Sie dann das lokale Minimum mithilfe der 1. und der 2. Ableitung von k'.

Alternative

- Die Suche nach dem Maximum des Änderungsverhaltens der Funktion k entspricht der Bestimmung des Wendepunktes. („Die Sauerstoffkonzentration nimmt bis zum Wendepunkt immer stärker ab, nach Erreichen des Wendepunktes verlangsamt sich die Abnahme wieder.“)
- Ermitteln Sie den Wendepunkt rechnerisch.
- Kontrollieren Sie das Ergebnis auf einem anderen Weg, z. B. grafisch.

Teilaufgabe 2.3

- Die Rechtecksfläche mit den Seitenlängen 10 (Stunden) und „mittlere Sauerstoffkonzentration“ muss genauso groß sein wie die Fläche zwischen dem Graphen und der Zeitachse im Zeitintervall [0; 10].

Teilaufgabe 2.4

- Das Newton-Verfahren ist ein numerisches Verfahren zur Nullstellenbestimmung.
- Bestimmen Sie die Differenzfunktion d(t), indem Sie den Graphen von k um 10 nach unten verschieben.

Teilaufgabe 2.5

- Der gesuchte Zeitpunkt ist der Abszissenwert des Schnittpunkts des Graphen der Funktion k mit dem Graphen der Geradengleichung $y = 10$.
- Die exakte Lösung kann direkt mit dem CAS bestimmt werden.

Lösung

1.1 $f(x) = \frac{1}{4}\ln\left(\frac{x^2-4x+4}{x^2+4x+4}\right) = \frac{1}{4}\ln\left(\frac{(x-2)^2}{(x+2)^2}\right)$

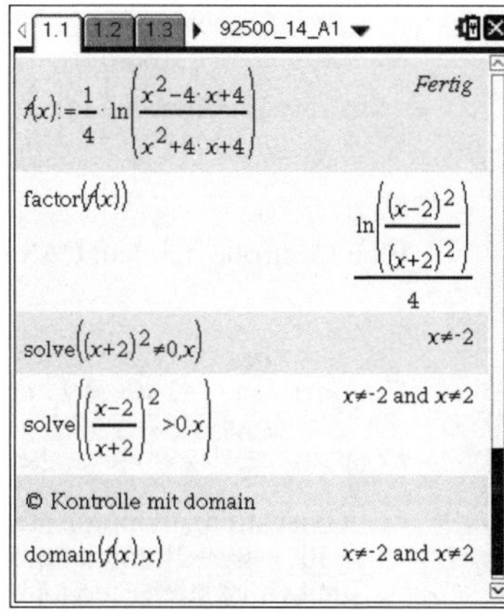

Nenner $\neq 0$:

$(x+2)^2 \neq 0 \overset{\text{CAS}}{\Rightarrow} x \neq -2$

ln-Argument > 0:

$\left(\frac{x-2}{x+2}\right)^2 > 0 \overset{\text{CAS}}{\Rightarrow} x \neq -2 \wedge x \neq 2$

$\Rightarrow \underline{\underline{D_f = \mathbb{R} \setminus \{-2; 2\}}}$

1.2 Vgl. Aufgabe 1.2 der Prüfung ohne CAS.

Eine Kontrolle mit dem CAS ist möglich.

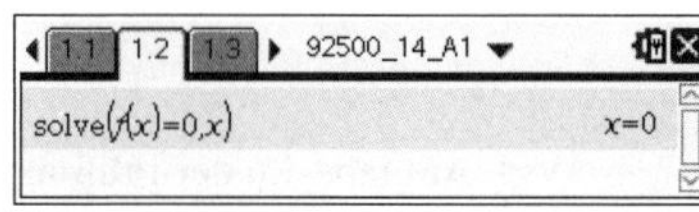

1.3 Vgl. Aufgabe 1.3 der Prüfung ohne CAS.

Zu beachten ist, dass eine Funktion nur symmetrisch zum Koordinatensystem sein kann, wenn auch die Definitionsmenge der Funktion symmetrisch ist.

Eine Kontrolle mit dem CAS ist möglich.

1.4 $\lim\limits_{x \to -2^{\pm}} f(x) \overset{\text{CAS}}{\rightarrow} \underline{\underline{\infty}}$

$\lim\limits_{x \to 2^{\pm}} f(x) \overset{\text{CAS}}{\rightarrow} \underline{\underline{-\infty}}$

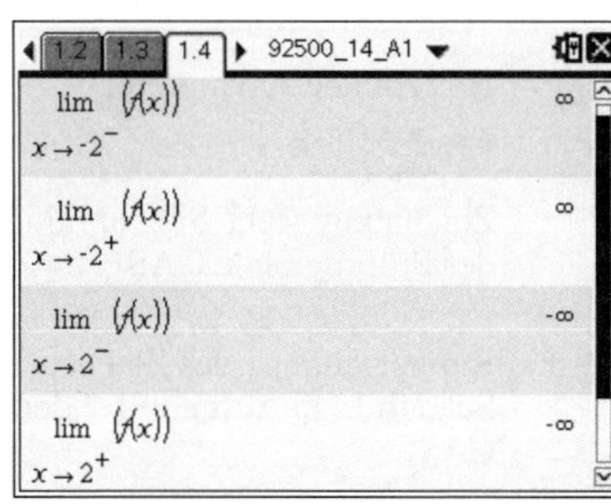

1.5 Zuerst das Argument von f(x) untersuchen:

$$x \to \pm\infty \;\Rightarrow\; \frac{x^2-4x+4}{x^2+4x+4} \to 1$$

$$\lim_{x \to \pm\infty} f(x) = \lim_{x \to \pm\infty} \left(\frac{1}{4} \ln \underbrace{\left(\frac{x^2-4x+4}{x^2+4x+4} \right)}_{\to 1} \right) = \underline{\underline{0}}$$

Eine Kontrolle mit dem CAS ist möglich.

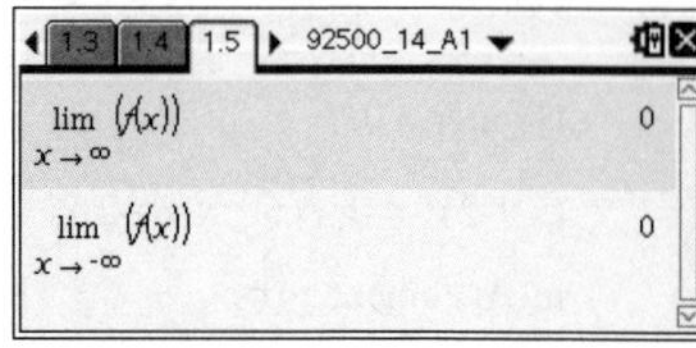

1.6 $f'(x) < 0 \overset{\text{CAS}}{\Rightarrow} -2 < x < 2$ und

$f'(x) > 0 \overset{\text{CAS}}{\Rightarrow} x < -2 \vee 2 < x$

$\Rightarrow$ G_f ist streng monoton steigend im Intervall $]-\infty; -2[$ sowie im Intervall $]2; +\infty[$ und G_f ist streng monoton fallend im Intervall $]-2; 2[$.

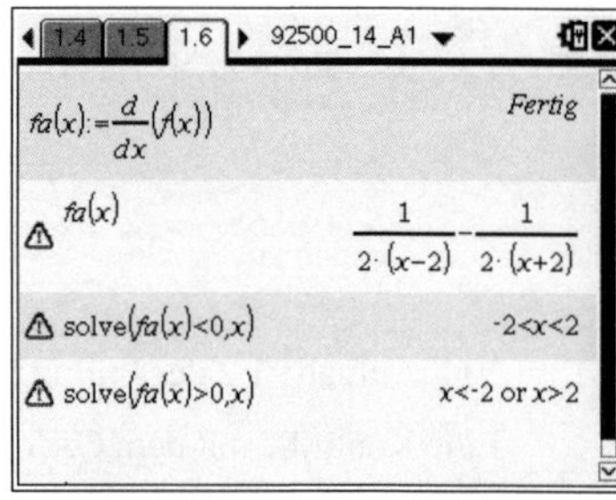

1.7 Vgl. Aufgabe 1.6 der Prüfung ohne CAS.

Eine Kontrolle mit dem CAS ist möglich.

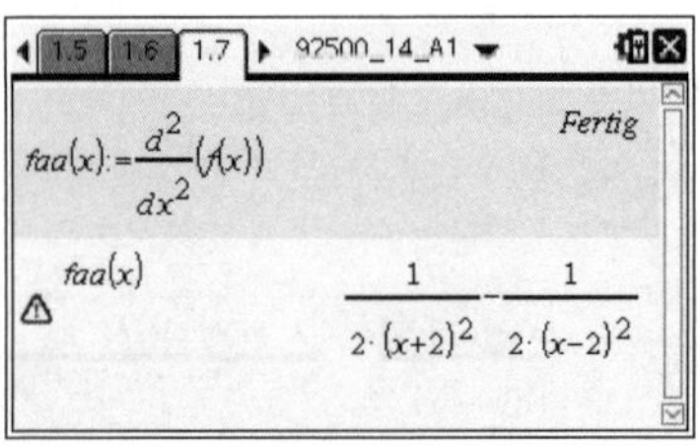

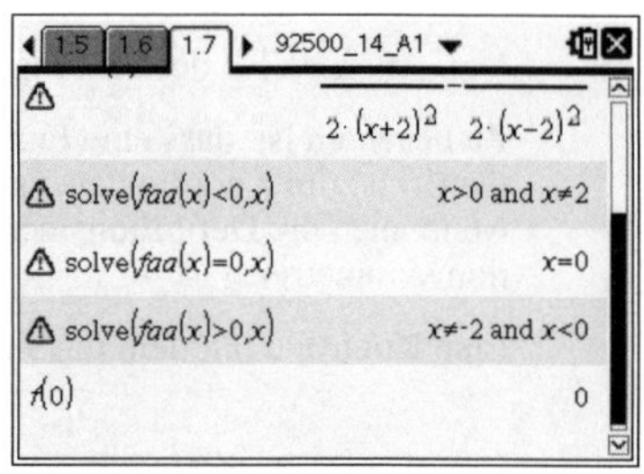

1.8 Vertikale Asymptoten:

a_1: $\underline{\underline{x = 2}}$; a_2: $\underline{\underline{x = -2}}$

Horizontale Asymptote:

a_3: $\underline{\underline{y = 0}}$

Zeichnung: siehe Schaubild in Aufgabe 1.7 der Prüfung ohne CAS

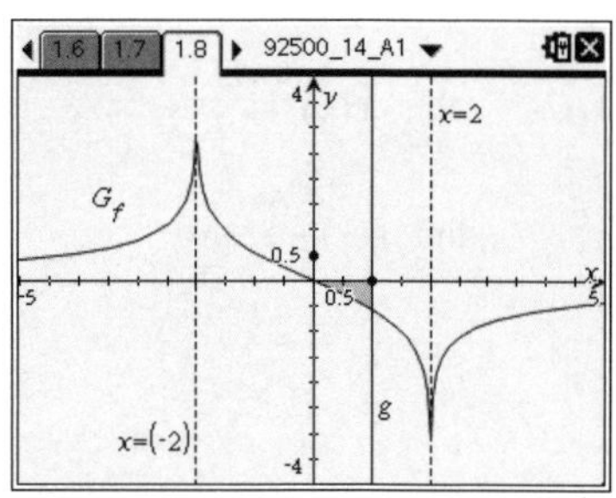

1.9.1 Kennzeichnung des Flächenstücks: siehe Schaubild in Aufgabe 1.7 der Prüfung ohne CAS

1.9.2 Vgl. Aufgabe 1.8.2 der Prüfung ohne CAS.
Das CAS liefert die Lösung direkt.

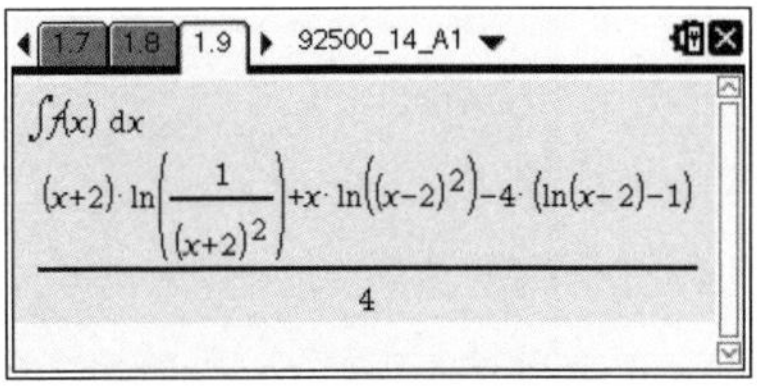

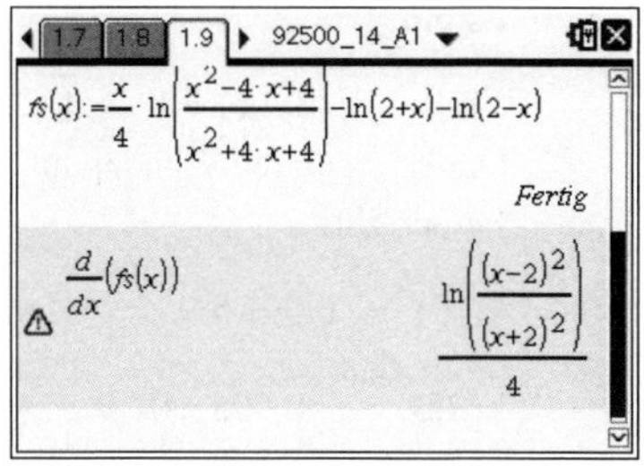

1.9.3 Die betrachtete Fläche liegt unter der x-Achse, weshalb das negative Integral bzw. die Fläche zwischen x-Achse (y = 0) und dem Graphen von f zu berechnen ist:

$$A(u) = 0 - \int_0^u f(x)\,dx = F(0) - F(u) \overset{\text{CAS}}{=}$$

$$\overset{\text{CAS}}{=} \underline{\underline{\ln(u+2) - 2\ln(2) + \ln(2-u) - \frac{u}{4}\cdot\ln\left(\frac{u^2-4u+4}{u^2+4u+4}\right)}}$$

$$A(u) = 1 \;\Rightarrow\; -\int_0^u f(x)\,dx = 1 \;\Rightarrow\; \underline{\underline{u \approx 1{,}81}}$$

Es ist sinnvoll, im CAS den Wert für u einzuschränken, um direkt die korrekte Lösung zu erhalten.

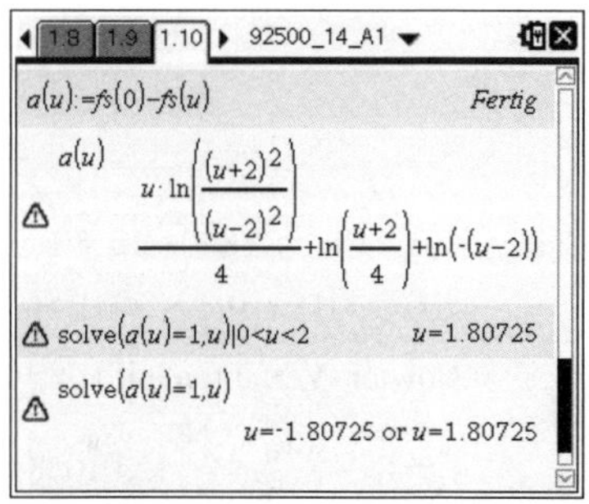

2.0 $k(t) = a\cdot\sin(bt + c) + d$ mit $0 \le t \le 24$

2.1 Vgl. Aufgabe 2.1 der Prüfung ohne CAS.

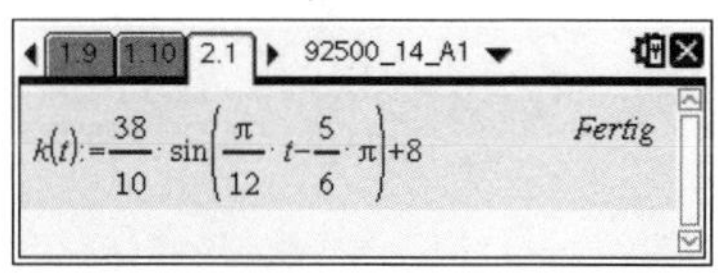

2.2 $\ddot{k}(t) \overset{\text{CAS}}{=} \frac{19\cdot\pi^2}{720}\sin\left(\frac{\pi}{12}t + \frac{\pi}{6}\right)$

$\ddot{k}(t) = 0 \overset{\text{CAS}}{\Rightarrow} t = 12\cdot n - 2$

Wegen $0 < t < 24$ muss $n \in \{1; 2\}$ sein:
$t_w = 10 \vee t_w = 22$

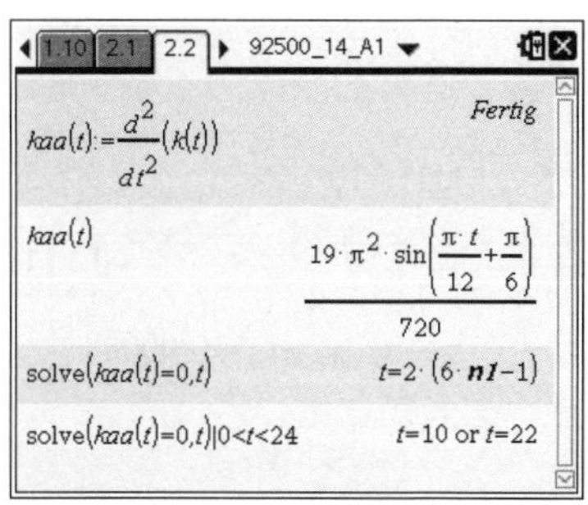

Es gilt:

$\dddot{k}(10) \overset{CAS}{\approx} -0{,}068 \neq 0 \;\wedge\; \dddot{k}(22) \overset{CAS}{\approx} 0{,}068 \neq 0$

Daher existieren Wendepunkte.

Ferner gilt:

$\dot{k}(10) \overset{CAS}{\approx} 0{,}995 > 0 \;\Rightarrow\;$ Zunahme

$\dot{k}(22) \overset{CAS}{\approx} -0{,}995 < 0 \;\Rightarrow\;$ Abnahme

$\Rightarrow$ Um **22 Uhr** war die Abnahme der Sauerstoffkonzentration am größten.

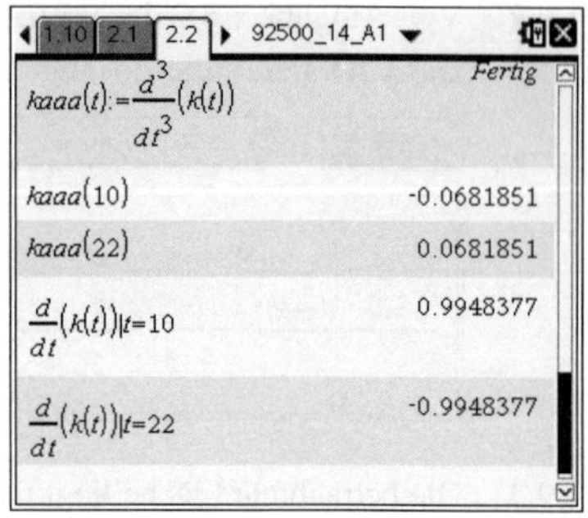

2.3 Vgl. Aufgabe 2.3 der Prüfung ohne CAS.

Eine Kontrolle mit dem CAS ist möglich.

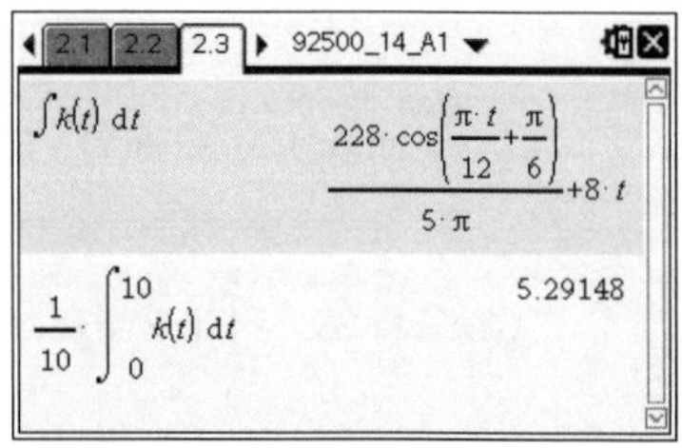

2.4 $k(t) = 10 \;\Rightarrow\; k(t) - 10 = 0$

$d(t) := k(t) - 10 \;\Rightarrow\; d(t) = 0$

Newton-Verfahren mit $t_0 = 10$:

$$t_1 = t_0 - \frac{d(t_0)}{\dot{d}(t_0)} \overset{CAS}{\approx} 12{,}01038$$

$$t_2 = t_1 - \frac{d(t_1)}{\dot{d}(t_1)} \overset{CAS}{\approx} \underline{\underline{12{,}11624}}$$

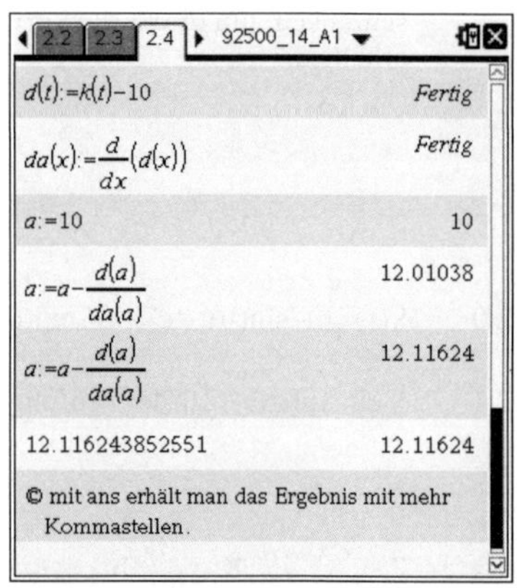

2.5 $k(t) = 10 \overset{CAS}{\Rightarrow} t_{exakt} = \frac{12}{\pi} \cdot \arcsin\left(\frac{10}{19}\right) + 10 \approx$

$\approx \underline{\underline{12{,}11712}}$

$\Rightarrow\; t_{exakt} - t_2 \approx \underline{\underline{0{,}00088}}$

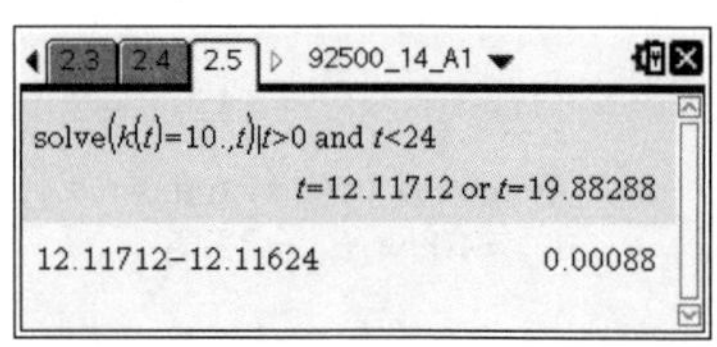

Bayern – FOS · BOS 12 – Fachabiturprüfung 2014
Mathematik CAS (Ausbildungsrichtung Technik) – Analysis A II

BE

1 Gegeben sind mit $a \in \mathbb{R}$ die reellen Funktionen $f_a\colon x \mapsto 1 - \dfrac{(1-a)\cdot x + a^2}{x^2 + (1-a)\cdot x}$ in der jeweils größtmöglichen Definitionsmenge $D_{f_a} = \mathbb{R} \setminus \{0; a-1\}$.

1.1 Zeigen Sie **ohne CAS**, dass gilt: $f_a(x) = \dfrac{(x+a)\cdot(x-a)}{x\cdot(x+1-a)}$ 3

1.2 Begründen Sie, warum der Graph von f_a für $a \in \mathbb{R} \setminus \{1\}$ nicht symmetrisch zum Koordinatensystem sein kann, und untersuchen Sie für $a = 1$ den Graphen von f_1 auf Symmetrie zum Koordinatensystem. 4

1.3 Bestimmen Sie Lage und Art der Definitionslücken von f_a in Abhängigkeit von a. 8

1.4.0 Für $a = 3$ erhält man die Funktion f_3, die im Folgenden mit f bezeichnet wird, d. h. $f(x) = f_3(x) = \dfrac{x^2 - 9}{x^2 - 2x}$.

1.4.1 Bestimmen Sie das Verhalten der Funktionswerte f(x) für $|x| \to \infty$ und in der Nähe der Definitionslücken von f. Geben Sie auch die Gleichungen der Asymptoten des Graphen von f an. 6

1.4.2 Untersuchen Sie **ohne CAS** das Monotonieverhalten der Funktion f und ermitteln Sie damit Art und Lage der Extrempunkte des Graphen von f. Runden Sie dabei die Ergebnisse auf zwei Nachkommastellen. 10

[mögliches Teilergebnis: $f'(x) = \dfrac{-2x^2 + 18x - 18}{(x^2 - 2x)^2}$]

1.4.3 Geben Sie die Nullstellen von f an und zeichnen Sie mithilfe Ihrer bisherigen Ergebnisse und geeigneter, zusätzlich berechneter Funktionswerte den Graphen der Funktion f mit seinen Asymptoten für $-5 \le x \le 10$ in ein kartesisches Koordinatensystem. Maßstab: 1 LE = 1 cm 6

1.4.4 Gegeben ist die Funktion F: $x \mapsto x - 2{,}5 \cdot \ln(2-x) + 4{,}5 \cdot \ln(-x)$ mit $D_F =]-\infty; 0[$. Zeigen Sie **ohne CAS**, dass für $x < 0$ die Funktion F eine Stammfunktion von f ist. 4

1.4.5 Der Graph von f schneidet die Winkelhalbierende des I. und III. Quadranten im Punkt P. Bestimmen Sie mithilfe des Newton-Verfahrens näherungsweise die Koordinaten des Punktes P so genau, dass sich seine x-Koordinate x_P um weniger als 10^{-4} vom Funktionswert $f(x_P)$ unterscheidet. Beginnen Sie mit dem Startwert $x_0 = -1{,}5$. 6
[Ergebnis: $P(-1{,}4260 \mid -1{,}4260)$]

1.4.6 Der Graph der Funktion f, die Winkelhalbierende des I. und III. Quadranten und die x-Achse schließen ein endliches Flächenstück ein. Markieren Sie dieses Flächenstück im Schaubild der Aufgabe 1.4.3 und berechnen Sie seine auf vier Nachkommastellen gerundete Flächenmaßzahl mithilfe des Ergebnisses aus Aufgabe 1.4.5. 4

2 Der Verlauf einer Hochspannungsleitung zwischen den Punkten Q und R wird für $x \in [-110; 110]$ näherungsweise durch die Gleichung

$$y = 333 \cdot (e^{\frac{x-50}{666}} + e^{-\frac{x-50}{666}}) - 658$$

beschrieben (siehe Skizze rechts).
Der Hang wird in der Skizze durch die Gerade OE mit der Gleichung $y = -0{,}1x$ begrenzt.
Auf das Mitführen der Einheit Meter kann bei den Berechnungen verzichtet werden. Alle Ergebnisse sind auf eine Nachkommastelle zu runden, sofern nicht anders angegeben.

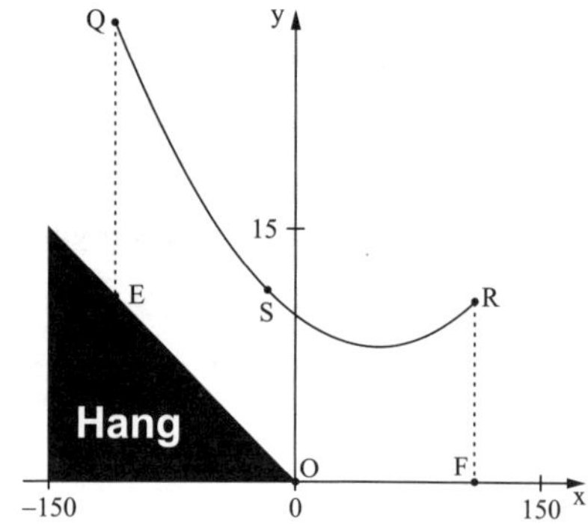

2.1 Berechnen Sie die Masthöhen $\overline{EQ}$ und $\overline{FR}$. 4

2.2 Berechnen Sie die Größe des Winkels φ, den die Hochspannungsleitung mit dem Mast im Punkt Q einschließt. 4

[mögliches Teilergebnis: $y'(x) = \frac{1}{2} \cdot e^{\frac{x-50}{666}} - \frac{1}{2} \cdot e^{-\frac{x-50}{666}}$]

2.3 Der Punkt S ist derjenige Punkt der Leitung, der die geringste Entfernung vom Hang hat. Die Leitung hat dort die gleiche Steigung wie der Hang (Nachweis nicht erforderlich). Berechnen Sie den **exakten** Wert der x-Koordinate von S.

[Hinweis: Benutzen Sie die Substitution $u = e^{\frac{x-50}{666}}$.] 6

2.4 S hat die x-Koordinate $x_S \approx -16{,}5$ (Nachweis nicht erforderlich). Berechnen Sie die geringste Entfernung des Punkts S vom Hang. 5

70

Tipps und Hinweise zur Lösung von Aufgabe A II mit CAS

Teilaufgabe 1.1

- Formen Sie den Term so um, dass Sie nur noch einen Bruchterm haben. Verwandeln Sie dazu die gegebene Differenz in einen Bruch und wandeln Sie dann jeweils die Zähler- und Nennersumme in ein Produkt um.

Teilaufgabe 1.2

- Argumentieren Sie mithilfe der Lage der Definitionslücken auf der x-Achse.
- Zeichnen Sie mithilfe des CAS den Graphen der Funktion für $a = 1$ und prüfen Sie mit dem CAS das Symmetrieverhalten rechnerisch.

Teilaufgabe 1.3

- Es sind die Fälle zu unterscheiden, an denen eine Nullstelle des Nenners eine mehrfache Nullstelle oder zugleich eine Nullstelle des Zählers werden kann.
- Des Weiteren muss untersucht werden, ob die Nullstelle des Nenners mit der Nullstelle des Zählers vollständig gekürzt werden kann. Ist dies der Fall, so erhält man eine stetig behebbare Definitionslücke. Lässt sich die Nullstelle kürzen und bleibt im Zähler aufgrund einer mehrfachen Nullstelle erhalten, bleibt an dieser Stelle eine Definitionslücke.
- Für die Untersuchung ist es hilfreich, diese Art von Sonderfällen direkt mit dem CAS zu berechnen. Dazu berechnet man die Werte für a, bei denen sowohl das Zählerpolynom als auch das Nennerpolynom gleichzeitig null werden können. Dazu kann man ein entsprechendes Gleichungssystem lösen.

Teilaufgabe 1.4.1

- Für das Verhalten gegen $\pm\infty$ vergleichen Sie den Grad des Nenners mit dem Grad des Zählers. Prüfen Sie Ihre Lösung mit dem CAS.
- Bestimmen Sie mit dem CAS die Definitionslücken und untersuchen Sie das Verhalten an den Rändern.

Teilaufgabe 1.4.2

- Das Monotonieverhalten einer Funktion f kann über die 1. Ableitung f' bestimmt werden:
  Wenn $f'(x) > 0$ auf einem Intervall I ist, dann ist f auf I streng monoton steigend.
  Wenn $f'(x) < 0$ auf einem Intervall I ist, dann ist f auf I streng monoton fallend.
- Untersuchen Sie das Vorzeichen von $f'(x)$ und schließen Sie daraus auf die Monotonieintervalle von f. Achten Sie dabei auf die Lage der Definitionslücken.
- Prüfen Sie Ihre Ergebnisse mit dem CAS.

Teilaufgabe 1.4.3

- Erstellen Sie eine geeignete Wertetabelle und vergleichen Sie Ihren Graphen mit dem vom CAS dargestellten.

Teilaufgabe 1.4.4

- Unter einer Stammfunktion einer reellen Funktion f versteht man eine differenzierbare Funktion F, deren Ableitungsfunktion F' mit f übereinstimmt.
- Zeigen Sie, dass gilt: $F'(x) = f(x)$

Teilaufgabe 1.4.5

- Das Newton-Verfahren ist ein numerisches Verfahren zur Nullstellenbestimmung.
- Nutzen Sie die Differenzfunktion $d(x) = f(x) - x$.

Teilaufgabe 1.4.6

- Bestimmte Integrale in einem Intervall [a; b] sind positiv, wenn der Graph von f in diesem Intervall oberhalb der x-Achse verläuft. Sie sind negativ, wenn $f(x) < 0$ für alle $x \in [a; b]$.
- Teilen Sie die von Ihnen markierte Fläche in zwei Teilflächen.
- Verwenden Sie den Hauptsatz der Integralrechnung.
- Beachten Sie, dass die markierte Fläche unterhalb der x-Achse liegt.

Teilaufgabe 2.1

- Bestimmen Sie den Unterschied der y-Koordinaten von geeigneten Punkten.
- Berechnen Sie mit dem CAS geeignete Funktionswerte.

Teilaufgabe 2.2

- Der gesuchte Winkel ist der Winkel zwischen der Tangenten zur Hochspannungsleitung im Punkt Q und der Geraden durch die Punkte E und Q.
- Der Winkel zwischen der Tangente im Punkt Q und der x-Achse lässt sich mithilfe des Tangens berechnen.
- Die Steigung einer Geraden ist die Differenz der y-Werte dividiert durch die Differenz der x-Werte. Im Punkt Q entspricht dies der ersten Ableitung an dieser Stelle. Dies ist auch gleich dem Tangens des Winkels zwischen der Tangente und der x-Achse.
- Folgern Sie aus diesem Winkel den Winkel zwischen Mast und Tangente.

Teilaufgabe 2.3

- Nutzen Sie das CAS erst nach der Substitution.
- Substituieren Sie nicht in der Funktion selbst, sondern bei der ersten Ableitung (siehe Zwischenergebnis).
- Beachten Sie, dass u aufgrund der Eigenschaften der Exponentialfunktion stetes größer null ist.
- Das Ergebnis erhalten Sie nach Rücksubstitution.

Teilaufgabe 2.4

- Bestimmen Sie die Gleichung der Normalen durch den Punkt S.
- Nutzen Sie für die Berechnung des Abstandes zweier Punkte den Satz des Pythagoras.

Lösung

1 $f_a(x) = 1 - \frac{(1-a)\cdot x + a^2}{x^2 + (1-a)\cdot x}$; $D_{f_a} = \mathbb{R}\setminus\{0;\, a-1\}$

1.1 Vgl. Aufgabe 1.1 der Prüfung ohne CAS.

Eine Kontrolle mit dem CAS ist möglich.

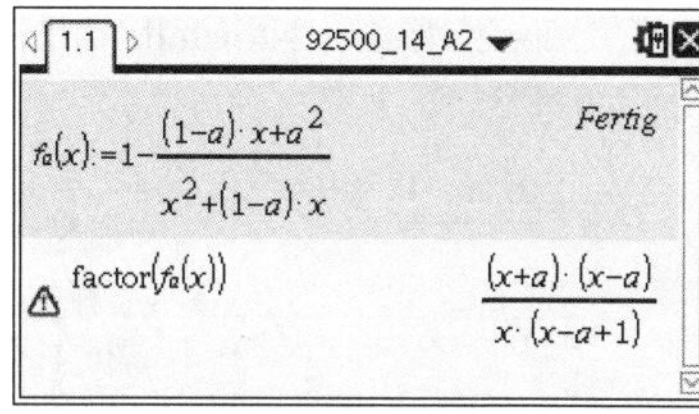

1.2 Für $a \in \mathbb{R}\setminus\{1\}$ besitzt die Funktion **zwei** Definitionslücken $x_1 = 0$ und $x_2 = a-1$. Da die beiden Definitionslücken nicht symmetrisch zu $x = 0$ sind, kann der Graph von f_a (mit $a \neq 1$) weder symmetrisch zur y-Achse noch symmetrisch zum Ursprung des Koordinatensystems sein.

Für $a = 1$ gilt:

$$f_1(x) = \frac{x^2-1}{x^2} = 1 - \frac{1}{x^2} \text{ mit } D_{f_1} = \mathbb{R}\setminus\{0\}$$

$\Rightarrow$ Der Graph von f_1 ist symmetrisch zur y-Achse des Koordinatensystems.

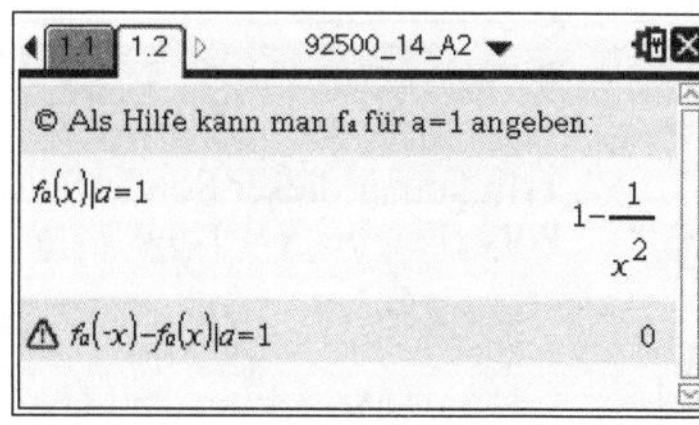

Rechnerisch:

$$f_1(-x) - f_1(x) \overset{\text{CAS}}{=} 0 \text{ für alle } x \in D_{f_1}$$

1.3 Das CAS liefert für die Nullstellen des Nenners:

$N(x) = x\cdot(x-a+1) = 0$

$\overset{\text{CAS}}{\Rightarrow}$ $x_1 = 0;\ x_2 = a-1$

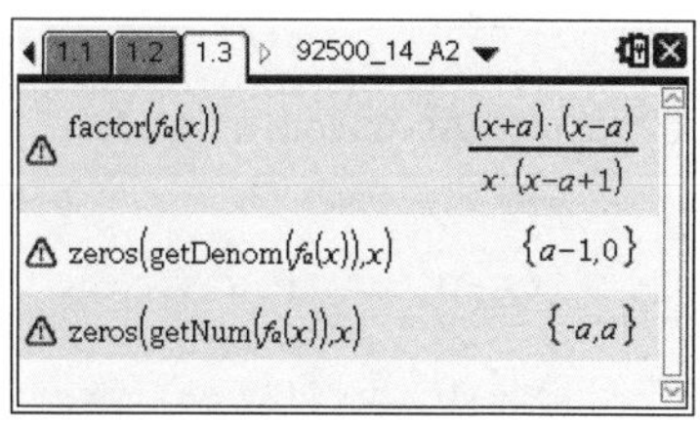

Eine doppelte Nullstelle erhält man genau dann, wenn $x_1 = x_2$, also wenn $a = 1$.

Für $\underline{\underline{a = 1}}$ gilt: $f_1(x) = \frac{x^2-1}{x^2}$ mit $D_{f_1} = \mathbb{R}\setminus\{0\}$

$\Rightarrow$ $x = 0$ ist eine Polstelle 2. Ordnung.

Entweder liest man die Nullstellen des Zählers aus der faktorisierten Form direkt ab oder man erhält mit dem CAS:

$Z(x) = (x+a)\cdot(x-a) = 0$

$\overset{\text{CAS}}{\Rightarrow}$ $x_1 = -a;\ x_2 = a$

Stellen, an denen sowohl das Zählerpolynom wie auch das Nennerpolynom gleichzeitig null werden können:

$$\left.\begin{array}{l} Z(x)=0 \\ N(x)=0 \end{array}\right\} \overset{\text{CAS}}{\Rightarrow} \quad a=0 \vee a=\frac{1}{2}$$

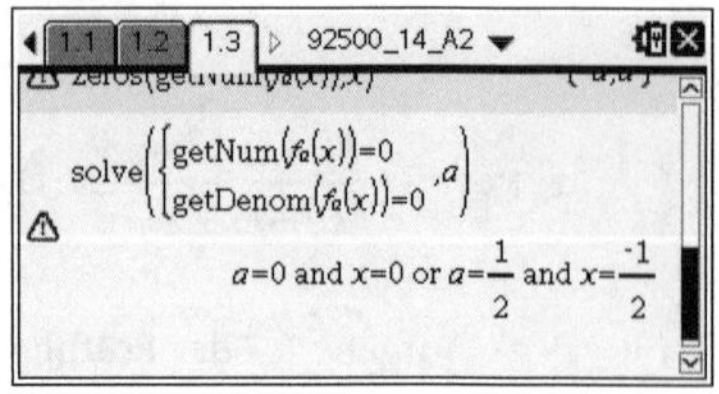

Für den Fall $a=0$ erhält man im Zähler eine doppelte Nullstelle bei $x=0$, welche sich mit der einfachen Nullstelle im Nenner bei $x=0$ kürzt.

Für $\underline{\underline{a=0}}$ gilt: $\quad f_0(x)=\frac{x^{\not 2}}{\not x\cdot(x+1)}=\frac{x}{x+1}$ mit $D_{f_0}=\mathbb{R}\setminus\{0;-1\}$

$\Rightarrow$ $x=0$ ist eine stetig behebbare Definitionslücke, $x=-1$ ist eine Polstelle 1. Ordnung.

Der andere Sonderfall $a=0{,}5$ bedeutet, dass die zweite Nullstelle des Nenners $(x=a-1)$ auch Nullstelle des Zählers ist.

Für $\underline{\underline{a=0{,}5}}$ gilt: $f_{0,5}(x)=\frac{\cancel{(x+0{,}5)}\cdot(x-0{,}5)}{x\cdot\cancel{(x+0{,}5)}}=\frac{x-0{,}5}{x}$ mit $D_{f_{0,5}}=\mathbb{R}\setminus\{0;-0{,}5\}$

$\Rightarrow$ $x=0$ ist eine Polstelle 1. Ordnung, $x=-0{,}5$ ist eine stetig behebbare Definitionslücke.

Tritt keiner dieser Sonderfälle ein, so erhält man für $\underline{\underline{a\in\mathbb{R}\setminus\{0;0{,}5;1\}}}$ zwei einfache Polstellen bei $x=0$ und $x=a-1$.

1.4.0 $\quad f_3(x)=f(x)=\frac{x^2-9}{x^2-2x};\ D_f=\mathbb{R}\setminus\{0;2\}$

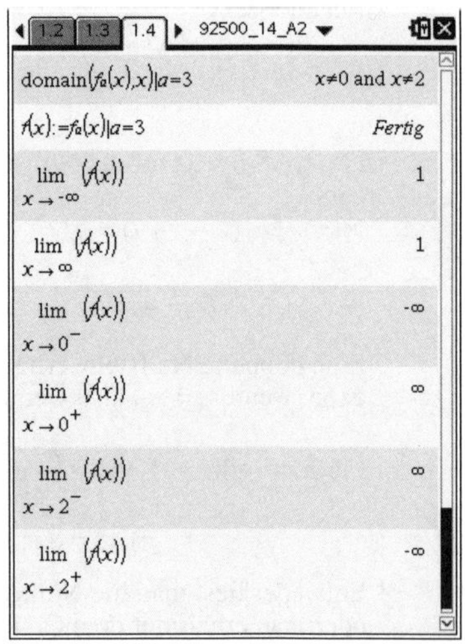

1.4.1 $\quad \lim\limits_{x\to\pm\infty} f(x) \overset{\text{CAS}}{=} 1$

$\Rightarrow$ Der Graph von f besitzt die horizontale Asymptote h: $\underline{\underline{y=1}}$.

$x\overset{<}{\to}0 \;\Rightarrow\; f(x)\overset{\text{CAS}}{\to}-\infty;$

$x\overset{>}{\to}0 \;\Rightarrow\; f(x)\overset{\text{CAS}}{\to}+\infty$

$x\overset{<}{\to}2 \;\Rightarrow\; f(x)\overset{\text{CAS}}{\to}+\infty;$

$x\overset{>}{\to}2 \;\Rightarrow\; f(x)\overset{\text{CAS}}{\to}-\infty$

$\Rightarrow$ Der Graph von f besitzt die vertikalen Asymptoten v_1: $\underline{\underline{x=0}}$; v_2: $\underline{\underline{x=2}}$.

1.4.2 Vgl. Aufgabe 1.4.2 der Prüfung ohne CAS.

Eine Kontrolle mit dem CAS ist möglich.

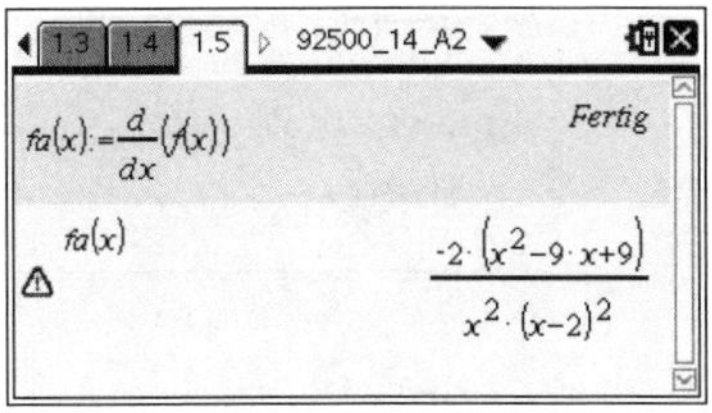

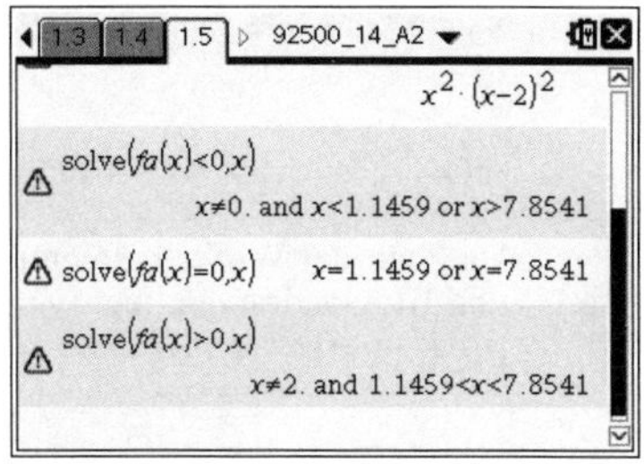

1.4.3 Nullstellen von f:

$$f(x)=0 \overset{\text{CAS}}{\Rightarrow} \underline{\underline{x_1=-3}};\ \underline{\underline{x_2=3}}$$

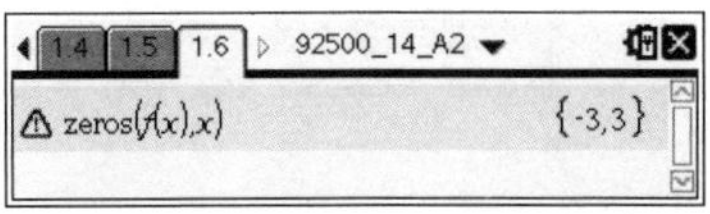

Graph:
Vgl. Aufgabe 1.4.3 der Prüfung ohne CAS.

Eine Kontrolle mit dem CAS ist möglich.

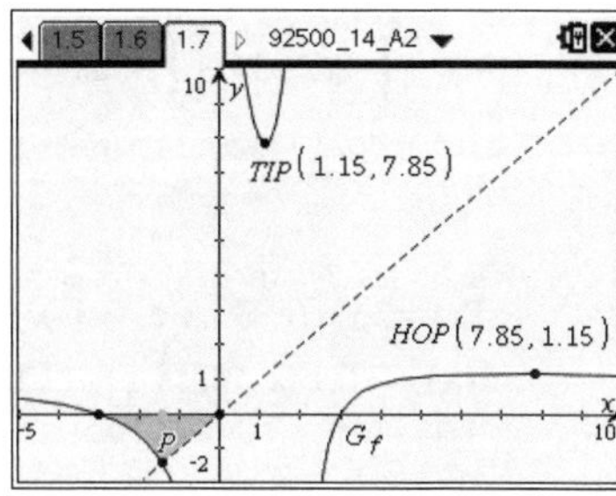

1.4.4 Vgl. Aufgabe 1.4.4 der Prüfung ohne CAS.

Eine Kontrolle mit dem CAS ist möglich.

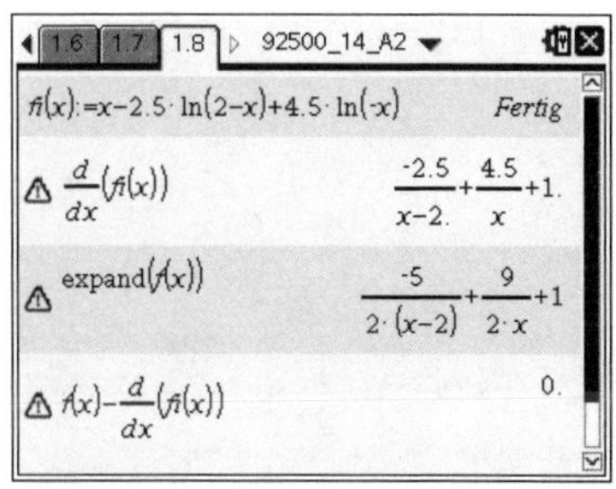

1.4.5 $f(x)=x \iff f(x)-x=0$

$d(x)=f(x)-x;\ d'(x)=f'(x)-1$

$x_0=-1{,}5$

$$x_1=x_0-\frac{d(x_0)}{d'(x_0)} \overset{\text{CAS}}{=} -1{,}423357\ldots$$

$$|d(x_1)| \overset{\text{CAS}}{\approx} 0{,}0079>10^{-4}$$

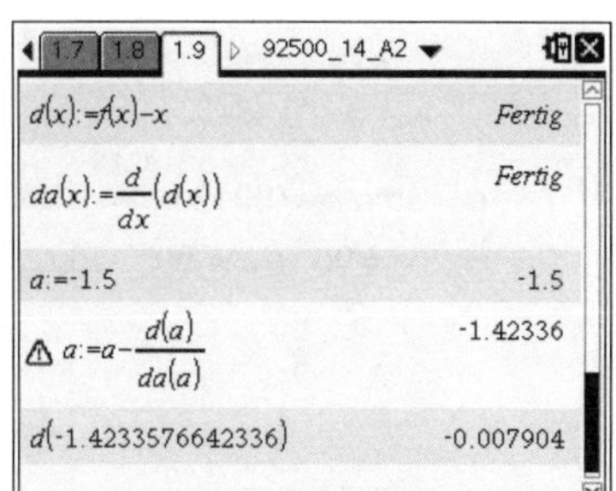

$$x_2 = x_1 - \frac{d(x_1)}{d'(x_1)} \overset{\text{CAS}}{=} -1{,}425985\ldots$$

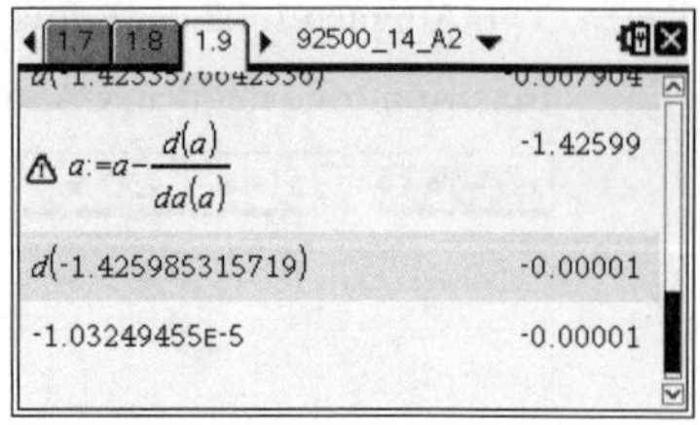

$$|d(x_2)| \overset{\text{CAS}}{\approx} 1{,}03 \cdot 10^{-5} < 10^{-4}$$

Da P auf der Winkelhalbierenden des I. und III. Quadranten liegt (y = x), gilt:
$\underline{\underline{P(-1{,}4260 \,|\, -1{,}4260)}}$

1.4.6 Kennzeichnung des Flächenstücks: siehe Schaubild in Aufgabe 1.4.3

$$A = -\int_{-3}^{x_P} f(x)\,dx - \int_{x_P}^{0} x\,dx \overset{\text{CAS}}{\approx} \underline{\underline{1{,}8445}}$$

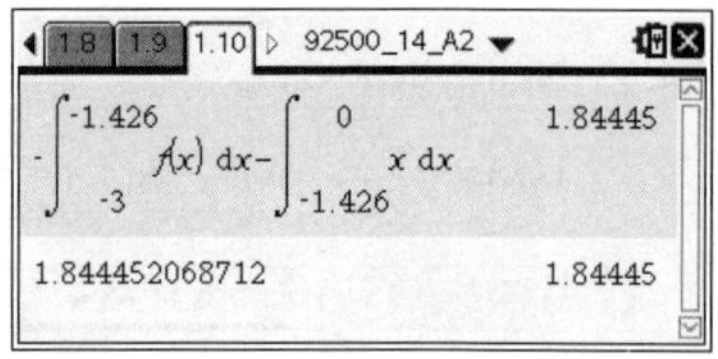

2 $s(x) = 333 \cdot (e^{\frac{x-50}{666}} + e^{-\frac{x-50}{666}}) - 658$ mit $x \in [-110; 110]$;
$h(x) = -0{,}1 \cdot x$ mit $x \in [-110; 0]$

2.1 $\underline{\underline{\overline{FR}}} = s(110) \overset{\text{CAS}}{\approx} \underline{\underline{10{,}7}}$

$\underline{\underline{\overline{EQ}}} = s(-110) - h(-110) \overset{\text{CAS}}{\approx} \underline{\underline{16{,}3}}$

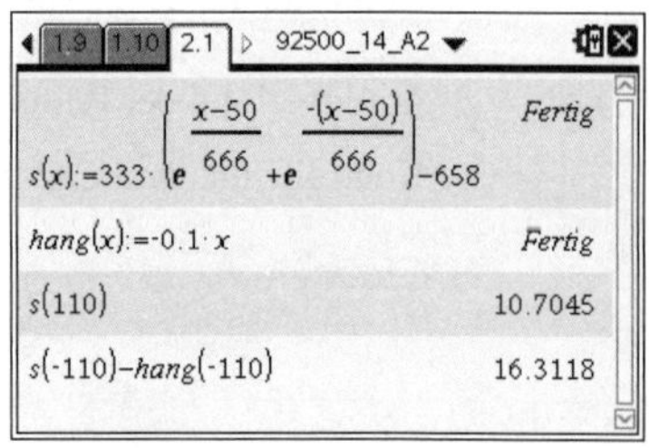

2.2 $s'(x) \overset{\text{CAS}}{=} \frac{1}{2} \cdot (e^{\frac{x-50}{666}} - e^{-\frac{x-50}{666}})$

$$\tan(\alpha) = s'(-110) = \frac{1}{2} \cdot (e^{-\frac{160}{666}} - e^{\frac{160}{666}}) \overset{\text{CAS}}{\approx}$$

$$\overset{\text{CAS}}{\approx} -0{,}2426$$

$$\alpha \approx \arctan(-0{,}2426) \overset{\text{CAS}}{\approx} -13{,}6°$$

$\Rightarrow \underline{\underline{\varphi}} = 90° + \alpha \approx 90° - 13{,}6° = \underline{\underline{76{,}4°}}$

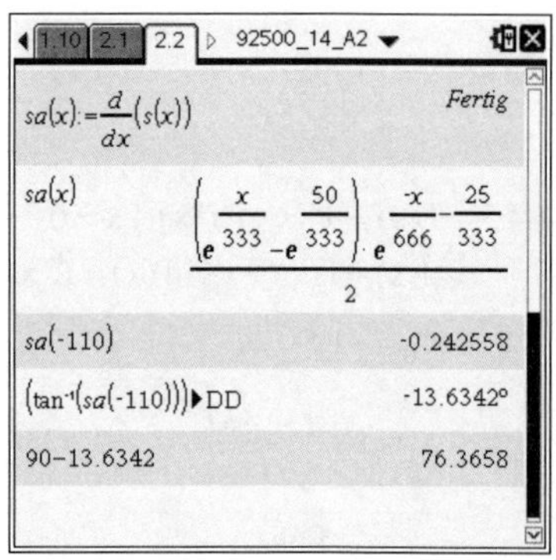

2.3 $s'(x) = -0{,}1 \iff \frac{1}{2}\cdot\left(e^{\frac{x-50}{666}} - e^{-\frac{x-50}{666}}\right) = -0{,}1$

Substitution: $u = e^{\frac{x-50}{666}} > 0$, da die Wertemenge der e-Funktion $\mathbb{R}^+$ ist

$$\frac{1}{2}\left(u - \frac{1}{u}\right) = -\frac{1}{10} \overset{\text{CAS}}{\Rightarrow} u = \frac{-1+\sqrt{101}}{10}$$

Rücksubstitution:

$$e^{\frac{x-50}{666}} = u \Rightarrow e^{\frac{x-50}{666}} = \frac{-1+\sqrt{101}}{10}$$

Umformen nach x ergibt mit dem CAS:

$$\underline{\underline{x_S = 2\cdot\left(333\cdot\ln(\sqrt{101}-1) - 333\cdot\ln(10) + 25\right)}}$$

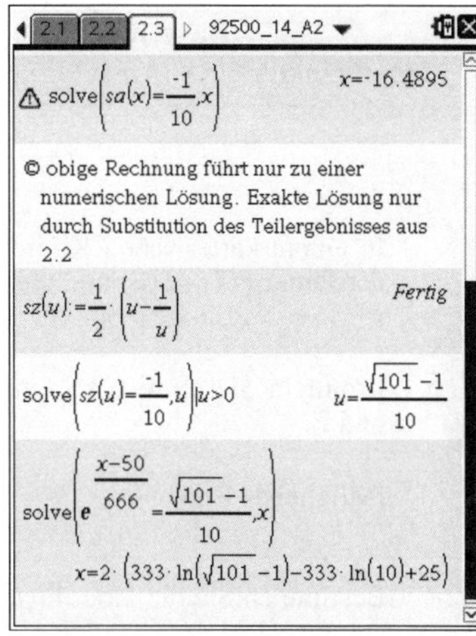

2.4 $x_S \approx -16{,}5 \overset{\text{CAS}}{\Rightarrow} y_S = s(x_S) \approx 11{,}3$

Normale (Gerade n mit Steigung $-\frac{1}{m_{Hang}}$) durch den Punkt S:

$$n(x) = -\frac{1}{m_{Hang}}\cdot(x - x_S) + y_S \approx$$

$$\approx -\frac{1}{-0{,}10}\cdot\left(x-(-16{,}5)\right) + 11{,}3 =$$

$$= 10\cdot x + 176{,}3$$

Normale geschnitten mit der Geraden des Hanges:

$$n(x) = -0{,}1\cdot x \overset{\text{CAS}}{\Rightarrow} x_L \approx -17{,}46$$

$$\Rightarrow y_L = -0{,}1\cdot x_L \approx 1{,}75$$

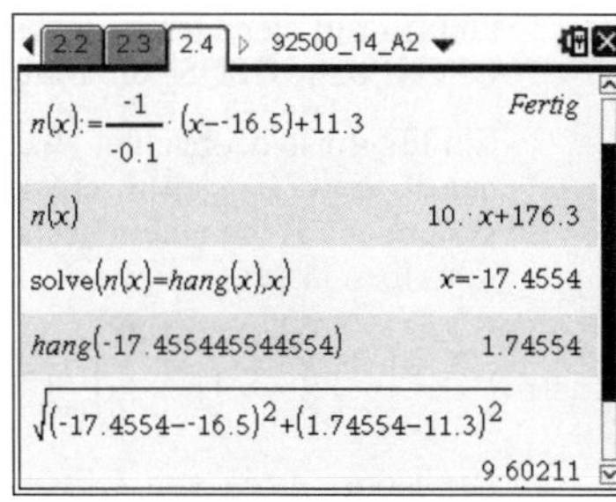

Der Abstand berechnet sich mit dem Satz des Pythagoras:

$$\overline{SL} = \sqrt{(x_L - x_S)^2 + (y_L - y_S)^2} \approx \sqrt{\left(-17{,}46-(-16{,}5)\right)^2 + (1{,}75-11{,}3)^2} \approx \underline{\underline{9{,}6}}$$

BE

1 In einem kartesischen Koordinatensystem des $\mathbb{R}^3$ mit dem Ursprung O sind der Punkt $P(7\,|-2\,|\,8)$ und die Ebenen E, F und G_k mit $k \in \mathbb{R}$ gegeben:
$E: -4x_1 - x_2 + x_3 + 18 = 0$; $F: 2x_1 + x_2 - 12 = 0$; $G_k: x_2 + x_3 + k = 0$

1.1 Ermitteln Sie **ohne CAS** eine Gleichung der Schnittgeraden s der Ebenen E und F. 4

[Mögliches Ergebnis: $s: \vec{x} = \begin{pmatrix} 3 \\ 6 \\ 0 \end{pmatrix} + \lambda \cdot \begin{pmatrix} 0{,}5 \\ -1 \\ 1 \end{pmatrix}$, $\lambda \in \mathbb{R}$]

1.2 Bestimmen Sie die Koordinaten des Punktes R, der durch Spiegelung des Ursprungs O an der Geraden s hervorgeht. 5

1.3 Bestimmen Sie **ohne CAS** alle Werte von k, für die die drei Ebenen E, F und G_k jeweils keinen gemeinsamen Punkt haben. 4

1.4 Zusätzlich sind die Gerade $h: \vec{x} = \begin{pmatrix} 3 \\ -3 \\ 9 \end{pmatrix} + \mu \cdot \begin{pmatrix} 4 \\ 1 \\ -1 \end{pmatrix}$ mit $\mu \in \mathbb{R}$ und der Punkt $Q(4\,|\,4\,|\,2)$ gegeben. Bestimmen Sie **ohne CAS** die Koordinaten der Punkte S_1 und S_2 auf der Geraden h so, dass das Volumen der jeweiligen Pyramide $OPQS_1$ bzw. $OPQS_2$ die Maßzahl 27 hat. 6

2 Ein Fluglotse beobachtet zwei Flugzeuge gleichzeitig, deren jeweilige Positionen F_1 bzw. F_2 sich in einem geeignet gewählten kartesischen Koordinatensystem des $\mathbb{R}^3$ in einem bestimmten Zeitraum durch folgende Gleichungen beschreiben lassen:

$\overrightarrow{OF_1} = \begin{pmatrix} -5{,}6 \\ -5{,}8 \\ 1{,}8 \end{pmatrix} + t_1 \cdot \begin{pmatrix} 0{,}6 \\ 0{,}8 \\ 0{,}2 \end{pmatrix}$, $t_1 \in [0; 30]$; $\overrightarrow{OF_2} = \begin{pmatrix} -7{,}8 \\ 0{,}8 \\ 4{,}0 \end{pmatrix} + t_2 \cdot \begin{pmatrix} 0{,}4 \\ 0{,}1 \\ 0 \end{pmatrix}$, $t_2 \in [0; 30]$

Die Koordinaten von $\overrightarrow{OF_1}$ und $\overrightarrow{OF_2}$ haben die Einheit km, die Parameter t_1 und t_2 beschreiben jeweils die nach dem gleichzeitigen Beobachtungsbeginn verstrichene Zeit in Minuten. Auf das Mitführen der Einheiten bei den Berechnungen kann verzichtet werden.

2.1 Zeigen Sie, dass sich die Flugbahnen schneiden und geben Sie die Koordinaten des Schnittpunkts T beider Flugbahnen an. Zeigen Sie weiterhin, dass es trotzdem zu keiner Kollision kommt. 5

2.2 Weisen Sie nach, dass zum Zeitpunkt t ab Beobachtungsbeginn für den Abstand d(t) zwischen beiden Flugzeugen gilt: $d(t) = \sqrt{0{,}57t^2 - 9{,}24t + 53{,}24}$. Bestimmen Sie außerdem den Zeitpunkt t_{min} (gerundet auf eine Nachkommastelle), zu dem der quadrierte Abstand (also $d(t)^2$) am geringsten ist. Geben Sie zusätzlich den Abstand zum Zeitpunkt t_{min} an. 6

30

Tipps und Hinweise zur Lösung von Aufgabe B I mit CAS

Teilaufgabe 1.1

- Die beiden Ebenen E und F können als lineare Gleichungen interpretiert werden. Damit erhält man ein unterbestimmtes Gleichungssystem.
- Für die Lösung kann man eine der drei Variablen frei wählen, z. B. x_3. Wählt man eine andere Variable, erhält man eine Lösung mit einer anderen Darstellung der Schnittgeraden s.

Teilaufgabe 1.2

- Für die Spiegelung des Ursprungs benötigt man den Lotfußpunkt auf der Geraden s.
- Die Lösung erfolgt entweder analog zur Prüfung ohne CAS oder durch Festlegen eines Vektors vom Ursprung zu einem allgemeinen Punkt auf der Geraden s. Der Lotfußpunkt kann mithilfe des Skalarprodukts aus diesem Vektor mit dem Richtungsvektor der Geraden s bestimmt werden.

Teilaufgabe 1.3

- Die drei Ebenen E, F G_k können als lineare Gleichungen interpretiert werden. Untersuchen Sie dieses Gleichungssystem und bestimmen Sie die Lösungsmenge in Abhängigkeit des Parameters k.

Teilaufgabe 1.4

- Das Volumen einer Pyramide kann mithilfe des Spatprodukts berechnet werden.
- Berechnen Sie zuerst das Spatprodukt $(\overrightarrow{OP} \times \overrightarrow{OQ}) \circ \overrightarrow{OS}$.

Teilaufgabe 2.1

- Fassen Sie $\overrightarrow{OF_1}$ und $\overrightarrow{OF_2}$ als Geradengleichungen auf und berechnen Sie den Schnittpunkt T der zugehörigen Geraden. Definieren Sie dazu die beiden Geraden im CAS als Gleichungen und lösen Sie dann das Gleichungssystem.
- Zeigen Sie dann, dass für die Koordinaten des Schnittpunktes T gilt: $t_1, t_2 \in [0; 30] \wedge t_1 \neq t_2$

Teilaufgabe 2.2

- Berechnen Sie für $t = t_1 = t_2$ die Abstandsfunktion $d(t) = |\overrightarrow{F_2F_1}|$ und führen Sie mit dem CAS eine Kurvendiskussion zur Bestimmung des Minimums durch. Untersuchen Sie dazu die erste Ableitung des Quadrates der Abstandsfunktion.

Lösung

1.1 Die Lösung erfolgt mithilfe eines linearen Gleichungssystems, da die beiden Ebenen jeweils als eigene Gleichung angesehen werden können:

$$\left(\begin{array}{ccc|c} -4 & -1 & 1 & -18 \\ 2 & 1 & 0 & 12 \end{array}\right)$$

$$\overset{I+II}{\Rightarrow} \left(\begin{array}{ccc|c} -2 & 0 & 1 & -6 \\ 2 & 1 & 0 & 12 \end{array}\right) \begin{array}{l} \Rightarrow \; -2 \cdot x_1 + x_3 = -6 \;\Rightarrow\; x_1 = 3 + 0{,}5 \cdot x_3 \\ \Rightarrow \; 2 \cdot x_1 + x_2 = 12 \;\Rightarrow\; x_2 = 12 - 2x_1 \;\Rightarrow\; x_2 = 6 - x_3 \end{array}$$

Mit $x_3 := \lambda \in \mathbb{R}$ folgt:

$$E \cap F = s\colon \; \underline{\underline{\vec{x} = \begin{pmatrix} 3 \\ 6 \\ 0 \end{pmatrix} + \lambda \cdot \begin{pmatrix} 0{,}5 \\ -1 \\ 1 \end{pmatrix}}}, \; \lambda \in \mathbb{R}$$

Das CAS bietet als Lösungskontrolle nach Berechnung des Gleichungssystems:

$$\left.\begin{aligned} x_1 &= \frac{1}{2}(c_1+6) \\ x_2 &= -(c_1-6) \\ x_3 &= c_1 \end{aligned}\right\} \Rightarrow \quad \vec{x} = \begin{pmatrix} 3+0{,}5c_1 \\ 6-c_1 \\ c_1 \end{pmatrix} = \begin{pmatrix} 3 \\ 6 \\ 0 \end{pmatrix} + c_1 \cdot \begin{pmatrix} 0{,}5 \\ -1 \\ 1 \end{pmatrix}$$

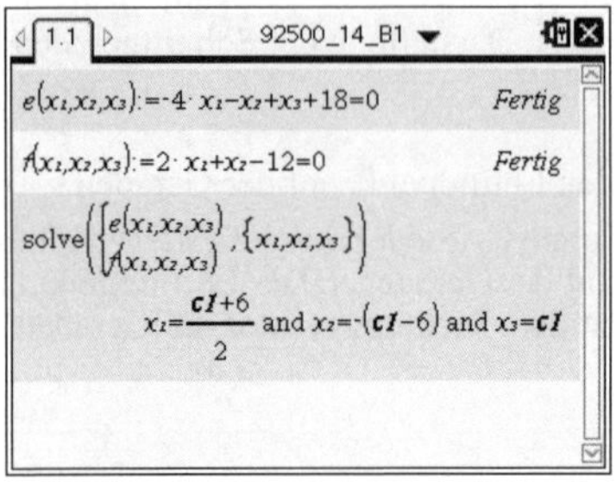

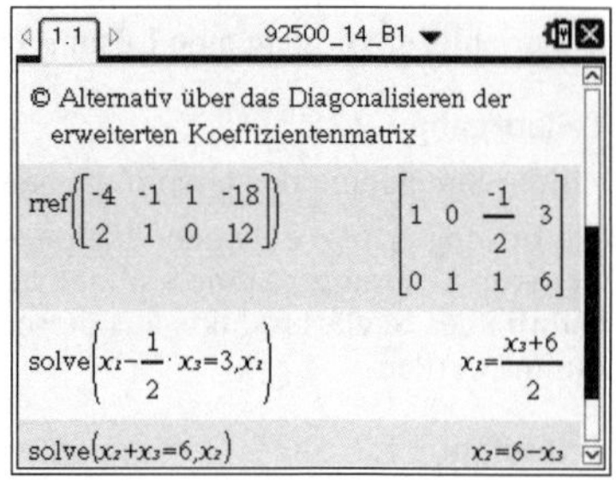

1.2 Für die Spiegelung benötigt man den kürzesten Abstand von O zu einem beliebigen Punkt $S \in s$. Dies ist genau dann der Fall, wenn das Skalarprodukt zwischen $\overrightarrow{OS}$ und dem Richtungsvektor von s null ergibt:

$$\overrightarrow{OS} \circ \begin{pmatrix} 0{,}5 \\ -1 \\ 1 \end{pmatrix} = 0 \Rightarrow \left(\begin{pmatrix} 3 \\ 6 \\ 0 \end{pmatrix} + \lambda \cdot \begin{pmatrix} 0{,}5 \\ -1 \\ 1 \end{pmatrix} \right) \circ \begin{pmatrix} 0{,}5 \\ -1 \\ 1 \end{pmatrix} = -4{,}5 + \lambda \cdot 2{,}25 = 0 \overset{\text{CAS}}{\Rightarrow} \lambda = 2$$

Für $\lambda = 2$ erhält man den Lotfußpunkt auf der Geraden s. Zweimal der Vektor $\overrightarrow{OS}$ ergibt den Ortsvektor zu R:

$$\overrightarrow{OS} = \begin{pmatrix} 3 \\ 6 \\ 0 \end{pmatrix} + 2 \cdot \begin{pmatrix} 0{,}5 \\ -1 \\ 1 \end{pmatrix} \overset{\text{CAS}}{=} \begin{pmatrix} 4 \\ 4 \\ 2 \end{pmatrix}$$

$$\Rightarrow \overrightarrow{OR} = 2 \cdot \overrightarrow{OS} \overset{\text{CAS}}{=} \begin{pmatrix} 8 \\ 8 \\ 4 \end{pmatrix}; \quad \underline{\underline{R(8\,|\,8\,|\,4)}}$$

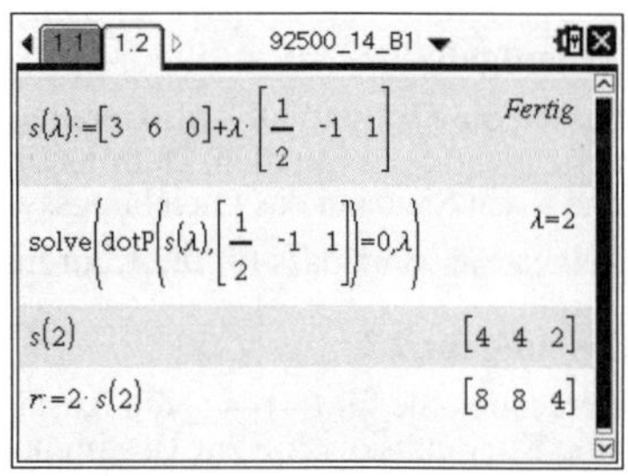

1.3 Vgl. Aufgabe 1.3 der Prüfung ohne CAS.

Für die Kontrolle mit dem CAS kann man das Gleichungssystem für die drei Ebenen lösen.

Achtung: Löst man diese Aufgabe mit dem Diagonalisieren der erweiterten Koeffizientenmatrix, erschließt sich die Lösung nicht. Das CAS gibt zwar einen Hinweis darauf, hilft aber nicht, die Lösung zu finden. Hintergrund ist, dass beim Erstellen der reduzierten Diagonalenform in der dritten Zeile, vierten Spalte eine 1 erzeugt wird, wo eigentlich $6+k$ steht. Das CAS dividiert hier durch $6+k$, unter der Voraussetzung, dass k nicht -6 ist, und zeigt dies durch das Warndreieck mit dem Hinweis, dass die Lösung nicht vollständig ist, an.

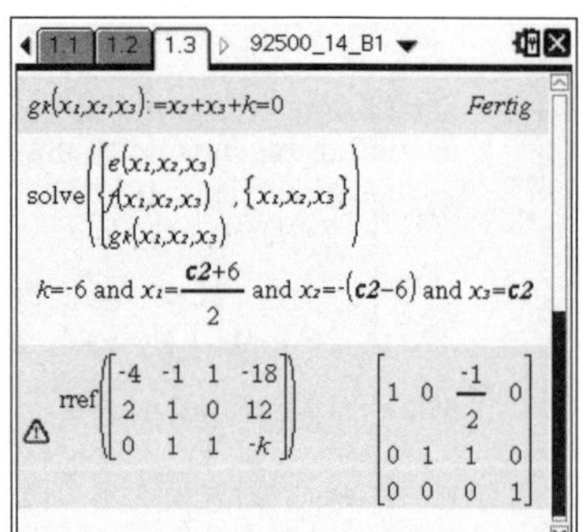

1.4 Vgl. Aufgabe 1.4 der Prüfung ohne CAS.

Eine Kontrolle mit dem CAS ist möglich.

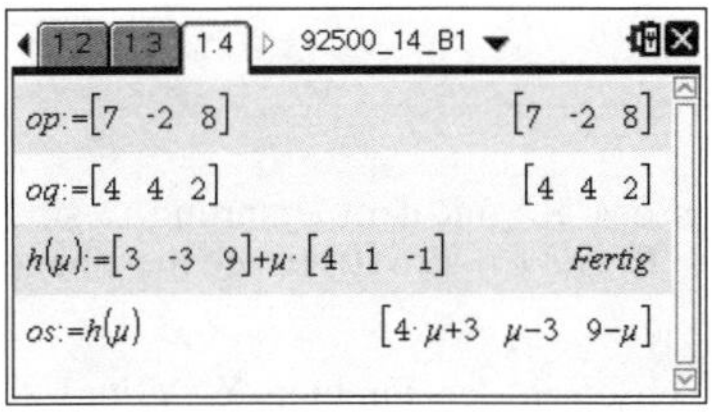

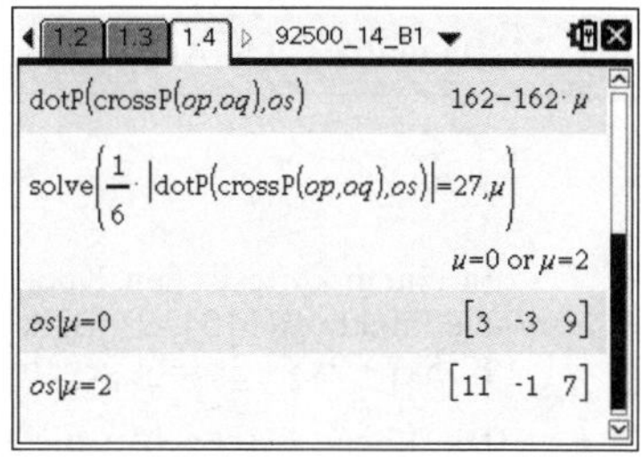

2.1 $\overrightarrow{OF_1}=\begin{pmatrix}-5{,}6\\-5{,}8\\1{,}8\end{pmatrix}+t_1\cdot\begin{pmatrix}0{,}6\\0{,}8\\0{,}2\end{pmatrix};\ \overrightarrow{OF_2}=\begin{pmatrix}-7{,}8\\0{,}8\\4{,}0\end{pmatrix}+t_2\cdot\begin{pmatrix}0{,}4\\0{,}1\\0\end{pmatrix},\ t_1, t_2\in[0;30]$

$\overrightarrow{OF_1}=\overrightarrow{OF_2}\ \overset{\text{CAS}}{\Rightarrow}\ t_1=11,\ t_2=22$

$\overrightarrow{OT}=\begin{pmatrix}-5{,}6\\-5{,}8\\1{,}8\end{pmatrix}+11\cdot\begin{pmatrix}0{,}6\\0{,}8\\0{,}2\end{pmatrix}=\begin{pmatrix}1{,}0\\3{,}0\\4{,}0\end{pmatrix}$

$\Rightarrow$ Die Flugbahnen schneiden sich am Ort $\underline{\underline{T(1{,}0\,|\,3{,}0\,|\,4{,}0)}}$.

Es kommt aber zu keiner Kollision, da das Flugzeug auf der Flugbahn 2 den Ort T 11 Minuten nach dem Flugzeug auf der Flugbahn 1 erreicht.

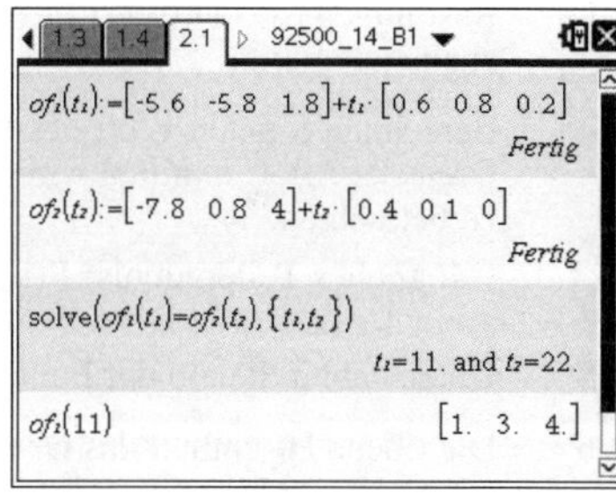

2.2 $d(t)=|\overrightarrow{F_2F_1}|=\underline{\underline{\sqrt{0{,}57t^2-9{,}24t+53{,}24}}}$

$(d(t))^2=0{,}57t^2-9{,}24t+53{,}24$

Minimum, wenn die erste Ableitung gleich null und die zweite Ableitung >0 ist:

$\frac{d}{dt}(d(t))^2=0\ \overset{\text{CAS}}{\Rightarrow}\ t=8{,}105\ldots$

$\frac{d^2}{dt^2}(d(t))^2\ \overset{\text{CAS}}{>}\ 0$ an der Stelle $t=8{,}105\ldots$

Also handelt es sich um ein absolutes Minimum (wegen Parabel):

$\underline{\underline{t_{min}\approx 8{,}1}}$

Minimaler Abstand:

$\underline{\underline{d(t_{min})\approx 4{,}0}}$

Nach ca. 8,1 Minuten ist der quadrierte Abstand minimal. Der minimale Abstand beträgt ca. 4 km.

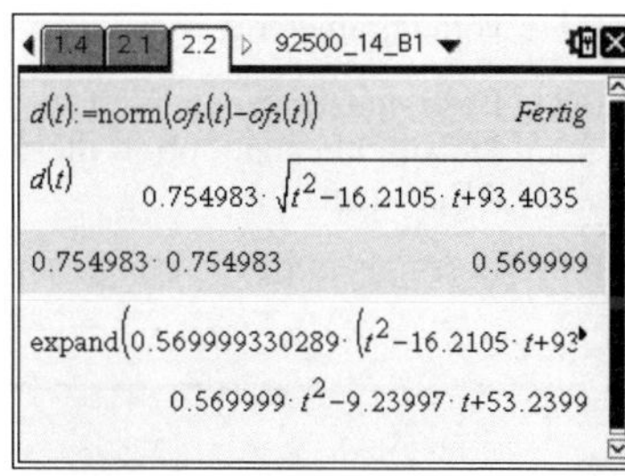

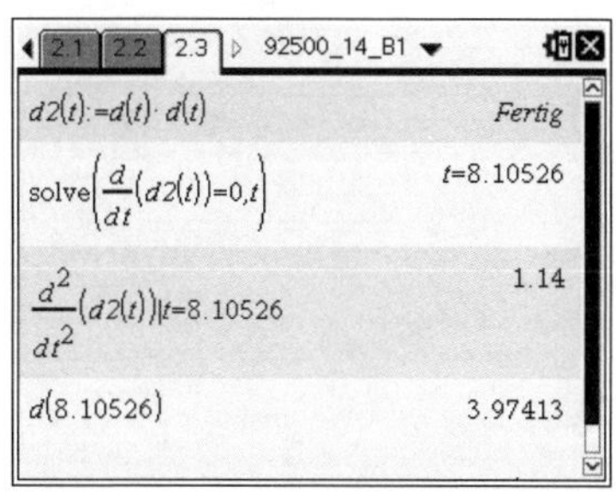

		BE
1	In einem kartesischen Koordinatensystem des $\mathbb{R}^3$ mit dem Ursprung O sind die Punkte $A(1\,|\,3\,|\,{-2})$, $B_k(k\,|\,0\,|\,1)$ mit $k \in \mathbb{R}$ und $C(-1\,|\,6\,|\,0)$ sowie die Ebene $E\colon 5x_1 + 2x_2 + 2x_3 = 4$ gegeben.	
1.1	Die Ebene E schneidet die Koordinatenachsen in den Punkten X, Y und Z. Bestimmen Sie das Volumen der Pyramide OXYZ.	4
1.2	Bestimmen Sie die Koordinaten des Punktes P, der durch Spiegelung des Punktes C an der Ebene E hervorgeht.	4
1.3	Bestimmen Sie den Wert für k so, dass die Vektoren $\overrightarrow{AB_k}$ und $\overrightarrow{AC}$ orthogonal zueinander sind.	3
1.4	Berechnen Sie den Wert des Parameters k so, dass der Flächeninhalt F(k) des Dreiecks AB_kC minimal wird. Hinweis: Es genügt, den Term unter der Wurzel zu betrachten. [Mögliches Teilergebnis: $F(k) = \frac{1}{2}\sqrt{13k^2 - 38k + 322}$]	4
1.5	Untersuchen Sie, ob der Punkt B_k auf der Geraden AC liegen kann.	3
1.6	Die Ebene H_k enthält das Dreieck AB_kC und wird beschrieben durch die Gleichung $H_k\colon -15x_1 - (2k+4)x_2 + (3k-9)x_3 = -12k - 9$ (Nachweis nicht erforderlich).	
1.6.1	Untersuchen Sie die gegenseitige Lage der Ebenen E und H_k in Abhängigkeit vom Parameter k.	5
1.6.2	Bestimmen Sie den Wert für k so, dass H_k den Ursprung enthält. Untersuchen Sie anschließend, ob in diesem Fall der Ursprung O im Inneren des Dreiecks AB_kC liegt.	4
1.6.3	Bestimmen Sie die Länge der kleinsten Seite des Dreiecks AB_kC.	3
		30

Tipps und Hinweise zur Lösung von Aufgabe B II mit CAS

Teilaufgabe 1.1

- Die Koordinatenachsen zeichnen sich dadurch aus, dass im Richtungsvektor zwei Komponenten null sind.
- Beachten Sie, dass jeweils zwei Koordinaten der Punkte X, Y und Z den Wert null haben.
- Bestimmen Sie das Volumen der dreiseitigen Pyramide mit dem CAS.

Teilaufgabe 1.2

- Die Spiegelung eines Punktes an einer Ebene berechnet man mit der Lotfußpunkt-Methode.
- Bestimmen Sie die Gleichung der Hilfsgeraden, welche senkrecht zur Ebene ist und als Aufpunkt den zu spiegelnden Punkt enthält.
- Berechnen Sie den Lotfußpunkt, indem Sie den Schnittpunkt der Hilfsgeraden mit der Ebene bestimmen. Benutzen Sie für die Berechnung mit dem CAS die vektorielle Normalenform der Ebene, in die Sie die Hilfsgerade einsetzen.
- Der gesuchte Spiegelpunkt ergibt sich, indem Sie vom zu spiegelnden Punkt zweimal den Verbindungsvektor von eben diesem Punkt zum Lotfußpunkt addieren.

Teilaufgabe 1.3

- Zwei Vektoren stehen aufeinander senkrecht, wenn ihr Skalarprodukt null ergibt.
- Berechnen Sie mit dem CAS den Wert für k, für den das Skalarprodukt $\overrightarrow{AB_k} \circ \overrightarrow{AC} = 0$ ist.

Teilaufgabe 1.4

- Die Fläche eines Dreiecks entspricht der halben Fläche des Parallelogramms, welches durch zwei Vektoren beschrieben wird. Der Betrag des Vektorprodukts dieser beiden Vektoren entspricht genau der Fläche dieses Parallelogramms.
- Verwenden Sie zur Berechnung des Flächeninhalts das Vektorprodukt $\overrightarrow{AB_k} \times \overrightarrow{AC}$.
- Bestimmen Sie mit dem CAS das Minimum der Funktion für den Flächeninhalt und interpretieren Sie den Radikanden des Wurzelterms F(k) als Term einer nach oben geöffneten Parabel.

Teilaufgabe 1.5

- Stellen Sie eine Geradengleichung durch die Punkte A und C auf und setzen Sie den Punkt B_k ein. Prüfen Sie, ob es einen Wert für k gibt, welcher die Gleichung erfüllt.
- *Alternativ* können Sie untersuchen, ob es einen Wert für k gibt, für den der Flächeninhalt F(k) des Dreiecks AB_kC null ergibt. Dann muss B_k auf der Geraden AC liegen.

Teilaufgabe 1.6.1

- Untersuchen Sie zuerst, für welchen Wert von k die beiden Ebenen sich nicht in einer gemeinsamen Geraden schneiden. Betrachten Sie dazu die Normalenvektoren der Ebenen.
- Sind die Normalenvektoren der beiden Ebenen linear abhängig, so existiert keine Schnittgerade. Prüfen Sie dann noch, ob die Ebenen identisch oder echt parallel sind.
- *Alternativ*: Bestimmen Sie mit dem CAS, unter welchen Bedingungen die Ebenengleichungen von H_k und E gleichzeitig erfüllt sind. Dazu können Sie entweder das Gleichungssystem lösen oder die erweiterte Koeffizientenmatrix diagonalisieren.

Teilaufgabe 1.6.2

- Ein Punkt ist genau dann in einer Ebene, wenn seine Koordinaten die Ebenengleichung erfüllen.
- Setzen Sie die Koordinaten von O in die Koordinatengleichung der Ebene H_k ein.
- Verwenden Sie für Ihre Untersuchung die Parameterform der entsprechenden Ebene H_k.
- Man kann einen Vektor $\overrightarrow{AP}$, wobei P ein beliebiger Punkt ist, durch eine Linearkombination der linear unabhängigen Vektoren $\overrightarrow{AB}$ und $\overrightarrow{AC}$ darstellen: $\overrightarrow{AP} = p \cdot \overrightarrow{AB} + q \cdot \overrightarrow{AC}$. Liegt der Punkt P innerhalb eines Dreiecks ABC, so sind p und q beide größer null und es gilt $p + q < 1$. Ist eine dieser Bedingungen nicht erfüllt, so liegt P nicht innerhalb des Dreiecks.

Teilaufgabe 1.6.3

- Der Abstand zwischen zwei Punkten ist genau der Betrag des Verbindungsvektors dieser beiden Punkte.
- Bestimmen Sie mit dem CAS die drei Längen und vergleichen Sie diese.

Lösung

1.1 E: $5x_1 + 2x_2 + 2x_3 = 4$

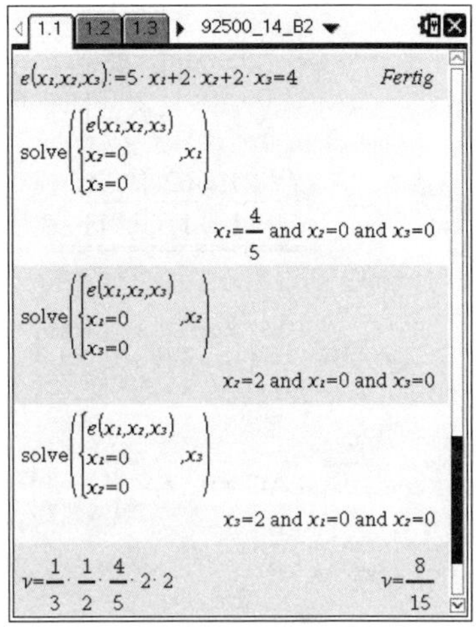

$E \cap x_1$-Achse:

$$5x_1 = 4 \overset{\text{CAS}}{\Leftrightarrow} x_1 = \frac{4}{5};\ X\left(\frac{4}{5} \,\middle|\, 0 \,\middle|\, 0\right)$$

$E \cap x_2$-Achse:

$$2x_2 = 4 \overset{\text{CAS}}{\Leftrightarrow} x_2 = 2;\ Y(0\,|\,2\,|\,0)$$

$E \cap x_3$-Achse:

$$2x_3 = 4 \overset{\text{CAS}}{\Leftrightarrow} x_3 = 2;\ Z(0\,|\,0\,|\,2)$$

Volumen einer dreiseitigen Pyramide:

$$\underline{\underline{V}} = \frac{1}{3} \cdot \text{Grundfläche}_{\Delta} \cdot \text{Höhe} =$$

$$= \frac{1}{3} \cdot \frac{1}{2} \cdot \overline{OX} \cdot \overline{OY} \cdot \overline{OZ} = \frac{1}{3} \cdot \frac{1}{2} \cdot \frac{4}{5} \cdot 2 \cdot 2 = \underline{\underline{\frac{8}{15}}}$$

Der Flächeninhalt eines Dreiecks kann als das halbe Produkt aus der Länge einer Dreiecksseite und der Länge der zugehörigen Höhe berechnet werden. Da die Spitze der Pyramide direkt über dem Ursprung liegt, ist die Höhe der Pyramide genau die x_3-Koordinate von Z.

Alternativ kann man das Volumen mithilfe des Spatprodukts ausrechnen:

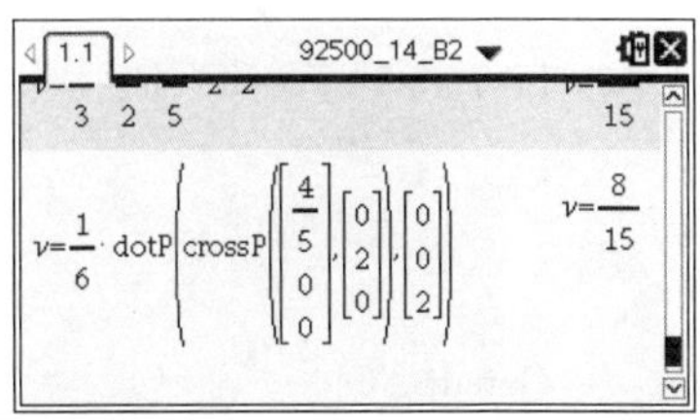

$$\underline{\underline{V}} = \frac{1}{6} \cdot \left|(\overrightarrow{OX} \times \overrightarrow{OY}) \circ \overrightarrow{OZ}\right| =$$

$$= \frac{1}{6} \cdot \left| \left[\begin{pmatrix} \frac{4}{5} \\ 0 \\ 0 \end{pmatrix} \times \begin{pmatrix} 0 \\ 2 \\ 0 \end{pmatrix} \right] \circ \begin{pmatrix} 0 \\ 0 \\ 2 \end{pmatrix} \right| \overset{\text{CAS}}{=} \underline{\underline{\frac{8}{15}}}$$

1.2 h: $\vec{x} = \overrightarrow{OC} + \lambda \cdot \vec{n}_E = \begin{pmatrix} -1 \\ 6 \\ 0 \end{pmatrix} + \lambda \cdot \begin{pmatrix} 5 \\ 2 \\ 2 \end{pmatrix},\ \lambda \in \mathbb{R}$

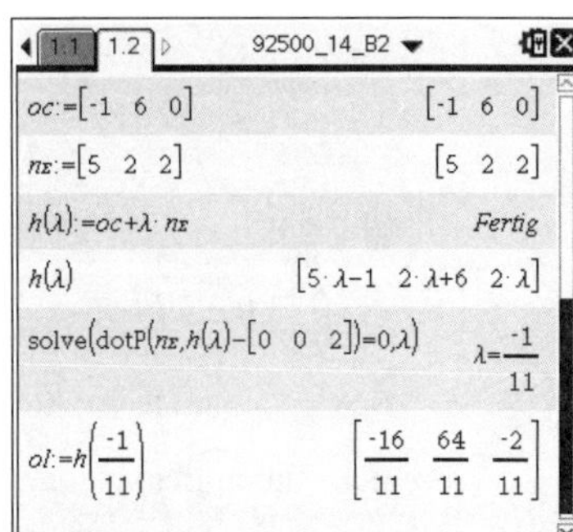

in E: $\vec{n}_E \circ (\vec{x} - \overrightarrow{OZ}) = 0$ einsetzen:

$$\overset{\text{CAS}}{\Rightarrow} \lambda = -\frac{1}{11} \Rightarrow \overrightarrow{OL} = \begin{pmatrix} -\frac{16}{11} \\ \frac{64}{11} \\ -\frac{2}{11} \end{pmatrix}$$

$$\Rightarrow \text{Lotfußpunkt } L\left(-\frac{16}{11} \,\middle|\, \frac{64}{11} \,\middle|\, -\frac{2}{11}\right)$$

$$\overrightarrow{OP} = \overrightarrow{OC} + 2 \cdot \overrightarrow{CL} = \overrightarrow{OC} + 2 \cdot (\overrightarrow{OL} - \overrightarrow{OC}) =$$

$$= \begin{pmatrix} -1 \\ 6 \\ 0 \end{pmatrix} + 2 \cdot \left(\begin{pmatrix} -\frac{16}{11} \\ \frac{64}{11} \\ -\frac{2}{11} \end{pmatrix} - \begin{pmatrix} -1 \\ 6 \\ 0 \end{pmatrix} \right) = \begin{pmatrix} -\frac{21}{11} \\ \frac{62}{11} \\ -\frac{4}{11} \end{pmatrix}$$

$$\Rightarrow \underline{\underline{P\left(-\frac{21}{11} \,\middle|\, \frac{62}{11} \,\middle|\, -\frac{4}{11}\right)}}$$

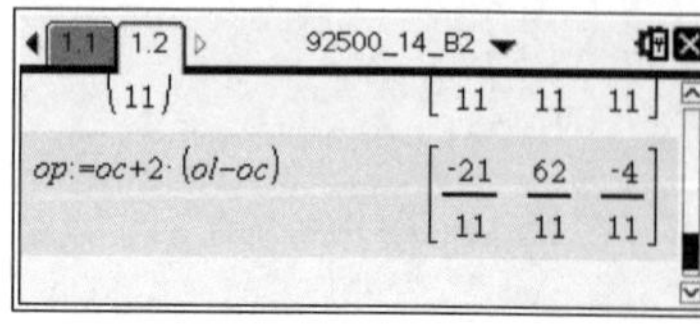

1.3 $\overrightarrow{AB_k} \overset{CAS}{=} \begin{pmatrix} k-1 \\ -3 \\ 3 \end{pmatrix}; \ \overrightarrow{AC} \overset{CAS}{=} \begin{pmatrix} -2 \\ 3 \\ 2 \end{pmatrix}$

$$\overrightarrow{AB_k} \circ \overrightarrow{AC} = 0 \quad \Leftrightarrow \quad \begin{pmatrix} k-1 \\ -3 \\ 3 \end{pmatrix} \circ \begin{pmatrix} -2 \\ 3 \\ 2 \end{pmatrix} = 0$$

$$\overset{CAS}{\Rightarrow} \ \underline{\underline{k = -\frac{1}{2}}}$$

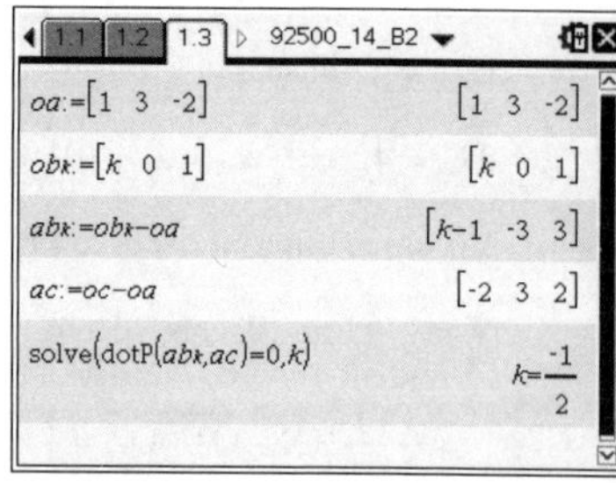

1.4 $F(k) = \frac{1}{2} \cdot |\overrightarrow{AB_k} \times \overrightarrow{AC}| \overset{CAS}{=}$

$$\overset{CAS}{=} \frac{1}{2} \cdot \sqrt{13k^2 - 38k + 322}$$

F(k) wird minimal bei:

$$k_{min} \overset{CAS}{=} \underline{\underline{\frac{19}{13}}}$$

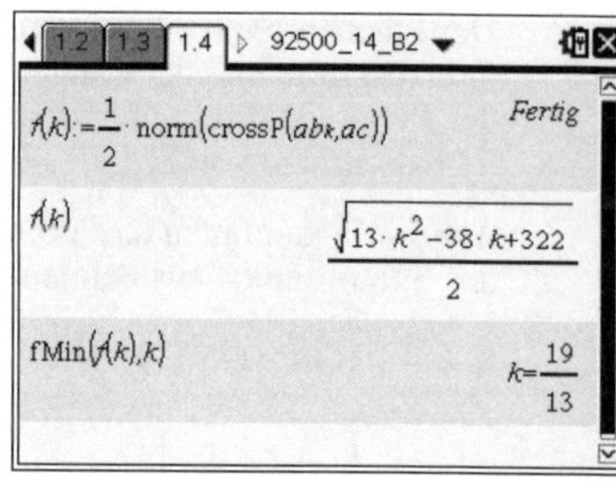

1.5 Gerade AC:

$$g_{AC}: \vec{x} = \overrightarrow{OA} + \mu \cdot (\overrightarrow{OC} - \overrightarrow{OA}) \overset{CAS}{=}$$

$$\overset{CAS}{=} \begin{pmatrix} 1 \\ 3 \\ -2 \end{pmatrix} + \mu \cdot \begin{pmatrix} -2 \\ 3 \\ 2 \end{pmatrix}, \ \mu \in \mathbb{R}$$

Gilt $B_k \in g_{AC}$?

$$\begin{pmatrix} k \\ 0 \\ 1 \end{pmatrix} = \begin{pmatrix} 1 \\ 3 \\ -2 \end{pmatrix} + \mu \cdot \begin{pmatrix} -2 \\ 3 \\ 2 \end{pmatrix} \overset{CAS}{\Rightarrow} \ \text{keine Lösung}$$

$$\Rightarrow \ B_k \notin g_{AC} \ \text{für alle } k \in \mathbb{R}$$

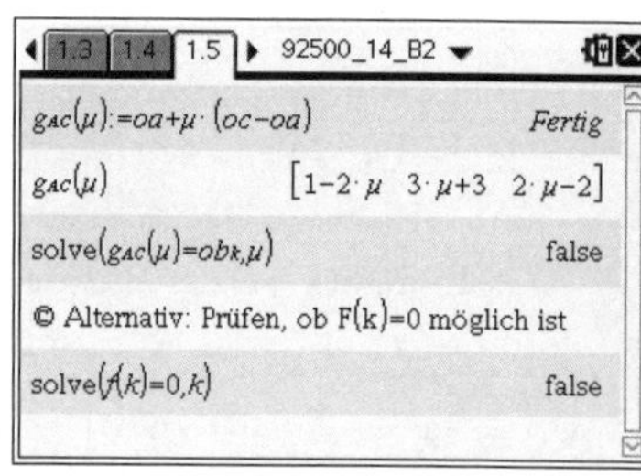

Alternativ durch Betrachtung von F(k): Für $B_k \in g_{AC}$ muss $F(k) = 0$ sein. Mit dem CAS:
$F(k) \neq 0$ für alle $k \in \mathbb{R} \ \Rightarrow \ B_k \notin g_{AC}$ für alle $k \in \mathbb{R}$

1.6.1 $H_k: -15x_1 - (2k+4)x_2 + (3k-9)x_3 = -12k-9$; $E: 5x_1 + 2x_2 + 2x_3 = 4$

Alternative 1: Schnittgerade existiert nur, wenn die Normalenvektoren der Ebenen H_k und E linear unabhängig sind.

$$\begin{pmatrix} -15 \\ -2k-4 \\ 3k-9 \end{pmatrix} = t \cdot \begin{pmatrix} 5 \\ 2 \\ 2 \end{pmatrix} \overset{\text{CAS}}{\Rightarrow} k = 1 \wedge t = -3$$

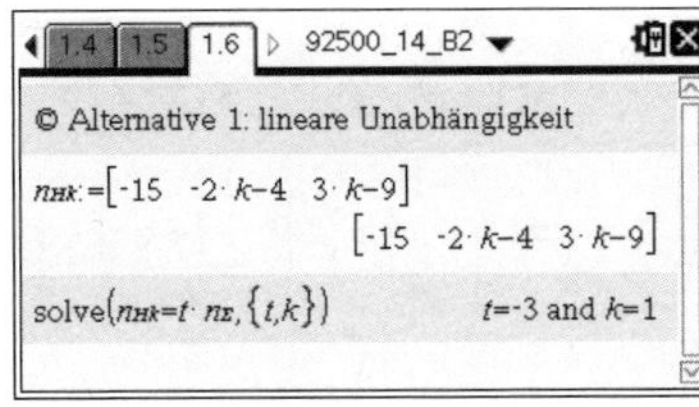

Für $k = 1$ sind E und H_k parallel.

Setzt man $k = 1$ in H_k ein und vergleicht mit E, sieht man direkt, dass diese nicht identisch sind:

$H_1: -15x_1 - 6x_2 - 6x_3 = -21$

$E: 5x_1 + 2x_2 + 2x_3 = 4$

Für $\underline{\underline{k = 1}}$ sind E und H_k **echt parallel**.

Andererseits **schneiden sich** die Ebenen H_k und E in einer gemeinsamen Geraden für alle Werte $\underline{\underline{k \in \mathbb{R} \setminus \{1\}}}$.

Alternative 2: Schnitt der Ebenen H_k und E

Mit dem CAS: Die Gleichung $H_k = E$ hat für $k = 1$ keine Lösung (weil der Nenner dann null ist), also sind H_k und E für $\underline{\underline{k = 1}}$ **echt parallel**.

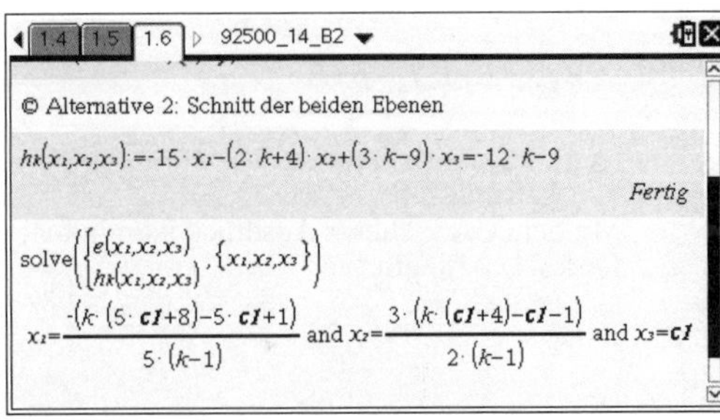

Für $k \neq 1$ gibt es unendlich viele Lösungen mit einem Freiheitsgrad (Schnittgerade), also **schneiden sich** die Ebenen H_k und E in einer gemeinsamen Geraden für alle Werte $\underline{\underline{k \in \mathbb{R} \setminus \{1\}}}$.

Alternative 3: Untersuchung der erweiterten Koeffizientenmatrix der Ebenen H_k und E

$$\left(\begin{array}{ccc|c} 5 & 2 & 2 & 4 \\ -15 & -2k-4 & 3k-9 & -12k-9 \end{array}\right)$$

$$\overset{\text{CAS}}{\Rightarrow} \left(\begin{array}{ccc|c} 1 & 0 & 1 & -\frac{8k+1}{5\cdot(k-1)} \\ 0 & 1 & -\frac{3}{2} & \frac{3\cdot(4k-1)}{2\cdot(k-1)} \end{array}\right)$$

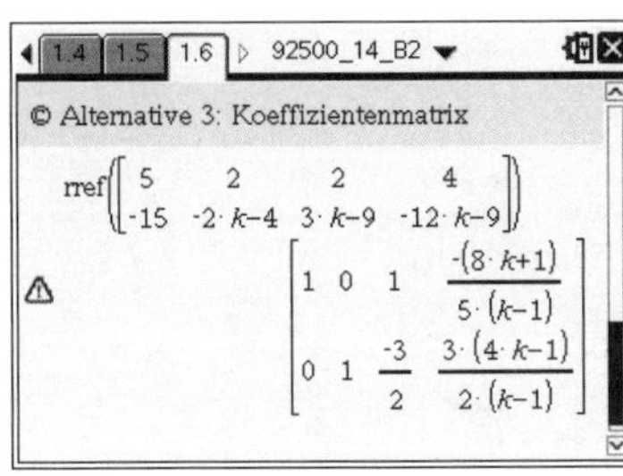

Für $k = 1$ existiert keine Lösung (weil der Nenner dann null ist), also sind H_k und E für $\underline{\underline{k = 1}}$ **echt parallel**.

Für $k \neq 1$ gibt es unendlich viele Lösungen mit einem Freiheitsgrad (Schnittgerade), also **schneiden sich** die Ebenen H_k und E in einer gemeinsamen Geraden für alle Werte $\underline{\underline{k \in \mathbb{R} \setminus \{1\}}}$.

1.6.2 $O(0|0|0) \in H_k \;\Leftrightarrow\; 0 = -12k - 9$

$$\overset{\text{CAS}}{\Rightarrow}\; \underline{\underline{k = -\frac{3}{4}}} = -0{,}75$$

$$\overrightarrow{AO} = p \cdot \overrightarrow{AC} + q \cdot \overrightarrow{AB_{-0{,}75}}$$

$$\Rightarrow \begin{pmatrix} -1 \\ -3 \\ 2 \end{pmatrix} = p \cdot \begin{pmatrix} -2 \\ 3 \\ 2 \end{pmatrix} + q \cdot \begin{pmatrix} -1{,}75 \\ -3 \\ 3 \end{pmatrix}$$

$$\overset{\text{CAS}}{\Rightarrow}\; p = -\frac{1}{5} \text{ und } q = \frac{4}{5}$$

Wegen $p = -\frac{1}{5} < 0$ liegt der Ursprung O **nicht** im Dreieck AB_kC mit $k = -0{,}75$.

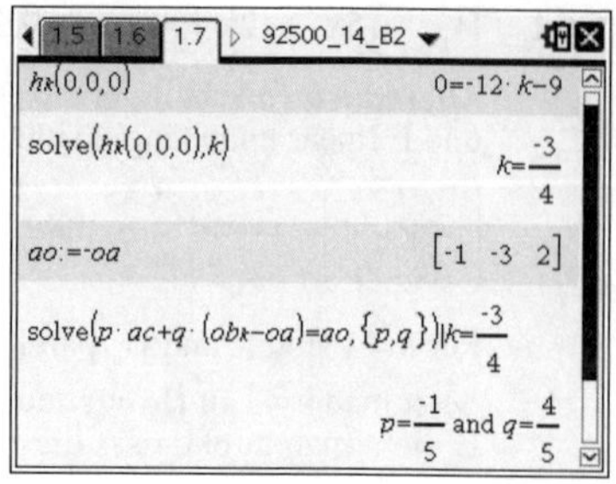

1.6.3 $|\overrightarrow{CB_k}| = |\overrightarrow{OB_k} - \overrightarrow{OC}| \overset{\text{CAS}}{=} \sqrt{k^2 + 2k + 38}$

Mit dem CAS: Dieser Ausdruck ist minimal für $k = -1$. Also gilt:

$$|\overrightarrow{CB_k}| \overset{\text{CAS}}{\geq} \sqrt{37} \approx 6{,}08$$

$$|\overrightarrow{AB_k}| = |\overrightarrow{OB_k} - \overrightarrow{OA}| \overset{\text{CAS}}{=} \sqrt{k^2 - 2k + 19}$$

Mit dem CAS: Dieser Ausdruck ist minimal für $k = 1$. Also gilt:

$$|\overrightarrow{AB_k}| \overset{\text{CAS}}{\geq} 3\sqrt{2} \approx 4{,}24$$

$$|\overrightarrow{AC}| = |\overrightarrow{OC} - \overrightarrow{OA}| \overset{\text{CAS}}{=} \sqrt{17} \approx 4{,}12$$

$|\overrightarrow{AC}| = \sqrt{17}$ ist die Länge der kleinsten Seite.

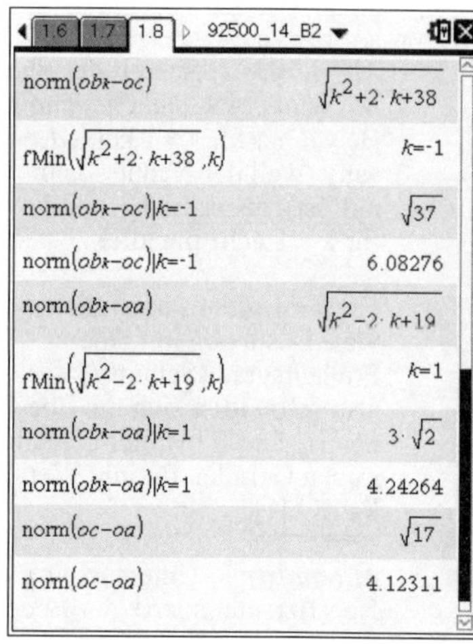

Bayern – FOS · BOS 12 – Fachabiturprüfung 2015
Mathematik (Ausbildungsrichtung Technik) – Analysis A I

BE

1 Gegeben ist die reelle Funktion g': $x \mapsto \frac{1}{6+x}$ mit der Definitionsmenge $D_{g'} =]-6; 6[$. Sie ist die Ableitungsfunktion der reellen Funktion g, welche die Definitionsmenge $D_g = D_{g'}$ besitzt.

1.1 Bestimmen Sie das Verhalten von g'(x) an den Rändern der Definitionsmenge. 4

1.2 Bestimmen Sie das Monotonieverhalten von g. 3

1.3 Geben Sie mithilfe der Ergebnisse aus 1.1 und 1.2 für jeden der abgebildeten Graphen G_1, G_2 und G_3 eine kurze Begründung an, ob der jeweilige Graph der Graph der Funktion g sein kann. 4

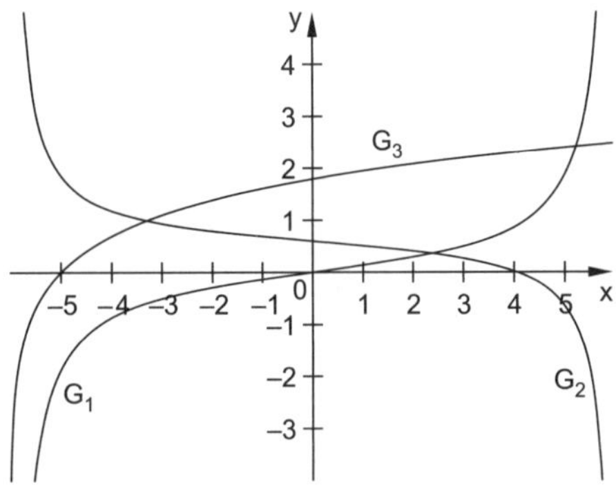

1.4 Ermitteln Sie einen Funktionsterm g(x) für den Fall, dass die Funktion g eine Nullstelle bei x = –3 hat. 5

2 Gegeben sind nun die reellen Funktionen g mit g: $x \mapsto \ln\left(2+\frac{x}{3}\right)$ und f mit f: $x \mapsto g(x) - g(-x)$ und der Definitionsmenge $D_f =]-6; 6[$ sowie dem zugehörigen Graphen G_f.

2.1 Weisen Sie nach, dass für den Funktionsterm von f gilt: $f(x) = \ln\left(\frac{6+x}{6-x}\right)$. 3

2.2 Berechnen Sie die Nullstelle von f und zeigen Sie, dass der Graph von f punktsymmetrisch zum Ursprung ist. 6

2.3 Untersuchen Sie das Monotonieverhalten von f. 6

[Mögliches Teilergebnis: $f'(x) = \frac{12}{36-x^2}$]

2.4 Zeichnen Sie mithilfe bisheriger Ergebnisse und geeigneter Funktionswerte den Graphen von f für $x \in D_f$ in ein kartesisches Koordinatensystem. Maßstab: 1 LE = 1 cm. 4

2.5 Gegeben ist die Funktion F: $x \mapsto x \cdot \ln\left(\frac{6+x}{6-x}\right) + 6 \cdot \ln(36 - x^2)$ mit der Definitionsmenge $D_F = D_f$. Zeigen Sie, dass F eine Stammfunktion von f ist. 4

2.6.0 Die x-Achse, der Graph G_f und die Gerade mit der Gleichung $x = k$ mit $0 < k < 6$ schließen ein endliches Flächenstück mit der von k abhängigen Maßzahl A(k) des Flächeninhalts ein.

2.6.1 Kennzeichnen Sie dieses Flächenstück für $k = 4$ in Ihrem Schaubild aus 2.4 und zeigen Sie, dass für A(k) gilt:
$A(k) = (k+6) \cdot \ln(k+6) + (6-k) \cdot \ln(6-k) - 12\ln(6)$ 6

2.6.2 Weisen Sie mithilfe einer der l'Hospitalschen Regeln nach, dass für den linksseitigen Grenzwert gilt: $\lim\limits_{k \to 6^-} [(6-k) \cdot \ln(6-k)] = 0$.
Berechnen Sie weiterhin den Grenzwert des Flächeninhalts A(k) für $k \to 6^-$ exakt. 6

3 Bei der Synthese eines Medikaments wird die Temperatur T(t) (in °C) während der Reaktionsdauer t (in Minuten) mit $t \geq 0$ kontinuierlich gemessen. Dabei gilt: $T(t) = 10 \cdot (t \cdot e^{1-k \cdot t} + c)$ mit $k, c \in \mathbb{R}$ und $k \neq 0$.
Zum Zeitpunkt $t = 0$ wird eine Temperatur von 18 °C gemessen. Nach einer Reaktionsdauer von 8 Minuten beträgt die Temperatur 47,43 °C. Auf das Mitführen der Einheiten kann bei den Berechnungen verzichtet werden. Alle Ergebnisse sind gegebenenfalls auf zwei Nachkommastellen zu runden.

3.1 Bestimmen Sie die Werte der Parameter c und k. 5

Für die folgenden Teilaufgaben gilt: $c = 1{,}8$ und $k = 0{,}25$.

3.2 Berechnen Sie das Temperaturmaximum während der Reaktion. 7

[Mögliches Teilergebnis: $\frac{d}{dt}T(t) = 10 \cdot e^{1-0{,}25 \cdot t} - 2{,}5 \cdot t \cdot e^{1-0{,}25 \cdot t}$]

3.3 Um die Qualität des Endprodukts nicht zu gefährden, darf in der Abkühlphase die Temperaturabnahme in jeder Minute höchstens 4 °C betragen. Zeigen Sie, dass dies selbst im Augenblick der stärksten Abkühlung eingehalten wird. 7

70

Tipps und Hinweise zur Lösung von Aufgabe A I

Teilaufgabe 1.1

Betrachten Sie den Nenner von g'(x) und schließen Sie dann auf das Verhalten von g'(x).

Teilaufgabe 1.2

Untersuchen Sie das Vorzeichen von g'(x).

Teilaufgabe 1.3

Verwenden Sie Ihre Ergebnisse aus 1.1 und 1.2 zur Begründung für jeden der drei Graphen.

Teilaufgabe 1.4

Beachten Sie, dass sich alle Stammfunktionen von g' um einen konstanten Summanden unterscheiden.

Teilaufgabe 2.1

Verwenden Sie ein geeignetes Logarithmusgesetz.

Teilaufgabe 2.2

Nutzen Sie für den Nachweis von $f(-x) = -f(x)$ ein weiteres Logarithmusgesetz.

Teilaufgabe 2.3

Verwenden Sie die Kettenregel und untersuchen Sie das Vorzeichen der 1. Ableitung.

Teilaufgabe 2.4

Nutzen Sie bei der Zeichnung das Symmetrieverhalten des Graphen von f.

Teilaufgabe 2.5

Verwenden Sie bei Ihrem Nachweis für $F'(x) = f(x)$ die Produkt- und die Kettenregel.

Teilaufgabe 2.6.1

Nutzen Sie den in 2.5 gegebenen Term von F(x).

Teilaufgabe 2.6.2

Verwandeln Sie das gegebene Produkt in einen Quotienten.

Teilaufgabe 3.1

Verwenden Sie zuerst die Angabe $T(0) = 18$. Nutzen Sie dann den berechneten Wert c und die Angabe $T(8) = 47{,}43$.

Teilaufgabe 3.2

Verwenden Sie zur Berechnung der 1. Ableitung $\dot{T}(t)$ die Produkt- und die Kettenregel und untersuchen Sie das Vorzeichen der 1. Ableitung.

Teilaufgabe 3.3

Verwenden Sie die 2. Ableitung von T(t).

Lösung

1 $g'(x)=\frac{1}{6+x}=\frac{1}{x+6}$; $D_g=D_{g'}=]-6;6[$

1.1 $x \overset{>}{\rightarrow} -6 \;\Rightarrow\; x+6 \overset{>}{\rightarrow} 0 \;\Rightarrow\; g'(x)\rightarrow +\infty$

$x \overset{<}{\rightarrow} 6 \;\Rightarrow\; x+6\rightarrow 12 \;\Rightarrow\; g'(x)\rightarrow \frac{1}{12}$

1.2 $\frac{1}{x+6}>0 \;\Leftrightarrow\; x+6>0 \;\Leftrightarrow\; x>-6$ mit $x\in D_{g'}=]-6;6[$

$\Rightarrow$ g ist streng monoton zunehmend in D_g.

1.3 Die Tangentensteigung an den Graphen G_1 für $x\rightarrow 6$ ist deutlich größer als $\frac{1}{12}$, also ist G_1 nicht der Graph von g.

Der Graph G_2 ist streng monoton fallend, also nicht der Graph von g.

Der Graph G_3 besitzt alle in 1.1 und 1.2 untersuchten Eigenschaften, könnte also der Graph von g sein.

1.4 $g(x)=\int g'(x)\,dx=\int \frac{1}{6+x}\,dx=\ln(x+6)+C$

$g(-3)=0 \;\Rightarrow\; \ln(-3+6)+C=0 \;\Leftrightarrow\; C=-\ln(3)$

$\Rightarrow\; \underline{\underline{g(x)}}=\ln(x+6)-\ln(3)=\underline{\underline{\ln\left(\frac{x+6}{3}\right)}}=\ln\left(2+\frac{x}{3}\right)$

2.1 $\underline{\underline{f(x)}}=g(x)-g(-x)=\ln\left(2+\frac{x}{3}\right)-\ln\left(2+\frac{-x}{3}\right)=\ln\left(\frac{2+\frac{x}{3}}{2-\frac{x}{3}}\cdot\frac{3}{3}\right)=\underline{\underline{\ln\left(\frac{6+x}{6-x}\right)}}$

2.2 $f(x)=0 \;\Leftrightarrow\; \frac{6+x}{6-x}=1 \;\Leftrightarrow\; 6+x=6-x \;\Leftrightarrow\; 2x=0 \;\Leftrightarrow\; \underline{\underline{x=0}}$ (Nullstelle von f)

$\underline{\underline{f(-x)}}=\ln\left(\frac{6-x}{6+x}\right)=\ln\left(\left(\frac{6+x}{6-x}\right)^{-1}\right)=-\ln\left(\frac{6+x}{6-x}\right)=\underline{\underline{-f(x)}}$ für alle $x\in D_f$

$f(-x)=-f(x)$ gilt für alle Zahlen x der zu $x=0$ symmetrischen Definitionsmenge $D_f=]-6;6[$.

$\Rightarrow$ G_f ist symmetrisch zum Ursprung.

2.3 $f(x) = \ln\left(\frac{6+x}{6-x}\right)$

$$\Rightarrow \quad f'(x) = \frac{6-x}{6+x} \cdot \frac{1 \cdot (6-x) - (6+x) \cdot (-1)}{(6-x)^2} = \frac{6-x+6+x}{(6+x) \cdot (6-x)} = \frac{12}{36-x^2}$$

Alternativ: $f(x) = g(x) - g(-x)$

$$\Rightarrow \quad f'(x) = g'(x) - g'(-x) \cdot (-1) = g'(x) + g'(-x) = \frac{1}{6+x} + \frac{1}{6-x} =$$

$$= \frac{6-x+6+x}{(6+x) \cdot (6-x)} = \frac{12}{36-x^2}; \quad D_{f'} = D_f =]-6; 6[$$

$36 - x^2 > 0$ für alle $x \in]-6; 6[\quad \Rightarrow \quad f'(x) > 0$ für alle $x \in]-6; 6[$

$\Rightarrow$ f ist streng monoton zunehmend in D_f.

2.4 $f(x) = \ln\left(\frac{6+x}{6-x}\right)$

Wertetabelle:

x	$\approx f(x)$
0	0
1	0,34
2	0,69
3	1,10
4	1,61
5	2,40
5,5	3,14
5,9	4,78

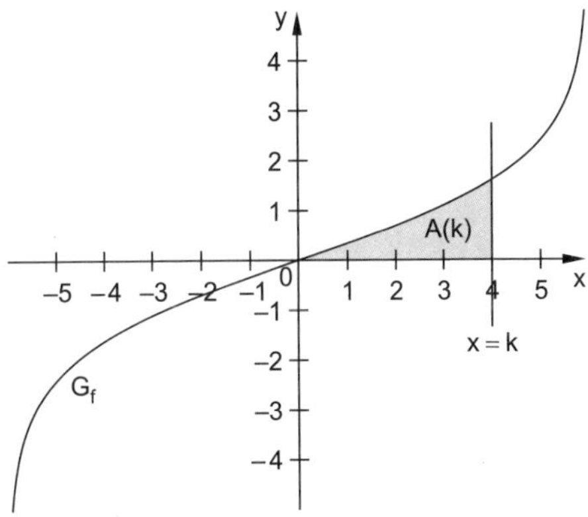

2.5 $F(x) = x \cdot f(x) + 6 \cdot \ln(36 - x^2)$

$$\Rightarrow \quad \underline{\underline{F'(x)}} = 1 \cdot f(x) + x \cdot f'(x) + 6 \cdot \frac{-2x}{36-x^2} = f(x) + \frac{12x}{36-x^2} - \frac{12x}{36-x^2} = \underline{\underline{f(x)}}$$

$\Rightarrow$ F ist eine Stammfunktion von f.

2.6.1 $$\underline{\underline{A(k)}} = \int_0^k f(x)\,dx = F(k) - F(0) = k \cdot f(k) + 6 \cdot \ln(36 - k^2) - 0 - 6 \cdot \ln(36) =$$

$$= k \cdot \ln\left(\frac{6+k}{6-k}\right) + 6 \cdot \ln\left((6-k) \cdot (6+k)\right) - 6 \cdot \ln(6^2) =$$

$$= k \cdot \ln(6+k) - k \cdot \ln(6-k) + 6 \cdot \ln(6-k) + 6 \cdot \ln(6+k) - 12 \cdot \ln(6) =$$

$$= \underline{\underline{(k+6) \cdot \ln(6+k) + (6-k) \cdot \ln(6-k) - 12\ln(6)}}$$

Kennzeichnung der Fläche in der Grafik von 2.4.

2.6.2 $\lim\limits_{k \overset{<}{\to} 6} \left((6-k)\cdot \ln(6-k)\right) = \lim\limits_{k \overset{<}{\to} 6} \frac{\ln(6-k)}{\frac{1}{6-k}} \overset{L'H}{=} \lim\limits_{k \overset{<}{\to} 6} \frac{\frac{1}{6-k}\cdot(-1)}{\frac{0-1\cdot(-1)}{(6-k)^2}} = \lim\limits_{k \overset{<}{\to} 6} \frac{(6-k)^2}{6-k} =$

$= \lim\limits_{k \overset{<}{\to} 6} (6-k) = 0$

$\underline{\underline{\lim\limits_{k \overset{<}{\to} 6} A(k)}} = \lim\limits_{k \overset{<}{\to} 6} \left((k+6)\cdot \ln(k+6) + \underbrace{(6-k)\cdot \ln(6-k)}_{\to 0} - 12\ln(6)\right) =$

$= 12\cdot \ln(12) - 12\cdot \ln(6) = 12\cdot\left(\ln(12)-\ln(6)\right) = 12\cdot \ln\left(\frac{12}{6}\right) = \underline{\underline{12\cdot \ln(2)}}$

3.1 $T(t) = 10\cdot(t\cdot e^{1-k\cdot t} + c)$

$T(0) = 18 \Leftrightarrow 10\cdot c = 18 \Leftrightarrow \underline{\underline{c = 1{,}8}}$

$T(8) = 47{,}43 \Leftrightarrow 10\cdot(8\cdot e^{1-8k} + 1{,}8) = 47{,}43 \Leftrightarrow 8\cdot e^{1-8k} + 1{,}8 = 4{,}743$

$\Leftrightarrow 8\cdot e^{1-8k} = 2{,}943 \Leftrightarrow e^{1-8k} = 0{,}367875 \Leftrightarrow 1-8k = \ln(0{,}367875)$

$\Leftrightarrow 8k = 1 - \ln(0{,}367875) \Leftrightarrow k = \frac{1-\ln(0{,}367875)}{8}$; $\underline{\underline{k \approx 0{,}25}}$

3.2 $T(t) = 10\cdot(t\cdot e^{1-0{,}25\cdot t} + 1{,}8)$

$\frac{dT}{dt} = \dot{T}(t) = 10\cdot\left(1\cdot e^{1-0{,}25\cdot t} + t\cdot e^{1-0{,}25\cdot t}\cdot(-0{,}25)\right) = 10\cdot e^{1-0{,}25\cdot t}\cdot(1-0{,}25\cdot t)$

$\dot{T}(t) = 0 \Leftrightarrow 1-0{,}25\cdot t = 0 \Leftrightarrow t = 4$

Wegen $10\cdot e^{1-0{,}25\cdot t} > 0$ gilt: $\dot{T}(t) > 0 \Leftrightarrow t < 4$; $\dot{T}(t) < 0 \Leftrightarrow t > 4$

$\Rightarrow$ T(t) hat für $t = 4$ sein absolutes Maximum.

$\underline{\underline{T_{max}}} = T(4) = 10\cdot(4+1{,}8) = \underline{\underline{58}}$

Die Temperatur T(t) erreicht während der Reaktion maximal 58 °C.

3.3 $\dot{T}(t) = 10\cdot e^{1-0{,}25\cdot t}\cdot(1-0{,}25\cdot t) = e^{1-0{,}25\cdot t}\cdot(10-2{,}5\cdot t)$

$\ddot{T}(t) = e^{1-0{,}25\cdot t}\cdot(-0{,}25)\cdot(10-2{,}5\cdot t) + e^{1-0{,}25\cdot t}\cdot(-2{,}5) =$

$= e^{1-0{,}25\cdot t}\cdot(-2{,}5+0{,}625\cdot t-2{,}5) = e^{1-0{,}25\cdot t}\cdot(0{,}625\cdot t-5)$

$\ddot{T}(t) = 0 \Leftrightarrow 0{,}625\cdot t - 5 = 0 \Leftrightarrow t = 8$

Wegen $e^{1-0{,}25\cdot t} > 0$ gilt: $\ddot{T}(t) < 0 \Leftrightarrow t < 8$; $\ddot{T}(t) > 0 \Leftrightarrow t > 8$

$\Rightarrow$ $\dot{T}(t)$ hat für $t = 8$ sein absolutes Minimum.

$\dot{T}(8) = e^{-1}\cdot(10-20) = -\frac{10}{e} \approx -3{,}68$

Die stärkste Abkühlung bleibt mit ca. 3,68 °C pro Minute unter den geforderten 4 °C pro Minute.

BE

1 Gegeben sind die reellen Funktionen $f_a\colon x \mapsto \dfrac{x^2 - 2x + a}{x - 2}$ mit der jeweils maximalen Definitionsmenge $D_{f_a} \subset \mathbb{R}$ und $a \in \mathbb{R}$.

1.1 Geben Sie die maximale Definitionsmenge D_{f_a} an und bestimmen Sie die Art der Definitionslücke von f_a in Abhängigkeit von a. 5

1.2 Bestimmen Sie in Abhängigkeit von a die Lage und die Vielfachheiten der Nullstellen von f_a. 7

1.3 Ermitteln Sie für $a > 0$ die Art und die Abszisse aller relativen Extrempunkte des Graphen von f_a. 9
[Mögliches Teilergebnis: $f_a'(x) = \dfrac{x^2 - 4x - a + 4}{x^2 - 4x + 4}$]

1.4.0 Für $a = 1$ erhält man die Funktion f_1, die im Folgenden mit f bezeichnet wird, d. h. $f(x) = f_1(x) = \dfrac{x^2 - 2x + 1}{x - 2}$.

1.4.1 Bestimmen Sie die Gleichungen aller Asymptoten des Graphen von f. Geben Sie auch die Koordinaten der Extrempunkte des Graphen von f an. 5

1.4.2 Zeichnen Sie unter der Verwendung der bisherigen Ergebnisse und geeigneter Funktionswerte den Graphen von f sowie sämtliche Asymptoten für $-2 \le x \le 6$ in ein kartesisches Koordinatensystem. Maßstab: 1 LE = 1 cm. 5

1.4.3 Der Graph von f und die Winkelhalbierende des I. Quadranten schließen mit den senkrechten Geraden mit den Gleichungen $x = 3$ und $x = b$ mit $b \in \mathbb{R}$ und $b > 3$ ein Flächenstück ein. Kennzeichnen Sie dieses Flächenstück in Ihrer Zeichnung aus 1.4.2 für $b = 4$. Bestimmen Sie anschließend den Wert von b so, dass der Flächeninhalt dieses Flächenstücks die Maßzahl 2 hat. 6

2 Gegeben ist die reelle Funktion $g\colon x \mapsto \ln(f(x))$ mit der Funktion f aus 1.4.0 und der maximalen Definitionsmenge $D_g \subset \mathbb{R}$.

2.1 Begründen Sie ohne weitere Rechnung, dass für die Definitionsmenge D_g gilt: $D_g =]2; \infty[$. Untersuchen Sie außerdem das Verhalten der Funktionswerte g(x) an den Rändern der Definitionsmenge D_g. 5

2.2 Bestimmen Sie die Art und die Koordinaten des relativen Extrempunkts des Graphen der Funktion g. 5
[Mögliches Teilergebnis: $g'(x) = \dfrac{x - 3}{x^2 - 3x + 2}$]

2.3 Begründen Sie ohne Verwendung der 2. Ableitung von g, dass der Graph von g für $x > 3$ mindestens einen Wendepunkt besitzt. 4

3 Um die Ausbreitung von Borkenkäfern in bayerischen Wäldern zu erforschen, wird der Befall eines ausgewählten Baumes über den Zeitraum von 12 Monaten untersucht. Die Anzahl der in diesem Baum befindlichen Borkenkäfer kann näherungsweise durch den Term $N(t) = N_0 \cdot e^{\lambda \cdot (t^2 - 12t)}$ mit $t, \lambda \in \mathbb{R}$ und $t \geq 0$, $\lambda < 0$ beschrieben werden, wobei N_0 die Anzahl der Borkenkäfer zu Beginn des Beobachtungszeitraums und t die Zeit in Monaten ab Beobachtungsbeginn ist.
Es ist bekannt, dass sich die Anzahl der Borkenkäfer nach dem ersten Monat verdreifacht hat und nach einem weiteren Monat 133 Borkenkäfer gezählt wurden.
Alle Ergebnisse sind auf zwei Nachkommastellen zu runden, sofern nicht anders gefordert. Auf das Mitführen der Einheiten kann bei den Berechnungen verzichtet werden.

3.1 Bestimmen Sie λ und N_0. Runden Sie dabei N_0 auf eine ganze Zahl. 5

Für die folgenden Teilaufgaben gilt: $\lambda = -0{,}10$ und $N_0 = 18$.

3.2 Ab einem Befall von 540 Borkenkäfern gilt der Baum als dauerhaft geschädigt. Berechnen Sie den Zeitpunkt t_0, zu dem diese Anzahl erstmalig erreicht ist. 5

3.3 Bestimmen Sie den Zeitpunkt t_{max}, zu dem der Befall des Baumes am größten ist. 4
[Mögliches Teilergebnis: $\dot{N}(t) = -3{,}6 \cdot e^{-0{,}10 \cdot (t^2 - 12t)} \cdot (t - 6)$]

3.4 $\ddot{N}$ besitzt nur die beiden einfachen Nullstellen $t_{1,2} = 6 \mp \sqrt{5}$ (Nachweis nicht erforderlich). Bestimmen Sie den Zeitpunkt t_v, zu dem sich die Borkenkäfer am stärksten vermehren. 5

70

Tipps und Hinweise zur Lösung von Aufgabe A II

Teilaufgabe 1.1

Untersuchen Sie, für welchen Wert a der Bruchterm kürzbar ist.

Teilaufgabe 1.2

Machen Sie eine geeignete Fallunterscheidung mithilfe einer Diskriminantenuntersuchung und beachten Sie auch den Fall, für den der Bruchterm kürzbar ist.

Teilaufgabe 1.3

Verwenden Sie die Quotientenregel und untersuchen Sie das Vorzeichen der 1. Ableitung.

Teilaufgabe 1.4.1

Machen Sie eine geeignete Polynomdivision.

Teilaufgabe 1.4.3

Berechnen Sie zuerst die Flächenmaßzahl in Abhängigkeit von b. Verwenden Sie zur Stammfunktionssuche die Summendarstellung von f(x).

Teilaufgabe 2.1

Betrachten Sie die Funktionswerte f(x) aus Ihrer Zeichnung und schließen Sie dann auf das Verhalten der Funktionswerte g(x).

Teilaufgabe 2.2

Verwenden Sie die Kettenregel. Schließen Sie dann vom Vorzeichen von f'(x) auf das Vorzeichen von g'(x).

Teilaufgabe 3.1

Verwenden Sie zuerst die Angabe $N(1) = N_0 \cdot 3$. Nutzen Sie dann den berechneten Wert λ und die Angabe $N(2) = 133$.

Teilaufgabe 3.2

Benutzen Sie nach geeigneter Umformung die Lösungsformel der quadratischen Gleichung.

Teilaufgabe 3.3

Verwenden Sie die Kettenregel und untersuchen Sie das Vorzeichen der 1. Ableitung.

Beachten Sie, dass die Variable hier „t“ ist.

Teilaufgabe 3.4

Nutzen Sie für Ihre Entscheidung auch die Vorzeichenuntersuchung von $\dot{N}(t)$.

Lösung

1 $f_a(x)=\dfrac{x^2-2x+a}{x-2};\ a\in\mathbb{R}$

1.1 $\underline{\underline{D_{f_a}=\mathbb{R}\setminus\{2\}}}$

Der Bruchterm $f_a(x)$ lässt sich kürzen, falls für den Zähler $Z(x)=x^2-2x+a$ gilt:

$Z(2)=0 \;\Leftrightarrow\; 4-4+a=0 \;\Leftrightarrow\; a=0;\quad f_0(x)=\dfrac{x^2-2x}{x-2}=\dfrac{x\cdot(x-2)}{x-2}=x$

$\Rightarrow$ Für $a=0$ ist $x=2$ eine stetig behebbare Definitionslücke.
Für $a\neq 0$ ist $x=2$ eine Polstelle (Unendlichkeitsstelle) 1. Ordnung.

1.2 $f_0(x)=x \;\Rightarrow$ Für $\underline{a=0}$ besitzt die Funktion f_0 die einfache Nullstelle $\underline{\underline{x=0}}$.

$f_a(x)=0 \;\Leftrightarrow\; x^2-2x+a=0 \,\wedge\, x\neq 2$

Mögliche Nullstellen: $x_{1;2}=\dfrac{2\pm\sqrt{4-4a}}{2}=\dfrac{2\pm 2\sqrt{1-a}}{2}=1\pm\sqrt{1-a}\quad(\wedge\ a\neq 0;\ x\neq 2)$

Diskriminante: $Disk=1-a$ mit $a\neq 0$
$Disk=0 \;\Leftrightarrow\; a=1;\quad Disk>0 \;\Leftrightarrow\; a<1\ (\wedge\ a\neq 0);\quad Disk<0 \;\Leftrightarrow\; a>1$

$\Rightarrow$ Für $\underline{\underline{a=1}}$ besitzt die Funktion f_1 die doppelte Nullstelle $\underline{\underline{x=1}}$.

Für $\underline{\underline{a>1}}$ besitzt die Funktion f_a keine Nullstelle.

Für $\underline{\underline{a<1\ \wedge\ a\neq 0}}$ besitzt die Funktion f_a die beiden einfachen Nullstellen

$\underline{\underline{x_{1;2}=1\pm\sqrt{1-a}}}$.

1.3 $f_a(x)=\dfrac{x^2-2x+a}{x-2};\ a>0$

$$f_a'(x)=\frac{(2x-2)\cdot(x-2)-(x^2-2x+a)\cdot 1}{(x-2)^2}=\frac{2x^2-4x-2x+4-x^2+2x-a}{(x-2)^2}=$$

$$=\frac{x^2-4x+4-a}{(x-2)^2}=\frac{(x-2)^2-a}{(x-2)^2};\quad D_{f_a'}=D_{f_a}=\mathbb{R}\setminus\{2\}$$

$f_a'(x)=0 \;\Leftrightarrow\; (x-2)^2-a=0 \;\Leftrightarrow\; (x-2)^2=a \;\Leftrightarrow\; x-2=\pm\sqrt{a};\ x_{1;2}=2\pm\sqrt{a}$

Das Vorzeichen von $f_a'(x)$ hängt hier nur vom Vorzeichen des Zählers $Z(x)=(x-2)^2-a$ ab. Der Graph von $Z(x)$ beschreibt eine nach oben geöffnete Parabel mit den Nullstellen $x_1=2+\sqrt{a}$ und $x_2=2-\sqrt{a}$, wobei gilt: $x_2<x_1$
Also wechselt $f_a'(x)$ sein Vorzeichen bei $x_2=2-\sqrt{a}$ von „+" nach „–" und bei $x_1=2+\sqrt{a}$ von „–" nach „+".

$\Rightarrow$ Der Graph von f_a besitzt genau einen Hochpunkt H mit der Abszisse $\underline{\underline{x_H=2-\sqrt{a}}}$ und genau einen Tiefpunkt T mit der Abszisse $\underline{\underline{x_T=2+\sqrt{a}}}$.

1.4.0 $f(x) = f_1(x) = \frac{x^2 - 2x + 1}{x - 2} = \frac{(x-1)^2}{x-2}$

1.4.1 Polynomdivision:

$$\begin{array}{l} (x^2 - 2x + 1) : (x - 2) = x + \frac{1}{x-2} = f(x) \\ \underline{-(x^2 - 2x)} \\ \qquad\qquad 1 \end{array}$$

$\Rightarrow$ Der Graph von f besitzt eine schiefe Asymptote mit der Gleichung $\underline{\underline{y = x}}$ und eine vertikale Asymptote mit der Gleichung $\underline{\underline{x = 2}}$.

$f(1) = 0$; $f(3) = 4$; Hochpunkt $\underline{\underline{H(1|0)}}$, Tiefpunkt $\underline{\underline{T(3|4)}}$

1.4.2 $f(x) = \frac{(x-1)^2}{x-2} = x + \frac{1}{x-2}$

Wertetabelle:

x	≈ f(x)	
–2	–2,25	
–1	–1,33	
0	–0,5	
1	0	H
1,5	–0,5	
2	n. def.	
2,5	4,5	
3	4	T
4	4,5	
5	5,33	
6	6,25	

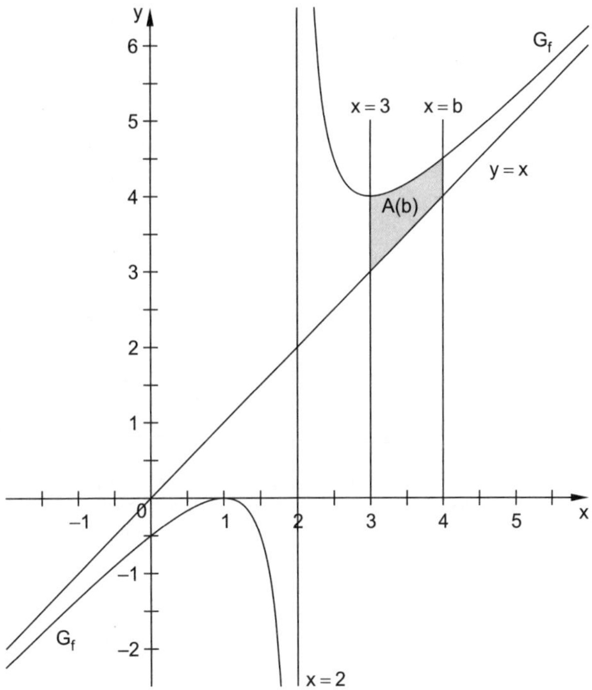

1.4.3 $A(b) = \int_3^b (f(x) - x)\,dx = \int_3^b \frac{1}{x-2}\,dx = [\ln(x-2)]_3^b = \ln(b-2) - \ln(1) = \ln(b-2)$

$A(b) = 2 \;\Leftrightarrow\; \ln(b-2) = 2 \;\Leftrightarrow\; b - 2 = e^2 \;\Leftrightarrow\; \underline{\underline{b = 2 + e^2}} \approx 9{,}39$

2.1 $g(x) = \ln(f(x))$

Der Graph von f verläuft nur für $x > 2$ oberhalb der x-Achse, d. h.: $f(x) > 0 \;\Leftrightarrow\; x > 2$

$\Rightarrow \;\; \underline{\underline{D_g =]2; +\infty[}}$

$x \overset{>}{\rightarrow} 2 \;\Rightarrow\; f(x) \rightarrow +\infty \;\Rightarrow\; g(x) = \ln(f(x)) \rightarrow +\infty$

$x \rightarrow +\infty \;\Rightarrow\; f(x) \rightarrow +\infty \;\Rightarrow\; g(x) = \ln(f(x)) \rightarrow +\infty$

2.2 $g(x) = \ln(f(x)) \;\Rightarrow\; g'(x) = \frac{1}{f(x)} \cdot f'(x) = \frac{f'(x)}{f(x)}$ mit $D_{g'} = D_g$

Da für alle $x \in D_g =]2; +\infty[$ gilt $f(x) > 0$, ist das Vorzeichen von $g'(x)$ identisch mit dem Vorzeichen von $f'(x)$. Das bedeutet: Art und Abszissen x von Extrempunkten der Graphen von f und g sind gleich, falls $x \in D_g$.

Der Graph von f besitzt in D_g den Tiefpunkt $T_f(3\,|\,4)$.

$\Rightarrow$ Der Graph von g besitzt den Tiefpunkt $\underline{\underline{T_g(3\,|\,\ln(4))}}$.

2.3 I) $g'(3) = \frac{f'(3)}{f(3)} = \frac{0}{f(3)} = 0$

II) Für $x > 3$ gilt: $f(x) > 0 \wedge f'(x) > 0 \;\Rightarrow\; g'(x) = \frac{f'(x)}{f(x)} > 0$

III) Der gegebene Term $g'(x) = \frac{x-3}{x^2 - 3x + 2}$ ist ein echt gebrochen-rationaler Term.

$\Rightarrow \lim\limits_{x \rightarrow +\infty} g'(x) = 0$

Da die Funktion g' im Intervall $[3; +\infty[$ stetig ist, gibt es wegen I), II) und III) mindestens eine Stelle $x_0 \in]3; +\infty[$, für die $g'(x)$ maximal wird.
Ein solches x_0 ist dann Wendestelle des Graphen von g.

3.1 $N(t) = N_0 \cdot e^{\lambda \cdot (t^2 - 12t)}$ mit $t \geq 0,\; \lambda < 0$

$N(1) = N_0 \cdot 3 \;\Leftrightarrow\; e^{\lambda \cdot (1-12)} = 3 \;\Leftrightarrow\; -11 \cdot \lambda = \ln(3) \;\Leftrightarrow\; \underline{\underline{\lambda = -\frac{\ln(3)}{11} \approx -0{,}10}}$

$N(2) = 133 \;\Leftrightarrow\; N_0 \cdot e^{\lambda \cdot (4-24)} = 133 \;\Leftrightarrow\; N_0 \cdot e^{-20\lambda} = 133 \;\Leftrightarrow\; N_0 = 133 \cdot e^{20\lambda}$

$\Rightarrow \;\; \underline{\underline{N_0}} = 133 \cdot e^{-\frac{20}{11} \cdot \ln(3)} = 133 \cdot 3^{-\frac{20}{11}} \approx \underline{\underline{18}}$

3.2 $N(t) = 18 \cdot e^{-0{,}10 \cdot (t^2 - 12t)}$

$$N(t) = 540 \;\Leftrightarrow\; 18 \cdot e^{-0{,}10 \cdot (t^2 - 12t)} = 540 \;\Leftrightarrow\; e^{-0{,}10 \cdot (t^2 - 12t)} = 30$$

$$\Leftrightarrow\; -0{,}10 \cdot (t^2 - 12t) = \ln(30) \;\Leftrightarrow\; t^2 - 12t = -10 \cdot \ln(30)$$

$$\Leftrightarrow\; t^2 - 12t + 10 \cdot \ln(30) = 0$$

$$t_{1;2} = \frac{12 \pm \sqrt{144 - 40 \cdot \ln(30)}}{2} = 6 \pm \sqrt{36 - 10 \cdot \ln(30)}$$

$t_1 \approx 7{,}41;\; t_2 \approx 4{,}59$

Die Anzahl von 540 Borkenkäfern wird erstmals zum Zeitpunkt $\underline{\underline{t_0 \approx 4{,}59}}$ erreicht.

3.3 $\frac{dN}{dt} = \dot{N}(t) = 18 \cdot e^{-0{,}10 \cdot (t^2 - 12t)} \cdot \left(-0{,}10 \cdot (2t - 12)\right) = -3{,}6 \cdot (t - 6) \cdot e^{-0{,}10 \cdot (t^2 - 12t)}$

$\dot{N}(t) = 0 \;\Leftrightarrow\; t = 6$

Wegen $e^{-0{,}10 \cdot (t^2 - 12t)} > 0$ wechselt $\dot{N}(t)$ bei $t = 6$ sein Vorzeichen von „+“ nach „–“.

$\Rightarrow$ Zum Zeitpunkt $\underline{\underline{t_{max} = 6}}$ ist N(t) am größten.

3.4 $t_1 = 6 - \sqrt{5} \approx 3{,}76;\; t_2 = 6 + \sqrt{5} \approx 8{,}24$

Laut Angabe sind t_1 und t_2 Nullstellen von $\ddot{N}$ mit Vorzeichenwechsel von $\ddot{N}(t)$, also ist $\dot{N}(t)$ dort jeweils extremal.

Wegen 3.3 gilt: $\dot{N}(t) > 0$ für alle $t \in [0; 6[$ und $\dot{N}(t) < 0$ für alle $t \in]6; +\infty[$

$\Rightarrow$ $\dot{N}(t)$ hat bei $t_v = 6 - \sqrt{5} \approx 3{,}76 \in [0; 6[$ ein absolutes Maximum.

Das bedeutet: Zum Zeitpunkt $\underline{\underline{t_v = 6 - \sqrt{5} \approx 3{,}76}}$ vermehren sich die Borkenkäfer am stärksten.

Bayern – FOS · BOS 12 – Fachabiturprüfung 2015
Mathematik (Ausbildungsrichtung Technik) – Analytische Geometrie B I

BE

1 In einem kartesischen Koordinatensystem des $\mathbb{R}^3$ sind die Ebenen E_a und F sowie die Gerade h gegeben. Dabei gilt:

$$E_a\colon 2a \cdot x_1 - (a-1) \cdot x_3 + 2 = 0 \text{ mit } a \in \mathbb{R} \text{ und } h\colon \vec{x} = \begin{pmatrix} 3 \\ -1 \\ -1 \end{pmatrix} + \lambda \cdot \begin{pmatrix} 2 \\ 1 \\ -1 \end{pmatrix},\ \lambda \in \mathbb{R}$$

Die Ebene F enthält die Gerade h und verläuft parallel zur x_2-Achse.

1.1 Stellen Sie eine Gleichung der Ebene F in Koordinatenform auf. 3
[Mögliches Teilergebnis: F: $x_1 + 2x_3 - 1 = 0$]

1.2 Untersuchen Sie die gegenseitige Lage von h und E_a in Abhängigkeit von a. 5

1.3 Untersuchen Sie, ob sich die Ebenen E_a und F senkrecht schneiden können, und für welchen Wert von a die Ebenen E_a und F parallel sind. 5

1.4 Ermitteln Sie alle Werte von a, für die sich die Ebenen E_a und F unter einem Winkel von 45° schneiden. 7

2 Beim Bau einer neuen Zahnradbahn ist ein Bergmassiv zu untertunneln (siehe Schnittskizze – nicht maßstäblich).
Um die Bauzeit des Tunnels zu verkürzen, wird von den Punkten A und B aus gleichzeitig je eine zylinderförmige Tunnelröhre mit einem Radius von 2 m gebohrt.

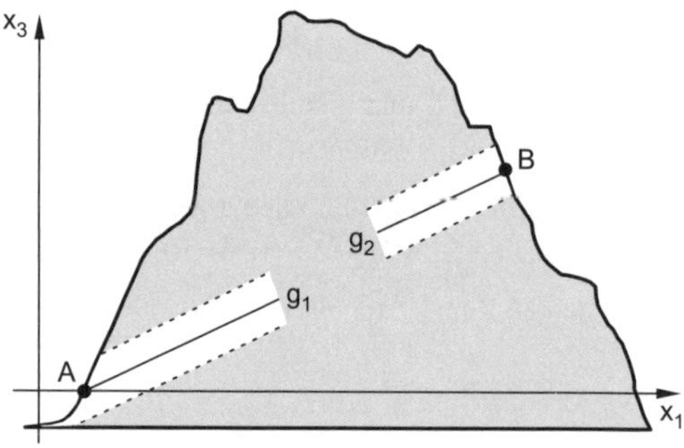

Für die Berechnungen wird ein kartesisches Koordinatensystem des $\mathbb{R}^3$ verwendet, dessen x_1x_2-Ebene waagrecht verläuft. In diesem Koordinatensystem gilt A(2 | 100 | 0) und B(1 002 | 350 | 254). Die Mittelachsen der Tunnelröhren liegen auf den Geraden g_1 bzw. g_2. Vom Punkt A aus wird in Richtung $\vec{u} = \begin{pmatrix} 4 \\ 1 \\ 1 \end{pmatrix}$ und vom Punkt B aus in die Gegenrichtung gebohrt. Alle Koordinaten sind in Meter angegeben. Auf das Mitführen der Einheiten kann bei den Berechnungen verzichtet werden.

2.1 Weisen Sie nach, dass der Punkt B genau 4 m oberhalb (in x_3-Richtung) von g_1 liegt. 5

2.2 Untersuchen Sie, ob bei diesen Verhältnissen die Tunnelröhren wenigstens teilweise aufeinandertreffen. 5

30

Tipps und Hinweise zur Lösung von Aufgabe B I

Teilaufgabe 1.1

Suchen Sie zur Berechnung des Normalenvektors der Ebene F geeignete Richtungsvektoren und verwenden Sie das Vektorprodukt.

Teilaufgabe 1.2

Untersuchen Sie die Schnittmenge $h \cap E_a$.

Teilaufgabe 1.3

Verwenden Sie das Skalarprodukt der Normalenvektoren der Ebenen und untersuchen Sie, für welchen Wert von a diese Normalenvektoren kollinear sind.

Teilaufgabe 1.4

Zur Berechnung des Schnittwinkels verwendet man die Normalenvektoren der beiden Ebenen.

Teilaufgabe 2.1

Läuft man vom Punkt A aus längs der Geraden g_1 bis $x_1 = 1\,002$ und dann 4 Längeneinheiten nach oben, so müsste man am Punkt B landen.

Teilaufgabe 2.2

Machen Sie eine geeignete Skizze und argumentieren Sie mithilfe der Eigenschaften eines rechtwinkligen Dreiecks. Beachten Sie dabei auch den Text der Aufgabe 2.1.

Lösung

1.1 $$\vec{n}_F = \begin{pmatrix} 2 \\ 1 \\ -1 \end{pmatrix} \times \begin{pmatrix} 0 \\ 1 \\ 0 \end{pmatrix} = \begin{pmatrix} 0+1 \\ 0-0 \\ 2-0 \end{pmatrix} = \begin{pmatrix} 1 \\ 0 \\ 2 \end{pmatrix}$$

$$F\colon \vec{n}_F \circ (\vec{x} - \overrightarrow{OA_h}) = 0;\quad F\colon \begin{pmatrix} 1 \\ 0 \\ 2 \end{pmatrix} \circ \begin{pmatrix} x_1-3 \\ x_2+1 \\ x_3+1 \end{pmatrix} = 0;\quad F\colon \underline{\underline{x_1 + 2x_3 - 1 = 0}}$$

1.2 $$h\colon \vec{x} = \begin{pmatrix} 3 \\ -1 \\ -1 \end{pmatrix} + \lambda \cdot \begin{pmatrix} 2 \\ 1 \\ -1 \end{pmatrix} \text{ in } E_a\colon 2a \cdot x_1 - (a-1) \cdot x_3 + 2 = 0$$

$$h \cap E_a\colon 2a \cdot (3+2\lambda) - (a-1) \cdot (-1-\lambda) + 2 = 0 \Leftrightarrow 6a + 4a\lambda + a + a\lambda - 1 - \lambda + 2 = 0$$

$$\Leftrightarrow (5a-1) \cdot \lambda = -7a - 1$$

$$\Leftrightarrow \lambda = \frac{-7a-1}{5a-1}, \text{ falls } a \neq 0{,}2$$

$\Rightarrow$ Für $a \neq 0{,}2$ schneidet die Gerade h die Ebene E_a in genau einem Punkt.
Für $a = 0{,}2$ gilt: Die Gerade h und die Ebene $E_{0,2}$ besitzen keinen gemeinsamen Punkt, d. h., die Gerade h ist (echt) parallel zur Ebene $E_{0,2}$.

1.3 $\vec{n}_{E_a} \circ \vec{n}_F = \begin{pmatrix} 2a \\ 0 \\ 1-a \end{pmatrix} \circ \begin{pmatrix} 1 \\ 0 \\ 2 \end{pmatrix} = 2a + 2 - 2a = 2 \neq 0$ für alle $a \in \mathbb{R}$

$\Rightarrow$ Keine der Ebenen E_a steht senkrecht zur Ebene F.

$$\begin{pmatrix} 2a \\ 0 \\ 1-a \end{pmatrix} = \mu \cdot \begin{pmatrix} 1 \\ 0 \\ 2 \end{pmatrix} \Leftrightarrow \mu = 2a \wedge 0 = 0 \wedge 1-a = 2\mu \Rightarrow 1-a = 4a \Leftrightarrow 5a = 1$$
$$\Leftrightarrow a = 0{,}2$$

$\Rightarrow$ Die Ebenen $E_{0,2}$ und F sind zueinander parallel.

Alternativ: $\vec{n}_{E_a} \times \vec{n}_F = \begin{pmatrix} 2a \\ 0 \\ 1-a \end{pmatrix} \times \begin{pmatrix} 1 \\ 0 \\ 2 \end{pmatrix} = \begin{pmatrix} 0-0 \\ 1-a-4a \\ 0-0 \end{pmatrix} = \begin{pmatrix} 0 \\ 1-5a \\ 0 \end{pmatrix}$

$\Rightarrow$ Für $a = 0{,}2$ gilt: $\vec{n}_{E_a} \times \vec{n}_F = \vec{0}$
Also sind die Ebenen $E_{0,2}$ und F zueinander parallel.

1.4 $$\cos(45°) = \frac{|\vec{n}_{E_a} \circ \vec{n}_F|}{|\vec{n}_{E_a}| \cdot |\vec{n}_F|} \Leftrightarrow \frac{1}{2}\sqrt{2} = \frac{\left|\begin{pmatrix} 2a \\ 0 \\ 1-a \end{pmatrix} \circ \begin{pmatrix} 1 \\ 0 \\ 2 \end{pmatrix}\right|}{\sqrt{4a^2 + (1-a)^2} \cdot \sqrt{1+4}}$$

$$\Leftrightarrow \frac{1}{2}\sqrt{2} = \frac{2}{\sqrt{5a^2 - 2a + 1} \cdot \sqrt{5}} \Leftrightarrow \frac{1}{2} = \frac{4}{(5a^2 - 2a + 1) \cdot 5}$$

$$\Leftrightarrow (5a^2 - 2a + 1) \cdot 5 = 8 \Leftrightarrow 25a^2 - 10a - 3 = 0$$

$$a_{1;2} = \frac{10 \pm \sqrt{100 + 4 \cdot 25 \cdot 3}}{2 \cdot 25} = \frac{10 \pm \sqrt{400}}{50} = \frac{10 \pm 20}{50} = \frac{1 \pm 2}{5}; \quad \underline{\underline{a_1 = \frac{3}{5}}}, \quad \underline{\underline{a_2 = -\frac{1}{5}}}$$

2.1 $g_1: \vec{x} = \begin{pmatrix} 2 \\ 100 \\ 0 \end{pmatrix} + \lambda \cdot \begin{pmatrix} 4 \\ 1 \\ 1 \end{pmatrix}, \lambda \in \mathbb{R}$

Für $x_1 = 1\,002$ folgt: $1\,002 = 2 + 4\lambda \Leftrightarrow \lambda = 250$

$$\overrightarrow{OA} + 250 \cdot \vec{u} + \begin{pmatrix} 0 \\ 0 \\ 4 \end{pmatrix} = \begin{pmatrix} 2 \\ 100 \\ 0 \end{pmatrix} + 250 \cdot \begin{pmatrix} 4 \\ 1 \\ 1 \end{pmatrix} + \begin{pmatrix} 0 \\ 0 \\ 4 \end{pmatrix} = \begin{pmatrix} 2 + 1\,000 \\ 100 + 250 \\ 250 + 4 \end{pmatrix} = \begin{pmatrix} 1\,002 \\ 350 \\ 254 \end{pmatrix} = \overrightarrow{OB}$$

$\Rightarrow$ Der Punkt B liegt genau 4 m oberhalb von g_1.

2.2 Die Tunnelröhren treffen genau dann wenigstens teilweise aufeinander, wenn für den Abstand d der parallelen Geraden g_1 und g_2 gilt: $d < 4$

Da in einem rechtwinkligen Dreieck mit einer Hypotenusenlänge von 4 (siehe Aufgabe 2.1) jede Kathetenlänge kleiner als 4 ist, gilt offensichtlich $d < 4$.

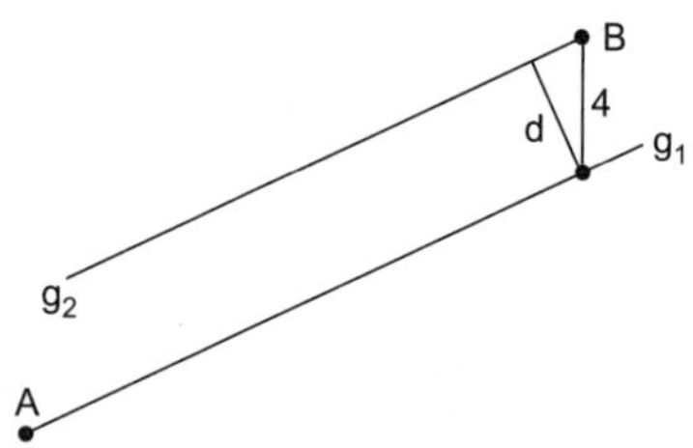

Bayern – FOS · BOS 12 – Fachabiturprüfung 2015
Mathematik (Ausbildungsrichtung Technik) – Analytische Geometrie B II

BE

1 In einem kartesischen Koordinatensystem des $\mathbb{R}^3$ sind die Geraden g_1, g_2 und die Ebene F gegeben:

$$g_1\colon \vec{x} = \begin{pmatrix} 2 \\ 2 \\ 0 \end{pmatrix} + \lambda \begin{pmatrix} 1 \\ -2 \\ 1 \end{pmatrix},\ \lambda \in \mathbb{R}; \qquad g_2\colon \vec{x} = \begin{pmatrix} 2 \\ 2 \\ 0 \end{pmatrix} + \mu \begin{pmatrix} 1 \\ 5 \\ -3 \end{pmatrix},\ \mu \in \mathbb{R};$$

$F\colon 2x_1 + 5x_2 + 8x_3 - 11 = 0$

1.1 Begründen Sie, dass die Geraden g_1 und g_2 eine Ebene E aufspannen, und bestimmen Sie eine Gleichung dieser Ebene E in Parameterform und in Koordinatenform. 4
[Mögliches Teilergebnis: E: $x_1 + 4x_2 + 7x_3 - 10 = 0$]

1.2 Die Ebenen E und F schneiden sich in der Geraden s. Bestimmen Sie eine Gleichung der Schnittgeraden s. 4

[Mögliches Ergebnis: s: $\vec{x} = \begin{pmatrix} -2 \\ 3 \\ 0 \end{pmatrix} + \sigma \begin{pmatrix} 1 \\ -2 \\ 1 \end{pmatrix},\ \sigma \in \mathbb{R}$]

1.3 Berechnen Sie die Größe des Schnittwinkels der Ebenen E und F. Runden Sie das Ergebnis auf eine Nachkommastelle. 4

1.4 Ermitteln Sie den Abstand der parallelen Geraden s und g_1. 5

2 Zusätzlich zu den Ebenen E und F aus Aufgabe 1 sind nun die Ebenen $H_a\colon ax_1 + 6x_2 + 9x_3 = 12$ mit $a \in \mathbb{R}$ gegeben.

2.1 Prüfen Sie, ob eine der Ebenen H_a zu F parallel ist. 3

2.2 Bestimmen Sie alle Werte von a so, dass für den Abstand d_a des Ursprungs O von der Ebene H_a gilt: $d_a = \frac{12}{11}$. 6

2.3 Bestimmen Sie den Wert von a, für den die Normalenvektoren der Ebenen E, F und H_a keine Basis des $\mathbb{R}^3$ bilden. 4

30

Tipps und Hinweise zur Lösung von Aufgabe B II

Teilaufgabe 1.1

- Verwenden Sie für Ihre Argumentation Aufpunkt und Richtungsvektor der beiden Geraden.
- Nutzen Sie für Ihre Rechnung ein geeignetes Vektorprodukt.

Teilaufgabe 1.2

- Benutzen Sie die Parameterdarstellung der Ebene E aus Ihrer Rechnung bei Aufgabe 1.1.

Teilaufgabe 1.3

- Verwenden Sie die Normalenvektoren der Ebenen E und F.

Teilaufgabe 1.4

- Verwenden Sie eine Hilfsebene H mit $H \perp s$.

Teilaufgabe 2.1

- Zwei Ebenen sind genau dann parallel, wenn ihre Normalenvektoren kollinear sind.

Teilaufgabe 2.2

- Verwenden Sie die Gleichung einer Hilfsgeraden, die den Ursprung enthält und senkrecht zur Ebene H_a steht.

Teilaufgabe 2.3

- Die drei Normalenvektoren bilden dann keine Basis, falls sie komplanar sind.
- Verwenden Sie das Spatprodukt dieser drei Normalenvektoren.

Lösung

1.1 Die Geraden g_1 und g_2 besitzen den gemeinsamen Punkt P(2 | 2 | 0) und Richtungsvektoren, die nicht kollinear sind. Deshalb spannen g_1 und g_2 eine Ebene auf.

$$\underline{\underline{E: \vec{x} = \begin{pmatrix} 2 \\ 2 \\ 0 \end{pmatrix} + \lambda \cdot \begin{pmatrix} 1 \\ -2 \\ 1 \end{pmatrix} + \mu \cdot \begin{pmatrix} 1 \\ 5 \\ -3 \end{pmatrix}}}, \ \lambda, \mu \in \mathbb{R}$$

$$\vec{n} = \begin{pmatrix} 1 \\ -2 \\ 1 \end{pmatrix} \times \begin{pmatrix} 1 \\ 5 \\ -3 \end{pmatrix} = \begin{pmatrix} 6-5 \\ 1+3 \\ 5+2 \end{pmatrix} = \begin{pmatrix} 1 \\ 4 \\ 7 \end{pmatrix}$$

$$E: \begin{pmatrix} 1 \\ 4 \\ 7 \end{pmatrix} \circ \begin{pmatrix} x_1 - 2 \\ x_2 - 2 \\ x_3 - 0 \end{pmatrix} = 0; \quad E: \underline{\underline{x_1 + 4x_2 + 7x_3 - 10 = 0}}$$

1.2 $$E: \begin{pmatrix} x_1 \\ x_2 \\ x_3 \end{pmatrix} = \begin{pmatrix} 2 \\ 2 \\ 0 \end{pmatrix} + \lambda \cdot \begin{pmatrix} 1 \\ -2 \\ 1 \end{pmatrix} + \mu \cdot \begin{pmatrix} 1 \\ 5 \\ -3 \end{pmatrix} \cap F: 2x_1 + 5x_2 + 8x_3 - 11 = 0$$

$$\Rightarrow \quad 2 \cdot (2 + \lambda + \mu) + 5 \cdot (2 - 2\lambda + 5\mu) + 8 \cdot (\lambda - 3\mu) - 11 = 0$$

$$\Leftrightarrow \quad 4 + 2\lambda + 2\mu + 10 - 10\lambda + 25\mu + 8\lambda - 24\mu - 11 = 0$$

$$\Leftrightarrow \quad 3\mu = -3$$

$$\Leftrightarrow \quad \mu = -1$$

$$s: \vec{x} = \begin{pmatrix} 2 \\ 2 \\ 0 \end{pmatrix} + \lambda \cdot \begin{pmatrix} 1 \\ -2 \\ 1 \end{pmatrix} + (-1) \cdot \begin{pmatrix} 1 \\ 5 \\ -3 \end{pmatrix} \Leftrightarrow \underline{\underline{s: \vec{x} = \begin{pmatrix} 1 \\ -3 \\ 3 \end{pmatrix} + \lambda \cdot \begin{pmatrix} 1 \\ -2 \\ 1 \end{pmatrix}}}, \ \lambda \in \mathbb{R}$$

1.3 $$\cos(\varphi) = \frac{|\vec{n}_E \circ \vec{n}_F|}{|\vec{n}_E| \cdot |\vec{n}_F|} = \frac{\left| \begin{pmatrix} 1 \\ 4 \\ 7 \end{pmatrix} \circ \begin{pmatrix} 2 \\ 5 \\ 8 \end{pmatrix} \right|}{\sqrt{1+16+49} \cdot \sqrt{4+25+64}} = \frac{2+20+56}{\sqrt{66} \cdot \sqrt{93}} = \frac{78}{\sqrt{66 \cdot 93}}$$

$$\Rightarrow \quad \underline{\underline{\varphi \approx 5{,}4^\circ}}$$

1.4 Hilfsebene senkrecht zu s: $\begin{pmatrix} 1 \\ -2 \\ 1 \end{pmatrix} \circ \begin{pmatrix} x_1 + 2 \\ x_2 - 3 \\ x_3 - 0 \end{pmatrix} = 0$ mit g_1: $\begin{pmatrix} x_1 \\ x_2 \\ x_3 \end{pmatrix} = \begin{pmatrix} 2 \\ 2 \\ 0 \end{pmatrix} + \lambda \cdot \begin{pmatrix} 1 \\ -2 \\ 1 \end{pmatrix}$

$$\Rightarrow \begin{pmatrix} 1 \\ -2 \\ 1 \end{pmatrix} \circ \begin{pmatrix} 2 + \lambda + 2 \\ 2 - 2\lambda - 3 \\ \lambda \end{pmatrix} = 0 \Leftrightarrow \lambda + 4 + 4\lambda + 2 + \lambda = 0 \Leftrightarrow 6\lambda = -6 \Leftrightarrow \lambda = -1$$

$$\overrightarrow{OP} = \begin{pmatrix} 2 \\ 2 \\ 0 \end{pmatrix} + (-1) \cdot \begin{pmatrix} 1 \\ -2 \\ 1 \end{pmatrix} = \begin{pmatrix} 1 \\ 4 \\ -1 \end{pmatrix}; \quad \underline{\underline{d}} = \left| \begin{pmatrix} -2 \\ 3 \\ 0 \end{pmatrix} - \begin{pmatrix} 1 \\ 4 \\ -1 \end{pmatrix} \right| = \left| \begin{pmatrix} -3 \\ -1 \\ 1 \end{pmatrix} \right| = \sqrt{9+1+1} = \underline{\underline{\sqrt{11}}}$$

2.1 $H_a: ax_1 + 6x_2 + 9x_3 = 12$; F: $2x_1 + 5x_2 + 8x_3 - 11 = 0$

Eine Ebene H_a ist parallel zur Ebene F, falls die Normalenvektoren kollinear sind, d. h.: $\vec{n}_{H_a} = \lambda \cdot \vec{n}_F$.

$\begin{pmatrix} a \\ 6 \\ 9 \end{pmatrix} = \lambda \cdot \begin{pmatrix} 2 \\ 5 \\ 8 \end{pmatrix}$; 2. Zeile: $\lambda = \frac{6}{5}$; 3. Zeile: $\lambda = \frac{9}{8}$ Widerspruch zur 2. Zeile

$\Rightarrow$ Keine der Ebenen H_a ist parallel zur Ebene F.

2.2 Hilfsgerade $h_a: \vec{x} = \mu \cdot \vec{n}_a = \mu \cdot \begin{pmatrix} a \\ 6 \\ 9 \end{pmatrix}$ mit $\mu \in \mathbb{R}$

$$h_a \cap H_a:\ a \cdot \mu \cdot a + 6 \cdot 6\mu + 9 \cdot 9\mu = 12 \ \Leftrightarrow\ (a^2 + 117) \cdot \mu = 12 \ \Leftrightarrow\ \mu = \frac{12}{a^2 + 117}$$

$$d_a = \left| \frac{12}{a^2 + 117} \cdot \begin{pmatrix} a \\ 6 \\ 9 \end{pmatrix} \right| = \frac{12}{a^2 + 117} \cdot \left| \begin{pmatrix} a \\ 6 \\ 9 \end{pmatrix} \right| = \frac{12}{a^2 + 117} \cdot \sqrt{a^2 + 36 + 81} =$$

$$= \frac{12}{a^2 + 117} \cdot \sqrt{a^2 + 117} = \frac{12}{\sqrt{a^2 + 117}}$$

$$d_a = \frac{12}{11} \ \Leftrightarrow\ \frac{12}{\sqrt{a^2 + 117}} = \frac{12}{11} \ \Leftrightarrow\ \frac{1}{\sqrt{a^2 + 117}} = \frac{1}{11} \ \Leftrightarrow\ \sqrt{a^2 + 117} = 11$$

$$\Leftrightarrow\ a^2 + 117 = 121 \ \Leftrightarrow\ a^2 = 4;\ \underline{\underline{a_{1;2} = \pm 2}}$$

2.3 $$\left(\begin{pmatrix} 1 \\ 4 \\ 7 \end{pmatrix} \times \begin{pmatrix} 2 \\ 5 \\ 8 \end{pmatrix} \right) \circ \begin{pmatrix} a \\ 6 \\ 9 \end{pmatrix} = \begin{pmatrix} 32 - 35 \\ 14 - 8 \\ 5 - 8 \end{pmatrix} \circ \begin{pmatrix} a \\ 6 \\ 9 \end{pmatrix} = \begin{pmatrix} -3 \\ 6 \\ -3 \end{pmatrix} \circ \begin{pmatrix} a \\ 6 \\ 9 \end{pmatrix} = -3a + 36 - 27 = -3 \cdot (a - 3) = 0$$

$\Rightarrow$ Für $\underline{\underline{a = 3}}$ bilden die drei Normalenvektoren keine Basis des $\mathbb{R}^3$.

BE

1 Gegeben ist die reelle Funktion $g': x \mapsto \frac{1}{6+x}$ mit der Definitionsmenge $D_{g'} =]-6; 6[$. Sie ist die Ableitungsfunktion der reellen Funktion g, welche die Definitionsmenge $D_g = D_{g'}$ besitzt.

1.1 Bestimmen Sie **ohne CAS** das Verhalten von g'(x) an den Rändern der Definitionsmenge. 4

1.2 Bestimmen Sie das Monotonieverhalten von g. 3

1.3 Geben Sie mithilfe der Ergebnisse aus 1.1 und 1.2 für jeden der abgebildeten Graphen G_1, G_2 und G_3 eine kurze Begründung an, ob der jeweilige Graph der Graph der Funktion g sein kann. 4

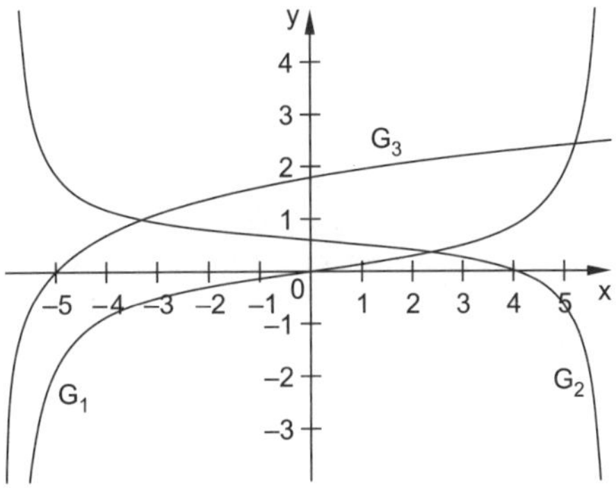

1.4 Ermitteln Sie einen Funktionsterm g(x) für den Fall, dass die Funktion g eine Nullstelle bei $x = -3$ hat. 5

2 Gegeben sind nun die reellen Funktionen g mit $g: x \mapsto \ln\left(2 + \frac{x}{3}\right)$ und f mit $f: x \mapsto g(x) - g(-x)$ und der Definitionsmenge $D_f = D_g =]-6; 6[$ sowie dem zugehörigen Graphen G_f.

2.1 Weisen Sie **ohne CAS** nach, dass für den Funktionsterm von f gilt:

$$f(x) = \ln\left(\frac{6+x}{6-x}\right)$$ 3

2.2 Berechnen Sie **ohne CAS** die Nullstelle von f und zeigen Sie **ohne CAS**, dass der Graph von f punktsymmetrisch zum Ursprung ist. 6

2.3 Untersuchen Sie das Monotonieverhalten von f und bestimmen Sie die Gleichung der Wendetangente. 7

2.4 Zeichnen Sie mithilfe bisheriger Ergebnisse und geeigneter Funktionswerte den Graphen von f sowie die Wendetangente für $x \in D_f$ in ein kartesisches Koordinatensystem. Maßstab: 1 LE = 1 cm. 5

2.5 Gegeben ist die Funktion F: $x \mapsto x \cdot \ln\left(\frac{6+x}{6-x}\right) + 6 \cdot \ln(36 - x^2)$ mit der Definitionsmenge $D_F = D_f$. Zeigen Sie **ohne CAS**, dass F eine Stammfunktion von f ist. 4

2.6 Begründen Sie ohne weitere Rechnung, dass der Graph von F keinen Wendepunkt besitzt. 3

2.7 Die x-Achse, der Graph G_f und die Gerade mit der Gleichung $x = k$ mit $0 < k < 6$ schließen ein endliches Flächenstück mit der von k abhängigen Maßzahl A(k) des Flächeninhalts ein.

2.7.1 Kennzeichnen Sie dieses Flächenstück für $k = 4$ in Ihrem Schaubild aus 2.4 und berechnen Sie die von k abhängige Maßzahl des Flächeninhalts A(k). 4

2.7.2 Berechnen Sie den linksseitigen Grenzwert des Flächeninhalts A(k) für $k \to 6^-$ exakt. 2

3 Bei der Synthese eines Medikaments wird die Temperatur T(t) (in °C) während der Reaktionsdauer t (in Minuten) mit $t \geq 0$ kontinuierlich gemessen.
Dabei gilt: $T(t) = 10 \cdot (t \cdot e^{1 - k \cdot t} + c)$ mit $k, c \in \mathbb{R}$ und $k \neq 0$.
Zum Zeitpunkt $t = 0$ wird eine Temperatur von 18 °C gemessen. Nach einer Reaktionsdauer von 8 Minuten beträgt die Temperatur 47,43 °C. Auf das Mitführen der Einheiten kann bei den Berechnungen verzichtet werden. Alle Ergebnisse sind gegebenenfalls auf zwei Nachkommastellen zu runden.

3.1 Bestimmen Sie die Werte der Parameter c und k. 4

Für die folgenden Teilaufgaben gilt: $c = 1{,}8$ und $k = 0{,}25$.

3.2 Berechnen Sie das Temperaturmaximum während der Reaktion. 6

3.3 Um die Qualität des Endprodukts nicht zu gefährden, darf in der Abkühlphase die Temperaturabnahme in jeder Minute höchstens 4 °C betragen. Zeigen Sie, dass dies selbst im Augenblick der stärksten Abkühlung eingehalten wird. 6

3.4 Nach längerer Zeit nähert sich die Temperatur T(t) wieder der Ausgangstemperatur von 18 °C an (Nachweis nicht erforderlich). Die Fläche zwischen der waagrechten Geraden mit der Gleichung $a(t) = 18$ und dem Graphen von T(t) ist proportional zur während der Synthese freigesetzten Energie. Weisen Sie nach, dass diese endlich ist. 4

70

Tipps und Hinweise zur Lösung von Aufgabe A I mit CAS

Teilaufgabe 1.1

- Bestimmen Sie die beiden Grenzwerte.
- Überprüfen Sie Ihre Ergebnisse mithilfe des CAS.

Teilaufgabe 1.2

- Das Monotonieverhalten einer Funktion g kann über die 1. Ableitung g' bestimmt werden: Wenn $g'(x) > 0$ auf einem Intervall I ist, dann ist g auf I streng monoton steigend. Wenn $g'(x) < 0$ auf einem Intervall I ist, dann ist g auf I streng monoton fallend.
- Untersuchen Sie mithilfe des CAS das Vorzeichen von $g'(x)$ und schließen Sie daraus auf die Monotonieintervalle von g.
- Beachten Sie bei Ihrer Rechnung die Definitionsmengen von $g(x)$ und $g'(x)$.

Teilaufgabe 1.3

- Vergleichen Sie die Steigungen der drei Graphen für $x \to -6^+$ und $x \to 6^-$ mit den in Aufgabe 1.1 berechneten Werten von $g'(x)$ (entspricht der Steigung des Graphen an dieser Stelle).
- Vergleichen Sie das Monotonieverhalten der drei Graphen für $x \to -6^+$ und $x \to 6^-$ mit den in Aufgabe 1.2 bestimmten Werten von $g(x)$.
- Bestimmen Sie mithilfe des CAS eine mögliche Stammfunktion von $g'(x)$ durch Integration und vergleichen Sie den Graphen dieser Stammfunktion mit den Graphen aus der Aufgabenstellung.

Teilaufgabe 1.4

- Die Aufgabe kann direkt mit dem CAS durchgeführt werden. Prüfen Sie Ihr Ergebnis mithilfe des Graphen auf Plausibilität.

Teilaufgabe 2.1

- Bestimmen Sie zuerst den Term von $g(x) - g(-x)$ und wenden Sie für die Umformung auch die Logarithmusgesetze an.

Teilaufgabe 2.2

- Die Logarithmusfunktion hat eine Nullstelle, wenn das Argument der Logarithmusfunktion genau 1 ist.
- Zeigen Sie, dass gilt: $f(-x) = -f(x)$. Verwenden Sie dabei auch ein Logarithmusgesetz.
- Beachten Sie, dass eine Funktion nur dann zum Ursprung punktsymmetrisch sein kann, wenn auch die Definitionsmenge zu $x = 0$ symmetrisch ist.

Teilaufgabe 2.3

- Das Monotonieverhalten einer Funktion f kann über die 1. Ableitung f' bestimmt werden: Wenn $f'(x) > 0$ auf einem Intervall I ist, dann ist f auf I streng monoton steigend. Wenn $f'(x) < 0$ auf einem Intervall I ist, dann ist f auf I streng monoton fallend.
- Untersuchen Sie mithilfe des CAS das Vorzeichen von $f'(x)$ und schließen Sie daraus auf die Monotonieintervalle von f.
- Beachten Sie bei Ihrer Rechnung die Definitionsmengen von $f(x)$ und $f'(x)$.

- Eine Funktion f besitzt Wendepunkte an den Stellen, an denen ihre 1. Ableitung f' ein lokales Extremum hat.
- Bestimmen Sie die Nullstelle der zweiten Ableitung f" und untersuchen Sie das Vorzeichen der zweiten Ableitung zum Nachweis des Wendepunktes.
- Stellen Sie zum Beispiel mithilfe der Punkt-Steigungsform einer Geradengleichung die Gleichung der Wendetangenten auf.
- Die Steigung der Wendetangente entspricht dem Wert $f'(x_W)$ der ersten Ableitung an der Stelle des Wendepunktes. Setzen Sie dazu in f' die x-Koordinate des Wendepunktes ein.

Teilaufgabe 2.4

- Zeichnen Sie zuerst den Graphen der Wendetangente und erstellen Sie mit dem CAS eine Wertetabelle für die Funktion f. Achten Sie dabei auf eine kleine Schrittweite in der Nähe der Ränder des Definitionsbereichs.

Teilaufgabe 2.5

- Unter einer Stammfunktion einer reellen Funktion f versteht man eine differenzierbare Funktion F, deren Ableitungsfunktion F' mit f übereinstimmt.
- Zeigen Sie, dass gilt: $F'(x) = f(x)$. Eine Kontrolle mit dem CAS ist möglich.

Teilaufgabe 2.6

- Eine Funktion f besitzt Wendepunkte an den Stellen, an denen ihre 1. Ableitung f' ein lokales Extremum hat, also deren 2. Ableitung f" eine Nullstelle besitzt.
- Die zweite Ableitung von F entspricht der ersten Ableitung von f: $F''(x) = f'(x)$.
- Benutzen Sie Ihre Erkenntnisse aus Aufgabe 2.3.

Teilaufgabe 2.7.1

- Bestimmte Integrale in einem Intervall [a; b] sind positiv, wenn der Graph von f in diesem Intervall oberhalb der x-Achse verläuft. Sie sind negativ, wenn $f(x) < 0$ für alle $x \in [a; b]$.
- Die senkrechte Gerade mit der Gleichung $x = k$ bestimmt die obere Integrationsgrenze.
- Bestimmen Sie mithilfe des CAS den Term für das bestimmte Integral der Funktion f mit den Integrationsgrenzen 0 und k.

Teilaufgabe 2.7.2

- Berechnen Sie mithilfe des CAS den linksseitigen Grenzwert Ihres Ergebnisses aus Aufgabe 2.7.1.

Teilaufgabe 3.1

- Mit den beiden Nebenbedingungen für die Zeitpunkte $t = 0$ und $t = 8$ ergibt sich ein Gleichungssystem.
- Lösen Sie das Gleichungssystem mithilfe des CAS.

Teilaufgabe 3.2

- Bedingung für ein lokales Maximum ist eine Nullstelle der ersten Ableitung von T sowie ein Vorzeichenwechsel von „+“ nach „–“ der ersten Ableitung von T an dieser Stelle.
- Ermitteln Sie das Maximum der Funktion T mithilfe des CAS.

- Vergleichen Sie Ihr Ergebnis mithilfe des CAS mit dem Funktionsgraphen von T.

Teilaufgabe 3.3

- Die Temperaturabnahme je Minute entspricht einer Änderungsrate.
- Die Änderungsrate ist an den Wendepunkten betragsmäßig am größten.
- Eine Funktion T besitzt Wendepunkte an den Stellen, an denen ihre 1. Ableitung T' ein lokales Extremum hat.
- Bestimmen Sie die Nullstelle der zweiten Ableitung T'' und untersuchen Sie das Vorzeichen der zweiten Ableitung zum Nachweis des Wendepunktes.
- Eine Abkühlung liegt vor, wenn die Änderungsrate negativ ist, also wenn die erste Ableitung von T negativ ist.

Teilaufgabe 3.4

- Die Fläche zwischen zwei Graphen, welche durch eine „obere“ und eine „untere“ Kurve begrenzt ist und in der sich zudem die Graphen nicht schneiden, kann dadurch bestimmt werden, dass man die Fläche unter dem „oberen“ Graphen berechnet und die Fläche unter dem „unteren“ Graphen davon abzieht.
- Bestimmen Sie mithilfe des CAS den Term für das bestimmte Integral über T mit den Grenzen 0 und einem frei wählbaren Parameter, zum Beispiel k.
- Bestimmen Sie mithilfe des CAS den Grenzwert des bestimmten Integrals für k gegen unendlich.

Lösung

1.1 Vgl. Aufgabe 1.1 der Prüfung ohne CAS.

Eine Kontrolle mit dem CAS ist möglich.

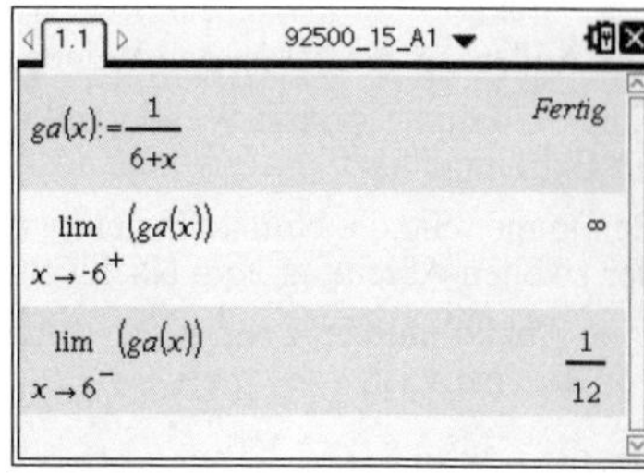

1.2 Die 1. Ableitung der Funktion g ist bereits gegeben. Mithilfe des CAS können die Ungleichungen direkt gelöst werden:

$$g'(x) > 0 \;\Rightarrow\; \frac{1}{6+x} > 0 \;\overset{\text{CAS}}{\Rightarrow}\; x > -6$$

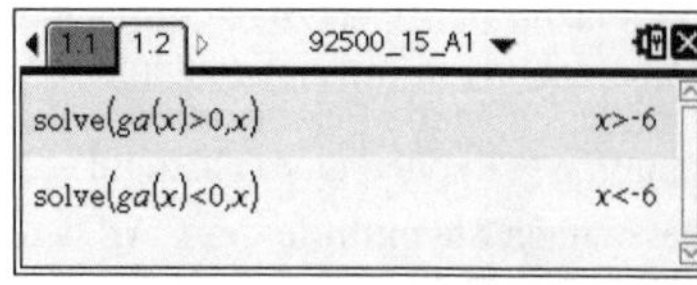

Unter Beachtung der Definitionsmenge $D_g =]-6;\, 6[$ von g folgt direkt, dass g in D_g streng monoton zunehmend ist.

Untersucht man noch, ob es Bereiche gibt, in denen g streng monoton abnehmend ist, stellt man fest, dass es hierfür zwar Lösungen gibt, diese aber nicht in D_g sind:

$$g'(x) < 0 \;\Rightarrow\; \frac{1}{6+x} < 0 \;\overset{\text{CAS}}{\Rightarrow}\; x < -6$$

1.3 Die Identifikation des Graphen der Funktion g ist mithilfe des CAS möglich. Da nur die Ableitungsfunktion g' von g gegeben ist, benötigt man eine mögliche Stammfunktion. Diese bestimmt man mit dem CAS. Ein Vergleich des Graphen mit der gegebenen Abbildung zeigt, dass G_3 der Graph von g sein muss. Dies ist aber für die korrekte Beantwortung der Aufgabe nicht ausreichend, da noch eine Begründung mithilfe der Ergebnisse aus Aufgabe 1.1 und 1.2 benötigt wird.

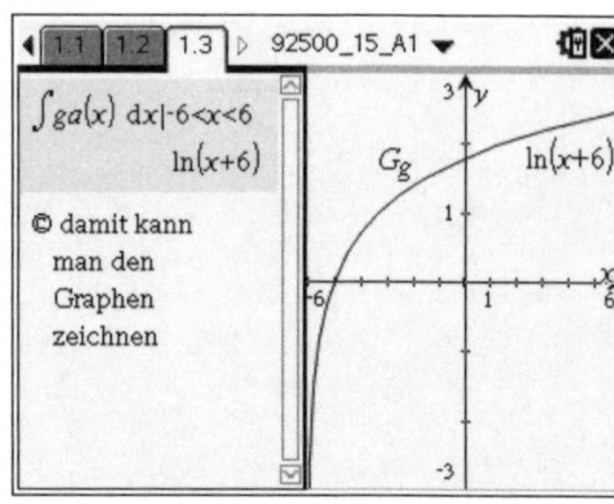

Der Graph G_1 wird für $x \to 6^-$ immer steiler, die Steigung bzw. $g_1'(x)$ wird immer größer, aber wegen 1.1 gilt $\lim\limits_{x \to 6^-} g'(x) = \frac{1}{12}$. Damit kann G_1 nicht der Graph von g sein.

Der Graph G_2 ist im Intervall $-6 < x < 6$ streng monoton abnehmend. Vergleicht man dies mit dem Ergebnis von Aufgabe 1.2, ist der Graph G_g von g aber streng monoton steigend. Damit kann G_2 nicht der Graph von g sein.

Ger Graph von G_3 ist im Intervall $-6 < x < 6$ streng monoton zunehmend und die Steigung nimmt für $x \to 6^-$ einen kleinen positiven Wert an. Für $x \to -6^+$ wird die Steigung schnell sehr groß. Die Eigenschaften aus 1.1 und 1.2 sind damit erfüllt.

1.4 Mit dem CAS kann man die Stammfunktion von g' mithilfe der Integralfunktion bestimmen:

$$\int g'(x)\,dx = \int \frac{1}{6+x}\,dx \overset{\text{CAS}}{=} \ln(|x+6|) + C$$

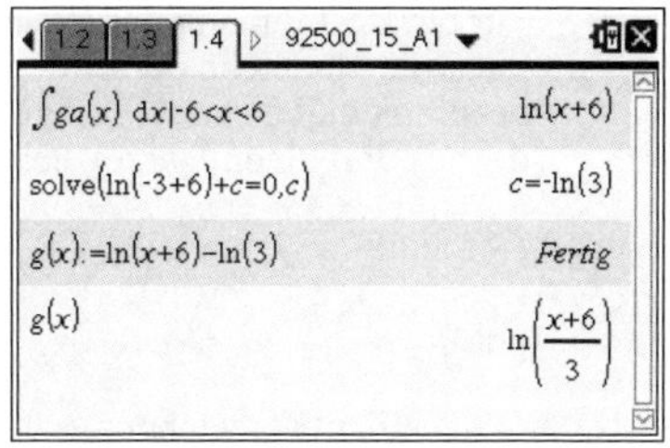

Da $-6 < x < 6$ gilt, kann der Betrag weggelassen werden. Schränkt man das CAS auf diesen Bereich ein, liefert das CAS direkt eine mögliche Stammfunktion. Das CAS weist nicht darauf hin, dass es auch weitere Stammfunktionen gibt, welche bis auf die Verschiebungskonstante C gleich sind. Dieses C muss mithilfe der gegebenen Bedingung $g(3) = 0$ bestimmt werden:

$$g(-3) = 0 \;\Rightarrow\; \ln(3+6) + C = 0 \;\overset{\text{CAS}}{\Rightarrow}\; C = -\ln(3)$$

Damit ergibt sich:

$$\underline{\underline{g(x)}} = \ln(x+6) - \ln(3) = \ln\left(\frac{x+6}{3}\right) = \underline{\underline{\ln\left(2+\frac{x}{3}\right)}}$$

2.1 Vgl. Aufgabe 2.1 der Prüfung ohne CAS.

Eine Kontrolle mit dem CAS ist möglich.

Beachten Sie, dass das CAS die Zusammenfassung der beiden ln-Terme nur berechnen kann, wenn x auf Werte zwischen -6 und 6 eingeschränkt ist.

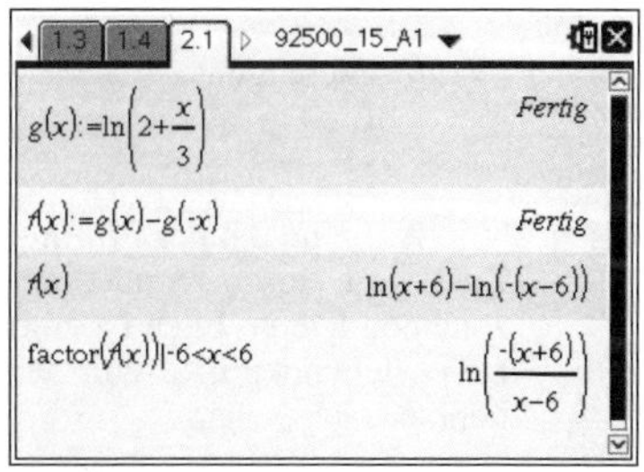

2.2 Vgl. Aufgabe 2.2 der Prüfung ohne CAS.

Eine Kontrolle mit dem CAS ist möglich.

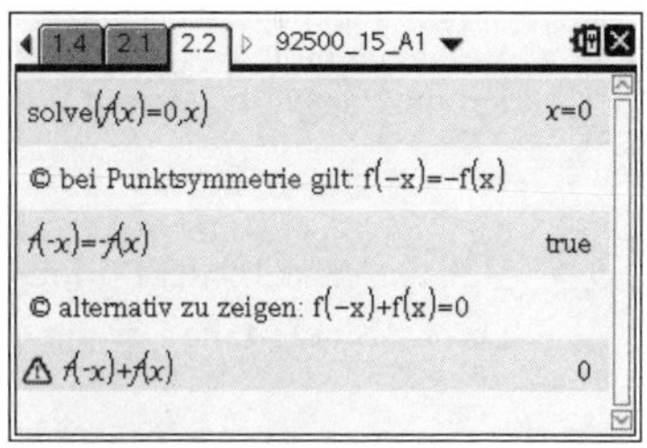

2.3 $f'(x) < 0 \overset{\text{CAS}}{\Rightarrow} x < -6 \vee x > 6$

$f'(x) > 0 \overset{\text{CAS}}{\Rightarrow} -6 < x < 6$

$\Rightarrow$ G_f ist streng monoton steigend in $D_f =]-6; 6[$.

Das CAS liefert auch ein Ergebnis für $f'(x) < 0$, dieses ist aber nicht in D_f.

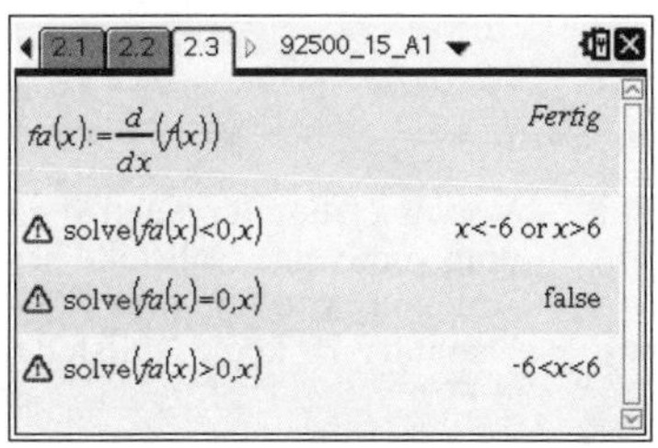

Für die Bestimmung des Wendepunktes muss die Nullstelle der zweiten Ableitung f'' bestimmt und es muss nachgewiesen werden, dass es dort einen Vorzeichenwechsel gibt:

$$f''(x) < 0 \overset{\text{CAS}}{\Rightarrow} x < 0 \wedge x \neq -6 \quad \text{und}$$

$$f''(x) > 0 \overset{\text{CAS}}{\Rightarrow} x > 0 \wedge x \neq 6$$

f'' hat einen Vorzeichenwechsel bei $x = 0$. Damit besitzt G_f dort einen Wendepunkt.

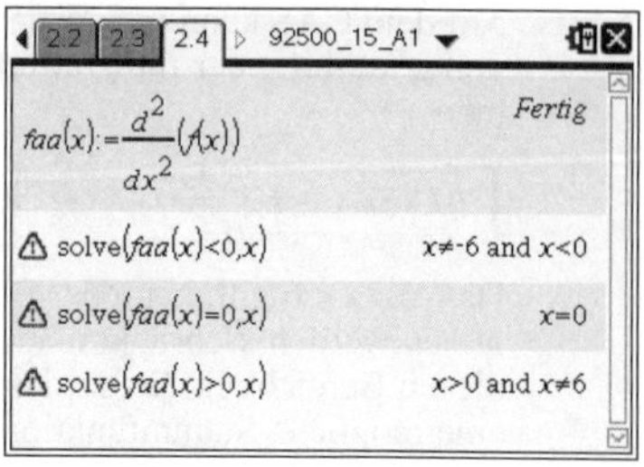

Die Wendetangente lässt sich schnell mit der Punkt-Steigungsform $y = m \cdot (x - x_P) + y_P$ einer Geradengleichung bestimmen. Die Steigung am Wendepunkt entspricht:

$$f'(x_W) = f'(0) \overset{\text{CAS}}{=} \frac{1}{3}$$

Die y-Koordinate des Wendepunktes ist:

$$y_W = f(x_W) = f(0) \overset{\text{CAS}}{=} 0$$

$$\Rightarrow \quad \text{Wendetangente } \underline{\underline{w(x) = \frac{1}{3}x}}$$

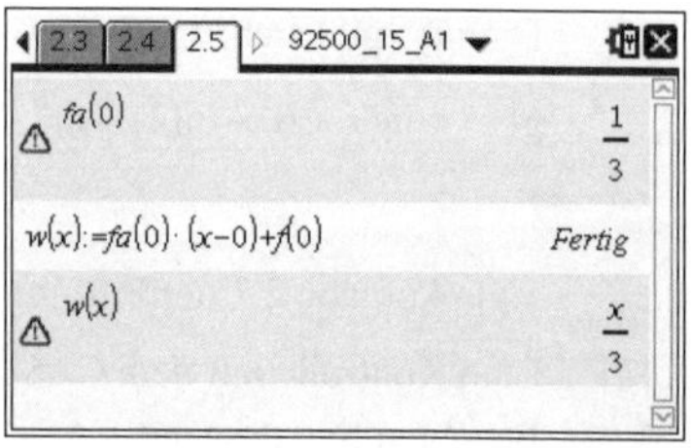

2.4 Vgl. Aufgabe 2.4 der Prüfung ohne CAS. Zusätzlich ist die Wendetangente w einzuzeichnen. Deren Lage ist zum Beispiel dem nebenstehenden Bildschirmabdruck zu entnehmen.

Achten Sie bei der Zeichnung insbesondere auf die Punktsymmetrie, das asymptotische Verhalten bei $x = -6$ und $x = 6$ sowie das Krümmungsverhalten am Wendepunkt.

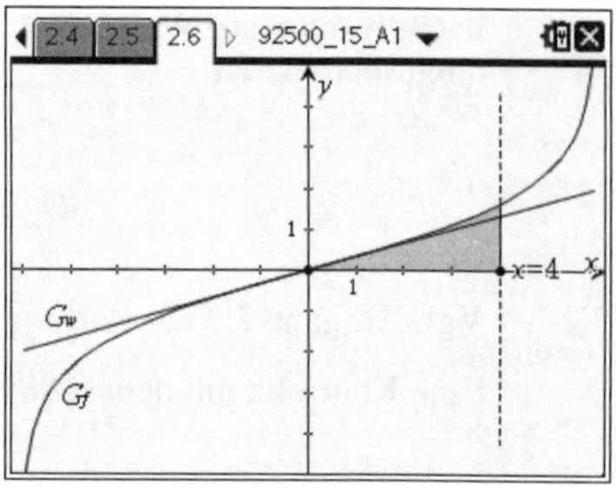

2.5 Vgl. Aufgabe 2.5 der Prüfung ohne CAS. Das CAS liefert die Lösung direkt.

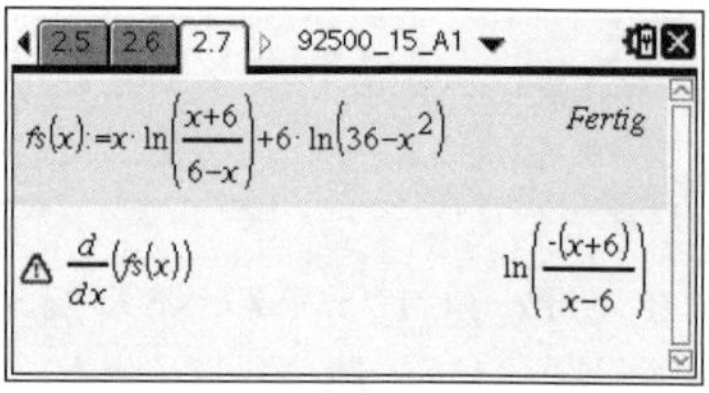

2.6 Voraussetzung für einen Wendepunkt des Graphen von F ist, dass die zweite Ableitung von F eine Nullstelle besitzt. Die zweite Ableitung von F entspricht der ersten Ableitung von f: $F''(x) = f'(x)$. Aus Aufgabe 2.3 ist bekannt, dass $f'(x) > 0$ in D_f ist. Damit hat F'' keine Nullstelle und somit F keinen Wendepunkt.

2.7.1 Kennzeichnung des Flächenstücks:
siehe Aufgabe 2.4 der Prüfung ohne CAS

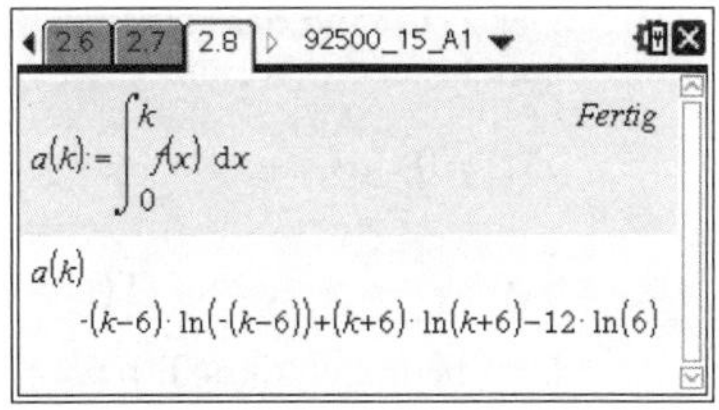

Die von k abhängige Flächenmaßzahl A(k) bestimmt man durch Berechnung des bestimmten Integrals mit den Integrationsgrenzen 0 und k:

$$\underline{\underline{A(k)}} = \int_0^k f(x)\,dx \overset{CAS}{=}$$

$$\overset{CAS}{=} \underline{\underline{-(k-6)\cdot\ln\left(-(k-6)\right) + (k+6)\cdot\ln(k+6) - 12\cdot\ln(6)}}$$

2.7.2 Der Grenzwert der Maßzahl für den Flächeninhalt kann mit dem CAS berechnet werden:

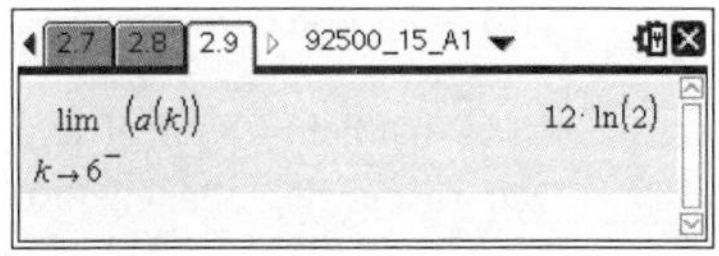

$$\lim_{k\to 6^-} A(k) \overset{CAS}{=} \underline{\underline{12\cdot\ln(2)}}$$

3.1 Aufgrund der Angaben im Text ergeben sich folgende Bedingungen:
$T(0) = 18$ und $T(8) = 47{,}43$

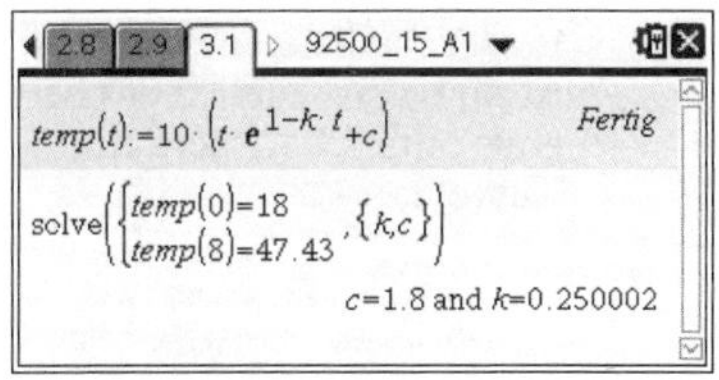

Damit ergibt sich ein Gleichungssystem, welches mit dem CAS gelöst werden kann:

$$\left.\begin{array}{l} 10\cdot(0\cdot e^{1-k\cdot 0}+c) = 18 \\ 10\cdot(8\cdot e^{1-k\cdot 8}+c) = 47{,}43 \end{array}\right\} \overset{CAS}{\Rightarrow} \begin{array}{l} \underline{\underline{c = 1{,}8}} \\ \underline{\underline{k \approx 0{,}25}} \end{array}$$

3.2 Das Temperaturmaximum bedingt einen Vorzeichenwechsel der ersten Ableitung der Funktion T:

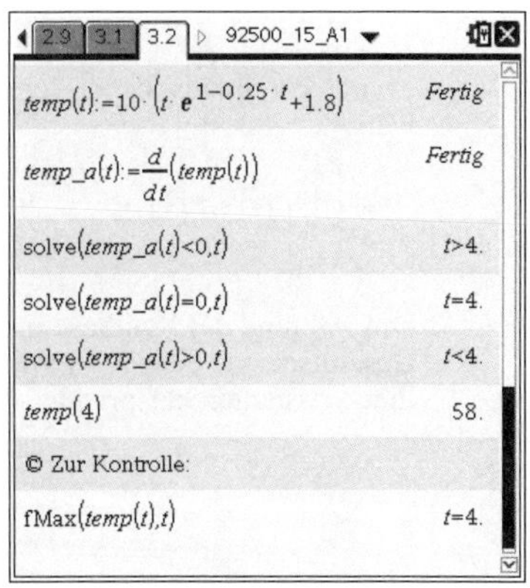

$$\dot{T}(t) = 0 \overset{CAS}{\Rightarrow} t = 4$$

$$\dot{T}(t) < 0 \overset{CAS}{\Rightarrow} t > 4; \quad \dot{T}(t) > 0 \overset{CAS}{\Rightarrow} t < 4$$

Da $\dot{T}$ nur eine Nullstelle bei $t = 4$ hat und dort einen Vorzeichenwechsel von „+“ nach „–“ besitzt, befindet sich dort ein lokales Maximum von T. Da die Temperatur für $t = 0$ und für große t (abfallende e-Funktion, welche um $c = 1{,}8$ nach oben verschoben ist) jeweils kleiner ist, ist dies zugleich das absolute Maximum von T.

$$\Rightarrow T_{max} = T(4) \overset{CAS}{=} \underline{\underline{58}}$$

Die Temperatur erreicht während der Reaktion maximal 58 °C.

Die Verwendung des CAS-Befehls fMax, welcher direkt das absolute Maximum der Funktion berechnet, empfiehlt sich lediglich als schnelle Kontrolle; eine ausreichende Lösungsdokumentation für die Abschlussprüfung ist dies nicht!

3.3 Der Zeitpunkt der stärksten Abkühlung entspricht einem Wendepunkt von T:

$\ddot{T}(t) = 0 \overset{CAS}{\Rightarrow} t = 8$

$\ddot{T}(t) < 0 \overset{CAS}{\Rightarrow} t < 8; \quad \ddot{T}(t) > 0 \overset{CAS}{\Rightarrow} t > 8$

Dies bedeutet, dass $\ddot{T}$ bei $t = 8$ eine Nullstelle mit Vorzeichenwechsel hat. Da die erste Ableitung an dieser Stelle negativ ist, muss es sich an dieser Stelle um eine Abkühlung handeln (weil sich die Temperatur verringert):

$\dot{T}(8) \overset{CAS}{\approx} -3{,}68 < 0 \Rightarrow$ Abkühlung

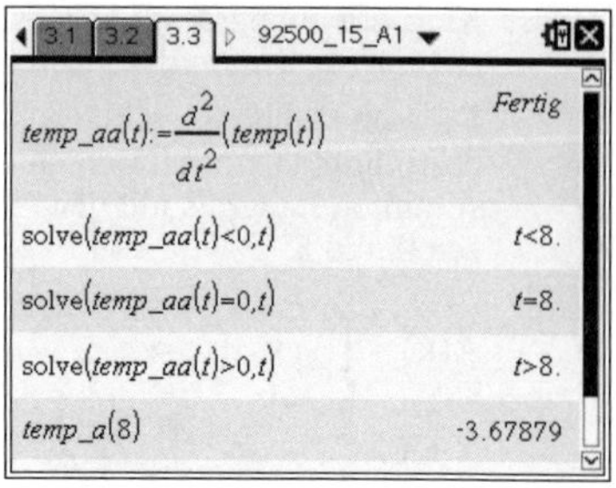

$\Rightarrow \dot{T}$ hat bei $t = 8$ ein absolutes Minimum.

Damit ist gezeigt, dass selbst im Augenblick der stärksten Abkühlung mit ca. 3,68 °C pro Minute die geforderten 4 °C pro Minute eingehalten werden.

3.4 Eine Visualisierung der beiden Gleichungen ist für das Aufstellen des bestimmten Integrals hilfreich („obere Kurve minus untere Kurve").

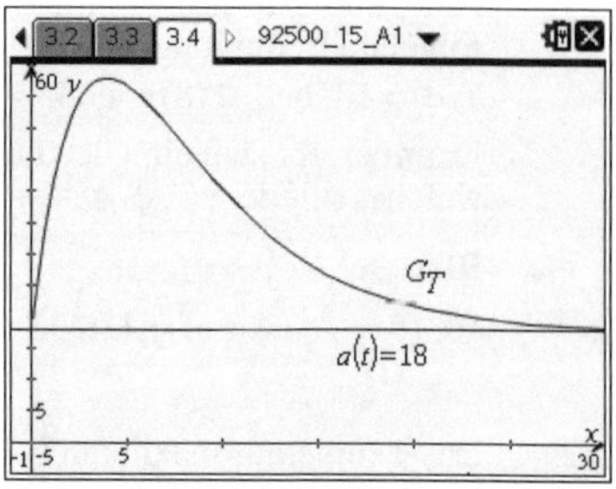

Zu untersuchen ist daher der folgende Grenzwert:

$$\lim_{k \to \infty} \left(\int_0^k (T(t) - 18)\, dt \right) \overset{CAS}{\approx} 434{,}93$$

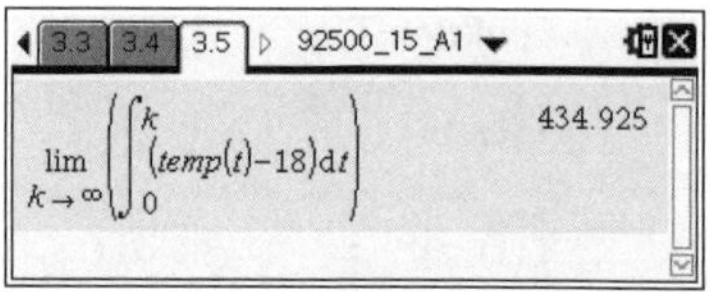

Die während der Synthese insgesamt freigesetzte Energie ist damit endlich, da die Gesamtenergie dem Wert von 434,93 multipliziert mit einer zugehörigen Proportionalitätskonstanten entspricht.

Bayern – FOS · BOS 12 – Fachabiturprüfung 2015
Mathematik CAS (Ausbildungsrichtung Technik) – Analysis A II

BE

1 Gegeben sind die reellen Funktionen $f_a\colon x \mapsto \frac{x^2 - 2x + a}{x - 2}$ mit der jeweils maximalen Definitionsmenge $D_{f_a} \subset \mathbb{R}$ und $a \in \mathbb{R}$.

1.1 Geben Sie die maximale Definitionsmenge D_{f_a} an und bestimmen Sie die Art der Definitionslücke von f_a in Abhängigkeit von a. 5

1.2 Bestimmen Sie in Abhängigkeit von a die Lage und die Vielfachheiten der Nullstellen von f_a. 7

1.3 Ermitteln Sie für $a > 0$ das Monotonieverhalten der Funktion f_a sowie die Art und die Abszisse aller relativen Extrempunkte des Graphen von f_a. 7

1.4 Bestimmen Sie für $a > 0$ die maximalen Krümmungsintervalle des Graphen von f_a. 4

1.5.0 Für $a = 1$ erhält man die Funktion f_1, die im Folgenden mit f bezeichnet wird, d. h. $f(x) = f_1(x) = \frac{x^2 - 2x + 1}{x - 2}$.

1.5.1 Bestimmen Sie die Gleichungen aller Asymptoten des Graphen von f. Geben Sie auch die Koordinaten der Extrempunkte des Graphen von f an. 4

1.5.2 Zeichnen Sie unter der Verwendung der bisherigen Ergebnisse und geeigneter Funktionswerte den Graphen von f sowie sämtliche Asymptoten für $-2 \le x \le 6$ in ein kartesisches Koordinatensystem. Maßstab: 1 LE = 1 cm. 5

1.5.3 Der Graph von f und die Winkelhalbierende des I. Quadranten schließen mit den senkrechten Geraden mit den Gleichungen $x = 3$ und $x = b$ mit $b \in \mathbb{R}$ und $b > 3$ ein Flächenstück ein. Kennzeichnen Sie dieses Flächenstück in Ihrer Zeichnung aus 1.5.2 für $b = 4$. Bestimmen Sie **ohne CAS** anschließend den Wert von b so, dass der Flächeninhalt dieses Flächenstücks die Maßzahl 2 hat. 6

2 Gegeben ist die reelle Funktion $g\colon x \mapsto \ln(f(x))$ mit der Funktion f aus 1.5.0 und der maximalen Definitionsmenge $D_g \subset \mathbb{R}$.

2.1 Begründen Sie ohne weitere Rechnung, dass für die Definitionsmenge D_g gilt: $D_g =]2; \infty[$. Untersuchen Sie weiterhin **ohne CAS** das Verhalten der Funktionswerte g(x) an den Rändern der Definitionsmenge D_g. 5

2.2 Bestimmen Sie **ohne CAS** die Art und die Koordinaten des relativen Extrempunkts des Graphen der Funktion g. 5
[Mögliches Teilergebnis: $g'(x) = \frac{x - 3}{x^2 - 3x + 2}$]

2.3 Begründen Sie ohne Verwendung der 2. Ableitung von g, dass der Graph von g für $x > 3$ mindestens einen Wendepunkt besitzt. 4

3 Um die Ausbreitung von Borkenkäfern in bayerischen Wäldern zu erforschen, wird der Befall eines ausgewählten Baumes über den Zeitraum von 12 Monaten untersucht. Die Anzahl der in diesem Baum befindlichen Borkenkäfer kann näherungsweise durch den Term $N(t) = N_0 \cdot e^{\lambda \cdot (t^2 - 12t)}$ mit $t, \lambda \in \mathbb{R}$ und $t \geq 0$, $\lambda < 0$ beschrieben werden, wobei N_0 die Anzahl der Borkenkäfer zu Beginn des Beobachtungszeitraums und t die Zeit in Monaten ab Beobachtungsbeginn ist.
Es ist bekannt, dass sich die Anzahl der Borkenkäfer nach dem ersten Monat verdreifacht hat und nach einem weiteren Monat 133 Borkenkäfer gezählt wurden.
Alle Ergebnisse sind auf zwei Nachkommastellen zu runden, sofern nicht anders gefordert. Auf das Mitführen der Einheiten kann bei den Berechnungen verzichtet werden.

3.1 Bestimmen Sie λ und N_0. Runden Sie dabei N_0 auf eine ganze Zahl. 4

Für die folgenden Teilaufgaben gilt: $\lambda = -0{,}10$ und $N_0 = 18$.

3.2 Ab einem Befall von 540 Borkenkäfern gilt der Baum als dauerhaft geschädigt. Berechnen Sie **ohne CAS** den Zeitpunkt t_0, zu dem diese Anzahl erstmalig erreicht ist. 5

3.3 Bestimmen Sie **ohne CAS** den Zeitpunkt t_{max}, zu dem der Befall des Baumes am größten ist. 4
[Mögliches Teilergebnis: $\dot{N}(t) = -3{,}6 \cdot e^{-0{,}10 \cdot (t^2 - 12t)} \cdot (t - 6)$]

3.4 Bestimmen Sie den Zeitpunkt t_v, zu dem sich die Borkenkäfer am stärksten vermehren. 5

70

Tipps und Hinweise zur Lösung von Aufgabe A II mit CAS

Teilaufgabe 1.1

- Die maximale Definitionsmenge kann direkt mit dem CAS bestimmt werden.
- Untersuchen Sie mit dem CAS die Nullstellen des Zähler- und des Nennerpolynoms.
- Es sind die Fälle zu unterscheiden, an denen entweder die Nullstelle des Nenners nicht existiert oder eine mehrfache Nullstelle sein kann.
- Des Weiteren muss untersucht werden, ob die Nullstelle des Nenners mit der Nullstelle des Zählers vollständig gekürzt werden kann. Ist dies der Fall, so erhält man eine stetig behebbare Definitionslücke. Lässt sich die Nullstelle nur im Zähler kürzen und bleibt im Nenner aufgrund einer mehrfachen Nullstelle erhalten, bleibt an dieser Stelle eine Definitionslücke.
- Für die Untersuchung ist es hilfreich, diese Art von Sonderfällen direkt mit dem CAS zu berechnen. Dazu berechnet man die Werte für a, bei denen sowohl das Zählerpolynom als auch das Nennerpolynom gleichzeitig null werden können. Dazu kann man ein entsprechendes Gleichungssystem lösen.

Teilaufgabe 1.2

- Eine gebrochen-rationale Funktion hat genau dann eine Nullstelle, wenn der Zähler 0 ist und sich diese Nullstelle nicht mit einer Nullstelle des Nenners „kürzt".
- Prüfen Sie den Einfluss des Parameters a auf die Nullstellen, z. B. einfache Nullstelle, doppelte Nullstelle, keine Nullstelle möglich oder Nullstelle „kürzt" sich mit Nullstelle des Zählers.

Teilaufgabe 1.3

- Das Monotonieverhalten der Funktion f_a kann über die 1. Ableitung f_a' bestimmt werden:
  Wenn $f_a'(x) > 0$ auf einem Intervall I ist, dann ist f_a auf I streng monoton steigend.
  Wenn $f_a'(x) < 0$ auf einem Intervall I ist, dann ist f_a auf I streng monoton fallend.
- Untersuchen Sie mithilfe des CAS das Vorzeichen von $f_a'(x)$ in Abhängigkeit des Parameters a und schließen Sie daraus auf die Monotonieintervalle von f_a. Beachten Sie dabei die Angabe, dass nur positive Werte von a untersucht werden sollen.
- Bedingung für ein lokales Maximum ist eine Nullstelle der ersten Ableitung f_a' von f_a sowie ein Vorzeichenwechsel von „+" nach „–" der ersten Ableitung von f_a an dieser Stelle. Bedingung für ein lokales Minimum ist eine Nullstelle der ersten Ableitung f_a' von f_a sowie ein Vorzeichenwechsel von „–" nach „+" der ersten Ableitung von f_a an dieser Stelle.

Teilaufgabe 1.4

- Das Krümmungsverhalten der Funktion f_a kann über die 2. Ableitung f_a'' bestimmt werden:
  Wenn $f_a''(x) > 0$ auf einem Intervall I ist, dann ist der Graph G_{f_a} von f_a im Intervall I linksgekrümmt.
  Wenn $f_a''(x) < 0$ auf einem Intervall I ist, dann ist der Graph G_{f_a} von f_a im Intervall I rechtsgekrümmt.
- Bestimmen Sie die Nullstellen der zweiten Ableitung f_a'' und untersuchen Sie das Vorzeichen der zweiten Ableitung in Abhängigkeit von a. Beachten Sie dabei die Angabe, dass nur positive Werte von a untersucht werden sollen.
- Prüfen Sie Ihre Ergebnisse mit dem CAS, z. B. indem Sie den Graphen für $a = 1$ zeichnen.

Teilaufgabe 1.5.1

- Eine gebrochen-rationale Funktion besitzt eine senkrechte Asymptote an einem Pol bzw. an einer Unendlichkeitsstelle.
- Eine gebrochen-rationale Funktion besitzt eine schräge Asymptote, wenn der Grad des Zählerpolynoms um eins größer ist als der Grad des Nennerpolynoms.
- Die schräge Asymptote erhält man, indem man mithilfe einer Polynomdivision die unecht gebrochen-rationale Funktion in einen ganzrationalen Funktionsterm und einen echt gebrochen-rationalen Funktionsterm zerlegt.
- Untersuchen Sie das Verhalten für $x \to \pm\infty$. Der echt gebrochen-rationale Anteil geht für $x \to \pm\infty$ gegen null, der ganzrationale Funktionsterm ist der Funktionsterm der schrägen Asymptote.
- Geben Sie mithilfe der Ergebnisse aus Aufgabe 1.3 die Koordinaten des Extrempunktes an. Die y-Werte können Sie mit dem CAS bestimmen.

Teilaufgabe 1.5.2

- Zeichnen Sie die beiden Asymptoten zuerst ein.
- Erstellen Sie eine geeignete Wertetabelle und vergleichen Sie Ihren Graphen mit dem CAS. Achten Sie dabei auf eine kleine Schrittweite in der Nähe der Polstelle.

Teilaufgabe 1.5.3

- Kennzeichnen Sie das Flächenstück.
- Die Fläche zwischen zwei Graphen, welche durch eine „obere" und eine „untere" Kurve begrenzt ist und in der sich zudem die Graphen nicht schneiden, kann dadurch bestimmt werden, dass man die Fläche unter dem „oberen" Graphen berechnet und die Fläche unter dem „unteren" Graphen davon abzieht.
- Bestimmen Sie den Term für die Differenzfunktion der Funktion f und des Funktionsterms der schrägen Asymptote.
- Bestimmen Sie die Stammfunktion der Differenzfunktion.
- Bestimmen Sie den Wert des bestimmten Integrals der Differenzfunktion mit den Grenzen 3 und b.
- Bestimmen Sie, für welchen Wert von b das bestimmte Integral der Differenzfunktion den Wert 2 annimmt.

Teilaufgabe 2.1

- Die ln-Funktion ist nur für positive Argumente definiert.
- Erschließen Sie sich zuerst das Verhalten der Funktion f für $x \to 2^+$ und $x \to \infty$ und folgern Sie daraus das Verhalten der Funktion g.
- Benutzen Sie für Ihre Argumentation die Ergebnisse aus Aufgabe 1.

Teilaufgabe 2.2

- Bedingung für ein lokales Maximum ist eine Nullstelle der ersten Ableitung g' von g sowie ein Vorzeichenwechsel von „+" nach „–" der ersten Ableitung von g an dieser Stelle. Bedingung für ein lokales Minimum ist eine Nullstelle der ersten Ableitung g' von g sowie ein Vorzeichenwechsel von „–" nach „+" der ersten Ableitung von g an dieser Stelle.
- Bestimmen Sie den Funktionsterm von g'.

- Bestimmen Sie die Nullstelle von g'.
- Untersuchen Sie die Art des Vorzeichenwechsels an der Nullstelle von g' und folgern Sie daraus die Art der Extremalstelle.

Teilaufgabe 2.3

- Der Graph der Funktion g besitzt Wendepunkte an den Stellen, an denen ihre 1. Ableitung g' ein lokales Extremum hat.
- Untersuchen Sie, ob der Graph von g' eine Extremalstelle hat. Benutzen Sie dabei die Ergebnisse aus den vorangegangenen Aufgaben.
- g' hat eine Nullstelle bei $x = 3$ (Aufgabe 2.2) und muss für Werte, die etwas größer als 3 sind, positiv sein, da bei $x = 3$ ein Tiefpunkt von g ist und damit die Funktion steigend ist.
- Bestimmen Sie das Verhalten von $g'(x)$ für $x \to \infty$.

Teilaufgabe 3.1

- Mit den beiden Nebenbedingungen für die Zeitpunkte $t = 1$ und $t = 2$ ergibt sich ein Gleichungssystem.

Teilaufgabe 3.2

- Stellen Sie den Term für die Ungleichung auf und lösen Sie diese.
- Prüfen Sie Ihr Ergebnis mithilfe des CAS.

Teilaufgabe 3.3

- Der Befall ist zu dem Zeitpunkt am größten, an dem N(t) maximal ist.
- Bestimmen Sie den Term der 1. Ableitung von N(t) und bestimmen Sie dessen Nullstelle sowie die Art des Vorzeichenwechsels.

Teilaufgabe 3.4

- Zum Zeitpunkt der stärksten Vermehrung muss sich das Krümmungsverhalten des Graphen von N von linksgekrümmt nach rechtsgekrümmt ändern.
- Eine Funktion N besitzt Wendepunkte an den Stellen, an denen ihre 1. Ableitung N' ein lokales Extremum hat.
- Bestimmen Sie die Nullstelle der zweiten Ableitung N'' und untersuchen Sie das Vorzeichen der ersten Ableitung.
- Der Zeitpunkt der stärksten Vermehrung liegt vor, wenn die Änderungsrate positiv ist, also wenn die erste Ableitung von N positiv ist.

Lösung

1 $f_a(x) = \frac{x^2 - 2x + a}{x - 2}$; $D_{f_a} \subset \mathbb{R}$ und $a \in \mathbb{R}$

1.1 Die maximale Definitionsmenge D_{f_a} erhält man direkt mit dem CAS:

$\underline{\underline{D_{f_a} = \mathbb{R} \setminus \{2\}}}$

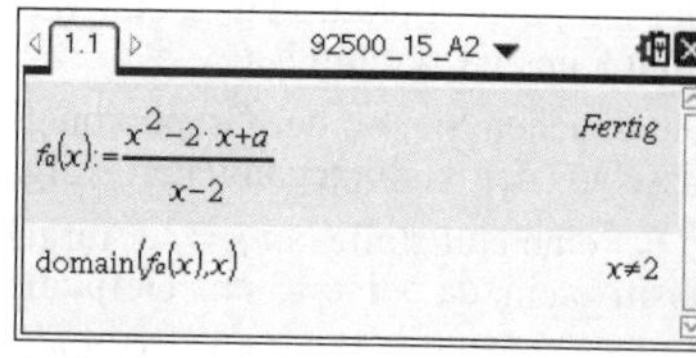

Definitionslücken können nur auftreten, wenn der Nenner Nullstellen besitzt. Die Nullstelle des Nenners bei $x = 2$ kann man direkt ablesen. Eine behebbare Definitionslücke ist nur möglich, wenn an der Stelle $x = 2$ auch eine Nullstelle des Zählers ist. Ob es einen Wert für a gibt, für den dies zutrifft, kann mit dem CAS bestimmt werden:

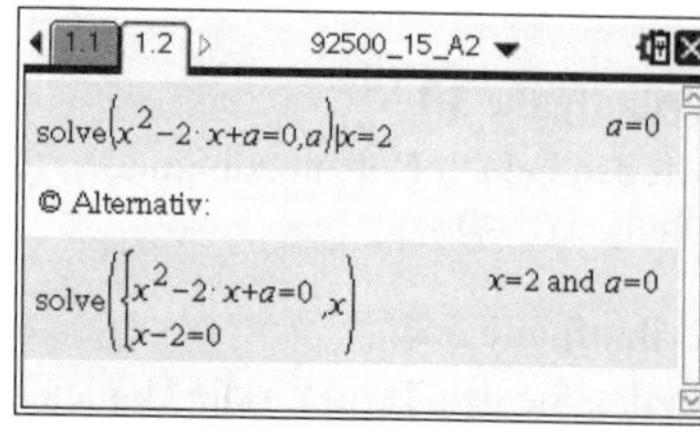

$$2^2 - 2 \cdot 2 + a = 0 \overset{\text{CAS}}{\Rightarrow} a = 0$$

Damit ergibt sich eine stetig behebbare Definitionslücke für $a = 0$ bei $x = 2$. Für alle anderen Werte von a gibt es eine Unendlichkeitsstelle mit Vorzeichenwechsel bei $x = 2$:

$a = 0 \Rightarrow$ stetig behebbare Definitionslücke bei $x = 2$

$a \neq 0 \Rightarrow$ Pol 1. Ordnung mit Vorzeichenwechsel bei $x = 2$

Alternativ kann man mit dem CAS direkt mit dem Löser für Gleichungssysteme untersuchen, für welche Werte von x und a Zähler und Nenner eine gemeinsame Nullstelle besitzen, und erhält die Lösung der Aufgabe direkt.

1.2 Das CAS liefert für die Nullstellen des Zählers:

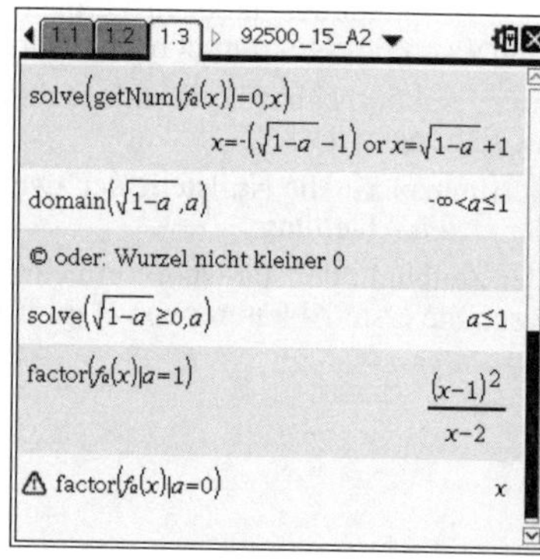

$$x^2 - 2x + a = 0 \overset{\text{CAS}}{\Rightarrow} x = 1 - \sqrt{1-a} \lor x = 1 + \sqrt{1-a}$$

Damit ergeben sich vier Fälle:

Für $\underline{\underline{a > 1}}$ besitzt f_a **keine** Nullstelle (keine Nullstelle im Zähler möglich).

Für $\underline{\underline{a = 1}}$ besitzt f_1 genau **eine doppelte** Nullstelle: $\underline{\underline{x_{1;2} = 1}}$

Für $\underline{\underline{a < 1 \land a \neq 0}}$ besitzt f_a genau **zwei einfache** Nullstellen: $\underline{\underline{x_{1;2} = 1 \pm \sqrt{1-a}}}$

Für $\underline{\underline{a = 0}}$ besitzt f_0 genau **eine einfache** Nullstelle: $\underline{\underline{x = 0}}$ (Es gibt eine behebbare Definitionslücke, die Nullstellen im Nenner und Zähler kürzen sich.)

1.3 Das Monotonieverhalten ist durch das Vorzeichen der ersten Ableitung festgelegt:

$f_a'(x) < 0 \overset{\text{CAS}}{\Rightarrow} 2-\sqrt{a} < x < 2+\sqrt{a} \ \wedge \ x \neq 2$

$f_a'(x) > 0 \overset{\text{CAS}}{\Rightarrow} x < 2-\sqrt{a} \ \vee \ x > 2+\sqrt{a}$

$\Rightarrow$ f_a ist streng monoton steigend in $]-\infty; 2-\sqrt{a}]$ sowie in $[2+\sqrt{a}; \infty[$.
f_a ist streng monoton fallend in $[2-\sqrt{a}; 2[$ sowie in $]2; 2+\sqrt{a}]$.

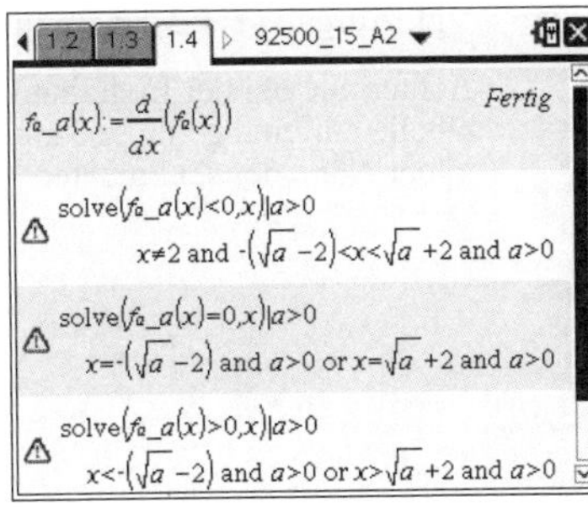

f_a' hat bei $x = 2-\sqrt{a}$ einen Vorzeichenwechsel von „+“ nach „–“, also hat der Graph von f_a dort ein lokales Maximum.
f_a' hat bei $x = 2+\sqrt{a}$ einen Vorzeichenwechsel von „–“ nach „+“, also hat der Graph von f_a dort ein lokales Minimum.

1.4 Das Krümmungsverhalten ist durch das Vorzeichen der zweiten Ableitung festgelegt:

$f_a''(x) < 0 \overset{\text{CAS}}{\Rightarrow} x < 2$

$\Rightarrow$ G_{f_a} ist rechtsgekrümmt in $]-\infty; 2[$.

$f_a''(x) > 0 \overset{\text{CAS}}{\Rightarrow} x > 2$

$\Rightarrow$ G_{f_a} ist linksgekrümmt in $]2; \infty[$.

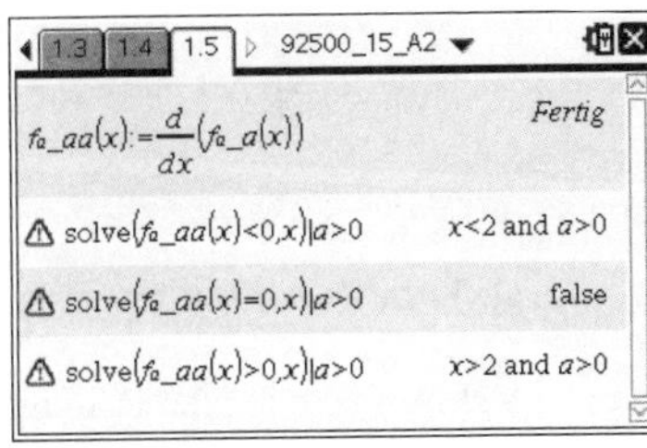

1.5.0 $f(x) = f_1(x) = \dfrac{x^2-2x+1}{x-2}$

1.5.1 $f(x) = (x^2-2x+1):(x-2) \overset{\text{CAS}}{=} x + \underbrace{\dfrac{1}{x-2}}_{\substack{\to 0 \\ \text{für } x \to \infty}}$

$\Rightarrow$ schräge Asymptote $\underline{\underline{a_2: y = x}}$

Aus Aufgabe 1.1:
senkrechte Asymptote $\underline{\underline{a_1: x = 2}}$

Mit den Ergebnissen aus Aufgabe 1.3 erhält man:
Hochpunkt $\underline{\underline{H(1|0)}}$, Tiefpunkt $\underline{\underline{T(3|4)}}$

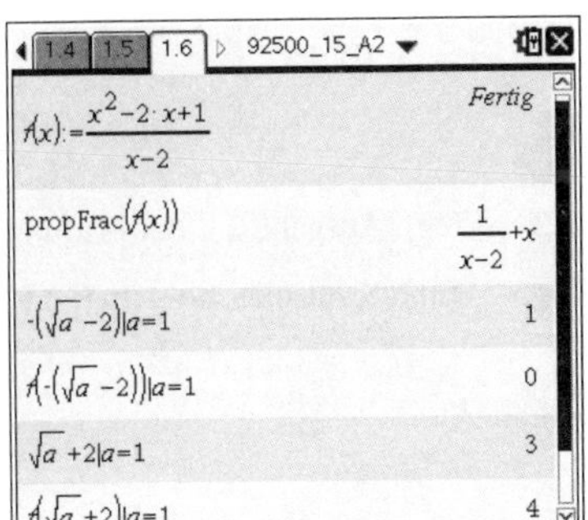

1.5.2 Vgl. Aufgabe 1.4.2 der Prüfung ohne CAS.

Achten Sie bei der Erstellung der Wertetabelle auf eine genügend kleine Schrittweite in der Nähe der senkrechten Asymptote.

1.5.3 Vgl. Aufgabe 1.4.3 der Prüfung ohne CAS.

Eine Kontrolle mit dem CAS ist möglich.

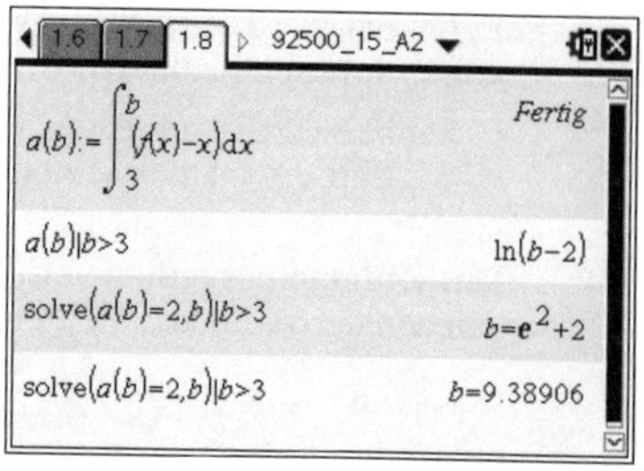

2 $g(x)=\ln(f(x));\ D_g \subset \mathbb{R}$

2.1 Vgl. Aufgabe 2.1 der Prüfung ohne CAS.

Eine Kontrolle mit dem CAS ist möglich.

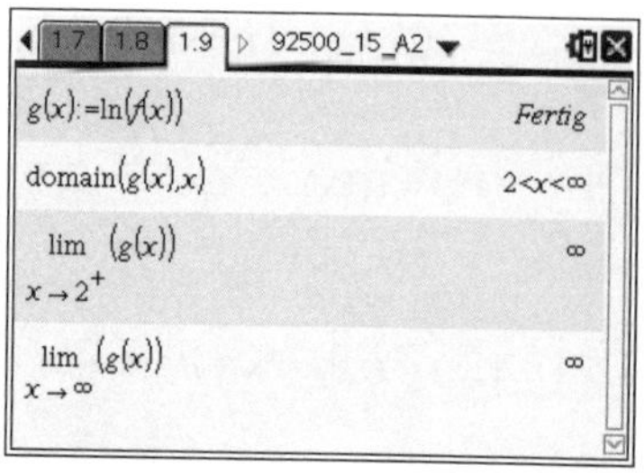

2.2 Vgl. Aufgabe 2.2 der Prüfung ohne CAS.

Eine Kontrolle mit dem CAS ist möglich.

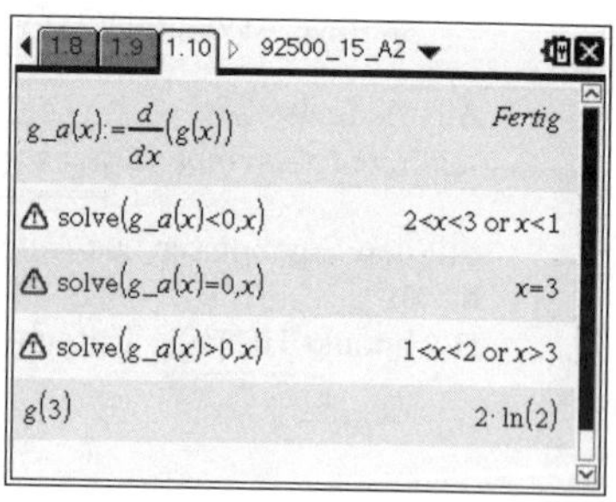

2.3 Vgl. Aufgabe 2.3 der Prüfung ohne CAS.

3 $N(t) = N_0 \cdot e^{\lambda \cdot (t^2 - 12t)}$ mit $t \in \mathbb{R}_0^+$ und $\lambda \in \mathbb{R}^-$

3.1 Aus den Informationen der Aufgabenstellung kann man zwei Gleichungen aufstellen, welche gleichzeitig erfüllt werden müssen. Dieses Gleichungssystem kann man mit dem CAS lösen:

$$\left.\begin{array}{l} N(1) = 3 \cdot N_0 \\ N(2) = 133 \end{array}\right\} \overset{\text{CAS}}{\Rightarrow} \underline{\underline{N_0 \approx 18}} \text{ und } \underline{\underline{\lambda \approx -0{,}10}}$$

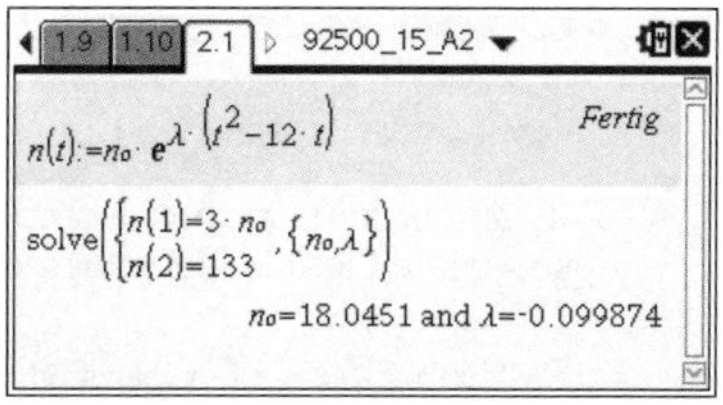

Mit dem CAS kann man sich an dieser Stelle den Graphen von N(t) anzeigen lassen und damit auch die folgenden Ergebnisse auf Sinnhaftigkeit verifizieren.

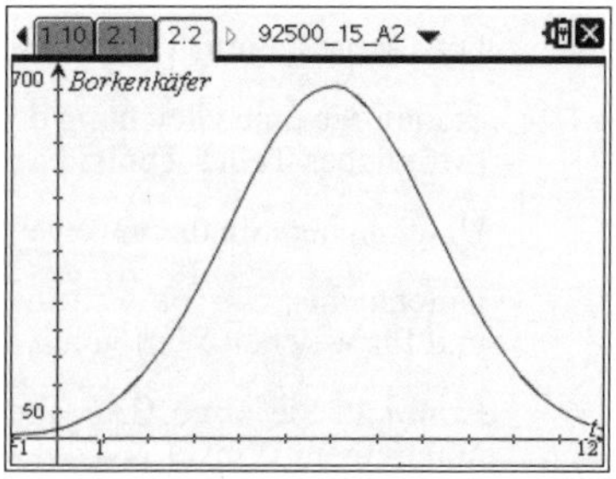

3.2 Vgl. Aufgabe 3.2 der Prüfung ohne CAS.

Eine Kontrolle mit dem CAS ist möglich.

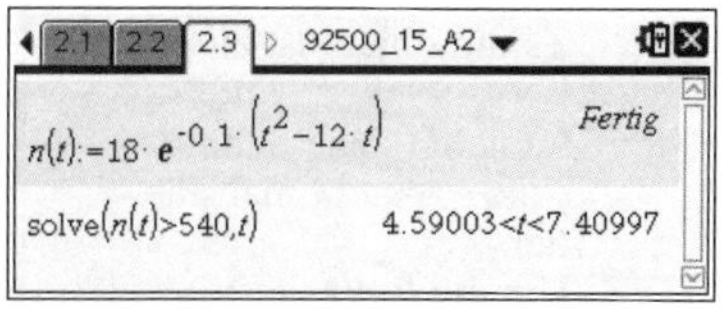

3.3 Vgl. Aufgabe 3.3 der Prüfung ohne CAS.

Eine Kontrolle mit dem CAS ist möglich.

3.4 Der Zeitpunkt der stärksten Vermehrung entspricht einem Wendepunkt:

$$\ddot{N}(t) = 0 \overset{\text{CAS}}{\Rightarrow} t \approx 3{,}76 \lor t \approx 8{,}24$$

Da beides einfache Nullstellen sind, ist an diesen Stellen $\dot{N}(t)$ extremal und damit liegen Wendestellen vor. Aus Aufgabe 3.3 ist bekannt, dass bei $t = 6$ ein Maximum ist, damit muss bei $\underline{\underline{t_v \approx 3{,}76}}$ der Zeitpunkt der stärksten Vermehrung sein.

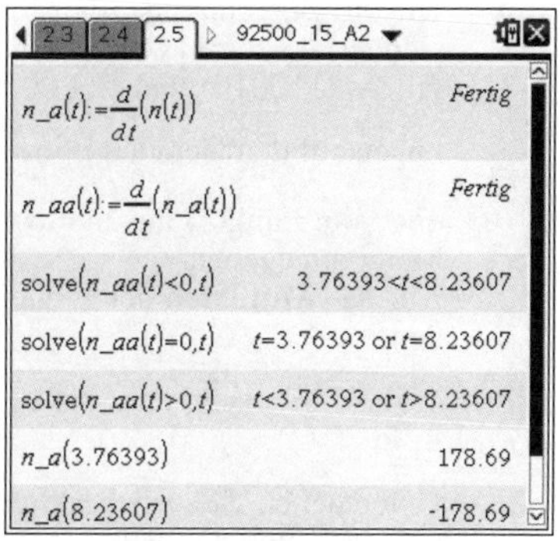

Alternativ kann man mit dem CAS auch den Vorzeichenwechsel an beiden Stellen nachweisen und die beiden Werte in die erste Ableitung einsetzen: Nur bei $t_v \approx 3{,}76$ hat man einen positiven Wert und damit Wachstum bzw. Vermehrung.

BE

1 In einem kartesischen Koordinatensystem des $\mathbb{R}^3$ sind die Ebenen E_a und F sowie die Gerade h gegeben. Dabei gilt:

$$E_a\text{: } 2a \cdot x_1 - (a-1) \cdot x_3 + 2 = 0 \text{ mit } a \in \mathbb{R} \text{ und h: } \vec{x} = \begin{pmatrix} 3 \\ -1 \\ -1 \end{pmatrix} + \lambda \cdot \begin{pmatrix} 2 \\ 1 \\ -1 \end{pmatrix}, \lambda \in \mathbb{R}$$

Die Ebene F enthält die Gerade h und verläuft parallel zur x_2-Achse.

1.1 Stellen Sie eine Gleichung der Ebene F in Koordinatenform auf.
[Mögliches Teilergebnis: F: $x_1 + 2x_3 - 1 = 0$] 3

1.2 Untersuchen Sie die gegenseitige Lage von h und E_a in Abhängigkeit von a. 5

1.3 Untersuchen Sie, ob sich die Ebenen E_a und F senkrecht schneiden können, und für welchen Wert von a die Ebenen E_a und F parallel sind. 5

1.4 Ermitteln Sie **ohne CAS** alle Werte von a, für die sich die Ebenen E_a und F unter einem Winkel von 45° schneiden. 7

2 Beim Bau einer neuen Zahnradbahn ist ein Bergmassiv zu untertunneln (siehe Schnittskizze – nicht maßstäblich).
Um die Bauzeit des Tunnels zu verkürzen, wird von den Punkten A und B aus gleichzeitig je eine zylinderförmige Tunnelröhre mit einem Radius von 2 m gebohrt.

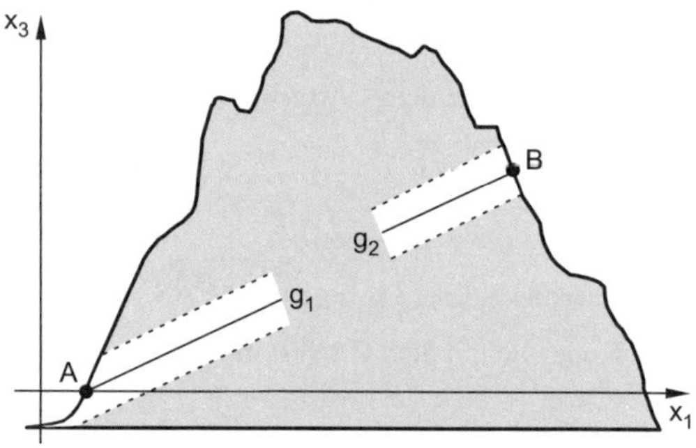

Für die Berechnungen wird ein kartesisches Koordinatensystem des $\mathbb{R}^3$ verwendet, dessen x_1x_2-Ebene waagrecht verläuft. In diesem Koordinatensystem gilt A(2 | 100 | 0) und B(1 002 | 350 | 254). Die Mittelachsen der Tunnelröhren liegen auf den Geraden g_1 bzw. g_2. Vom Punkt A aus wird in Richtung $\vec{u} = \begin{pmatrix} 4 \\ 1 \\ 1 \end{pmatrix}$ und vom Punkt B aus in die Gegenrichtung gebohrt. Alle Koordinaten sind in Meter angegeben.
Auf das Mitführen der Einheiten kann bei den Berechnungen verzichtet werden.

2.1 Weisen Sie nach, dass der Punkt B genau 4 m oberhalb (in x_3-Richtung) von g_1 liegt. 5

2.2 Untersuchen Sie, ob bei diesen Verhältnissen die Tunnelröhren wenigstens teilweise aufeinandertreffen. 5

30

Tipps und Hinweise zur Lösung von Aufgabe B I mit CAS

Teilaufgabe 1.1

- Definieren Sie sich im CAS die Ebenengleichung, den Vektor zum Aufpunkt der Geraden h und den Richtungsvektor von h.
- Ein möglicher Richtungsvektor parallel zur x_2-Achse ist $\begin{pmatrix} 0 \\ 1 \\ 0 \end{pmatrix}$.
- Bestimmen Sie mit dem CAS den Normalenvektor, welcher senkrecht zum Richtungsvektor der Geraden h und senkrecht zur Richtung der x_2-Achse ist.
- Bestimmen Sie mit dem CAS die Normalenform der Ebene F.

Teilaufgabe 1.2

- Untersuchen Sie, für welche Werte von λ die Ebenengleichung und die Geradengleichungen gleichzeitig erfüllt sind.
- Setzen Sie die Komponenten der Gerade h in die Ebenengleichung ein und lösen Sie nach λ auf.
- Prüfen Sie, ob es Werte für a gibt, für die keine Lösung möglich ist, oder ob es Werte gibt, für die unendlich viele Lösungen existieren.

Teilaufgabe 1.3

- Der Winkel zwischen zwei Vektoren kann mithilfe des Skalarproduktes berechnet werden.
- Sind zwei Ebenen zueinander senkrecht, sind auch die Normalenvektoren dieser beiden Ebenen zueinander senkrecht.
- Sind zwei Ebenen zueinander parallel, sind auch die Normalenvektoren dieser beiden Ebenen zueinander parallel.
- Bestimmen Sie das Vektorprodukt der Normalenvektoren der beiden Ebenen.
- Prüfen Sie, ob es mögliche Werte für a gibt, für die das Vektorprodukt den Nullvektor ergeben kann.

Teilaufgabe 1.4

- Der Winkel zwischen zwei Vektoren kann mithilfe des Skalarproduktes berechnet werden.
- Überprüfen Sie Ihr Ergebnis mit dem CAS.

Teilaufgabe 2.1

- Stellen Sie die Gleichung der Geraden g_1 auf.
- Bestimmen Sie die Gleichung einer Ebene, welche parallel zur x_2x_3-Ebene und durch den Punkt B verläuft.
- Bestimmen Sie die Koordinaten des Schnittpunktes der zur x_2x_3-Ebene parallelen Ebene durch B mit der Geraden g_1.
- Bestimmen Sie den Unterschied der x_3-Koordinaten.

Teilaufgabe 2.2

- Berechnen Sie den Abstand des Punktes B zur Geraden g_1.

Lösung

1 E_a: $2a \cdot x_1 - (a-1) \cdot x_3 + 2 = 0$ mit $a \in \mathbb{R}$ und h: $\vec{x} = \begin{pmatrix} 3 \\ -1 \\ -1 \end{pmatrix} + \lambda \cdot \begin{pmatrix} 2 \\ 1 \\ -1 \end{pmatrix}, \lambda \in \mathbb{R}$

1.1 Ein möglicher Vektor, der parallel zur x_2-Achse verläuft, ist $\begin{pmatrix} 0 \\ 1 \\ 0 \end{pmatrix}$.

Berechnung eines Vektors, welcher senkrecht zum Richtungsvektor der Geraden h und senkrecht zur Richtung der x_2-Achse ist:

$$\vec{n}_F = \begin{pmatrix} 2 \\ 1 \\ -1 \end{pmatrix} \times \begin{pmatrix} 0 \\ 1 \\ 0 \end{pmatrix} \overset{\text{CAS}}{=} \begin{pmatrix} 1 \\ 0 \\ 2 \end{pmatrix}$$

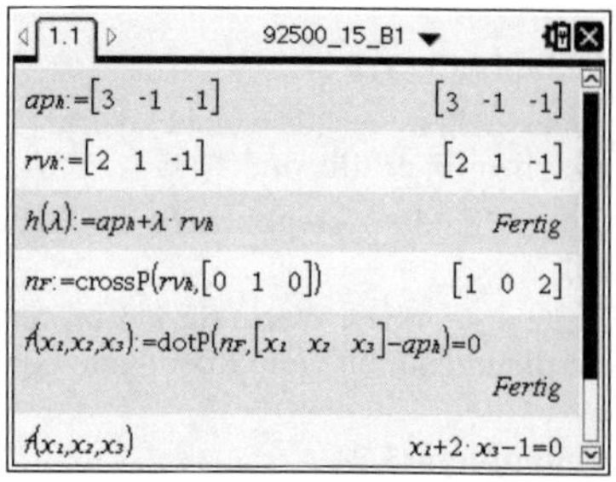

Die Ebene F in der Normalenform:

$$F: \begin{pmatrix} 1 \\ 0 \\ 2 \end{pmatrix} \circ \left(\begin{pmatrix} x_1 \\ x_2 \\ x_3 \end{pmatrix} - \begin{pmatrix} 3 \\ -1 \\ -1 \end{pmatrix} \right) = 0$$

$$\overset{\text{CAS}}{\Rightarrow} \underline{\underline{F: x_1 + 2x_3 - 1 = 0}}$$

1.2 Einsetzen der Komponenten der Gerade h in die Ebenengleichung und Auflösen nach λ:

h in E_a: $2a \cdot (3 + 2\lambda) - (a-1) \cdot (-1 - \lambda) + 2 = 0$

$$\overset{\text{CAS}}{\Rightarrow} \lambda = \frac{-(7a+1)}{5a-1}$$

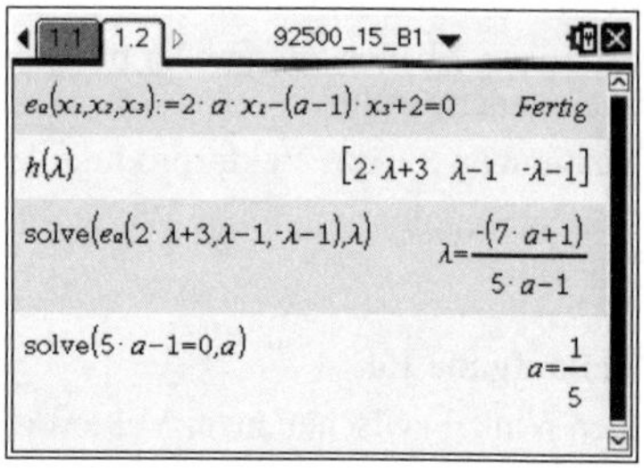

Man erkennt direkt, dass es immer eine Lösung gibt, wenn der Nenner ungleich 0 ist. Andernfalls gibt es keine Lösung, also keinen Schnittpunkt:

$a = 0{,}2 \;\Rightarrow\;$ h ist echt parallel zu $E_{0,2}$.

$a \neq 0{,}2 \;\Rightarrow\;$ h schneidet E_a in einem Punkt.

1.3 $E_a \perp F$: Prüfen, ob das Skalarprodukt der beiden Normalenvektoren null ist:

$$\vec{n}_{E_a} \circ \vec{n}_F = \begin{pmatrix} 2a \\ 0 \\ 1-a \end{pmatrix} \circ \begin{pmatrix} 1 \\ 0 \\ 2 \end{pmatrix} \overset{\text{CAS}}{=} 2 \neq 0$$

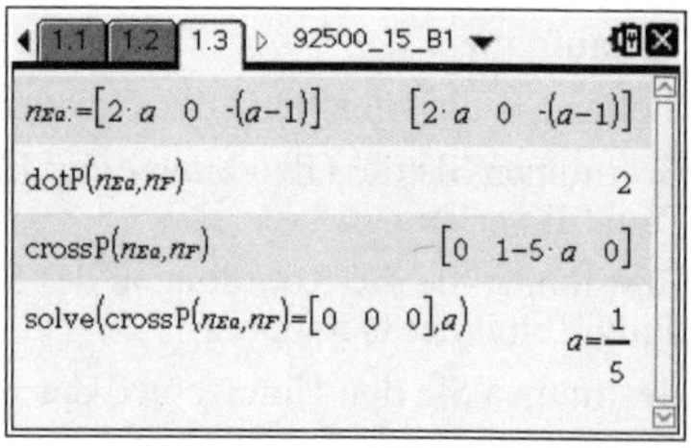

$\Rightarrow$ Keine der Ebenen E_a ist senkrecht zu F.

$E_a \parallel F$: Prüfen, ob das Vektorprodukt der beiden Normalenvektoren der Nullvektor ist:

$$\vec{n}_{E_a} \times \vec{n}_F = \begin{pmatrix} 2a \\ 0 \\ 1-a \end{pmatrix} \times \begin{pmatrix} 1 \\ 0 \\ 2 \end{pmatrix} \overset{\text{CAS}}{=} \begin{pmatrix} 0 \\ 1-5a \\ 0 \end{pmatrix} = \begin{pmatrix} 0 \\ 0 \\ 0 \end{pmatrix} \Rightarrow a = \frac{1}{5}$$

$\Rightarrow$ Für $a = \frac{1}{5}$ sind die Ebenen E_a und F parallel.

1.4 Vgl. Aufgabe 1.4 der Prüfung ohne CAS.

Eine Kontrolle mit dem CAS ist möglich.

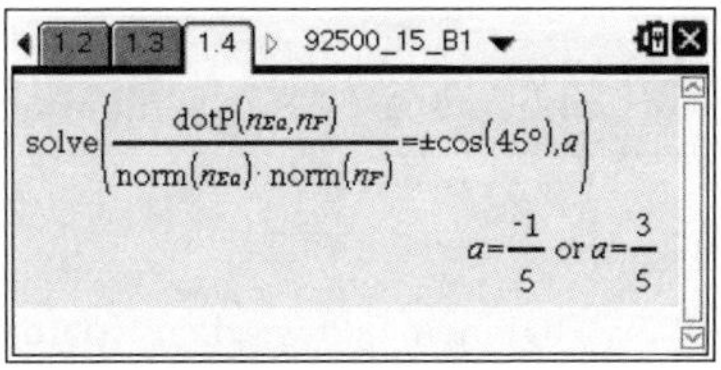

2.1 Gleichung der Geraden g_1:

$$g_1: \vec{x} = \begin{pmatrix} 2 \\ 100 \\ 0 \end{pmatrix} + r \cdot \begin{pmatrix} 4 \\ 1 \\ 1 \end{pmatrix},\ r \in \mathbb{R}$$

Gleichung der Ebene parallel zur x_2x_3-Ebene und durch den Punkt B:

$$H_B: \vec{x} = \overrightarrow{OB} + \kappa \cdot \begin{pmatrix} 0 \\ 1 \\ 0 \end{pmatrix} + \lambda \cdot \begin{pmatrix} 0 \\ 0 \\ 1 \end{pmatrix} = \begin{pmatrix} 1\,002 \\ 350 \\ 254 \end{pmatrix} + \kappa \cdot \begin{pmatrix} 0 \\ 1 \\ 0 \end{pmatrix} + \lambda \cdot \begin{pmatrix} 0 \\ 0 \\ 1 \end{pmatrix},\ \kappa, \lambda \in \mathbb{R}$$

$$H_B = g_1 \overset{\text{CAS}}{\Rightarrow} r = 250$$

Schnittpunkt:

$$\overrightarrow{OS} = \begin{pmatrix} 2 \\ 100 \\ 0 \end{pmatrix} + 250 \cdot \begin{pmatrix} 4 \\ 1 \\ 1 \end{pmatrix} \overset{\text{CAS}}{=} \begin{pmatrix} 1\,002 \\ 350 \\ 250 \end{pmatrix}$$

Unterschied der x_3-Koordinaten:
$\Delta x_3 = 254 - 250 = 4$

$\Rightarrow$ B liegt 4 m oberhalb von g_1.

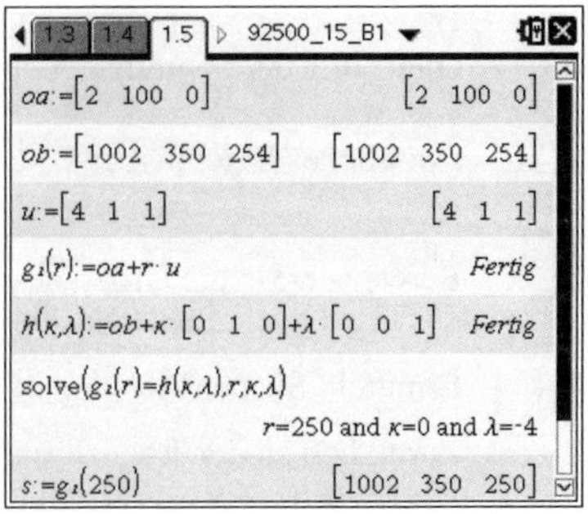

2.2 Für den Abstand benötigt man den kürzesten Abstand von B zu einem beliebigen Punkt $P \in g_1$. Dies ist genau dann der Fall, wenn das Skalarprodukt zwischen $\overrightarrow{BP}$ und dem Richtungsvektor von g_1 null ergibt:

$$\overrightarrow{BP} \circ \vec{u} = 0 \overset{\text{CAS}}{\Rightarrow} r = \frac{2\,252}{9}$$

Setzt man diesen Wert für r in g_1 ein, erhält man die Koordinaten des Lotfußpunktes P:

$$\overrightarrow{OP} = \begin{pmatrix} 2 \\ 100 \\ 0 \end{pmatrix} + \frac{2\,252}{9} \cdot \begin{pmatrix} 4 \\ 1 \\ 1 \end{pmatrix} \overset{\text{CAS}}{=} \frac{1}{9} \cdot \begin{pmatrix} 9\,026 \\ 3\,152 \\ 2\,252 \end{pmatrix}$$

Der Betrag des Vektors $\overrightarrow{BP}$ ist der Abstand von B zur Geraden g_1:

$$|\overrightarrow{BP}| = |\overrightarrow{OP} - \overrightarrow{OB}| \overset{\text{CAS}}{\approx} 3{,}89 < 4$$

Da der Abstand mit 3,89 kleiner als 4 ist, treffen die Tunnelröhren aufeinander.

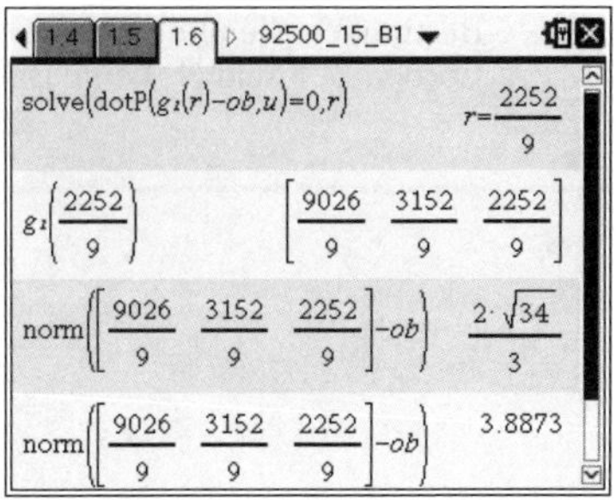

Bayern – FOS · BOS 12 – Fachabiturprüfung 2015
Mathematik CAS (Ausbildungsrichtung Technik) – Analytische Geometrie B II

BE

1 In einem kartesischen Koordinatensystem des $\mathbb{R}^3$ sind die Geraden g_1, g_2 und die Ebene F gegeben:

$$g_1\colon \vec{x} = \begin{pmatrix} 2 \\ 2 \\ 0 \end{pmatrix} + \lambda \begin{pmatrix} 1 \\ -2 \\ 1 \end{pmatrix},\ \lambda \in \mathbb{R}; \qquad g_2\colon \vec{x} = \begin{pmatrix} 2 \\ 2 \\ 0 \end{pmatrix} + \mu \begin{pmatrix} 1 \\ 5 \\ -3 \end{pmatrix},\ \mu \in \mathbb{R};$$

$F\colon 2x_1 + 5x_2 + 8x_3 - 11 = 0$

1.1 Begründen Sie, dass die Geraden g_1 und g_2 eine Ebene E aufspannen, und bestimmen Sie eine Gleichung dieser Ebene E in Parameterform und in Koordinatenform. 4
[Mögliches Teilergebnis: $E\colon x_1 + 4x_2 + 7x_3 - 10 = 0$]

1.2 Die Ebenen E und F schneiden sich in der Geraden s. Bestimmen Sie eine Gleichung der Schnittgeraden s. 4

[Mögliches Ergebnis: $s\colon \vec{x} = \begin{pmatrix} -2 \\ 3 \\ 0 \end{pmatrix} + \sigma \begin{pmatrix} 1 \\ -2 \\ 1 \end{pmatrix},\ \sigma \in \mathbb{R}$]

1.3 Berechnen Sie die Größe des Schnittwinkels der Ebenen E und F. Runden Sie das Ergebnis auf eine Nachkommastelle. 4

1.4 Ermitteln Sie den Abstand der parallelen Geraden s und g_1. 5

2 Zusätzlich zu den Ebenen E und F aus Aufgabe 1 sind nun die Ebenen $H_a\colon ax_1 + 6x_2 + 9x_3 = 12$ mit $a \in \mathbb{R}$ gegeben.

2.1 Prüfen Sie **ohne CAS**, ob eine der Ebenen H_a zu F parallel ist. 3

2.2 Bestimmen Sie alle Werte von a so, dass für den Abstand d_a des Ursprungs O von der Ebene H_a gilt: $d_a = \frac{12}{11}$. 6

2.3 Bestimmen Sie **ohne CAS** den Wert von a, für den die Normalenvektoren der Ebenen E, F und H_a keine Basis des $\mathbb{R}^3$ bilden. 4

30

Tipps und Hinweise zur Lösung von Aufgabe B II mit CAS

Teilaufgabe 1.1

- Zwei Geraden spannen eine Ebene auf, wenn sie weder identisch noch windschief sind.
- Prüfen Sie die Lagebeziehung der beiden Geraden.
- Stellen Sie die Ebenengleichung von E in der Parameterform auf. Wählen Sie dabei den gemeinsamen Aufpunkt der beiden Geraden als Aufpunkt von E und wählen Sie jeweils den Richtungsvektor der Geraden als Richtungsvektor der Ebene E.
- Das Vektorprodukt der beiden Richtungsvektoren ergibt den Normalenvektor von E. Berechnen Sie diesen und stellen Sie die Ebenengleichung von E in der Normalenform auf.

Teilaufgabe 1.2

- Bestimmen Sie die Schnittmenge der beiden Ebenen.
- Die beiden Ebenen E und F können als lineare Gleichungen interpretiert werden. Damit erhält man ein unterbestimmtes Gleichungssystem.
- Für die Lösung kann man eine der drei Variablen frei wählen, z. B. x_3. Wählt man eine andere Variable, erhält man eine Lösung mit einer anderen Darstellung der Schnittgeraden s.

Teilaufgabe 1.3

- Der Winkel zwischen zwei Ebenen E und F entspricht dem Winkel, den die beiden durch die Normalenvektoren von E und F bestimmten Geraden miteinander einschließen.
- Den Winkel zwischen zwei Vektoren berechnet man mithilfe der Definition des Skalarproduktes: $\vec{a} \circ \vec{b} = |\vec{a}| \cdot |\vec{b}| \cdot \cos \measuredangle(\vec{a}, \vec{b})$

Teilaufgabe 1.4

- Den Abstand von zwei parallelen Geraden berechnet man, indem man den Abstand von einem beliebigen Punkt auf der ersten Geraden (z. B. deren Aufpunkt) zur anderen Geraden mit der Lotfußpunktmethode bestimmt.
- Berechnen Sie den Abstand vom Aufpunkt von s zur Geraden g_1.

Teilaufgabe 2.1

- Zwei Ebenen sind parallel, wenn die Normalenvektoren der beiden Ebenen linear abhängig sind.
- Das Vektorprodukt von linear abhängigen Vektoren ist stets null.

Teilaufgabe 2.2

- Bestimmen Sie den Abstand d_a des Ursprungs zur Ebene H_a in Abhängigkeit des Parameters a mit der Lotfußpunktmethode.

Teilaufgabe 2.3

- Basisvektoren sind linear unabhängig.

Lösung

1.1 Die zwei Geraden g_1 und g_2 können nur dann eine Ebene E aufspannen, wenn diese echt parallel sind oder sich in genau einem Punkt schneiden. Da sie denselben Aufpunkt A und linear unabhängige Richtungsvektoren $\vec{r}_1$ und $\vec{r}_2$ haben, erhält man mit dem Vektorprodukt der beiden Richtungsvektoren den Normalenvektor der Ebene E.

$$\vec{r}_1 \neq k \cdot \vec{r}_2 \text{ für } k \in \mathbb{R} \quad \Rightarrow \quad g_1 \cap g_2 = \{A\}$$

$$\vec{n}_E = \vec{r}_1 \times \vec{r}_2 = \begin{pmatrix} 1 \\ -2 \\ 1 \end{pmatrix} \times \begin{pmatrix} 1 \\ 5 \\ -3 \end{pmatrix} \overset{\text{CAS}}{=} \begin{pmatrix} 1 \\ 4 \\ 7 \end{pmatrix}$$

$$\vec{r}_1 \times \vec{r}_2 \neq \vec{0} \quad \Rightarrow \quad g_1 \nparallel g_2$$

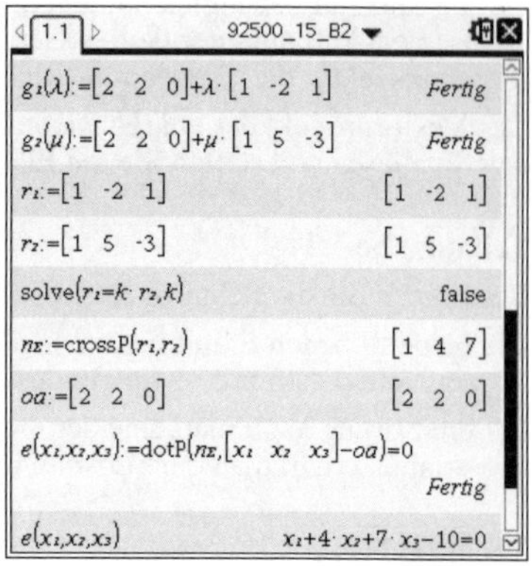

Wählt man den Punkt A als Aufpunkt der Ebene E und die Richtungsvektoren der beiden Geraden als Richtungsvektoren von E, so erhält man eine Gleichung der Ebene E in Parameterform:

$$E\colon \vec{x} = \begin{pmatrix} 2 \\ 2 \\ 0 \end{pmatrix} + \lambda \cdot \begin{pmatrix} 1 \\ -2 \\ 1 \end{pmatrix} + \mu \cdot \begin{pmatrix} 1 \\ 5 \\ -3 \end{pmatrix}, \ \lambda, \mu \in \mathbb{R}$$

Umrechnung in die Koordinatenform:

$$E\colon \vec{n}_E \circ (\vec{x} - \overrightarrow{OA}) = 0$$

$$\overset{\text{CAS}}{\Rightarrow} \quad E\colon x_1 + 4x_2 + 7x_3 - 10 = 0$$

1.2 Die Gleichungen der Ebenen E und F können als Gleichungssystem interpretiert werden. Die Lösung dieses Gleichungssystems entspricht der Schnittmenge dieser beiden Ebenen.

$$E \cap F\colon \begin{cases} x_1 + 4x_2 + 7x_3 - 10 = 0 \\ \wedge\ 2x_1 + 5x_2 + 8x_3 - 11 = 0 \end{cases}$$

$$\overset{\text{CAS}}{\Rightarrow} \quad s\colon \vec{x} = \begin{pmatrix} \sigma - 2 \\ 3 - 2\sigma \\ \sigma \end{pmatrix} = \begin{pmatrix} -2 \\ 3 \\ 0 \end{pmatrix} + \sigma \cdot \begin{pmatrix} 1 \\ -2 \\ 1 \end{pmatrix}, \ \sigma \in \mathbb{R}$$

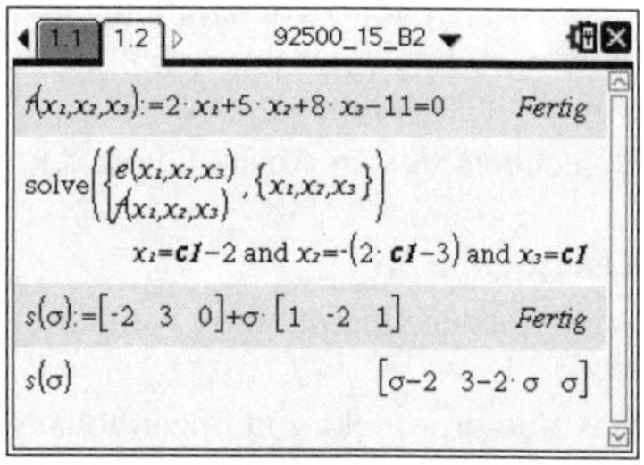

Alternativ mithilfe der Diagonalisierung der erweiterten Koeffizientenmatrix:

$$\left(\begin{array}{ccc|c} 2 & 5 & 8 & 11 \\ 1 & 4 & 7 & 10 \end{array}\right) \xrightarrow{\text{CAS}} \left(\begin{array}{ccc|c} 1 & 0 & -1 & -2 \\ 0 & 1 & 2 & 3 \end{array}\right)$$

Wählt man nun $x_3 = \sigma$, erhält man:

$$\left.\begin{array}{l} x_1 = x_3 - 2 \\ x_2 = 3 - 2x_3 \\ x_3 = \sigma \end{array}\right\} \Rightarrow \quad \vec{x} = \begin{pmatrix} -2 \\ 3 \\ 0 \end{pmatrix} + \sigma \cdot \begin{pmatrix} 1 \\ -2 \\ 1 \end{pmatrix}$$

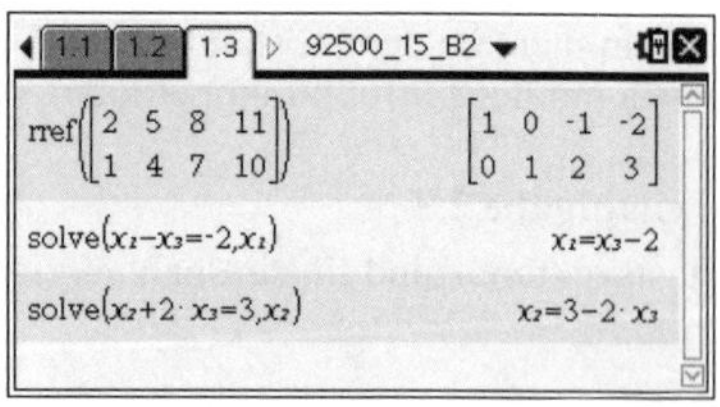

1.3 Der Winkel α zwischen den Ebenen E und F entspricht dem Winkel der beiden Normalenvektoren:

$$\vec{n}_E \circ \vec{n}_F = |\vec{n}_E| \cdot |\vec{n}_F| \cdot \cos(\alpha) \overset{\text{CAS}}{\Rightarrow} \underline{\underline{\alpha \approx 5{,}4°}}$$

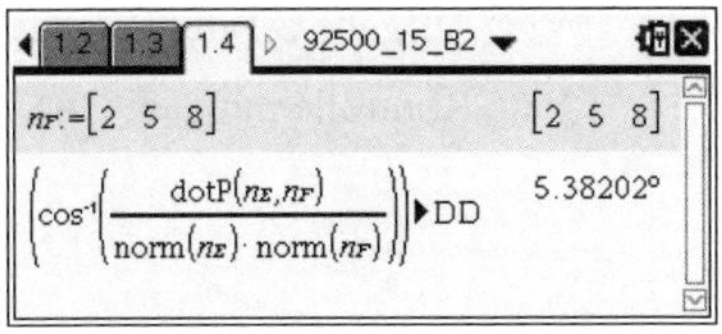

1.4 Den Abstand der beiden parallelen Geraden s und g_1 berechnet man, indem man den Abstand von einem beliebigen Punkt S auf der Geraden s zur Geraden g_1 mit der Lotfußpunktmethode bestimmt:

$d(S, g_1) = |\overrightarrow{LS}|$, wobei L der Lotfußpunkt ist

Berechnung von L: Für S wählt man den Aufpunkt der Geraden s, also $S(-2\,|\,3\,|\,0)$.

Der Ortsvektor zu einem beliebigen Punkt G auf g_1 ist:

$$\overrightarrow{OG} = \begin{pmatrix} 2 \\ 2 \\ 0 \end{pmatrix} + \lambda \cdot \begin{pmatrix} 1 \\ -2 \\ 1 \end{pmatrix} = \begin{pmatrix} 2+\lambda \\ 2-2\lambda \\ \lambda \end{pmatrix}$$

Damit erhält man:

$$\overrightarrow{GS} = \overrightarrow{OS} - \overrightarrow{OG} = \begin{pmatrix} -2 \\ 3 \\ 0 \end{pmatrix} - \begin{pmatrix} 2+\lambda \\ 2-2\lambda \\ \lambda \end{pmatrix} = \begin{pmatrix} -4-\lambda \\ 1+2\lambda \\ -\lambda \end{pmatrix}$$

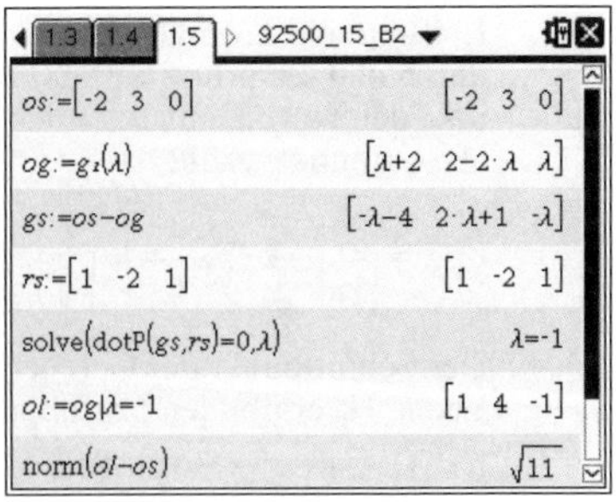

Der Lotfußpunkt ergibt sich, wenn der Vektor $\overrightarrow{GS}$ senkrecht zum Richtungsvektor $\vec{r}_S$ der Geraden s ist, also wenn das Skalarprodukt der beiden Vektoren null ergibt:

$$\overrightarrow{GS} \circ \vec{r}_S = \begin{pmatrix} -4-\lambda \\ 1+2\lambda \\ -\lambda \end{pmatrix} \circ \begin{pmatrix} 1 \\ -2 \\ 1 \end{pmatrix} = 0 \overset{\text{CAS}}{\Rightarrow} \lambda = -1 \Rightarrow \overrightarrow{OL} = \begin{pmatrix} 2 \\ 2 \\ 0 \end{pmatrix} + (-1) \cdot \begin{pmatrix} 1 \\ -2 \\ 1 \end{pmatrix} \overset{\text{CAS}}{=} \begin{pmatrix} 1 \\ 4 \\ -1 \end{pmatrix}$$

Damit kann jetzt der Abstand berechnet werden:

$$d(S, g_1) = |\overrightarrow{LS}| = |\overrightarrow{OS} - \overrightarrow{OL}| = \left| \begin{pmatrix} -2 \\ 3 \\ 0 \end{pmatrix} - \begin{pmatrix} 1 \\ 4 \\ -1 \end{pmatrix} \right| \overset{\text{CAS}}{=} \underline{\underline{\sqrt{11}}}$$

Alternativ kann man den Lotfußpunkt auch mithilfe des Schnittpunktes einer Hilfsebene E_{Hilf} berechnen. E_{Hilf} ist eine Ebene, welche zu der Geraden s (und dadurch auch zu g_1) senkrecht ist:

$$E_{Hilf}: \vec{r}_S \circ (\vec{x} - \overrightarrow{OS}) = 0$$

Mit dieser bildet man dann den Schnittpunkt mit der Geraden g_1, $E_{Hilf} \cap g_1 = \{L\}$, und erhält damit den Lotfußpunkt L:

$$E_{Hilf} \cap g_1: \begin{pmatrix} 1 \\ -2 \\ 1 \end{pmatrix} \circ \left(\begin{pmatrix} 2+\lambda \\ 2-2\lambda \\ \lambda \end{pmatrix} - \begin{pmatrix} -2 \\ 3 \\ 0 \end{pmatrix} \right) = 0$$

$$\overset{\text{CAS}}{\Rightarrow} \lambda = -1$$

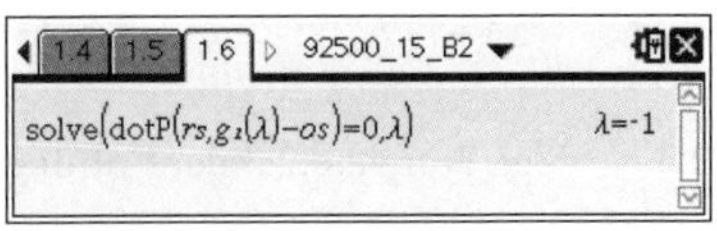

Die restliche Rechnung ist analog zur Methode mit dem Skalarprodukt.

2.1 Vgl. Aufgabe 2.1 der Prüfung ohne CAS.

Eine Kontrolle mit dem CAS ist möglich.

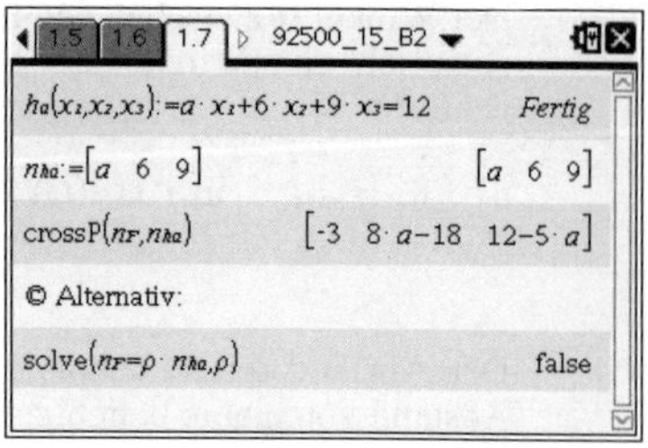

2.2 Den Abstand d_a der Ebene H_a zum Ursprung bestimmt man, indem man analog der Methode für den Abstand Punkt-Ebene mit der Lotfußpunktmethode vorgeht. Den Lotfußpunkt L erhält man, indem man sich eine Hilfsgerade h konstruiert, welche durch den Ursprung verläuft und zur Ebene H_a senkrecht ist. Dies ist erfüllt, indem man den Normalenvektor der Ebene H_a als Richtungsvektor für h und den Ursprung als Aufpunkt wählt:

$$h\colon \vec{x} = \begin{pmatrix} 0 \\ 0 \\ 0 \end{pmatrix} + k \cdot \vec{n}_{H_a} = k \cdot \begin{pmatrix} a \\ 6 \\ 9 \end{pmatrix},\ k \in \mathbb{R}$$

Der Schnittpunkt der Geraden h mit der Ebene H_a ergibt den Lotfußpunkt:

$$h \cap H_a\colon\ k \cdot a^2 + 36k + 81k = 12$$

$$\overset{\text{CAS}}{\Rightarrow}\quad k = \frac{12}{a^2 + 117}$$

Setzt man diesen Wert von k in die Glcichung von h ein, so erhält man den Ortsvektor zum Lotfußpunkt L:

$$\overrightarrow{OL} = \frac{12}{a^2 + 117} \cdot \begin{pmatrix} a \\ 6 \\ 9 \end{pmatrix}$$

Der Abstand zwischen zwei Punkten entspricht dem Betrag des Verbindungsvektors:

$$d_a = |\overrightarrow{OL}| \overset{\text{CAS}}{=} \frac{12}{\sqrt{a^2 + 117}}$$

Nun müssen noch die Werte für a berechnet werden, für die der Abstand $d_a = \frac{12}{11}$ ist:

$$\frac{12}{\sqrt{a^2 + 117}} = \frac{12}{11} \quad \overset{\text{CAS}}{\Rightarrow} \quad \underline{\underline{a = \pm 2}}$$

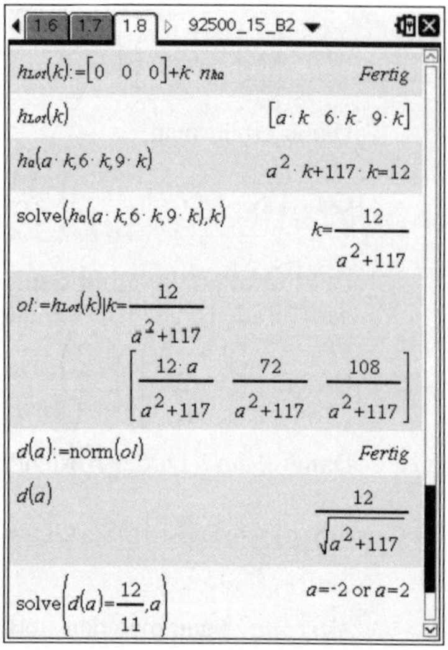

2.3 Vgl. Aufgabe 2.3 der Prüfung ohne CAS.

Eine Kontrolle mit dem CAS ist möglich.

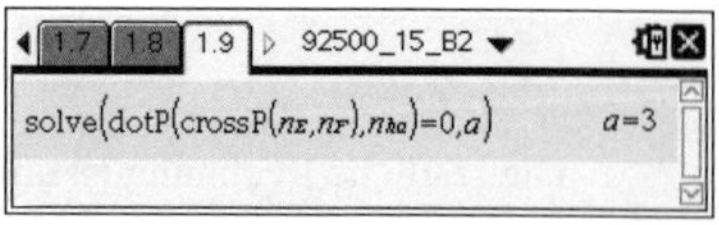